全国普通高等专科教育药学类规划教材

微生物学与免疫学

第 二 版

主 编◎刘晓波

中国医药科技出版社

内 容 提 要

本书是全国普通高等专科教育药学类规划教材之一。全书共三篇十六章。第一篇为微生物概论，第二篇为免疫学基础，第三篇为微生物在药学中的应用。每章均列出学习目标。教材内容充实、广泛，基本理论及基础知识讲解透彻，叙述详尽，图文并茂。本教材供高等专科学校及成人教育的药学专业学生使用，也可供临床医学、护理学等医学专业学生参考使用。

图书在版编目（CIP）数据

微生物学与免疫学/刘晓波主编．—2 版．—北京：中国医药科技出版社，2012.7

全国普通高等专科教育药学类规划教材

ISBN 978 - 7 - 5067 - 5440 - 8

Ⅰ.①微… Ⅱ.①刘… Ⅲ.①微生物学 - 高等学校 - 教材②免疫学 - 高等学校 - 教材
Ⅳ.①R37②R392

中国版本图书馆 CIP 数据核字（2012）第 100286 号

美术编辑 陈君杞
版式设计 郭小平

出版 中国医药科技出版社
地址 北京市海淀区文慧园北路甲 22 号
邮编 100082
电话 发行：010 - 62227427 邮购：010 - 62236938
网址 www.cmstp.com
规格 787 × 1092mm ¹⁄₁₆
印张 16 ½
字数 376 千字
初版 1996 年 12 月第 1 版
版次 2012 年 7 月第 2 版
印次 2018 年 6 月第 2 版第 4 次印刷
印刷 三河市国英印务有限公司
经销 全国各地新华书店
书号 ISBN 978 - 7 - 5067 - 5440 - 8
定价 **29.00 元**

本社图书如存在印装质量问题请与本社联系调换

全国普通高等专科教育药学类规划教材建设委员会

本书编委会

主　编　刘晓波

副主编　于爱莲　杨维青

编　者（按姓氏笔画排序）

于爱莲（泰山医学院）

刘晓波（广东药学院）

池　明（长春医学高等专科学校）

李　岩（广州中医药大学）

杨维青（广东医学院）

吴培诚（广东药学院）

陈宏远（广东药学院）

赵明才（川北医学院）

赵英会（泰山医学院）

郑海筝（长春医学高等专科学校）

黎　光（四川大学）

编写说明

PREPARATION OF NOTES

《全国普通高等专科教育药学类规划教材》是由原国家医药管理局科技教育司根据国家教委（1991）25 号文的要求组织、规划的建国以来第一套普通高等专科教育药学类规划教材。本套教材是国家教委"八五"教材建设的一个组成部分。从当时高等药学专科教育的现实情况考虑，统筹规划、全面组织教材建设活动，为优化教材编审队伍、确保教材质量起到了至关重要的作用。也正因为此，这套规划教材受到了药学专科教育的大多数院校的推崇及广大师生的喜爱，多次再版印刷，其使用情况也一直作为全国高等药学专科教育教学质量评估的基本依据之一。

随着近几年来我国高等教育的重大改革，药学领域的不断进步，尤其是 2010 版《中华人民共和国药典》和新的《药品生产质量管理规范》（GMP）的相继颁布与实施，这套教材已不能满足现在的教学要求，亟需修订。但由于许多高等药学专科学校已经合并到其他院校，原教材建设委员会已不能履行修订计划，因此，成立了新的普通高等专科教育药学类教材建设委员会，组织本套教材修订工作。在修订过程中，充分考虑高等专科教育全日制教育、函授教育、成人教育、自学考试等多种办学形式的需要，在维护学科系统完整性的前提下，增加学习目标、知识链接、案例导入等模块，利于目前教育形势下教材应反映知识的系统性及教材内容与职业标准深度对接的要求。使本套教材在继承和发展原有学科体系优势的同时，又增加了自身的实用性和通用性，更符合目前教育改革的形式。

教材建设是一项长期而严谨的系统工程，它还需要接受教学实践的检验。本套教材修订出版以后，欢迎使用教材的广大院校师生提出宝贵的意见，以便日后进一步修订完善。

全国普通高等专科教育
药学类规划教材建设委员会
2012 年 5 月

前 言
PREFACE

全国普通高等专科教育药学类教材建设委员会于 2011 年 3 月开始启动 "全国普通高等专科教育药学类规划教材" 再修订工作，《微生物学与免疫学》是其中之一。由于微生物学以及原属于微生物学重要组成部分的免疫学学科迅猛发展，以及微生物学和免疫学在生物制药中的广泛应用，编写一部适应当今生命科学发展、反映学科特色和发展状况、满足药学专科人才知识构架需求的微生物学和免疫学教材势在必行。

本教材根据药学类专科专业人才培养目标，我们遵循了 "三基五性" (即基本理论、基本知识、基本技能；思想性、科学性、先进性、启发性、适用性) 的原则，考虑到微生物学、免疫学与医学和药学的紧密联系，组织了医、药学院校等单位参编，并由具有多年医学微生物学和免疫学教学经验和科研背景的教师参加教材编写。编写人员学术思想活跃、多数具有博士学位，对微生物学和免疫学学科发展和动向有较深入了解，我们期望本教材能反映当今微生物学、免疫学的发展概况以及微生物学、免疫学在现代生物制药中的应用。

全书共分为三篇，十六章。每一章均列出本章的学习目标，供教材使用者参考。第一篇为微生物学概论，阐明各类微生物的生物学特性，其中包括细菌、放线菌、支原体、衣原体、立克次体、螺旋体、真菌和病毒，重点讨论细菌和病毒。每章对微生物在药学中的应用和常见的与医学和药学有密切关系的微生物作了简要叙述，以使学生了解微生物与医、药的紧密联系。第二篇为免疫学基础。考虑到当今免疫学的迅猛发展，免疫学在当代生物制药中日益的重要性，将本教材名修订为《微生物学与免疫学》。第三篇为微生物在药学中的应用，包括与微生物有关的药物制剂、微生物与药物变质及药物制剂的微生物学检测等三章。

本教材内容充实、广泛，基本理论和基础知识讲解透彻，背景叙述较详尽，图文并茂，适合学生的自学；教材除供普通高等专科及成人继续教育的相关专业学生使用外，也可供临床医学、预防医学、护理学等医学专业参考使用。

本书由广东药学院刘晓波负责编写绪论及第十章 (第一、二节)、第十四章，吴培诚编写第六、十五章，陈宏远编写第十、十三、十六章；泰山医学院于爱莲编写第一章，赵英会编写第二、四章；长春医学高等专科学校池明编写第三章、郑海笨编写第七章；广东医学院杨维青编写第五章；广州中医药大学李岩编写第八章；川北医学院赵明才编写第九、十二章；四川大学华西医学中心黎光编写第十一章。

限于我们的水平、编写能力，加上编写时间仓促，本版教材中定有不少错误和欠妥之处，恳请师生和同仁批评指正，提出宝贵意见和建议。

编者
2011 年 12 月

目　录
CONTENTS

第一篇◎微生物学概论

第二篇◎免疫学基础

第三篇◎微生物在药学中的应用

第一篇
微生物学概论

绪　　论

第一节　微生物学基本概念

一、微生物的概念与特点

微生物（microorganism）是存在于自然界中一群体形微小、结构简单、肉眼看不见，需借助显微镜放大数百倍、千倍甚至数万倍才能观察到的微小生物。包括细菌、真菌、病毒等。微生物除具有一般生命体的共性外，还具有下述自身特点。①体形微小，多数在微米级（μm），需借助光学显微镜放大数百倍、数千倍才能观察到；有些在纳米级（nm），需借助电子显微镜放大数万倍才能观察到，如病毒。②结构简单、多样。有些为真核细胞结构；多数由原核细胞构成，如细菌、放线菌等；有些不具细胞结构，仅由核酸和蛋白构成，或仅含核酸或者蛋白质，如病毒。③体积小、比表面积大、新陈代谢旺盛。如直径为 $0.5\mu m$ 球菌的比表面积可达 120 000，而人体仅为 0.3；某些细菌每小时分解糖量可达自身重量的 100～1000 倍。④繁殖速度快，一般情况下，细菌每 20～30min 可繁殖一代。⑤较易发生变异，微生物多以独立的单细胞存在，与外界多变的环境接触可导致低频率的变异。此外微生物繁殖速度快，变异个体能较快出现。⑥分布广、种类多、数量大。微生物除能生活在一般生物生存的环境中外，还能在其他生物不能生存，甚至极端的环境中存在，如超嗜热菌的最适生长温度为 80～110℃；从深海底部 1000 个标准大气压处分离到嗜压菌。目前微生物的类别包括细菌、放线菌、支原体、衣原体、立克次体、螺旋体、真菌、病毒等，真菌已发现的有 10 多万种，估计自然界实际存在的真菌约 100 万～150 万种。1g 肥沃土壤中微生物有几亿至几十亿个，人体中正常菌群数为人体细胞总数的 10 倍。

二、微生物的分类

（一）根据微生物的结构和组成分类

微生物种类繁多、结构多样。按其结构和组成，微生物可分为以下三大类。

1. 非细胞型微生物　无细胞结构，即病毒。一般仅由蛋白质外壳和核酸组成。核酸仅为一种，即 DNA 或 RNA。有些病毒仅含核酸，不含蛋白质，如类病毒（viroid）；有些仅含蛋白质，未发现含核酸，如朊病毒（prion）。能通过除菌滤器，一般需借助电子显微镜放大数万倍才能看见；无完善酶系甚至不含酶；不能独立生长繁殖，必须在活细胞内才表现出增殖活性。

2. 原核细胞型微生物　为原核细胞（procaryotic cell），无典型细胞核（无核膜和核仁）；无线粒体、内质网等细胞器，仅含 70S 核糖体；不进行有丝分裂。包括细菌、支原体、衣原体、立克次体、螺旋体、放线菌等。

3. 真核细胞型微生物　由真核细胞（eucaryotic cell）组成，有典型细胞核、发达而完善的细胞器，可进行有丝分裂或减数分裂。包括酵母菌、真菌等。

（二）微生物在生物分类学中的地位

按生物六界分类系统，微生物分属于病毒界、原核生物界和真菌界。

（三）微生物的命名

微生物有俗名和学名。俗名（vernacular name）通俗易懂，便于记忆，如结核杆菌即结核分支杆菌的俗名。学名（scientific name）是采用拉丁文"双名法"，前为属名、名词，首字母需大写；后为种名、形容词。学名印刷时字体须用斜体。例如，金黄色葡萄球菌的学名为 *Staphylococcus aureus*，大肠杆菌的学名为 *Escherichia coli*。有时在种名后添加命名人的姓和命名时间，如 *Staphylococcus aureus* Rosenbach（1984）。

三、微生物的分布及作用

（一）微生物的分布

微生物的分布极为广泛：①生物体周围的环境，如空气、水体、土壤等中均有微生物存在，以土壤中最多。②生物体（包括人体）表面、生物体内与外界相通的腔道（如人体口腔、食管、肠道、鼻、上呼吸道、泌尿生殖道等）均有大量微生物存在。③其他生物不能生存、甚至极端的环境中均发现有微生物存在，如深海、火山口等处。

（二）微生物的作用

微生物与人类的关系非常密切，在自然界的物质循环中作用巨大，居支配地位（绪图1）。

1. 微生物与人类、动植物的关系　绝大多数微生物对生物体有益，有些必不可少，如豆科植物的根瘤菌，牛羊等反刍动物胃内的共生细菌；极少数微生物对生物体有害，为病原微生物。

（1）有益方面　①寄生在人和动物体表，与外界相通的腔道中的微生物在生物体内具有拮抗病原体作用、营养作用、免疫作用等。②在应用中，微生物可被应用于食品、酿造、医药、化工、饲料、石油、环境保护等诸多方面。

（2）有害方面　①病原微生物（pathogenic microbes）。有些微生物能引起人类和动、植物的病害，具有致病性，称为病原微生物。如人类的痢疾杆菌、结核分枝杆菌、乙型肝炎病毒等；动物的禽流感病毒、猪链球菌等；植物的稻白叶枯病菌、烟草花叶病毒等。有些微生物在正常情况下不致病，但在特定条件下也可引起疾病，这类微生物称为条件性病原微生物（conditioned microorganism）。②其他方面。微生物可引起食物腐败，工业产品、农副业产品和药品霉烂变质等。

2. 微生物在自然界的物质循环中起着重要作用，参与碳、氮、磷等元素的循环　自然界中 N、C、S 等元素的循环要靠微生物的代谢活动来进行。如空气中大量的游离氮，主要依赖固氮菌等作用才被植物利用。植物通过光合作用将空气中的 CO_2 和 H_2O 变成有机物，特别是形成了大量的纤维素和木素等。而纤维素和木素主要通过微生物的分解活动而补充空气中消耗掉的 CO_2。据估计，由微生物的代谢活动向自然界提供的碳每年高达 950 亿吨。

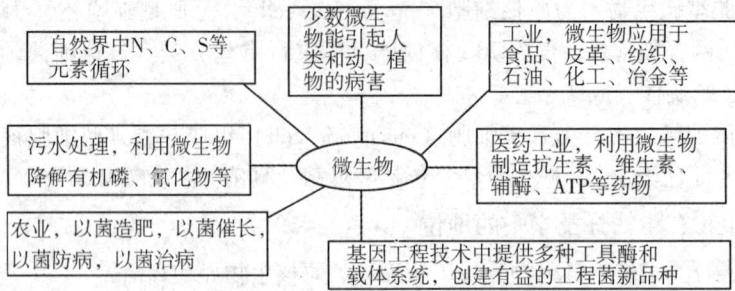

绪图 1　微生物与人类关系及在自然界中的作用

第二节　微生物学发展简史

一、微生物学的定义及分科

（一）微生物学的定义

微生物学（microbiology）是研究微生物的生物学性状（形态、结构、代谢、生长繁殖、遗传与变异等），微生物与人类、动植物、自然界相互关系及如何控制，利用微生物的一门科学。

（二）微生物学的分科

现代微生物学根据研究的侧重面和层次的不同形成了许多分支。按微生物本身的生物学性状，微生物学包括微生物分类学、微生物生理学、微生物遗传学、微生物生态学等。按应用领域，微生物学可分为普通微生物学、药学微生物学、医学微生物学、工业微生物学、农业微生物学、食品微生物学等。按研究对象微生物学包括细菌学、病毒学、真菌学等。

二、微生物学发展简史

（一）微生物学经验时期

古代人类虽未能观察到具体的微生物，但早已将微生物知识用于生产实际和生活实际中。在我国利用微生物进行工农业生产和疾病的防治已有漫长的历史。早在公元前 3 世纪，民间就通过酿制方法制备酒、醋、酱等食品。公元 11 世纪，我国就发明了种人痘预防天花的方法，此法先后传至俄国、日本、朝鲜、土耳其及英国等地。

（二）实验微生物学时期

1. 微生物的发现　17 世纪荷兰人列文虎克（Antony Van Leeuwenhoek，1632～1723）（绪图 2）发明第一台显微镜。他于 1676 年用自制的显微镜观察了自然界污水、牙垢和粪便等，发现其中存在肉眼看不到的微小生物即微生物，从此发现了微生物世界，使人们认识到自然界还存在一个肉眼不能看到的生物世界，揭开了微生物实验研究的序幕。

2. 微生物生理学时期　长期以来，人们认为无生命的物质可生长出生命体来，如生肉上

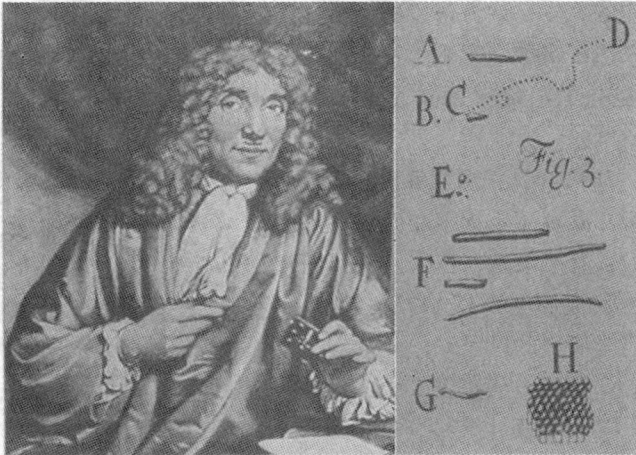

绪图2　列文虎克（Antony Van Leeuwenhoek, 1632 ~ 1723）

长蛆、食物变质等，即"生命的自然发生理论"。法国科学家巴斯德（Louis Pasteur, 1822 ~ 1895）（绪图3）设计了著名的曲颈瓶实验（绪图4），否定了生命的自然发生理论，首次证明了有机物的发酵与腐败是由微生物引起，从而开创了微生物生理学时代。

绪图3　巴斯德（Louis Pasteur, 1822 ~ 1895）

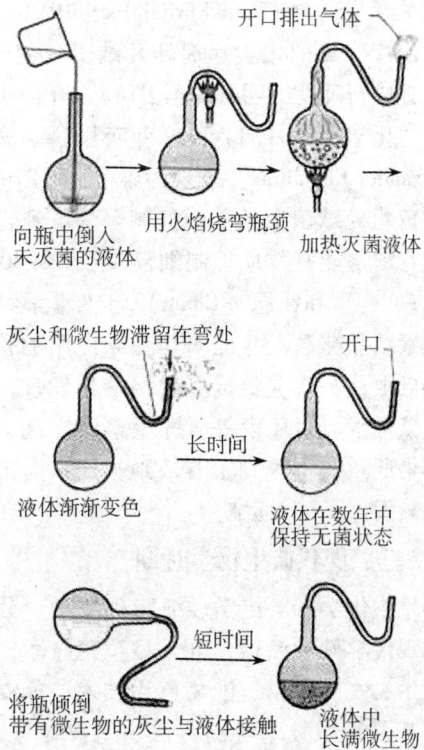

绪图4　曲颈瓶实验

3. 微生物致病理论提出及抗感染　德国乡村医生科赫（Robert Koch, 1843 ~ 1910）（绪图5）分离出多种病原菌，如炭疽杆菌（1877）、结核杆菌（1883）、霍乱弧菌（1883）等，采用固体培养基代替液体培养基，创立了细菌纯培养技术，首先提出了疾病的微生物致病学说，建立了病原微生物鉴定的 Koch 原则（绪图6）。英国外科医生李斯特（Joseph Lister, 1827 ~

1912）受巴斯德工作的启发，认为伤口感染可能与微生物进入有关，采用石炭酸消毒手术室、加热法处理手术器械等，建立了消毒灭菌及无菌操作的概念。

4. 病毒的发现　1892年，俄国学者伊凡诺夫斯基（Dmitrii Ivanowski）发现感染烟草花叶病的烟草叶汁通过细菌滤器后仍有感染性，首先发现自然界还存在着比细菌更小的微生物即烟草花叶病毒（MTV），创立了病毒学研究的里程碑。

5. 免疫学的兴起　我国古代首创人痘法接种预防天花后，直至1796年英国医生琴纳（Edward Jen-

绪图5　科赫（Robert Koch，1843~1910）

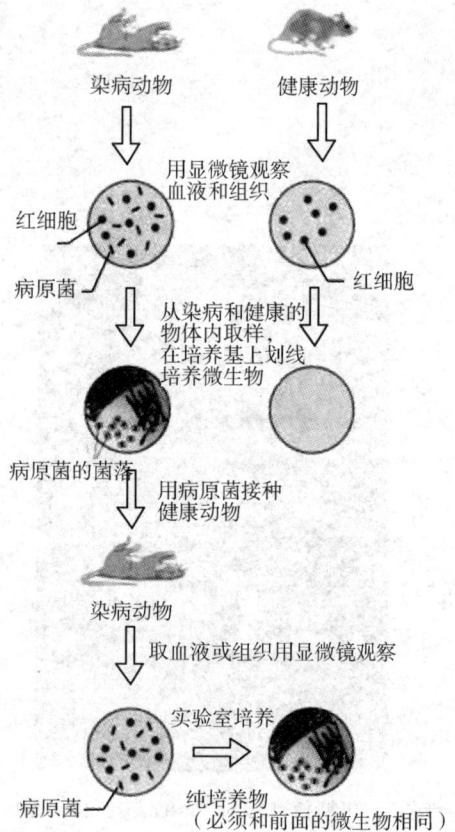

ner，1749~1823）发明牛痘接种法预防天花，成为免疫学的开端。以后巴斯德发明炭疽、狂犬病、鸡霍乱疫苗，德国学者贝林格（Emil von Behring）于1891年发明了白喉抗毒素，成功地治疗了白喉患者。随后又有许多疫苗及抗血清被发明和使用，免疫学随之进入一个快速发展时期。

6. 化学疗剂的发明和抗生素的发现及应用
德国学者艾利希（Paul Ehrlich）于1910年首先合成了治疗梅毒的化学疗剂砷凡纳明（编号606），后又合成新砷凡纳明（编号914），开创了微生物感染的化学治疗时期。1929年英国科学家弗莱明（Alexander Fleminging）发现污染了青霉菌的平板中金黄色葡萄球菌生长受到抑制，认识到青霉菌产生的青霉素能有效地抑制细菌生长。1940年弗洛里（Florey）和钱恩（Chain）将青霉素纯化获得青霉素结晶纯品，并证实其临床应用的价值。在此基础上，一些重要抗生素相继被发现，如链霉素、氯霉素、四环素等。抗生素的出现，使微生物感染所致疾病得到了有效地控制，为人类的健康保障发挥了巨大贡献。

（三）现代微生物学时期

生物化学、遗传学、细胞生物学、分子生物学等现代学科的渗透，电子显微镜技术、超薄切片技术、气相色谱、液相色谱技术、免疫标记技术、基因测序技术等新方法、新技术等的应用，使微生物学发展进入全盛时期。发现并确定了一批新病原微生物，如军团菌、幽门螺杆菌、类病毒、卫星病毒、HIV、SARS病毒、朊病毒等；开展了微生物全基因组研究并取得进展，1995年完成了第一个细菌即流感嗜血杆菌的全基因组 DNA 的测序。目前已有150多种细菌完成测序；对发现的病毒已基本上完成了基因组的测序。快速发展起微生物学诊断技术，在微生物的分

绪图6　病原微生物鉴定的科赫原则

类和鉴定中，以过去表型方法为主转变为侧重于基因型方法来分析微生物的遗传特性。研制出病原微生物的新型防治手段和措施，目前已有多种新型的减毒活疫苗、基因工程疫苗及抗微生物的药物。

三、微生物学与药学的关系

微生物学与药学的关系很密切。目前不少微生物已被用来生产各种药物、生物制品、食品和农药等。①由于抗生素是微生物的代谢产物，在抗生素工业中主要利用微生物的发酵来生产抗生素。②利用微生物的发酵来来生产维生素、辅酶、氨基酸等。③疫苗等生物制品可采用死、活微生物来制备。④制备干扰素等细胞因子、胰岛素等激素的现代生物制药中，微生物是主要的表达载体。⑤此外，利用微生物学的方法和手段来检测和控制药物中微生物。

随着微生物学发展和其他学科尤其是分子生物学、生物化学和基因工程学的渗透，微生物学在药学中的应用愈来愈广泛。在医药生产中已广泛利用微生物来生产药物，形成了一门独立的微生物药物学科。

（刘晓波）

第一章　细　菌

学习目标

  1. 掌握细菌的结构、合成代谢产物、毒力的构成因素、细菌外毒素和内毒素的特点、细菌感染的类型；结核分枝杆菌、沙门菌属、志贺菌属、弧菌属、葡萄球菌、淋病奈瑟菌、链球菌、破伤风梭菌、产气荚膜梭菌、炭疽芽孢杆菌和鼠疫耶尔森菌的生物学性状，致病性与免疫性。

  2. 熟悉细菌生长繁殖的条件、方式与速度及生长曲线；细菌感染来源和途径；脑膜炎奈瑟菌、嗜肺军团菌、铜绿假单胞菌、梅毒螺旋体的生物学特性、致病性。

  3. 了解细菌的基本形态、大小与测量单位；细胞壁缺陷型细菌的特点；细菌形态学检查方法；沙门菌属、志贺菌属和弧菌属的生化反应特点。

  细菌（bacterium）是一类具有细胞壁，以二分裂方式繁殖的单细胞原核细胞型微生物。细菌种类繁多、形体微小、结构简单、代谢活跃、繁殖迅速、在自然界分布广泛。本章主要介绍细菌的形态与结构、细菌的生长与繁殖、细菌与人类的关系、常见的病原性细菌等。

第一节　细菌的形态与结构

  在一定的环境条件下，细菌有相对稳定的形态与结构，学习和掌握细菌的形态与结构的知识，对于研究细菌的生理功能、致病性、免疫性、消毒灭菌、抗生素的作用机制、传染性疾病的诊断和防治等具有重要的意义。

一、细菌的大小和形态

（一）细菌的大小

  细菌个体微小，通常以微米（μm）为测量单位。需用光学显微镜放大数百倍至上千倍才能看到。不同种类的细菌大小不一，多数球菌的直径约为 $1.0\mu m$ 左右；常见的中等大小的杆菌长 $2.0 \sim 3.0\mu m$，宽 $0.3 \sim 0.5\mu m$。同种细菌的大小随菌龄和环境变化而有所差异。

（二）细菌的形态

  细菌的基本形态主要有球形、杆形和螺形三种，分别称为球菌、杆菌和螺形菌（图1-1）。

  1. 球菌　球菌（coccus）菌体呈球形或近似球形。根据细菌繁殖时分裂平面和分裂后菌体之间的排列方式不同分为双球菌、链球菌和葡萄球菌。球菌分裂后的菌体常保持一定的排列方式，对于鉴别不同的球菌有一定意义。

（1）双球菌（diplococcus）　　细菌在一个平面上分裂，分裂后两个菌体成双排列，如脑膜炎奈瑟菌、淋病奈瑟菌。

（2）链球菌（streptococcus）　　细菌在一个平面上分裂，分裂后多个菌体排列成链状，如乙型溶血性链球菌。

（3）葡萄球菌（staphylococcus）　　细菌在多个不规则的平面上分裂，分裂后多个菌体无规则的粘连在一起似葡萄串状。如金黄色葡萄球菌。

此外，有的球菌在两个互相垂直的平面上分裂，分裂后四个菌体黏附在一起，使菌体排列成正方形，如四联球菌（tetrads），还有的球菌在三个互相垂直的平面上，沿上下、左右、前后方向分裂，分裂后每八个菌体黏附在一起，排列成立方体形，称为八叠球菌（sarcina）。这两种细菌均为非致病菌。

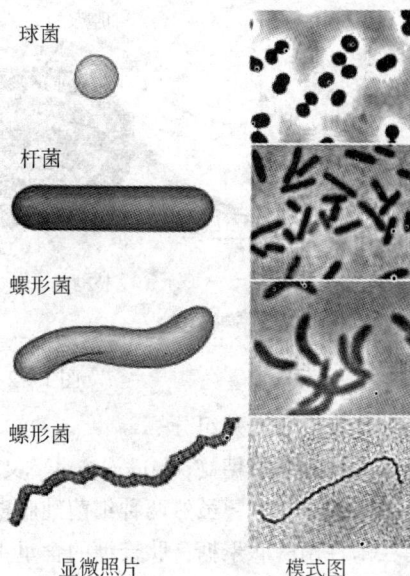

图 1-1　细菌的基本形态

2. 杆菌　杆菌（bacillus）在细菌中种类最多，其大小、长短、粗细不一。多数菌体呈杆状，两端呈钝圆形，少数为平齐呈竹节状如炭疽芽孢杆菌，有的尖细似梭状如梭杆菌，也有菌体末端膨大呈棒状如白喉棒状杆菌。多数杆菌分裂后无特殊的排列方式，呈分散排列，有少数排列成链状（如炭疽杆菌）、分枝状（如结核杆菌）、栅栏状（白喉杆菌）。

3. 螺形菌　螺形菌（spiral bacterium）菌体呈弯曲状，根据菌体的弯曲分为两类。

（1）弧菌（vibrio）　菌体只有一个弯曲，呈弧形或逗点状，如霍乱弧菌。

（2）螺菌（spirillum）　菌体有数个弯曲，呈螺旋状，如鼠咬热螺菌。也有的菌体弯曲呈弧形或螺旋形，称为螺杆菌，如幽门螺杆菌。

细菌在环境条件适宜的情况下，培养 8~18h 的细菌形态比较典型，当条件改变，环境中有不利于细菌生长繁殖的物质如抗生素、抗体等，或培养细菌的温度、营养条件、酸碱度、培养时间等均可引起细菌形态的变化。因此，在观察细菌的形态时，须注意细菌的生长繁殖的条件对细菌形态的影响。

二、细菌的结构

细菌的结构分为基本结构和特殊结构。基本结构是所有细菌都具有的结构，包括细胞壁、细胞膜、细胞质和核质。特殊结构是某些细菌在一定条件下所特有的结构，包括细菌的荚膜、鞭毛、菌毛和芽孢（图 1-2）。

（一）细菌的基本结构

1. 细胞壁　细胞壁（cell wall）是位于细菌细胞的最外层，紧贴在细胞膜外的坚韧而有弹性的结构。因其折光性强一般在光学显微镜下不易看到，可通过电子显微镜、膜壁分离法和特殊染色法进行观察。

（1）细胞壁的化学组成　细胞壁的化学组成较复杂，并随不同细菌而异。用革兰染色法将细菌分为革兰阳性（G^+）和革兰阴性（G^-）菌两大类。两类细菌细胞壁共有的成分为肽

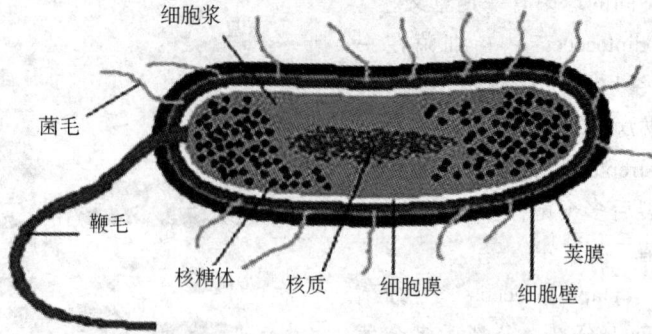

图 1-2　细菌结构模式图

聚糖，但各自有其特殊组分。

①肽聚糖：肽聚糖（peptidoglycan）又称黏肽或胞壁质，是细菌细胞壁中的主要组分，为原核生物细胞所特有。虽然两种细菌细胞壁中都含有肽聚糖，但含量、组成和结构不同。

革兰阳性菌的肽聚糖：肽聚糖的含量占细胞壁干重的50%～80%，大约由50多层的聚糖骨架、四肽侧链和五肽链桥三部分组成（图1-3）。

革兰阴性菌的肽聚糖：肽聚糖含量只占细胞壁干重的5%～20%，仅由2～3层肽聚糖骨架和四肽侧链两部分组成（图1-4）。

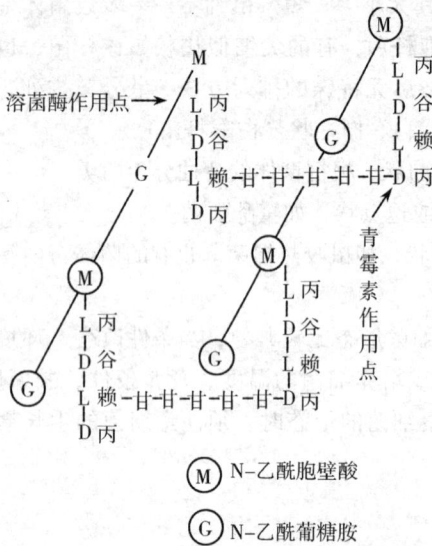

图 1-3　金黄色葡萄球菌细胞壁的肽聚糖结构

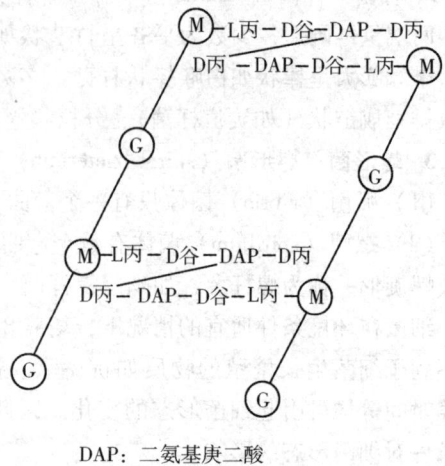

图 1-4　大肠埃希菌细胞壁的肽聚糖结构

各种细菌细胞壁的聚糖骨架基本相同，由N-乙酰葡糖胺（G）和N-乙酰胞壁酸（M）交替间隔排列，经β-1，4糖苷键联结而成。在N-乙酰胞壁酸上连接有四肽侧链。

四肽侧链的氨基酸组成和连接方式随细菌种类不同而有差异。如葡萄球菌（G⁺菌）细胞壁的四肽侧链的氨基酸依次为L-丙氨酸、D-谷氨酸、L-赖氨酸和D-丙氨酸，第三位的L-赖氨酸通过一个由5个甘氨酸组成的五肽链桥相联，五肽链桥的一端与四肽侧链的第三位上的L-赖氨酸连接，另一端连接在四肽侧链的D-丙氨酸上，构成了结构紧密、机械强度坚韧的三维立体网络结构。而大肠埃希菌（G⁻）的四肽侧链中，第三位的氨基酸为二氨基庚二酸（diaminopimelic acid，DAP），DAP直接与相邻四肽侧链上的第四位D-丙氨酸连接，两条四肽侧链之间没有五肽链桥，因而只形成单层平面较疏松的二维结构。

肽聚糖是保证细菌细胞壁有较大坚韧性的主要化学成分，凡能破坏肽聚糖结构或抑制其合成的物质，都能损伤细胞壁使细菌变形或裂解。如溶菌酶能切断 N－乙酰胞壁酸与 N－乙酰胞壁酸之间的 β－1，4 糖苷键的分子连接，破坏聚糖骨架，导致细菌裂解死亡。青霉素能干扰五肽链桥与侧链上的 D－丙氨酸之间的连接，使细菌不能形成完整的细胞壁使细菌死亡。人与动物的细胞无细胞壁，溶菌酶和青霉素对人体细胞均无毒性作用。

②G⁺菌细胞壁的特殊组分：G⁺菌细胞壁的特殊组分主要有磷壁酸和特殊的表面蛋白（图1－5）。

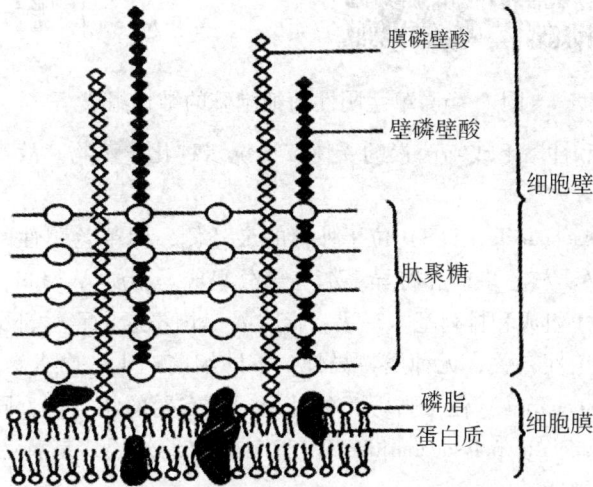

图1－5　革兰阳性菌细胞壁的结构组成

磷壁酸（teichoic acid）是由和糖醇或甘油残基经磷酸二酯键互相连接而成的多聚物。根据连接部位不同分为壁磷壁酸（wall teichoic acid）和膜磷壁酸（membrane teichoic acid）两种。壁磷壁酸的一端通过磷脂与肽聚糖上的胞壁酸结合，膜磷壁酸又称为脂磷壁酸（lipteichoic acid，LTA），一端的糖脂与细胞膜外层的糖脂共价结合，另一端穿越肽聚糖层伸出细胞壁外呈游离状态。

磷壁酸的主要功能为革兰阳性菌的重要表面抗原，与血清学分型有关；维持菌体离子平衡，磷壁酸带有较多负电荷，能同 Mg²⁺等二价离子结合，起调节离子穿过黏肽层的作用；介导细菌黏附细胞，如 A 群链球菌的膜磷壁酸介导细菌黏附在宿主的多种细胞表面，与细菌的致病性有关。

某些革兰阳性菌细胞壁表面还有一些特殊的表面蛋白，如金黄色葡萄球菌的 SPA 蛋白和 A 族链球菌的 M 蛋白等，均具有致病性和抗原性。

③G⁻菌细胞壁的特殊组分：革兰阴性菌的特殊组分主要是位于细胞壁肽聚糖层外侧的外膜。外膜由脂蛋白、脂质双层和脂多糖三部分组成（图1－6）。

脂蛋白（lipoprotein）由脂质和蛋白质组成，存在于肽聚糖层和脂质双层之间，脂蛋白的蛋白质部分连接于肽聚糖的四肽侧链上，脂质部分与外膜的脂质双层的磷脂结合。其功能是稳定外膜并将其固定于肽聚糖层。

脂质双层的结构类似细胞膜，为液态的脂质双层，双层内镶嵌有多种蛋白质称为外膜蛋白（outer membrane protein，OMP），具有多种功能，如转运营养物质、屏障作用、阻止多种物

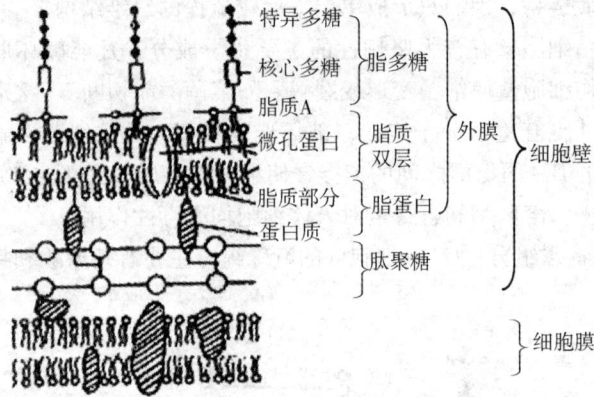

图 1-6　革兰阴性菌细胞壁的结构组成

质透过、某些噬菌体和性菌毛或细菌素的受体、抵抗多种化学药物，故革兰阴性菌对青霉素不敏感。

脂多糖（lipopolysaccharide，LPS）位于外膜的最外侧，即革兰阴性菌的内毒素，与致病性有关。LPS 由脂质 A、核心多糖和特异多糖三部分组成。脂质 A（lipid A）为一种糖磷脂，不同种属细菌的脂质 A 组成和排列基本一致。脂质 A 是内毒素的毒性部分和生物学活性的主要成分，与细菌的致病性有关，无种属特异性，不同细菌产生的内毒素的毒性作用均相似。核心多糖（core polysaccharide）位于脂质 A 的外层。具有属的特异性，同一属细菌的核心多糖相同。特异多糖（specific polysaccharide）在脂多糖的最外层，是革兰阴性菌的菌体抗原（O 抗原），具有种特异性。

周浆间隙（periplasmic space）在革兰阴性菌的细胞膜和细胞壁之间的空隙，含有多种蛋白质和酶类，与营养物质的分解、吸收和运转有关。空隙中还有破坏抗生素的酶，如 β-内酰胺酶。当革兰阴性菌遇青霉素时，就从周浆间隙向胞外释放出 β-内酰胺酶，迅速降解青霉素和头孢菌素，保护细菌，免受破坏。

革兰阳性菌和革兰阴性菌鉴的细胞壁结构不同，使这两类细菌在染色性、抗原性、毒性和对药物的敏感性等方面存在差异（表 1-1）。

表 1-1　革兰阳性菌与革兰阴性菌细胞壁结构的比较

细胞壁特征	革兰阳性菌	革兰阴性菌
强度	较坚韧	较疏松
厚度	厚，20~80nm	薄，5~10nm
肽聚糖层数	多，可达 50 层	少，1~2 层
结构	三维立体网状结构	单层平面二维结构
磷壁酸	有	无
外膜	无	有

（2）细胞壁的主要功能　①维持外形：细菌细胞壁维持细菌固有的形态，保持菌体完整。②抗渗透压：细菌的细胞壁有较强的坚韧性，细胞壁能承受内部巨大的渗透压而不会破裂，并能在相对低渗的环境下生存。③屏障作用：革兰阴性菌的外膜是一种有效的屏障结构，保护细菌免受机体的体液杀菌物质的作用。并可阻止某些抗菌药物渗入和外膜主动外排抗菌药

物，成为细菌重要的耐药机制。④物质交换：细胞壁上有许多小孔，与细胞膜共同参与菌体内外的物质交换。⑤抗原性：菌体表面带有多个抗原决定族，诱发机体的免疫应答。⑥致病性：细菌可以黏附于宿主细胞表面，与细菌的致病性有关。某些细菌表面的一些特殊表面蛋白具有抗吞噬作用。

（3）细菌细胞壁的缺陷性（细菌L型）　当细菌细胞壁的肽聚糖结构受到某种理化或生物因素的影响时，使细菌细胞壁损伤而成为细胞壁缺陷性细菌，细胞壁缺陷性细菌能够生长和分裂者称为L型细菌（bacterial L form）。L型细菌常在使用作用于细胞壁的抗菌药物如青霉素、头孢菌素等治疗过程中出现。细菌L型的主要特点有：高度多形性；大小不一；革兰染色大多为阴性；难培养，在高渗低琼脂含血清的培养基中才能生长；荷包蛋样细小菌落。

细菌L型的致病特点：各种L型细菌均可引起多组织的间质性炎症，如尿路感染、骨髓炎、心内膜炎等，并常在使用作用于细胞壁的抗菌药物如β-内酰胺类抗生素等治疗过程中发生。临床上遇有症状明显而标本常规细菌培养阴性者，应考虑细菌L型感染的可能性，宜作细菌L型的专门分离培养，并更换抗菌药物。

2. 细胞膜　细胞膜（cell membrane）位于细胞壁内侧，包绕在细胞质外的一层半渗透性生物膜，结构与其他生物细胞膜基本相同，是脂质双层中镶嵌有多种蛋白质，这些蛋白质多为具有特殊作用的酶和载体蛋白。与真核细胞膜的区别在于细菌细胞膜不含胆固醇。

细胞膜的主要功能如下。

（1）物质转运　细菌的细胞膜能够选择性的控制细胞内外营养物质及代谢产物的运输。

（2）生物合成　细胞膜上含有多种合成酶类，参与细胞结构的合成，如肽聚糖、磷壁酸、脂多糖、荚膜和鞭毛等。其中肽聚糖合成的有关酶类（转肽酶或转糖基酶），也是青霉素作用的主要靶点，称其为青霉素结合蛋白，与细菌的耐药性有关。

（3）呼吸作用　细胞膜上含有许多呼吸酶，参与细胞的呼吸和能量代谢过程。

（4）形成中介体　细菌部分细胞膜向细胞质内陷、折叠、卷曲成囊状物，称为中介体（mesosome）。中介体多见于革兰阳性菌，其功能类似于真核细胞的线粒体，故称为拟线粒体（chondroid）。中介体参与细菌的分裂、细菌的呼吸和生物合成等。

3. 细胞质　细胞质（cytoplasm）是由细胞膜包绕的无色透明的胶状体。细胞质的基本成分是水、蛋白质、脂类、核酸及少量的糖和无机盐。细胞质中的核酸主要是RNA，易被碱性染料着色。细胞质是细菌进行新陈代谢的重要场所。细菌细胞质中无内质网和线粒体，但有质粒、核糖体和胞质颗粒等超微结构。

（1）质粒　质粒（plasmid）是存在于细菌细胞质中染色体外的遗传物质，为闭合环状双链DNA分子，质粒携带遗传信息，控制细菌某些特定的遗传性状。质粒具有自行复制能力，随细菌分裂转移到子代细胞中。失去质粒的细菌仍能正常生存，不是细菌生长繁殖所必需的结构。质粒可通过接合或转移等方式转移到另一个细菌。质粒编码的遗传性状有菌毛、细菌素、毒素和耐药性的产生等。质粒在遗传工程中常被用作目的基因的载体。

（2）核糖体　核糖体（ribosome）是游离于细胞质中的微小颗粒，数量可达数万个，由RNA和蛋白质组成，是细菌合成蛋白质的场所。细菌完整的核蛋白体沉降系数为70S，在一定条件下能分离为50S和30S两个亚基。真核细胞的核糖体为80S，由60S和40S两个亚基组成。细菌的核糖体是许多抗菌药物选择作用的靶位。如链霉素能与细菌核糖体上的30S小亚基结合，红霉素能与50S大亚基结合，均能干扰细菌蛋白质的合成而导致细菌死亡，但对人体细胞则无影响。

（3）胞质颗粒 胞质颗粒（cytoplasmic granules）细菌细胞质中含有多种颗粒，多数为细菌储存的营养物质，包括多糖、脂类和磷酸盐等。由 RNA 和多偏磷酸盐为主要成分的胞质颗粒，嗜碱性强，用亚甲蓝（美蓝）染色着色较深，与菌体其他部分不同，称为异染颗粒（metachromatic granule）。异染颗粒常见于白喉杆菌、鼠疫杆菌，对于鉴别细菌有一定意义。

4. 核质 细菌是原核细胞，不具成形的核，集中于细胞质的某一区域，无核膜、核仁和有丝分裂器，称为核质或拟核。核质由单一细长的密闭环状 DNA 分子反复盘绕卷曲形成的网状结构。核质与细胞核的功能相同，是细菌遗传变异的物质基础。

（二）细菌的特殊结构

1. 荚膜 某些细菌在细胞壁外包绕一层黏液性物质，其厚度超过 $0.2\mu m$，边界明显者称为荚膜（capsule）（图 1-7），厚度小于 $0.2\mu m$ 者称为微荚膜（microcapsule）。荚膜对碱性染料亲和力低，用普通染色法不易着色，显微镜下仅能看到在菌体周围有一未着色、发亮的透明圈，只有用特殊染色或墨汁作负染色，可清楚看到荚膜。

荚膜的化学成分：大多数细菌的荚膜由多糖组成，如肺炎双球菌和脑膜炎球菌。链球菌的荚膜为为透明质酸，个别细菌如炭疽杆菌为多肽。荚膜的成分随菌种甚至菌株而异，因此荚膜对于细菌的鉴别和分型具有重要的作用。

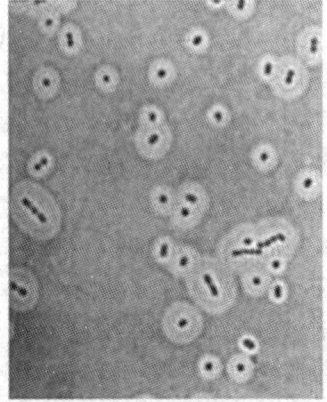

图 1-7 细菌荚膜

荚膜的功能有：①抗吞噬：荚膜具有保护细菌抵抗吞噬细胞的吞噬作用，增强细菌的侵袭力，因此荚膜是病原菌的重要毒力因子。其抗吞噬的机制与荚膜多糖亲水和带负电荷，与吞噬细胞膜有静电排斥力，阻滞表面吞噬活性。②抗损伤：荚膜保护细菌免受体内溶菌酶、补体、抗体和抗菌药物的损伤作用。③抗干燥：荚膜的多糖能储存水分，在干燥的环境中，细菌能从荚膜中取得水分，维持菌体的代谢，延续生命。

2. 鞭毛 某些细菌的菌体上附有细长并呈波状弯曲的丝状物，称为鞭毛（flagellum）。鞭毛的长度超过菌体数倍，长 $5\sim20\mu m$，很细，直径 $12\sim30nm$，特殊染色使鞭毛增粗后在普通光学显微镜下才能看到（图 1-8）。

（1）鞭毛种类 按鞭毛数量和部位的不同分为 4 种（图 1-9）。①单毛菌：菌体一端只有一根鞭毛，如霍乱弧菌。②双毛菌：菌体两端各有一根鞭毛，如空肠弯曲菌。③丛毛菌：菌体一端或两端有一丛鞭毛，如铜绿假单胞菌。④周毛菌：菌体周身遍布许多鞭毛，如伤寒沙门菌。

（2）鞭毛的功能 鞭毛是细菌的运动器官，带有鞭毛的细菌在液体环境中能自由移动。细菌的运动有化学趋向性，可使菌体向营养物质处移动，也可改变方向，逃离有害物质。

（3）医学意义 ①有致病性：有些细菌如霍乱弧菌、空肠弯曲菌等通过活泼的鞭毛运动，帮助细菌穿过小肠表面的黏液层，使菌体黏附于肠黏膜上皮细胞并产生毒性物质而产生病变。②鉴定细菌：根据细菌是否有动力，鞭毛的数量、部位，用于鉴定细菌。如临床上用于鉴别均属于肠道杆菌的伤寒杆菌和痢疾杆菌，两者在菌体形态和革兰染色等方面均相似，但伤寒杆菌有鞭毛，有动力，痢疾杆菌无鞭毛，只能因水分子的撞击而原地颤动，借此可鉴别这两种细菌。③有抗原性：鞭毛的化学成分为蛋白质，鞭毛蛋白质具有很强的抗原性，因此用于

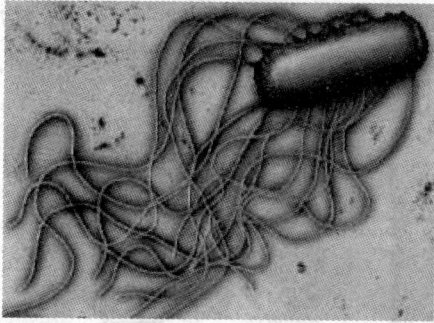

图1-8　细菌的鞭毛

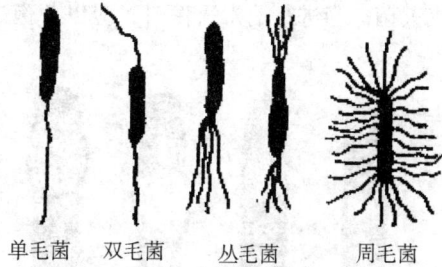

单毛菌　双毛菌　丛毛菌　周毛菌

图1-9　细菌鞭毛的种类

细菌的分类和分型。

3. 菌毛　许多革兰阴性菌和少数革兰阳性菌菌体表面具有比鞭毛更细、更短、的丝状物，称为菌毛（pilus）。菌毛在普通光学显微镜下看不到，必须用电子显微镜观察（图1-10）。菌毛的化学成分主要是蛋白质，有抗原性。菌毛与细菌的动力无关。

根据功能不同，菌毛分为普通菌毛和性菌毛两种。

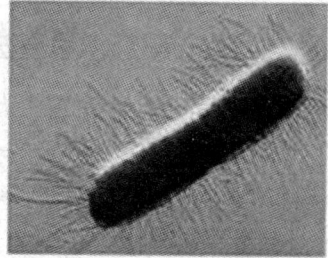

图1-10　菌毛

（1）普通菌毛（fimbria）　普通菌毛是遍布菌体周身、短、细而直。细菌可通过普通菌毛黏附在呼吸道、消化道和泌尿生殖道细胞表面，并定居，进而侵入黏膜细胞内，因此与细菌的致病性有关。细菌一旦失去菌毛，其致病力亦随之消失。

（2）性菌毛（sex pilus）　比普通菌毛长而粗，数量少，一个菌只有1~4根，中空呈管状，与遗传物质传递有关。仅见于少数的革兰阴性菌。性菌毛由一种称为致育因子或F质粒的基因编码，故性菌毛又称F菌毛。有性菌毛的细菌称为雄性菌或F^+菌，无性菌毛的细菌称为雌性菌或F^-菌。F^+菌和F^-菌通过接合的方式传递细菌的毒力、抗药性等。

4. 芽孢（spore）　某些细菌在一定的环境条件下，细胞质脱水浓缩，在菌体内形成一个圆形或卵圆形小体，称为芽孢。产生芽孢的细菌都是革兰阳性细菌主要有炭疽芽孢杆菌和破伤风梭菌等。

（1）芽孢形成与特性　①芽孢形成后，细菌即失去繁殖的能力，菌体即成为空壳，芽孢游离。②芽孢多形成于细菌代谢旺盛的末期，与营养物质消耗、毒性代谢产物堆积有关。条件适宜时，芽孢发芽形成新的菌体。③一个细菌只形成一个芽孢，一个芽孢发芽也只形成一个菌体，细菌数量未增加，因此，芽孢不是细菌的繁殖方式。④芽孢带有完整的核质、酶系统和合成菌体组分的结构，具有细菌的全部生命活性。⑤芽孢代谢缓慢，对营养物质需求降低，失去繁殖的能力，是细菌的休眠体，也是细菌维持生命的特殊形式。

（2）芽孢的染色　芽孢折光性很强，壁厚，普通染色不易着色，在普通光学显微镜下只能只能看到发亮的小体，必须用芽孢特殊染色经过媒染、加热处理后才能着色。

（3）医学意义　①鉴别细菌：芽孢在菌体中的位置、大小和形状随菌种不同而异，这对产芽孢的细菌有重要的鉴别价值（图1-11）。②传染来源：芽孢具有较强的抗热性、抗干燥、抗化学消毒剂和抗辐射等。在自然界中存活数年到数十年，如破伤风杆菌的芽孢在土壤中存活数十年不死，炭疽杆菌的芽孢污染的草原，传染性可保持20~30年。因此，芽孢成为这些传染病的重要传染来源。③灭菌指标：芽孢抵抗力强大，被芽孢污染的用具或手术器械等，用一般的方法不易将其杀死。有的芽孢可耐100℃沸水煮沸数小时。杀灭芽孢最可靠的方法是高压蒸汽灭菌。当进行消毒灭菌时，应以芽孢是否被杀死作为判断灭菌效果的指标。

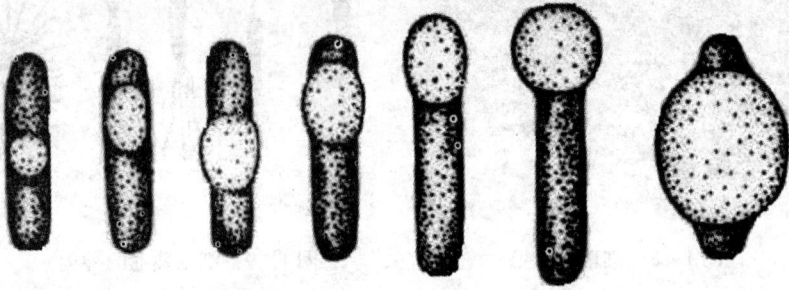

图1-11　细菌芽孢的形状和位置模式图

三、细菌的形态学检查法

细菌重要的形态学特征有：大小、形状、排列、芽孢、鞭毛和荚膜等，以及其他的特殊结构。形态检查是鉴定细菌的第一步，如在涂片标本中发现白喉杆菌的典型形态、排列和异染颗粒，结合临床症状可作初步诊断。

（一）显微镜放大法

细菌菌体个体微小，肉眼不能直接看到，必须借助显微镜放大后才能观察。因此，显微镜是观察细菌最常用的基本工具。

显微镜的种类很多，根据照明光源的性质分为光学显微镜和非光学显微镜两大类。光学显微镜是利用人眼可见的可见光或紫外线作光源，根据其原理和结构的不同分为普通光学显微镜、倒置显微镜、暗视场显微镜、相差显微镜、荧光显微镜、万能显微镜、共聚焦显微镜等不同类型。非光学显微镜是指电子显微镜。不是利用人眼可见的光或紫外线作为光源，而是以电子束作为光源，并用"电磁透镜"作透镜。还有光电结合的新型显微镜如电视显微镜。在检查细菌的形态与结构时最常用普通光学显微镜。

1. 普通光学显微镜　普通光学显微镜的基本工作原理是用物镜和目镜的多组凸透镜将物象逐级放大并反射到视网膜上的过程。通常用可见光如日光或灯光为光源，波长 $0.4\sim0.7\mu m$，平均约 $0.5\mu m$。在最佳条件下普通光学显微镜的最大分辨率为 $0.25\mu m$，为光波波长的一半。若用物镜为100倍，目镜为10倍的的油镜观察，$0.25\mu m$ 的微粒能放大到1000倍后成 $0.25mm$，人的眼睛就可以看清。一般细菌都大于 $0.25\mu m$，所以用普通光学显微镜均能观察。常用显微镜的最大放大倍数为1600倍。

2. 暗视场显微镜　暗视场显微镜是根据丁达尔（Tyndall）现象原理设计的显微镜，与普通光学显微镜不同之处是使用一种特殊的暗视场聚光器，使视野变暗，而标本上的细菌能反射发光，明暗对比较清楚。暗视场显微镜具有较高的分辨力，它能观察到普通光学显微镜下所看不到的微粒，所以，亦称超显微镜或限外显微镜。它主要用于观察未染色的活体细菌、螺旋体等微生物。

3. 荧光显微镜　荧光显微镜的聚光镜汇聚高压汞灯为光源发出的激发光（通常是紫外光、蓝紫光），通过激发滤镜后，滤除比紫外光长的波长，只允许一定波长的紫外光和蓝紫光通过并到达已被荧光染色的细菌上，从而使细菌内的荧光物质被激发辐射出比紫外光的波长较长的荧光（蓝紫光激发，产生黄色光），产生的黄色光即荧光与剩余的紫外光到达阻断滤镜，剩余的紫外光被除去，只有荧光到达眼睛。通过荧光显微镜观察细菌在暗的背景上，呈现发出荧光的细菌放大图像。

4. 相差显微镜 用普通光学显微镜观察活细胞时，由于物体透明，不易看清内部结构和组织。相差显微镜是在普通光学显微镜中增加了两个部件，即在聚光镜上加一个环状光栏，在物镜的后焦面加一个相板，这些特殊的相差装置，使看不到的相位差变成以明暗显现的振幅差，从而可以用来观察未染色的活细菌及其内部结构。

5. 电子显微镜 电子显微镜是以电流代替光源，以电磁圈代替放大透镜的放大仪器。由于电磁波较光波更短，所以可以利用电子显微镜看到更为微细的结构，仅为可见光波长的几万分之一，其放大倍数可高达数十万倍，分辨力可达1nm。利用特殊染色、喷涂投影、冰冻蚀刻、表面扫描等技术，观察细菌的超微结构。在医学领域中应用的电子显微镜有透射电镜、扫描电镜、免疫电镜、分析电镜、超高压电镜等。

（二）不染色标本的检查法

细菌标本不经染色直接在普通光学显微镜或暗视野显微镜下观察，可看到细菌的形态及其运动情况。常用悬滴法或压滴法制备标本，用普通光学显微镜检查细菌有无动力，以判断细菌是否有鞭毛。用相差显微镜、暗视野显微镜观察活菌标本，使标本背景为暗色，衬托出不同折光性的细菌。

（三）染色标本检查法

细菌染色是细菌形态学检查的一项基本技术。细菌个体小，半透明，必须借助染色法使菌体着色，增加反差以便观察细菌的形态与结构。染色技术是染色剂与细菌的细胞质结合。由于细菌的等电点在2~5之间，在中性及弱碱性环境中细菌带负电，易与带阳电的碱性染料结合，故染色剂常用碱性苯胺染料，如结晶紫、亚甲蓝（美蓝）、碱性复红等。酸性染色剂不能使细菌着色，但可使背景着色形成反差，称为负染色（negative staining）。一般染色法分为单染色法和复染色法。

1. 单染色法 仅用一种染料，如亚甲蓝（美蓝）、结晶紫或石炭酸复红稀释液等，使细菌染成一种颜色。该法是最基本的染色方法，但这种方法只能观察细菌的形态大小，对细菌无鉴别价值。

2. 复染色法 又称鉴别染色法，是用两种或两种以上染料染色，能将不同种类的细菌或同一细菌的不同结构染成不同的颜色，具有协助鉴别细菌的作用。常用的复染色法有革兰染色和抗酸染色法。还有对细菌特殊结构染色的特殊染色法。

（1）革兰染色法（Gram stain） 是丹麦细菌学家革兰（Christain Gram）于1884年发明的。至今已逾百年，但仍是细菌学中最重要最常用的鉴别染色技术。具体方法是首先将标本涂片、固定、干燥，然后滴加结晶紫染液初染，再加革兰碘液媒染，使菌体内形成结晶紫－碘复合物，此时标本中的各种细菌均被染成紫色，再用95%乙醇脱色，有些细菌被脱掉颜色，有些不被脱色。最后用稀释复红复染。染色结果为不被乙醇脱色仍保留紫色者为革兰阳性菌，被乙醇脱色后复染成红色者为革兰阴性菌。

革兰染色具有重要的实际意义。①鉴别细菌：可将细菌染成革兰阳性菌和革兰阴性菌两大类，因而可初步识别细菌、缩小范围，有助于进一步鉴别。②选择药物参考：革兰阳性菌与革兰阴性菌在细胞壁等结构上有很大差异，对抗生素等药物的敏感性不同，临床上根据染色结果，选择有效的药物及时治疗。③与致病性有关：大多数革兰阳性菌产生外毒素，革兰阴性菌产生内毒素，两者致病作用不同，因此可采取有针对性的方案进行治疗。

（2）抗酸染色法（acid – fast stain）　是鉴别分枝杆菌属的染色法。能将细菌分为两大类，即抗酸性细菌和非抗酸性细菌。但抗酸性细菌种类较少，大多数细菌均为非抗酸性细菌，故一般仅在怀疑抗酸性细菌时用之，不作为常规检查。抗酸染色的原理为结核杆菌的细胞壁中含有大量的脂质，用普通染色法不易被着色，需在加热条件下与石炭酸复红牢固结合形成复合物。而且用酸性乙醇处理不能使其脱色，故菌体被染成红色。而非抗酸菌经乙醇处理后被脱色，再经亚甲蓝（美蓝）复染后细菌呈蓝色。

（3）特殊染色法　细菌的结构如荚膜、鞭毛、芽孢、细胞壁和异染颗粒等的染色，用一般染色法不易着色，必须用特殊染色法才能使这些结构着色，染成与菌体不同的颜色，利于观察和鉴别细菌。如荚膜，一般采用负染色法，使背景与菌体着色，而荚膜不着色，在菌体周围形成一透明区，将菌体衬托出来便于观察分辨，故又称衬托法染色。普通染色只能看到菌体周围有未着色的透明圈。用特殊染色法可将荚膜染成与菌体不同的颜色。鞭毛染色是需经媒染剂（鞣酸）处理，促使染料分子吸附于鞭毛上，并形成沉淀，使鞭毛直径加粗，然后进行染色。

芽孢染色是用着色力强的石炭酸复红初染，在加热条件下染色，使染料不仅进入菌体也可进入芽孢内，进入菌体的染料经水洗后被脱色，而芽孢一经着色难以被水洗脱，当用对比度大的碱性亚甲蓝（美蓝）复染后，芽孢仍保留初染剂的颜色，而菌体和芽孢囊被染成复染剂的颜色，使芽孢和菌体易于区分。

第二节　细菌的生长与繁殖

细菌是单细胞原始生物，具有独立的生命活动能力，它们的繁殖方式以及生长情况与高等动植物细胞有较大的差异。细菌的生长繁殖易受环境条件的影响，在环境条件适宜时，细菌不断地从外界吸取各种营养物质，通过分解代谢和合成代谢，获得原料和能量，并合成菌体自身成分，使细菌生长繁殖。当环境条件不利于细菌生长时，细菌的繁殖停滞或死亡。了解细菌生长繁殖的条件和规律，有助于细菌的人工培养和分离鉴定等，对细菌性疾病的诊治、预防和选择有效的抗生素都具有重要的意义。

一、细菌生长与繁殖的条件

细菌种类繁多，各种细菌具有不同的酶系统，新陈代谢的能力有差异，所需要的繁殖条件也有不同，但适宜的营养物质和生存环境是细菌生长繁殖的必备条件。

（一）营养物质

细菌从环境中吸收的为代谢活动所必须的有机和无机化合物称为营养物质。营养物质的主要作用是用于组成细菌菌体的各种成分；提供细菌新陈代谢中所需的能量（详见第六章）。

（二）合适的酸碱度

多数病原菌的最适 pH7.2 ~ 7.6，为弱碱性。在这种环境中细菌的酶活性最强。人类的血液、组织液为 pH7.4，细菌极易生存。胃液偏酸，绝大多数细菌可被杀死。个别细菌如结核分枝杆菌在 pH6.5 ~ 6.8 的偏酸环境中生长良好；而霍乱弧菌在 pH8.5 ~ 9.0 的碱性环境中生长最好。

（三）适宜的温度

不同细菌对温度要求不同，据此分为嗜冷菌、嗜温菌和嗜热菌。多数病原菌在长期进化过程中适应人体环境，均为嗜温菌，最适生长温度为人的体温，即37℃，所以实验室一般采用37℃恒温箱培养细菌。

（四）必要的气体

细菌生长繁殖需要的气体是氧气和二氧化碳。根据细菌对分子氧的需要不同，将细菌分为四类。

1. 专性需氧菌 具有完善的呼吸酶系统，以分子氧作为受氢体，只能在有氧环境中生长繁殖。如结核分枝杆菌、霍乱弧菌、铜绿假单胞菌。

2. 微需氧菌 在5%～6%的低氧压环境中生长最好，氧浓度超过10%对细菌有抑制作用。如空肠弯曲菌、幽门螺杆菌。

3. 兼性厌氧菌 兼有需氧呼吸和无氧发酵两种功能，在有氧和无氧环境中均能生长繁殖，但在有氧时生长较好。大多数病原菌属于此类，如葡萄球菌、伤寒沙门菌等。

4. 专性厌氧菌 缺乏完善的呼吸酶系统，分子氧不利于细菌的生长，只能在无氧环境进行发酵。如破伤风梭菌、脆弱类杆菌。

厌氧菌在有氧条件下不能生长的原因如下。①缺乏氧化还原电势（Eh）高的呼吸酶，在有氧时，环境中的营养物质都是氧化性，需要Eh高的细胞色素和细胞色氧化酶等呼吸酶，才能氧化营养物质获得能量，但厌氧菌缺乏呼吸酶，故在有氧时不能生长。②缺乏解毒酶：细菌在有氧环境中生长繁殖过程中，常产生超氧阴离子和过氧化氢，这类物质均为强氧化剂，具有强杀菌作用。需氧菌有超氧歧化酶和触酶，前者将超氧阴离子转化为过氧化氢，后者进一步将过氧化氢分解为无毒的水和分子氧，从而消除了对细菌的毒性作用。厌氧菌缺乏这些酶，在有氧环境中不能生存。

大多数细菌在代谢过程中产生的二氧化碳即可满足自身需要。少数细菌如脑膜炎奈瑟菌、淋病奈瑟菌在初次分离培养时需人工供给5%～10%的二氧化碳，促进细菌迅速生长繁殖。否则生长很差甚至不能生长。

二、细菌的繁殖方式、速度与规律

（一）细菌的繁殖方式

细菌以简单的二分裂法进行无性繁殖，个别细菌如结核分枝杆菌偶有分枝繁殖的方式。球菌从不同平面分裂，分裂后形成多种方式的排列，杆菌沿横轴分裂。细菌菌体细胞的分裂大体有三个过程：核质染色体DNA的复制和分裂、形成横隔壁、子代细胞的分离。细菌分裂时菌细胞首先增大，染色体复制。革兰阳性菌的染色体与中介体相连，当染色体复制时，中介体一分为二，各向两端移动，分别拉着复制好的一条染色体移到细胞的一侧，接着菌体中部的细胞膜由外向内凹陷，形成横隔，细胞壁沿着凹陷的横隔向内生长，成为两个子细胞的胞壁，最后由于肽聚糖水解酶的作用，使细胞壁肽聚糖的共价键断裂，形成两个菌细胞，完成一次分裂。分裂后的细胞可很快分离。革兰阴性菌无中介体，染色体直接连接在细胞膜上，复制产生的新染色体附着在邻近的一点上，在两点之间形成新的细胞膜，将各自的染色体分隔在两侧，最后细胞壁沿横隔内陷，整个细胞分裂成两个菌细胞。

（二）细菌的繁殖速度

细菌在适宜条件下，多数细菌繁殖速度极快。细菌分裂数量倍增所需要的时间称为代时，细菌代时一般为 20 ~ 30min，繁殖速度极快是细菌最突出的特点。个别细菌繁殖速度较慢，如结核分枝杆菌的代时为 18 ~ 20h，梅毒螺旋体为 33h。

（三）细菌的繁殖规律

多数细菌繁殖速度极快，由于细菌繁殖中的营养物质的消耗，有害代谢产物的积累，细菌不可能无限的高速度繁殖。经过一定时间后，细菌增殖速度减慢，细菌死亡数逐渐增加，活菌增长率随之下降，代谢活动趋于停滞。

将一定数量的细菌接种于液体培养基中其生长繁殖有一定规律性，以培养时间为横坐标，以活菌数的对数为纵坐标，可绘制出一条生长曲线（图 1 - 12）。

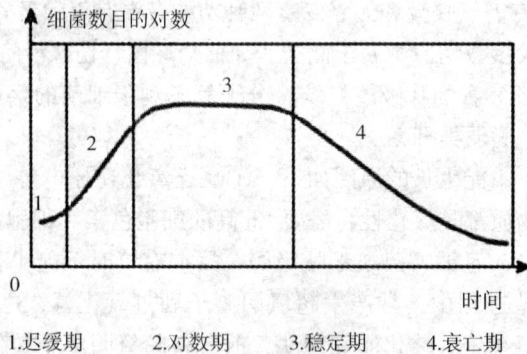

1.迟缓期　　2.对数期　　3.稳定期　　4.衰亡期

图 1 - 12　细菌的生长曲线

根据生长曲线，细菌的生长繁殖分为 4 期。①迟缓期（lag phase）：又称适应期。是指细菌接种于培养基后，对新环境的短暂适应阶段，为培养最初的 1 ~ 4h。该期细菌体积增大，代谢活跃，主要为细菌的分裂增殖合成和储备充足的酶、能量和中间代谢产物。此期曲线平坦稳定，因细菌繁殖极少。②对数期（log phase）：此期细菌生长迅速，细菌数目以几何级数增加，生长曲线上活菌数直线上升，为培养后的 8 ~ 18h。细菌的形态、染色性、生理特性均较典型，对抗生素敏感。因此，研究细菌性状、对药物的敏感性等应选用该期的细菌。③稳定期（stationary phase）：由于培养基中的营养物质消耗、毒性代谢产物的堆积和 pH 的下降等，使细菌的繁殖速度减慢，细菌的繁殖数与死亡数逐渐趋于平衡，细菌的形态、染色、生理特性出现改变，细菌的芽孢开始形成，并产生外毒素、氨基酸、抗生素等代谢产物。④衰亡期（decline phase）：由于有害代谢产物的大量堆积，细菌繁殖越来越慢甚至停止，死亡菌数明显增加，活菌生长曲线显著下降。细菌形态改变，如出现细菌肿胀、细菌变长或畸形衰变，甚至菌体自溶，生理代谢活动趋于停滞，出现在该期的陈旧培养物上的细菌，难以进行鉴别。

细菌的生长曲线反映了细菌在培养基中的生长繁殖的动态变化，因此，掌握细菌的生长规律，可有目的地研究控制病原菌的生长，发现和培养对人类有用的细菌。在发酵工业上，为更好地获得细菌产生的氨基酸、抗生素等代谢产物，通过补充营养物质、调节 pH、移去代谢产物等使稳定期延长；在制剂制备过程中，把灭菌准备工作时间，限制在细菌对数生长期之前，以保证输液质量和减少细菌热原质的污染。

三、细菌的人工培养

细菌的人工培养是指根据细菌生长繁殖的条件及其规律，用人工方法提供细菌必需的营养物质和适宜的生长环境在体外培养细菌。细菌的人工培养对细菌的鉴定和生物学性状的研究、传染病的诊断和治疗、生物制品的制备具有重要的意义。

（一）培养基

培养基（culture medium）是由人工方法配制的适合细菌生长繁殖的营养基质。培养基的种类较多，按其营养组分和用途不同分为以下几类。

1. 基础培养基 含有多数细菌生长繁殖所需的基本营养成分。常用的有肉汤培养基和普通琼脂培养基。成分主要有牛肉汤、蛋白胨、氯化钠和水等，若加入一比例的琼脂即为琼脂培养基。基础培养基除可用于培养一般的营养要求不高的细菌外，也是配制其他培养基的基础。

2. 营养培养基 在基础培养基中加入适量血清、血液、葡萄糖、酵母浸膏、生长因子等，用于营养要求较高的细菌生长。常用的是血琼脂平板。

3. 鉴别培养基 根据各种细菌对糖和蛋白质的分解能力及其代谢产物的不同，在基础培养基中加入特定的作用底物和指示剂，一般不加抑菌剂，观察细菌在其中生长后对底物的分解能力，从而鉴别细菌。常用的有各种单糖发酵管、伊红 - 亚甲蓝琼脂、双糖铁培养基等。

4. 选择培养基 根据细菌对化学物质的敏感性不同，在培养基中加入一定的化学物质，抑制某些细菌的生长，而有利于另一些细菌生长，选择出目的细菌。如分离肠道致病菌的 SS 琼脂培养基中含有的胆盐，抑制革兰阳性菌，枸橼酸钠和煌绿能抑制大肠埃希菌，而对沙门菌和志贺菌的生长没有影响，常用于肠道致病菌的分离与培养。

5. 厌氧培养基 在培养基中加入具有还原剂作用生物或化学物质，以降低培养基中的氧化还原电势。常加入亚甲蓝（美蓝）作为氧化还原指示剂，专供厌氧菌的分离培养和鉴定。常用的有疱肉培养基和硫乙醇酸盐肉汤培养基等。

（二）细菌在培养基中的生长现象

不同的细菌在各种培养基中的生长现象各异。

1. 在液体培养基中的生长现象 细菌在液体培养基中主要有三种生长现象。①混浊生长：大多数细菌在液体培养基中生长后呈均匀混浊状态，如葡萄球菌。②沉淀生长：少数呈链状排列的细菌沉淀于试管的底部，如链球菌。③表面生长：专性需氧菌对氧气浓度要求较高，生长时浮在液体表面，形成菌膜，如结核分枝杆菌、枯草芽孢杆菌。

2. 在半固体培养基中的生长现象 半固体培养基中琼脂含量少，硬度低，采用穿刺接种法培养，出现两种生长现象：①扩散生长：有鞭毛的细菌沿穿刺线生长，并向四周扩散，使培养基呈羽毛状或云雾状混浊，穿刺线模糊不清。②线状生长：无鞭毛的细菌不能运动，只能沿穿刺线生长，周围的培养基澄清透明。半固体培养基可用于检查细菌的动力。

3. 细菌在固体培养基上的生长现象 将细菌通过分离划线法接种在固体培养基表面，培养一定时间后，在培养基的表面出现由单个细菌繁殖形成的肉眼可见的细菌集团，称为菌落（colony）。一个菌落是由一个细菌生长繁殖而来，故可取单个菌落进行细菌纯培养。多个菌落融合成一片称为菌苔（mossy）。不同细菌形成的菌落大小、形状、颜色、边缘、溶血情况等均不相同。根据菌落的特征可以初步识别和鉴定细菌。

（三）人工培养细菌的意义

1. 在医学上的意义 人工培养细菌在医学上可用于下述领域。①传染病的病原学诊断：

细菌感性疾病的诊断需要取患者标本，分离培养和鉴定，作出初步诊断。分离培养的纯细菌可进行药物敏感试验，指导临床合理使用抗生素。②制备生物制品：将分离培养出来的纯种细菌，制成临床诊断菌液，用于传染病的诊断、制备疫苗、类毒素等；制备的疫苗或类毒素注入动物，获取免疫血清或抗毒素，用于传染病的治疗或紧急预防。③细菌特性的研究：有关细菌的生理、遗传与变异、致病性、免疫性和耐药性等的研究都需要人工培养细菌。也是发现新病原菌的先决条件之一。④细菌毒力分析及细菌学指标的检测：人工培养细菌后，通过免疫学方法检测细菌的毒力因子，结合动物实验鉴定细菌的侵袭力和毒力。

2. 在工农业生产上的意义　细菌在培养和发酵过程中，产生许多代谢产物，经过加工处理可提供人类利用。如酒、酱油、味精、维生素、氨基酸、抗生素等产品。用细菌培养物进行废水和垃圾的无害化处理、制造细菌肥料、农药杀虫剂等。

3. 在基因工程方面的意义　由于细菌容易培养、繁殖迅速、操作方便、便于保存、基因表达产物易于纯化等特点所以在基因工程的实验和生产中，首先在细菌中进行。如将带有外源性基因的重组 DNA 转化给受体菌，使其在在菌体内获得表达，从而获得大量基因表达产物。大肠埃希菌、酵母菌等都是最常用的工程菌，用于制备出大量的生物活性产物，如用基因工程技术已成功地制备了胰岛素、干扰素、乙肝疫苗等。

第三节　细菌与人类的关系

自然界中绝大多数细菌对人类和动、植物的生存是有益的，有些甚至是必要的。微生物药学工作者利用微生物生产抗生素等药物，抑制或杀灭病原微生物。有少数微生物能引起人类及动、植物的损害，称为病原微生物。

一、细菌在制药工业中的应用

1. 产生药物　细菌用于抗生素、氨基酸、维生素等药物产生。细菌主要生产环状或链状多肽类抗生素，如链霉菌产生氨基环醇类、聚酮体类、多肽类；多黏杆菌属产生多黏菌素可以抑制大多数的革兰阴性菌；短芽孢杆菌产生的杆菌肽对大多数革兰阳性菌有高度抗菌活性。细菌能合成药用的氨基酸，如黄色短杆菌产生谷氨酸，L－氨基酸，这些埃希菌属细菌产生氨基酸都是输液的重要原料。细菌可以合成维生素 C、维生素 B_2、维生素 B_{12}、β－胡萝卜素等。目前应用维生素发酵微生物进行工业生产这些维生素。

2. 产生基因工程药物　将目的基因克隆到细菌宿主细胞生产一系列基因工程蛋白质药物，如干扰素、白细胞介素、人生长因子、肿瘤坏死因子和链激酶等。

3. 微生态制剂　是一种新型的活菌制剂，根据微生态学原理，运用优势菌群，经过鉴定、培养、干燥等系列特殊加工制成的。具有调整生态失调、保持微生态平衡，改善人体肠道功能和合成维生素的作用。微生态制剂是通过乳酸链球菌、乳酸杆菌和双歧杆菌等有益菌群共生增殖而发挥出巨大功能的生物技术制品。以其天然、无毒、无不良反应、安全可靠、不污染环境的优越性而备受关注。

4. 产生酶制剂　生产酶制剂的微生物有丝状真菌、酵母、细菌三大类群，主要是用好气菌。如枯草芽孢杆菌和地衣形芽孢杆菌深层发酵生产的淀粉酶类。淀粉酶主要用于制糖、纺织品退浆、发酵原料处理和食品加工等。用地衣形芽孢杆菌、短小芽孢杆菌和枯草芽孢杆菌以深层发酵生产细菌蛋白酶，用于皮革脱毛、毛皮软化、制药、食品工业。

二、细菌的致病性

细菌的致病性是指细菌能引起机体产生疾病的特性。不同致病菌引起宿主不同的病理过程和临床症状，如伤寒杆菌引起伤寒病，淋病奈瑟菌引起淋病，结核分枝杆菌引起结核病。病原菌的致病作用，与细菌的毒力、侵入途径和侵入数量密切相关。

（一）细菌的毒力

毒力（virulence）是指致病菌致病力强弱的程度。是细菌致病性量的概念，通常以半数致死量（LD_{50}），即在一定时间内，通过一定途径，能使一定体重的实验动物半数死亡所需要的最小细菌数或毒素量。

细菌致病的关键是侵袭力和毒素。致病菌首先借助于其表面结构黏附到宿主细胞表面，通过产生侵袭性酶类感染宿主细胞，并大量的生长繁殖产生毒素，导致机体疾病。

1. 侵袭力 是指病原菌突破机体的防御功能，侵入机体立足定居、生长繁殖和扩散蔓延的能力。主要包括三个方面，即黏附与侵入的能力；繁殖和扩散的能力；抵抗宿主细胞防御功能的能力。

（1）黏附与侵入 细菌致病首先是黏附于宿主呼吸道、消化道、泌尿生殖道黏膜细胞上，在局部生长繁殖。革兰阴性菌通过菌毛，革兰阳性菌借助于菌体表面的毛发样突出物，如A族链球菌的膜磷壁酸，金黄色葡萄球菌的脂磷壁酸等吸附宿主细胞而立足和定居。细菌黏附具有组织特异性，如A族链球菌黏附于咽喉部，痢疾杆菌黏附于结肠黏膜。黏附作用的组织特异性与宿主细胞表面致病菌的特异性受体有关。致病菌的菌毛与相应受体结合，构成感染的第一步。

（2）繁殖与扩散 细菌由侵入部位向周围和深层组织扩散必须具备两种能力：①适应组织内环境的能力；②抵抗机体防御作用的能力机体具有自我保护作用，细菌必须破坏机体的组织屏障，通过产生侵袭性酶来实现。常见的侵袭性酶类如下。

血浆凝固酶：血浆凝固酶（coagulase）是致病性葡萄球菌产生的一种胞外酶。其作用是使血浆中的纤维蛋白原变为纤维蛋白，使血浆发生凝固。凝固物沉积在菌体表面或病灶周围形成屏障，保护细菌免受吞噬细胞的吞噬和抗体的中和作用。

透明质酸酶：透明质酸酶（hyaluronidase）又称扩散因子，可分解机体结缔组织中的透明质酸，使细胞间隙增大，组织疏松，通透性增加，有利于细菌的扩散。如溶血性链球菌产生此酶。

链激酶：链激酶（streptokinase，SK）能激活血浆中纤维蛋白酶原形成纤维蛋白酶，溶解血浆中的纤维蛋白凝块，促使细菌在体内扩散。如乙型溶血性链球菌产生该酶。

胶原酶：胶原酶（collagenase）能分解结缔组织中的胶原纤维，使细菌在组织内扩散。

sIgA酶：sIgA酶破坏sIgA对黏膜的保护作用，有利于病原菌的黏附和扩散。如淋病奈瑟菌。

（3）抵抗宿主细胞的防御 致病菌通过以下结构和物质发挥抗吞噬作用。①荚膜和微荚膜：如肺炎链球菌的荚膜，伤寒杆菌Vi抗原和大肠埃希菌的K抗原等位于细胞壁外层的结构，称为微荚膜，都具有抗宿主吞噬细胞的吞噬作用，使致病菌能在宿主体内大量繁殖和扩散。②产生杀白细胞素：致病性葡萄球菌产生杀白细胞素，杀死中性粒细胞和巨噬细胞；链球菌产生溶血素，对白细胞、红细胞、巨噬细胞等多种细胞军有毒性作用。③产生血浆凝固酶，抵抗吞噬，保护细菌。

2. 毒素　细菌的毒素是构成致病菌毒力的重要的物质基础。按其来源、性质和作用不同，分为外毒素（exotoxin）和内毒素（endotoxin）两种。

（1）外毒素　外毒素是细菌在生长繁殖过程中在菌体内合成并分泌到菌体外的毒性蛋白质。主要有革兰阳性菌产生，少数革兰阴性菌如痢疾杆菌、霍乱弧菌、肠产毒素性大肠杆菌等也产生外毒素。根据外毒素对宿主细胞的亲和性和作用方式分为肠毒素、神经毒素和细胞毒素三类。外毒素有以下特征。①理化性质：外毒素为蛋白质，不耐热，一般在 60～80℃经30min 后即被破坏。如破伤风毒素于 60℃经 20min 可破坏其毒性，但葡萄球菌肠毒素能耐受100℃30min，并能抵抗胰蛋白酶的破坏作用。②分子结构：由 A 和 B 两种亚单位组成。A 亚单位是外毒素的活性部分，决定毒性效应。B 亚单位为结合成分，无毒性，能与宿主细胞表面的特异性受体结合，介导 A 亚单位进入靶细胞，并决定毒素对机体细胞的选择亲和性。③毒性作用：外毒素毒性作用极强，如肉毒梭菌产生的肉毒毒素 1mg 纯品能杀死 2 亿只小鼠，毒性比氰化钾强 1 万倍，对人的致死量约 0.1μg，是目前已知的毒性最强的毒素。④组织选择：不同细菌产生的外毒素，对机体的组织器官具有选择性，引起特殊的病变和临床症状。如肉毒毒素能阻断胆碱能神经轴突末梢释放乙酰胆碱，使肌肉松弛型麻痹，如眼和咽肌等麻痹，引起眼睑下垂、复视、斜视、吞咽困难等症状。破伤风外毒素阻断上下神经元之间抑制性神经冲动的传递，导致骨骼肌强直性痉挛。⑤免疫原性：外毒素抗原性强，可刺激机体产生抗毒素抗体。⑥制备类毒素：外毒素经 0.3%～0.4% 甲醛处理后，可以脱去毒性而保留免疫原性，称为类毒素（toxoid），常用于人工被动免疫。如用于预防破伤风的破伤风类毒素，预防白喉的白喉类毒素。

（2）内毒素　内毒素主要是革兰阴性菌细胞壁中的脂多糖成分，只有在细菌死亡或人工裂解后才能释放出来。常用超声波处理细菌或反复冻融细菌的方法制备内毒素。内毒素具有以下特征。①化学成分：为脂多糖（LPS），由特异性多糖、非特异性核心多糖和脂质 A 三部分组成。②理化性质：耐热，加热100℃经 1h 不被破坏，必须经160℃ 2～4h 或用强酸、强碱、强氧化剂煮沸30min 才被灭活，这一性质具有重要的临床意义。③毒性作用：内毒素毒性作用相对较弱，无组织和细胞选择性，不同革兰阴性菌内毒素的毒性作用大致相同，主要的生物学作用有：发热反应，人体对细菌内毒素极为敏感。极微量（1～5ng/kg）的内毒素进入血液后就能引起体温升高，其机制是内毒素激活巨噬细胞，使之产生 IL-1、IL-6 和 TNF-α等细胞因子，这些细胞因子作为内源性致热原作用于宿主下丘脑的体温调节中枢，导致发热反应；白细胞反应，细菌内毒素进入血液后，白细胞数量迅速减少，这是由于内毒素使大量的白细胞发生移动并黏附到组织毛细血管壁所致。数小时后，内毒素诱生的中性细胞释放因子刺激骨髓释放大量的中性粒细胞进入血流，使白细胞数量显著增加，有部分不成熟的中性粒细胞也被释放出来。伤寒沙门菌的内毒素使白细胞总数始终是减少状态，其机制尚不明。由于绝大多数被革兰阴性菌感染的患者血中白细胞总数都会升高，所以通过检测患者血液中的白细胞总数，初步区别细菌性感染还是病毒性感染，有利于临床上选择合适的药物。被病毒感染的病人，其白细胞总数和中性粒细胞百分比基本在正常值范围内；内毒素血症与内毒素休克，当病灶或血液中革兰阴性病原菌大量死亡，释放的内毒素进入血液时，机体出现内毒素血症（endotoxemia）。大量内毒素作用于巨噬细胞、中性粒细胞、内皮细胞、血小板，以及补体系统和凝血系统等，产生 IL-1、IL-6、IL-8 和 TNF-α、组胺、5-羟色胺、前列腺素、激肽等生物活性物质。这些物质作用于小血管造成功能紊乱而导致微循环障碍，临床表现为微循环衰竭、低血压、缺氧、酸中毒等，从而导致休克，这种病理反应称为内毒素休克；

弥散性血管内凝血，细菌内毒素均可损伤组织及血管内皮细胞，激活因子Ⅻ激肽释放酶及缓激肽，进一步激活凝血系统，使血液凝固，广泛的血管内凝血使大量凝血因子消耗，进而引起广泛性出血，最后导致弥散性血管内凝血（disseminated intravascular coagulation，DIC），DIC常出现皮肤和黏膜出血、渗血及内脏广泛出血，重者可致死亡。④免疫原性：免疫原性弱，内毒素刺激机体产生的相应抗体，中和作用较弱。⑤不能制备类毒素：不能用甲醛处理制成类毒素。

表 1 - 2　　细菌外毒素与内毒素的主要区别

区别要点	外毒素	内毒素
毒素来源	革兰阳性菌与部分革兰阴性菌	革兰阴性菌
存在部位	菌体内合成后释放到菌体外	菌体细胞壁的成分，菌体裂解后释出
化学成分	蛋白质	脂多糖
热稳定性	不稳定，60～80℃，30min 被破坏	耐热，250℃，30min 被破坏
毒性作用	强，对组织器官有选择性毒性效应，引起特殊临床表现	较弱，各菌的毒性效应大致相同，引起发热、白细胞增多、微循环障碍、休克、弥散性血管内凝血等
免疫原性	强，刺激机体产生抗毒素；甲醛液处理脱毒形成类毒素	弱，刺激机体产生的中和抗体作用弱；甲醛液处理不形成类毒素
编码基因	常为质粒	细菌染色体

（二）病原菌侵入的数量

具有毒力的病原微生物侵入机体后，尚需有足够的数量才能引起传染。致病菌的毒力越强，致病所需的病原微生物数量越少。如毒力强的鼠疫杆菌只需几个细菌侵入机体，就可引起鼠疫；而毒力弱的病原微生物如沙门菌则需摄入数亿个细菌才能使机体致病。

（三）病原菌侵入的途径

具有一定毒力和相当数量的病原菌，还需通过适当的感染途径，才能侵入机体，使其致病，如伤寒杆菌、痢疾杆菌只有进入消化道才引起肠道疾病；脑膜炎球菌、肺炎链球菌经呼吸道感染；破伤风梭菌经深的伤口传染；淋病奈瑟菌仅通过性接触感染致病。也有一些病原菌，可经多种途径进入机体，如结核分枝杆菌既可经呼吸道、消化道及皮肤伤口等途径进入机体引起感染。

（四）病原菌的感染类型

病原菌的致病作用和机体的免疫力相互作用，出现不同的感染类型。

1. 隐性感染　当入侵的病原菌数量较少，毒力较弱或机体有较强的免疫力时，感染后对人体损害较轻，不出现明显的临床症状，称隐性感染（inapparent infection）。大多数传染病的流行中，感染人群90%以上不出现症状。通过隐性感染，机体可获得特异性免疫力，在防御同种病原菌感染上有重要意义。如流行性脑脊髓膜炎等大多由隐性感染而获得免疫力。

2. 显性感染　当入侵的病原菌毒力较强，数量较多或机体免疫力较弱时，病原菌可在机体内生长繁殖，产生毒性物质，使机体组织细胞受到一定程度的损害，表现出明显的临床症状，称为显性感染（apparent infection），即一般所谓传染病。显性感染的过程在体可分为潜伏期、发病期及恢复期。这是机体与病原菌之间相互斗争的结果，反映了感染与免疫的发生与发展。

（1）根据病情缓急显性感染分为急性感染和慢性感染。①急性感染：发病急，病程短，一般持续数日至数周。病愈后，病原菌从宿主体内消失。如肺炎链球菌、霍乱弧菌等引起的感染。②慢性感染：发病缓慢，病程较长，可持续数月至数年。胞内菌引起的感染多为慢性感染，如结核分枝杆菌、麻风分枝杆菌等引起的感染。

（2）根据感染的部位不同分为局部感染和全身感染。①局部感染：病原菌侵入机体后仅局限于一定部位生长繁殖，产生毒性产物，引起局部病变，如化脓性球菌引起的疖、痈等。②全身感染：病原菌侵入机体后，病原菌及其毒素进入淋巴管或血液，并向全身扩散引起全身症状。在全身感染过程中可能出现以下情况。

菌血症（bacteremia）：是指病原菌自局部病灶不断地侵入血液，但未在血中大量生长繁殖。如伤寒早期的菌血症、布氏杆菌菌血症。

毒血症（toxemia）：是病原菌在局部生长繁殖过程中，细菌不侵入血液，但其产生的毒素进入血液，引起特殊的的毒性症状，如白喉、破伤风等。

败血症（septicemia）：是病原菌不断侵入血液，并在血液中大量生长繁殖，释放毒素，造成机体严重损害，引起全身中毒症状，如不规则高热、皮肤、黏膜淤血、肝、脾肿大等。如鼠疫耶氏菌、炭疽芽孢杆菌等引起的败血症。

脓毒血症（pyemia）：化脓性细菌由局部侵入血液，并在血液中大量生长繁殖，并通过血液扩散至全身多个器官（如肝、肺、肾等），引起多发性、化脓性病如金黄色葡萄球菌严重感染时引起的脓毒血症，常引起多发性肝脓肿、皮下脓肿、肾脓肿等。

3. 带菌状态　在隐性感染或显性感染后，病原菌并未立即消失，而在体内继续存在，并不断排出体外，形成带菌状态。处于带菌状态的人称带菌者（carrier）。

带菌者是体内带有病原菌，但无临床症状。并不断排出病原菌，常成为传染病流行的重要传染源。健康人（包括隐性感染者）体内带有病原菌，叫健康带菌者。例如，在流行性脑脊膜炎或白喉的流行期间，健康人的鼻咽腔内可带有脑膜炎球菌或白喉杆菌。医护工作者常与病人接触，易成为带菌者，在病人之间互相传播，造成交叉感染。病愈之后，体内带有病原菌的人，叫恢复期带菌者。痢疾、伤寒、白喉恢复期带菌者都较常见。因此，及时发现带菌者，有效地加以隔离治疗，对防止传染病的流行具有重要的意义。

第四节　常见的病原性细菌

一、呼吸道传播的细菌

呼吸道感染细菌是指经呼吸道传播，主要引起呼吸道器官或呼吸道以外器官病变的一类细菌，主要有结核分枝杆菌、白喉棒状杆菌、脑膜炎奈瑟菌、嗜肺军团菌等。

（一）结核分枝杆菌

结核分枝杆菌（*M. tuberculosis*）简称为结核杆菌（tubercle bacilli）。本菌可侵犯全身各组织器官，以肺部感染最多见。随着抗结核药物的不断发展和卫生生活状况的改善，结核的发病率和死亡率曾一度大幅下降。20世纪80年代后，由于艾滋病和结核分枝杆菌耐药菌株的出现、免疫抑制剂的应用、吸毒、贫困及人口流动等因素，全球范围内结核病的疫情骤然恶化。我国每年死于结核病的人约25万之多，是各类传染病死亡人数总和的两倍多。因此，结核病成为威胁人类健康的全球性卫生问题，并成为某些发展中国家和地区，特别是艾滋病高发区人群的首要死因。

1. 生物学性状

（1）形态与染色 结核分枝杆菌为细长略带弯曲的杆菌，有时呈分枝状或丝状。无芽孢、无鞭毛和菌毛。细胞壁厚，富含脂质，这与本菌染色性、抵抗力和致病性密切相关。一般不易着色，以5%石炭酸复红经加温或延长染色时间而着色后，用3%盐酸酒精不易脱色，再用亚甲蓝（美蓝）复染后仍呈红色，故又称抗酸杆菌（acid - fast bacilli）。其他非抗酸杆菌细菌为蓝色。显微镜下抗酸杆菌常堆积成团、成束、排列无序（图1 - 13）。

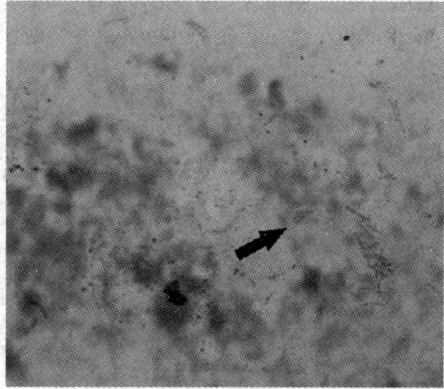

图1 - 13 结核分枝杆菌

（2）培养特性 结核分枝杆菌专性需氧，营养要求较高，常用罗氏培养基（含有蛋黄、马铃薯、甘油和天冬酰胺等）。最适 pH 6.5~6.8。该菌生长缓慢，这与细胞壁中脂质含量较高，不利于营养的吸收有关，18~24h 繁殖一代，在固体培养基上，需2~4周后才能长出可见菌落，为干燥颗粒状，不透明，表面粗糙，形似菜花状的菌落。在液体培养基中可能由于接触营养面大，生长较迅速。一般1~2周即可生长。临床标本检查液体培养比固体培养的阳性率高。由于抗结核药物的应用，患者标本中常分离培养出结核分枝杆菌 L 型，亦可作为结核病活动的判断标准之一。

（3）抵抗力 结核分枝杆菌因细胞壁中含有大量脂质，酒精易渗入细胞壁将其杀死，故对70%~75%的乙醇溶液敏感。对干燥抵抗力特别强，在干痰中能存活6~8个月，黏附在尘埃上能保持传染性达8~10天之久。抗酸、碱能力较强，实验室常用酸碱处理痰液标本。对低浓度染料有一定的抵抗力。对湿热、紫外线敏感。异烟肼、利福平能快速杀灭细胞内、外的结核分枝杆菌；链霉素、卡那霉素杀灭细胞外的结核分枝杆菌；吡嗪酰胺杀灭细胞内的细菌；对氨基水杨酸、环丝氨酸和乙硫异烟胺对结核分枝杆菌仅有抑制作用。

（4）变异性 结核分枝杆菌可发生形态、菌落、毒力、免疫原性和耐药性等变异。卡介苗（BCG）是1908年 Calmette 和 Guerin 二人将牛型结核分枝杆菌接种在含甘油、胆汁、马铃薯的培养基中经13年230次传代而获得减毒的变异株。1921年始广泛用于人类结核病的预防。

结核分枝杆菌对抗结核药物敏感，但长期用药易出现耐药性。异烟肼可影响细胞壁中分枝菌酸的合成，诱导结核分枝杆菌成为 L 型，此可能是耐异烟肼的原因之一。药物敏感试验表明对异烟肼耐药，而对利福平和链霉素仍敏感。故目前治疗多主张异烟肼和利福平或吡嗪酰胺联合用药，以减少耐药性的产生，增强疗效。临床上耐异烟肼菌株致病性也有所减弱。

近年来世界各地结核分枝杆菌的多耐菌株逐渐增多，甚至引起暴发流行。结核分枝杆菌的耐药可由自发突变产生（原发性耐药）或由用药不当经突变选择产生（继发性耐药）。但多药耐药性的产生主要可能由于后者。耐药基因在染色体上，对不同药物的耐药基因不相连接，所以联合用药治疗有效。对异烟肼耐药与 katG 基因丢失有关。易感株有该基因，耐药株无。利福平主要作用于 RNA 多聚酶，编码该酶的基因（rpoB）突变则引起对利福平耐药。

2. 致病性 结核分枝杆菌不产生内、外毒素，无侵袭性酶。其致病性可能与细菌在组织细胞内大量繁殖引起的炎症，菌体成分和代谢物质的毒性以及机体对菌体成分产生的免疫损伤有关。

（1）致病物质　与致病性有关的致病物质有脂质、蛋白质和多糖。

脂质：占细胞壁干重的60%，其含量与毒力呈平行关系。含量越高毒力越强。主要是磷脂、脂肪酸和蜡质 D，它们大多与蛋白质或多糖结合以复合物存在。①磷脂：能促使单核细胞增生，并使炎症灶中的巨噬细胞转变为类上皮细胞，从而形成结核结节。②脂肪酸：在脂质中比重较大，与结核分枝杆菌的抗酸性有关。能使细菌在液体培养基中呈蜿蜒索状排列，故该物质也称为索状因子，与结核分枝杆菌毒力密切相关，能破坏细胞线粒体膜，影响细胞呼吸，抑制白细胞游走和引起慢性肉芽肿。若将其从细菌中剔出，则细菌丧失毒力。③蜡质 D：是一种糖脂和分枝菌酸的复合物，具有佐剂作用，可激发机体产生迟发型超敏反应。④硫酸脑苷脂（sulfatide）：存在于结核分枝杆菌的细胞壁中，可抑制吞噬细胞中吞噬体与溶酶体的结合，使结核分枝杆菌能在吞噬细胞中长期存活。硫酸脑苷脂能结合中性红，使有毒菌株的菌落呈红色，借此可鉴别结核分枝杆菌有无毒力。

蛋白质：结核分枝杆菌含有多种蛋白质成分，其中重要的是结核菌素。结核菌素和蜡质 D 结合后能使机体发生超敏反应，引起组织坏死和全身中毒症状，并在形成结核结节中发挥一定作用。

多糖：多糖常与脂质结合存在于细胞壁中，能使中性粒细胞增多，引起局部病灶细胞浸润。结核分枝杆菌的荚膜成分主要是多糖。

（2）所致疾病　结核分枝杆菌可通过呼吸道、消化道和破损的皮肤黏膜进入机体，侵犯多种组织器官，引起相应组织和器官的结核病，其中以通过呼吸道引起的肺结核最多见。肺结核可分为原发感染和继发感染两大类。①原发感染：是首次感染结核分枝杆菌，多见于儿童。结核分枝杆菌随同飞沫和尘埃通过呼吸道进入肺泡，在肺泡内形成渗出性炎性病灶，称为原发灶。当机体免疫力强时，原发灶大多可纤维化和钙化而自愈。极少数免疫力低下者，结核分枝杆菌可经血管、淋巴管扩散至全身，导致全身粟粒性结核或结核性脑膜炎。②继发感染：多见于成年人，感染多由原发病灶中潜伏的结核分枝杆菌或外界再次侵入的结核杆菌引起。由于机体已产生特异性的细胞性免疫，继发感染的特点是病灶局限，一般不累计邻近淋巴结，主要表现为慢性肉芽肿性炎症，形成结核结节，发生纤维化或干酪样坏死。若干酪样结节破溃，排入邻近支气管，则可形成空洞并释放大量结核分枝杆菌至痰中，随咳痰排出体外，此为开放性肺结核。病变部位常发生在肺尖。

3. 免疫性　人类对结核杆菌的感染率很高，几乎90%以上的成人感染过结核杆菌，但发病率很低，仅有3% ~4%。表明人类对结核分枝杆菌有较强的免疫力。免疫特点为：①细胞免疫：该菌是细胞内寄生的细菌，机体抗结核病的免疫基础主要是细胞免疫，虽然能产生多种抗体，但其对机体无保护作用。细胞免疫反应主要依靠致敏的淋巴细胞和激活的单核细胞共同完成。②传染性免疫或有菌免疫：即只有当结核菌的抗原在体内存在时，抗原不断刺激机体才能获得抗结核特异性免疫力，若细菌和其抗原消失后，免疫力也随之消失。③细胞免疫和迟发型超敏反应同时存在：在结核分枝杆菌感染时，机体形成特异性免疫，同时也对结核分枝杆菌产生迟发型超敏反应。近年来研究表明结核分枝杆菌诱导机体产生免疫和超敏反应的物质不同。超敏反应主要由结核菌素蛋白和蜡质 D 共同引起，而免疫则由结核分枝杆菌核糖体 RNA 引起。二种不同抗原成分激活不同的 T 细胞亚群释放出不同的淋巴因子所致。由于机体对结核分枝杆菌的免疫反应和变态反应一般都是同时产生，伴随存在，故应用结核菌素试验来检查机体对结核蛋白质有无变态反应，从而了解机体对结核分枝杆菌有无免疫力，或有无感染与带菌。

4. 结核菌素试验

基本原理：将结核菌素注入受试者皮下后，如此人已感染结核，则结核菌素与致敏淋巴细胞特异性结合，在局部释放淋巴因子，形成迟发超敏反应性炎症；若受试者未感染过结核则无反应。因此，结核菌素试验是用结核菌素进行皮肤试验来测定机体对结核分枝杆菌是否能引起超敏反应的一种试验。

试验试剂：结核菌素试验应用两种抗原，即旧结核菌素（old tuberculin，OT）和纯蛋白衍生物（purified protein derivative，PPD）。PPD 有人结核分枝杆菌制成的 PPD – C 和卡介苗制成的 BCG – PPD 两种。

试验方法：目前多采用 PPD 法。规范方法是取 PPDC 和 BCGPPD 各 5 单位，分别注射于两前臂皮内，经 48～72h 检查反应情况。主要观察局部有无硬结、红肿。

结果分析：①阳性：红肿、硬结直径超过 5mm，表明机体感染过结核或卡介苗接种成功，对结核分枝杆菌有超敏反应，并说明有特异性免疫力，不表示正患结核。②强阳性：红肿、硬结直径大于 15mm，可能有活动性结核，尤其是婴幼儿，应进一步检查。③阴性：红肿、硬结直径小于 5mm，无结核菌感染，无超敏反应。④两侧红肿中，若 PPDC 侧大于 BCGPPD 侧时为感染，反之则可能为接种卡介苗所致。

临床应用：①选择 BCG 接种对象及测定接种结果。②对婴幼儿可做是否患结核病的辅助诊断。③流行病学调查。④用于测定肿瘤患者的细胞免疫功能。

5. 防治原则

（1）及时发现和治疗痰菌阳性者。

（2）预防接种：新生儿接种卡介苗，一般在出生后 48h 内接种。6～8 周后如结核菌素试验阳性，则表示接种者已产生免疫力，阴性者应复种。阳性反应可维持 5 年左右。但卡介苗不能预防成人肺结核。

（3）治疗：①一线抗结核药物：异烟肼、利福平、吡嗪酰胺、乙胺丁醇和链霉素。疗效好、毒性小。利福平与异烟肼合用可以减少耐药性的产生。对严重感染，可以吡嗪酰胺与利福平及异烟肼合用。②二线抗结核药物：对氨基水杨酸、卡那霉素、卷曲霉素、氧氟沙星、环丙沙星、乙硫异烟肼。用药原则是早期联合、规律、全程、适量。由于结核分枝杆菌较易产生耐药菌株，在治疗中应定期分离病菌做药物敏感试验，以选择敏感药物。

（二）白喉棒状杆菌

白喉棒状杆菌（C. diphtheriae），俗称白喉杆菌，是引起小儿白喉的病原菌，属于棒状杆菌属（Corynebacterium）。该菌的形态特征是菌体内有异染颗粒和特殊排列方式，受 β - 棒状杆菌噬菌体感染后，能产生白喉外毒素，引起白喉。白喉是一种急性呼吸道传染病，主要特征为咽喉部黏膜出现灰白色假膜和全身中毒症状。患白喉或隐性感染后，机体可获得牢固的体液免疫，用锡克试验可测定机体的免疫状况。注射白喉类毒素是预防白喉的主要措施。注射白喉抗毒素用于紧急预防，对白喉患者使用抗毒素和抗生素治疗。

1. 生物学性状

（1）形态与染色 白喉棒状杆菌菌体细长略弯，末端膨大呈棒状，常分散排列成"V"或"L"形，无菌毛、鞭毛和荚膜，不形成芽孢。革兰染色为阳性，用 Neisser 或 Albert 染色，在菌体内可见深染的异染颗粒，是本菌的形态特征之一，对于鉴别白喉棒状杆菌有重要意义（图 1 – 14）。

（2）培养 白喉棒状杆菌为需氧菌或兼性厌氧菌，最适温度 37℃，最适 pH 为 7.2～7.8，

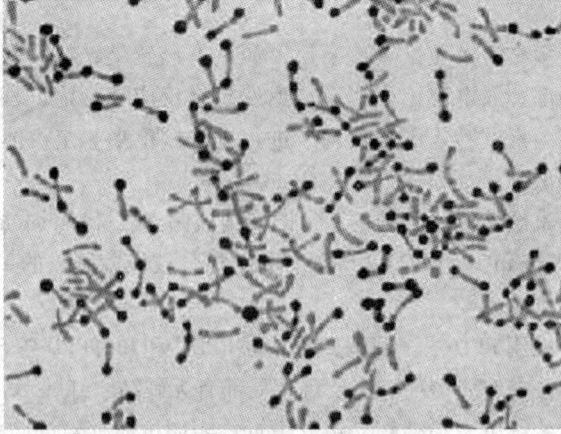

图 1-14 白喉棒状杆菌异染颗粒

普通培养基上生长不良，需在含血清或鸡蛋培养基上才能迅速生长。菌落呈灰白色、光滑、圆形凸起。在含有 0.03% 亚碲酸钾血清培养基上生长繁殖能吸收碲盐，并还原为金属碲，使菌落呈黑色，为本属其他棒状杆菌共同特点。且亚碲酸钾能抑制标本中其他细菌的生长，故亚碲酸钾血琼脂平板可作为棒状杆菌的选择培养基。

（3）抵抗力 对热和一般化学消毒剂敏感，$60℃10min$ 或煮沸 $1min$ 即可杀死，1% 石炭酸中 $1min$ 死亡。对干燥、寒冷和日光的抵抗力较其他无芽孢的细菌强，在日常物品、食品、衣服、儿童玩具上能生存数日并保持传染性。对青霉素和常用广谱抗生素敏感，对磺胺药物不敏感。

2. 致病性

（1）致病物质 致病物质主要为白喉外毒素。白喉外毒素为棒状杆菌 β-噬菌体 tox 基因表达产物，只有携带这种噬菌体 DNA 的白喉棒状杆菌才能产生。白喉毒素是一种外毒素，毒性强，其化学本质是一条分子量为 62000 的多肽链，由 A 和 B 两个亚单位经二硫键连接组成。A 亚单位具有抑制易感细胞蛋白质合成的活性，是白喉毒素的毒性功能区。B 亚单位有两个功能区，位于 C 端的是细胞受体结合区，位于 N 端的是嵌入细胞膜、促使 A 亚单位进入细胞质的转位区。许多真核细胞，特别是心肌和神经细胞上都有这种毒素的受体，因此严重的白喉患者可伴有中毒性心肌炎和神经系统症状。白喉毒素是通过 B 亚单位与宿主细胞结合，并经 B 亚单位转位区的介导，使 A 亚单位释放到宿主胞质内。细胞内蛋白质合成过程中，需要延伸因子 1（elongation factor-1，EF-1）和延伸因子 2（EF-2）。白喉毒素 A 亚单位进入细胞后可使细胞内的辅酶 I（NAD）上的腺苷二磷酸核糖（ADPR）与 EF-2 结合，导致 EF-2 失活，影响氨基酸转移至肽链，阻断宿主细胞蛋白质合成，使组织细胞发生病变和坏死。

（2）所致疾病 白喉棒状杆菌存在于患者及带菌者的鼻咽腔中，因此白喉患者和带菌者是主要的传染源。主要经呼吸道飞沫传播，也可经污染的物品接触传播。白喉棒状杆菌的易感人群包括各年龄组，但儿童更为易感。白喉棒状杆菌最常见的感染部位是咽、喉、气管和鼻腔黏膜，感染后细菌在鼻咽喉部黏膜上繁殖并分泌外毒素，引起局部炎症及全身中毒症状。在细菌和外毒素的作用下，局部黏膜上皮细胞产生炎性渗出与坏死。渗出物中含有纤维蛋白，能将白细胞、黏膜坏死组织等凝聚在一起，形成灰白色点状或片状假膜。此假膜在咽部与黏膜下组织紧密黏连不易拭去。若假膜扩展至气管、支气管黏膜，由于其上具有纤毛，假膜容易脱落而引起呼吸道阻塞，甚至窒息死亡。白喉棒状杆菌一般不侵入血流，但被吸收的外毒素则可通过血液与易感的组织如心肌、外周神经及肾上腺组织细胞结合，引起各种临床表现，如心肌炎、软腭麻痹、声嘶、肾上腺功能障碍等症状。约 2/3 患者的心肌受损，多发生在病后 2～3 周，成为白喉晚期致死的主要原因。

3. 免疫性　白喉的免疫主要靠抗毒素的中和作用。抗毒素可阻止毒素 B 亚单位与易感细胞结合，使 A 亚单位不能进入细胞。白喉病后、隐性感染和预防接种后均可获得特异免疫力。

4. 锡克试验　锡克试验（Schick test）是用白喉毒素作皮内试验，调查人群对白喉是否有免疫力。该试验是根据毒素和抗毒素中和原理，以少量毒素测定机体内有无抗毒素免疫的一种方法。在一侧前臂皮内注射少量白喉毒素后，如体内有白喉抗毒素，则可将毒素中和，注射局部无任何反应，表明机体对白喉有免疫力；如体内无白喉抗毒素，则毒素在注射局部引起红肿等阳性反应，表明机体对白喉无免疫力。由于锡克试验观察时间较长，现已很少使用。目前采用间接血凝试验来检测血清中和抗毒素，该方法比较简便。

5. 防治原则　对白喉的特异性预防可用人工主动免疫和人工被动免疫。人工主动免疫制剂是白喉类毒素。目前我国应用白喉类毒素、百日咳疫苗和破伤风类毒素混合制剂（简称白百破三联疫苗）进行人工主动免疫，效果良好。初次接种一般在出生 3 个月后的婴儿进行，3～4 岁和 6～7 岁时各加强注射一次。对密切接触过白喉病人的易感儿童，肌内注射白喉抗毒素 1000～3000U 作紧急预防。

治疗白喉用青霉素、红霉素等抗生素和白喉抗毒素。由于白喉毒素一旦与宿主易感细胞结合，就不能被抗毒素中和，因此抗毒素的治疗应尽早、足量。根据病情通常用 2 万～10 万单位肌内或静脉注射。对白喉抗毒素皮肤试验阳性者可采取少量多次脱敏注射法。

（三）脑膜炎奈瑟菌

脑膜炎奈瑟菌（*N. meningitidis*）简称为脑膜炎球菌（meningococcus），是流行性脑脊髓膜炎（简称流脑）的病原菌。

1. 生物学性状　脑膜炎奈瑟菌为革兰染色阴性，常呈双排列，直径约为 0.8μm 的双球菌。单个菌体呈肾形。成双排列时，两个凹面相对。无鞭毛，不形成芽孢，有菌毛，新分离菌株有荚膜（图 1-15）。

专性需氧，营养要求高。最常用的培养基是巧克力色培养基，即将血液加热 80℃ 后制成的血琼脂培养基。初次分离培养需提供 5%～10% 的 CO_2 气体。一般培养 48h 后，脑膜炎奈瑟菌在培养基上形成圆形隆起、表面有光泽、透明或半透明、直径约 1～5mm 的露滴样黏液型菌落，无色素形成。血平板上无溶血现象。

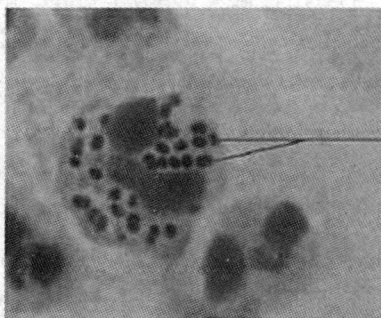

图 1-15　脑膜炎奈瑟菌

抗原结构如下。①荚膜多糖抗原（capsular polysaccharides antigen）：具有群特异性。根据此抗原性不同，可将脑膜炎奈瑟菌分为至少 13 个血清群。与人类疾病关系密切的主要是 A、B、C、Y 及 W-135 群。A 群及 C 群是引起脑膜炎流行的主要血清群。②外膜蛋白（outer membrane protein）具有型特异性，根据外膜蛋白不同将脑膜炎奈瑟菌分为 20 个血清型。2 型和 15 型与流行性脑脊髓膜炎有关。外膜蛋白的功能是在细菌细胞壁上形成孔隙，有利于营养物质进入细胞内。③脂多糖抗原（lipopolysaccharide antigen，LPS）：该抗原与大肠杆菌有共同抗原存在，脂多糖是脑膜炎奈瑟菌的主要致病物质。

脑膜炎奈瑟菌对外界环境的抵抗力弱。干燥、阳光、湿热及一般消毒剂很快将细菌杀死。本菌可产生自溶酶，体外25℃，碱性环境中很快导致菌体肿胀、裂解死亡。

2. 致病性

（1）致病物质　脑膜炎奈瑟菌的主要致病物质如下。①荚膜：可抵抗宿主体内吞噬细胞的吞噬作用，增强细菌对机体的侵袭力。②菌毛：介导细菌黏附在宿主易感细胞表面，有利于细菌在宿主体内定居、繁殖。③内毒素：是脑膜炎奈瑟菌的主要致病物质。内毒素作用于小血管或毛细血管，引起血栓、出血，表现为皮肤出血性瘀斑；作用于肾上腺，导致肾上腺出血。大量内毒素可引起弥散性血管内凝血，导致休克，预后不良。

（2）所致疾病　流行性脑脊髓膜炎是由脑膜炎奈瑟菌通过呼吸道传播引起的化脓性脑膜炎。人类是脑膜炎奈瑟菌惟一的易感宿主。细菌由鼻咽部侵入机体，依靠菌毛的作用黏附于鼻咽部黏膜上皮细胞表面。多数人感染后表现为带菌状态或隐性感染，细菌仅在体内短暂停留后被机体清除。只有少数人发展成脑膜炎。脑膜炎奈瑟菌感染的发病过程可分为3个阶段：①病原菌首先由鼻咽部侵入，依靠菌毛吸附在鼻咽部黏膜上皮细胞表面，引起局部感染；②随后细菌侵入血流，引起菌血症，伴随恶寒、发热、呕吐、皮肤出血性瘀斑等症状；③侵入血流的细菌大量繁殖，由血液及淋巴液到达脑脊髓膜，引起脑脊髓膜化脓性炎症。患者出现高热、头痛、喷射性呕吐、颈项强直等脑膜刺激症状。严重者可导致 DIC，循环系统功能衰竭，于发病后数小时内进入昏迷。

3. 免疫性　对脑膜炎奈瑟菌的免疫主要是体液免疫。特异性抗体 SIgA 抵抗黏膜局部再感染，血清中 IgG 和 IgM 激活补体发挥杀菌作用。

4. 防治原则　预防脑膜炎奈瑟菌感染的关键是控制传染源、切断传播途径及提高人群免疫力。对儿童注射流脑荚膜多糖疫苗进行特异性预防。流行期间儿童可口服磺胺类药物预防。流脑治疗首选药物为青霉素，对青霉素过敏者，可用氯霉素或红霉素。

（四）嗜肺军团菌

嗜肺军团菌（*L. pneumophila*）属于军团菌属（*Legionella*），是引起军团病的病原体。首发于1976年美国费城退伍军人聚会时爆发的一种原因不明的急性呼吸道传染病，在发病的221人中，34人死于肺炎和其他并发症。1977年从4例死者肺组织中分离到一种新的需氧革兰阴性杆菌，经试验证实，被命名为嗜肺军团菌。目前已知该菌属包括39个种和61个血清型，从人体分离的已有19个种，其中主要致病菌为嗜肺军团菌。

嗜肺军团菌为两端钝圆的小杆菌，有时呈多形态，无芽孢，有菌毛和微荚膜，有单端鞭毛。革兰染色阴性，但常规染色不易着色，Giemsa 染色和 Dieterle 镀银染色，分别呈红色和黑褐色。

培养特性为专性需氧，营养要求高，普通培养基或血平板上均不生长，需在含半胱氨酸和铁的培养基中生长。生长缓慢，3～5天长出菌落，菌落特征为灰白色，有光泽，湿润，圆形，凸起，并有特殊臭味。

本菌在自然界可长期存活，在蒸馏水中可存活100天以上，污水中可存活一年，特别易存在于各种天然水源及人工冷、热水管道系统中，如医院空调冷却水、淋浴头、辅助呼吸机等产生的气溶胶中，故能以气溶胶方式传播。对常用化学消毒剂、干燥、紫外线敏感，如0.03%戊二醛、2%甲酸及70%乙醇均可杀死该菌，1%来苏尔处理数分钟即被杀死。对氯或酸的抵抗力比肠道菌大，于21℃时水中含0.1ng/l游离氯，杀死90%嗜肺军团菌需40min，而杀死大肠埃希菌则不到1min，在 pH 2 的盐酸中可存活30min，利用这些特点处理标本可去除杂菌。

嗜肺军团菌的致病物质有多种酶，如磷酸酯酶、外毒素和内毒素样物质、菌毛和微荚膜。微荚膜具有抗吞噬作用，能抑制吞噬溶酶体的形成；菌毛能使细菌黏附到下呼吸道上皮细胞并定居增殖；蛋白酶、磷酸酶、酯酶、DNA 酶、RNA 酶等多种酶能引起组织损伤；核酸酶和细胞毒素等能抑制吞噬体与溶酶体融合。此外，嗜肺军团菌被吞噬细胞吞噬后可在细胞内繁殖，导致细胞死亡裂解，故该菌是重要的胞内寄生菌。

嗜肺军团菌所致的军团病主要是通过呼吸道吸人带菌飞沫、气溶胶而感染，多流行于夏秋季，为全身性疾患。临床类型有流感样型（轻症型）、肺炎型（重症型）和肺外感染三种临床类型。

嗜肺军团菌为胞内寄生菌，细胞免疫在抗感染中起主要作用。机体感染细菌后可产生抗体，并能促进吞噬细胞的吞噬作用，但不能加强细胞内的杀菌作用。

微生物学检查法可采集下呼吸道分泌物、胸水、活检肺组织及血液等标本。因痰中的正常菌群对军团菌有影响，故用痰标本检出困难。直接用免疫荧光抗体染色法镜检细菌有诊断意义。活检肺组织标本用 Dieterle 镀银法染色。分离培养用含半胱氨酸和铁盐的 BCYE 培养基。接种后置 2.5% CO_2 的孵箱中培养，根据菌落特征、生物化学反应等做出鉴定，或用免疫荧光染色法快速诊断。

至今尚无有效的军团菌特异性疫苗。预防应强调水源管理及人工输水管道和设施的消毒处理。治疗药物首选大环内酯类抗生素，对治疗效果欠佳的可合用利福平及其他药物。

二、消化道传播的细菌

消化道传播的细菌主要是埃希菌属、沙门菌属、志贺菌属和弧菌属等。

（一）埃希菌属

埃希菌属（*Escherichia*）一般不致病，是人类和动物肠道中的正常菌群。其中以大肠埃希菌（*E. coli*）最为重要，是常见的临床分离菌。大肠埃希菌俗称大肠杆菌，婴儿出生后数小时就进入肠道，并终生伴随。当宿主免疫力下降或细菌侵入肠外组织和器官，可引起肠外感染。有些特殊菌株致病性强，能直接导致肠内感染，称为致病性大肠杆菌。

大肠埃希菌在外界环境中常随宿主粪便污染环境或人类食品、物品等，因此在环境卫生和食品卫生学中大肠埃希菌数被作为检测指标。

1. 生物学性状 大肠埃希菌为革兰阴性中等大小杆菌，无芽孢，多数有鞭毛，致病菌株有菌毛和微荚膜。营养要求不高，普通琼脂平板上形成中等大小的光滑型菌落。能发酵多种糖类产酸并产气。在肠道选择培养基如 SS 琼脂培养基上，因发酵乳糖产酸使菌落显红色，与志贺菌、沙门菌等致病菌易区别。IMViC（吲哚、甲基红、VP、枸橼酸盐利用）试验是卫生细菌学中常用的检测指标，凡能发酵乳糖产酸产气，并 IMViC 试验结果为 " + 、 + 、 - 、 - " 者是典型的大肠杆菌。

大肠埃希菌有 O、H 和 K 三种抗原，O 抗原是血清学分型的基础，目前已知 O 抗原179种，H 抗原50余种，K 抗原在100种以上。大肠埃希菌的表示方式是按 O：K：H 排列，例如O111：K58：H2。

该菌对热的抵抗力较其他肠道杆菌强，加热 60℃ 15min 仍有部分细菌存活。在土壤、水中可存活数周至数月、煌绿可抑制大肠埃希菌的生长，对磺胺、链霉素、氯霉素敏感，但易产生耐药性。

2. 致病性

（1）致病物质 大肠埃希菌的主要致病物质有：①定居因子：又称黏附素，是由质粒编码产生的特殊菌毛，具有较高的特异性，能使细菌粘着在泌尿道和肠道粘膜细胞上。②外毒素：大肠埃希菌能产生多种类型的外毒素，如志贺毒素、耐热肠毒素和不耐热肠毒素。

（2）所致疾病 ①肠道外感染：大肠杆菌在肠道内一般不致病，但侵入肠道外的组织或器官则可引起肠外感染，以化脓性炎症和泌尿系统感染最常见，如腹膜炎、胆囊炎、阑尾炎、手术创口感染、尿道炎、肾盂肾炎、败血症和新生儿脑膜炎等。②肠内感染：某些血清型大肠杆菌可引起人类腹泻。根据其致病机制不同，主要有五种类型：即肠产毒型大肠埃希菌（enterotoxin of escherichia coli，ETEC）、肠侵袭性型大肠埃希菌（enteroinvasive escherichia coli，EIEC）、肠致病型大肠埃希菌（enterophathogenic escherichia coli，EPEC）、肠出血型大肠埃希菌（enterohemorrhagic E. coli，EHEC）、肠集聚型大肠埃希菌（enteroadherent escherichia coli，EAEC）（表1-3）。

表1-3 引起腹泻的大肠埃希菌

菌株名称	作用部位	所致疾病	致病机制	O抗原型别
ETEC	小肠	旅行者腹泻、婴幼儿腹泻	肠毒素使肠液和电解质丢失	6、8、15、25、27、63、119、125、126、127
EIEC	大肠	细菌性痢疾样腹泻	侵袭和破坏肠黏膜上皮细胞	78、115、148、153、159、167
EPEC	小肠	婴儿腹泻	黏附和破坏肠黏膜上皮细胞	26、55、86、111、114、125、126、127、128
EHEC	大肠	出血性结肠炎	志贺样毒素，致上皮细胞微绒毛A/E损伤	157、26、111、124、136、143、144、152
EAEC	小肠	婴儿腹泻	使微绒毛变短，单核细胞浸润和出血	超过50个O血清型

3. 微生物学检查

（1）肠外感染 采取中段尿、血液、脓液等标本。除血标本外，均需作直接涂片革兰染色镜检初步诊断。分离培养时，血标本先接种至肉汤培养基增菌，如有菌生长再移种至血平板，体液标本的离心沉淀物和其他标本直接划线分离与血平板，观察菌落形态。初步鉴定根据IMViC（＋＋－－）试验，最后鉴定靠系列生化反应。尿路感染除确定大肠杆菌外，还应计数细菌的绝对含量。每毫升尿中含菌量超过或等于10万时，才有诊断价值。

（2）肠内感染 取粪便或排泄物接种于鉴别培养基，挑选可疑菌落并鉴定为大肠埃希菌后，再通过分子生物学技术和ELISA等检测不同类型大的肠埃希菌的肠毒素、毒力因子和血清型等。

4. 卫生细菌学检查 水、食品、饮料等的卫生细菌学检查常以大肠杆菌群指数作为污染的指标。大肠杆菌群指数是指每升液体中的大肠菌群数。我国的卫生标准是每升饮水中不得超过3个大肠菌群；瓶装饮料中每100ml中大肠菌群不得超过5个。

5. 防治原则 在家畜中，用菌毛疫苗防治新生家畜腹泻已获得成功。目前，尚无用于人群免疫的疫苗。大肠埃希菌很多菌株含有一种或几种抗生素的质粒，耐药性非常普遍，因此抗生素的治疗应在药物敏感试验的指导下进行。

（二）志贺菌属

志贺菌属（*Shigella*）的细菌，通称痢疾杆菌，是人类细菌性痢疾的病原菌。根据生化反应与血清学试验，该属细菌分为痢疾、福氏、鲍氏和宋内志贺菌四群。我国以福氏和宋内志贺菌引起的菌痢最为常见。

1. 生物学性状 志贺菌属细菌为革兰阴性杆菌，无鞭毛，无芽孢、无荚膜、多数有菌毛。兼性厌氧，营养要求不高。在普通琼脂平板上，形成半透明的光滑性菌落。在肠道鉴别培养基上形成无色半透明的菌落。均能分解葡萄糖只产酸不产气，除宋内志贺菌迟缓发酵乳糖外，均不分解乳糖。

该菌属有 O 和 K 两种抗原。O 抗原为群特异性抗原和型特异性抗原，是分类的依据，将志贺菌属分为四群，40 多个血清型（包括亚型）。

2. 致病性

（1）致病物质 致病物质主要是侵袭力和内毒素，有的菌株尚产生外毒素。

①侵袭力：借菌毛黏附，穿入回肠末端和结肠黏膜上皮细胞，在上皮细胞内繁殖，形成感染灶，引起炎症反应。细菌一般不进入血流。志贺菌穿透上皮细胞的能力，由基因所控制. 志贺菌只有侵入肠黏膜后才能致病。

②内毒素：作用于肠黏膜，使通透性增高，促进对内毒素的吸收，引起发热，神志障碍等；破坏肠黏膜，形成炎症，溃疡，呈现典型的脓血黏液便。内毒素还能作用于肠壁自主神经系统，使肠功能发生紊乱，肠蠕动失调和痉挛，尤其是直肠括约肌痉挛最明显，因而出现腹痛，里急后重等症状。

③外毒素：A 群志贺菌 Ⅰ 型和 Ⅱ 型还能产生外毒素，称志贺毒素，使蛋白质合成中断。毒素作用的基本表现是上皮细胞的损伤。

（2）所致疾病 传染源是病人和带菌者。传播途径主要为粪－口。人类对志贺氏菌较易感，少量（10～200 个）细菌即可引起典型的细菌性痢疾。痢疾志贺菌引起病情较重；宋内志贺菌多引起轻型感染；福氏志贺菌感染易转变为慢性，病程迁延；福氏和宋内志贺菌是我国常见的流行型别。临床感染类型有三种。①急性菌痢：经 1～3 天的潜伏期后，突然发病，主要有腹痛、腹泻、里急后重、脓血便等临床症状。②急性中毒性菌痢：以小儿多见，无明显的消化道症状，主要表现全身严重的中毒症状。各型志贺菌均可引起。临床主要有高热，神志障碍，休克，病死率较高。③慢性菌痢：病程 > 2 月，迁延不愈，局部症状为主。

3. 免疫性 志贺菌感染后，大多数人在血液中产生循环抗体，但此抗体无保护作用。抗感染免疫主要是消化道黏膜表面的分泌性 IgA（sIgA），免疫作用短暂，不持久，无交叉免疫。

4. 微生物学检查 取脓血便或黏液便，接种肠道鉴别或选择培养基，培养后取无色较透明菌落进行生化反应和血清学试验，以确定菌群和菌型。可用 Senery 试验（致豚鼠角膜结膜炎）测定志贺菌的侵袭力。

快速诊断法有免疫染色法（镜下观察有无凝集现象），免疫荧光菌球法（简便，快速，特异性高），协同凝集试验（查粪便中有无志贺菌可溶性抗原），乳胶凝集试验（既查抗原又查抗体），分子生物学方法（PCR，核酸杂交等查细菌 DNA）。

5. 防治原则

（1）特异性预防 口服依赖链霉素株（Sd）制成的多价活疫苗有一定保护作用。

（2）药物治疗 治疗细菌性痢疾的药物很多，一般首选氟喹诺酮类抗生素，但易产生多重耐药性菌株，同一菌株可对 5～6 种甚至更多药物耐药，故用药前做药物敏感试验，选择合适药物，提高疗效。

（三）沙门菌属

1885 年沙门等在霍乱流行时分离到猪霍乱沙门菌，故定名为沙门菌属 (*Salmonella*)。沙门菌属是一群寄生在人类和动物肠道中，生化反应和抗原结构相关的革兰阴性杆菌，种类繁多，目前已发现 2500 多种血清型。少数血清型对人类有直接的致病作用，如伤寒沙门菌、甲型副伤寒沙门菌等引起肠热症；鼠伤寒沙门菌、肠炎沙门菌、猪霍乱沙门菌等引起人类食物中毒或败血症。据统计在世界各国的细菌性食物中毒中，沙门菌引起的食物中毒列为首位。

1. 生物学性状　本属细菌为革兰阴性杆菌，无芽孢，无荚膜，多数有周身鞭毛，能运动，有菌毛。营养要求不高，在普通琼脂培养基上能生长，在液体培养基中呈均匀混浊。在 SS 琼脂和麦康凯琼脂培养基上形成中等大小的透明或半透明菌落，对胆盐耐受。产 H_2S 者在 SS 琼脂上形成黑色中心。

抗原结构主要由 O 抗原和 H 抗原组成，部分菌株有类似大肠杆菌 K 抗原的表面抗原，与细菌的毒力有关，故称 Vi 抗原。①O 抗原：即菌体抗原。沙门菌属的菌体抗原有 58 种，以阿拉伯数字依次标记：根据沙门菌有共同的 O 抗原，将有共同抗原的细菌归为一组，沙门菌分成 42 个组。即 A、B、C……Z、O51 ~ O63、O65 ~ O67 组。每组都有组的特异性抗原。引起人类疾病的大多为 A ~ E 组。②H 抗原：即鞭毛抗原。H 抗原是定型的依据。沙门菌 H 抗原有两相，第一相为特异性抗原，用 a、b、c……表示；第二相为共同抗原，用 1、2、3……表示。③表面抗原：沙门菌属的表面抗原主要是 Vi 抗原。Vi 抗原加热 60℃、30min 或经石炭酸处理可被破坏，其存在时可阻止 O 抗原与相应抗体发生凝集反应。

2. 致病性

（1）致病物质　致病物质有侵袭力、内毒素和肠毒素 3 种。有毒株的菌毛和 O 抗原与其侵袭力有关，内毒素导致肠道局部炎症反应和全身性中毒症状，部分沙门菌可产生霍乱样肠毒素，导致严重的腹泻。

（2）所致疾病　临床上可引起肠热症、胃肠炎、败血症三种类型的人类沙门菌感染。

①肠热症：即伤寒与副伤寒病。由伤寒与副伤寒沙门菌所引起的慢性发热症状。为法定传染病之一。伤寒和副伤寒的致病机制和临床症状基本相似，只是副伤寒的病情较轻，病程较短。沙门菌是胞内寄生菌。被巨噬细胞吞噬后，由耐酸应答基因介导使细菌能在吞噬体的酸性环境中生存和繁殖，同时细菌产生过氧化氢酶和超氧化物歧化酶等保护细菌免受胞内杀菌机制的杀伤。部分细菌通过淋巴液到达肠系膜淋巴结大量繁殖后，经胸导管进入血液引起第一次菌血症。病人出现发热、不适、全身疼痛等前驱症状。菌随血流进入肝、脾、肾、胆囊等器官并在其中繁殖后，再次入血造成第二次菌血症。该时期症状明显，持续高热，出现相对缓脉，肝脾肿大，全身中毒症状显著，皮肤出现玫瑰疹，外周血白细胞明显下降。胆囊中细菌通过胆汁进入肠道，一部分随粪便排出体外，另一部分再次侵入肠壁淋巴组织，使已致敏的组织发生超敏反应，导致局部坏死和溃疡，严重的有出血或肠穿孔并发症。肾脏中的病菌可随尿排出。以上病变在疾病的第 2 ~ 3 周出现。若无并发症，自第 2 ~ 3 周后病情开始好转。约有 1% ~ 5% 伤寒或副伤寒患者可转变为无症状带菌者，成为重要传染源。

②胃肠炎（食物中毒）是最常见的沙门菌感染，约占 70%。由摄入大量鼠伤寒沙门菌、猪霍乱沙门菌、肠炎沙门菌等污染引起。大多发生在婴儿、老人和身体衰弱者。一般沙门菌胃肠炎多在 2 ~ 3 天自愈。③败血症：多见于儿童和免疫力低下的成人。病菌以猪霍乱沙门菌、希氏沙门菌、鼠伤寒沙门菌、肠炎沙门菌等常见。败血症因病菌侵入血循环引起，细菌

可随血液导致脑膜炎、骨髓炎、胆囊炎、心内膜炎等。

3. 免疫性 肠热症沙门菌侵入宿主后，主要在细胞内生长繁殖，特异性细胞免疫是主要防御机制。在致病过程中，沙门菌亦可存在于血液和细胞外，特异性抗体也有辅助杀菌作用。食物中毒的的恢复与肠道局部生成 sIgA 有关。

4. 微生物学检查

标本采集：根据不同疾病采取不同的标本进行分离与培养。肠热症的第一、二周采血液，第二、三周采粪便与尿液。整个病程中骨髓分离细菌阳性率较高。

检查方法及鉴定：①分离培养：一般将粪便或肛拭直接接种于 SS 和麦康凯平板上；血液和骨髓标本接种于胆盐肉汤或葡萄糖肉汤中进行增菌，48h 将培养物移种到血平板和肠道鉴别培养基上，若有细菌生长取菌涂片革兰染色并报告结果。对增菌培养物连续培养 7 天，仍无细菌生长时，则报告阴性；尿液标本经硫磺酸盐肉汤增菌后，再接种于肠道菌选择培养基或血平板上进行分离培养，亦可将尿液离心沉淀物分离培养。②鉴定：沙门菌属的鉴定与志贺菌属相同，须根据生化反应和血清学结果综合分析（图 1 - 16）。

血清学诊断：用于伤寒、副伤寒辅助诊断的血清学实验有肥达试验（Widal test）、SPA 协同凝集、ELISA 等方法，其中肥达试验最常用。肥达试验是用已知的伤寒沙门菌 O、H 抗原，甲乙丙副伤寒沙门菌 H 抗原稀释后与被检血清作定量凝集试验，以检测患者血清中抗体的含量，来判断机体是否受沙门菌感染而导致肠热症并判别沙门菌的种类。正常人因隐性感染和接种伤寒三联疫苗，血清中可存在一定水平的抗体，O 凝集效价≤1：80，H 凝集价≤1：160。若 O 和 H 效

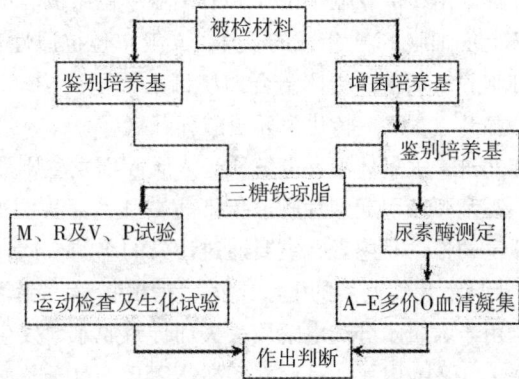

图 1 - 16 沙门菌检验步骤

价均增高且超过上述水平，或患者恢复期抗体效价较急性期增高 4 倍以上，则具有诊断价值。若 O 和 H 效价的增高不平行，O 效价增高而 H 效价不高，可能为早期感染或者为其他沙门菌交叉感染，H 效价增高而 O 效价不高，可能是预防接种或者非特异性回忆反应。

5. 防治原则 加强饮食卫生监督，切断传播途径，积极治疗携带者，皮下注射死菌苗或口服减毒活菌苗是预防沙门菌属细菌传染的主要措施。临床治疗根据体外药敏试验结果选用合适抗生素，目前使用的有效药物主要是环丙沙星和氯霉素。

（四）霍乱弧菌

霍乱弧菌（*V. cholera*）是人类霍乱的病原体，霍乱是一种古老且流行广泛的烈性传染病之一。曾在世界上引起多次大流行，主要表现为剧烈的呕吐、腹泻、失水，死亡率甚高，属于国际检疫传染病。霍乱弧菌包括两个生物型：古典生物型（classical biotype）和埃尔托生物型（EL - Tor bio - type）。这两种型别除个别生物学性状稍有不同外，形态和免疫学性基本相同，在临床病理及流行病学特征上没有本质的差别。自 1817 年以来，全球共发生了七次世界性大流行，前六次病原是古典型霍乱弧菌，第七次病原是埃尔托型所致。

1. 生物学性状 霍乱弧菌为革兰阴性菌，菌体弯曲呈弧状或逗点状，有单鞭毛和菌毛，无荚膜与芽孢。取霍乱病人米泔水样粪便作活菌悬滴观察，可见细菌运动极为活泼。营养要

求不高，pH 8.8~9.0 的碱性蛋白胨水或平板中生长良好。在碱性平板上菌落直径为 2mm，圆形，光滑，透明。ELTor 型霍乱弧菌与古典型霍乱弧菌生化反应有所不同，前者 Vp 阳性而后者为阴性。

根据弧菌 O 抗原不同，分为 155 个血清群，表示为 O1、O2、O3……O155。其中 O1 群和 O139 群引起霍乱。O1 群包括霍乱弧菌的两个生物型：古典生物型和 ELTor。O1 群的 A、B、C 三种抗原成份将霍乱弧菌分为三个血清型：含 AC 者为原型（又称稻叶型），含 AB 者为异型（又称小川型），A、B、C 均有者称中间型（彦岛型）。

霍乱弧菌古典生物型对外环境抵抗力较弱，ELTor 生物型抵抗力较强，在河水、井水、海水中可存活 1~3 周，在鲜鱼，贝壳类食物上存活 1~2 周。霍乱弧菌对热，干燥，日光，化学消毒剂和酸均很敏感，耐低温，耐碱，在正常胃酸中仅生存 4min。

2. 致病性　霍乱弧菌的主要致病物质有鞭毛、菌毛和霍乱肠毒素。霍乱弧菌依靠鞭毛的运动，穿过黏膜表面的黏液层而接近肠壁上皮细胞；藉菌毛的黏附作用定植于小肠黏膜，使细菌在肠黏膜表面迅速繁殖，产生霍乱肠毒素，该毒素是目前已知的致泻毒素中最强烈的毒素。毒素由 5 个 B 亚单位和 1 个 A 亚单位组成。B 亚单位抗原性强，为结合单位，能特异地识别肠上皮细胞 GM1 组成的受体。A 亚单位抗原性弱，为毒性部位。霍乱肠毒素的 B 亚单位与肠细胞膜表面上的受体结合，使毒素分子变构，A 亚单位进入细胞，激活腺苷环化酶，使三磷酸腺苷（ATP）转化为环磷酸腺苷（cAMP），细胞内 cAMP 浓度增高，导致肠黏膜细胞分泌功能亢进，大量体液和电解质进入肠腔而发生剧烈吐泻。

霍乱弧菌引起烈性肠道传染病霍乱，为我国的甲类法定传染病。人类在自然情况下是霍乱弧菌的惟一易感者，主要通过污染的水源或饮食物经口传染。典型病例一般在细菌感染后 2~3 天突然出现剧烈的上吐下泻，泻出物呈"米泔水样"并含大量弧菌，此为本病典型的特征。由于大量水分和电解质丢失而导致脱水，发生代谢性酸中毒，休克等，如未经治疗处理，可在 12~24h 内死亡，死亡率高达 25%~60%。

3. 免疫性　感染霍乱弧菌后可获得牢固的免疫力，再感染者少见。主要是体液免疫，包括肠毒素抗体、抗菌抗体和肠道黏膜表面的 sIgA 的中和作用。

4. 微生物学检查　由于霍乱流行迅速，且在流行期间发病率及死亡率均高，危害极大，因此早期迅速和正确的诊断，对治疗和预防本病的蔓延有重大意义。

直接镜检：取病人"米泔水样"大便或呕吐物，涂片染色及悬滴法检查，观察细菌形态，动力特征。

细菌分离培养：将标本接种至碱性蛋白胨水培养后，取生长物作形态观察，并转种于碱性平板作分离培养，取可疑菌落作玻片凝集，阳性者再作生化反应及生物型别鉴定试验。

5. 防治原则　特异性预防：应用 O1 群霍乱弧菌死疫苗肌内注射，可增强人群免疫力，保护率仅为 50% 左右，抗体维持时间较短。目前，霍乱疫苗的重点已转至研制口服疫苗，包括 B 亚单位－全菌灭活口服疫苗、基因工程减毒活菌苗，在某些国家已获准使用。O139 尚无预防性疫苗。治疗主要为及时补充液体和电解质及应用抗菌药物如链霉素、氯霉素、强力霉素、复方 SMZ－TMP 等。

（五）幽门螺杆菌

幽门螺杆菌（*Helicobacter pylori*，Hp）首先由澳大利亚临床微生物学家巴里·马歇尔（Barry J. Marshall）和罗宾·沃伦（J. Robin Warren）二人发现，因此获得 2005 年诺贝尔生理学或医学奖。

1. 生物学特性 幽门螺杆菌是一种单极、多鞭毛、末端钝圆、螺旋形弯曲的细菌。在胃黏膜上皮细胞表面常呈典型的螺旋状或弧形。在固体培养基上生长时，除典型的形态外，有时可出现杆状或圆球状。微需氧，在厌氧环境下不能生长。营养要求高，需加用适量全血或胎牛血清才生长。常用万古霉素、TMP、两性霉素 B 等组成抑菌剂防止杂菌生长。尿素酶丰富，可迅速分解尿素释放氨，是作为幽门螺杆菌生化鉴定的主要依据之一。

2. 致病性 幽门螺杆菌是一种专性寄生于人胃黏膜上的革兰阴性菌，人群感染非常普遍。传染源主要是人，传播途径是粪－口途径。幽门螺杆菌进入胃后，借助鞭毛的动力穿过黏液层到达上皮表面后，通过黏附素与上皮细胞连接在一起，避免随食物一起被胃排空。并分泌过氧化物歧化酶（SOD）和过氧化氢酶，以保护其不受中性粒细胞的杀伤作用。幽门螺杆菌富含尿素酶，通过尿素酶水解尿素产生氨，在菌体周围形成"氨云"保护层，以抵抗胃酸的杀灭作用。幽门螺杆菌与慢性活动性胃炎、消化性溃疡、胃黏膜相关淋巴组织淋巴瘤和胃癌密切相关。1994 年世界卫生组织/国际癌症研究机构将幽门螺杆菌定为 I 类致癌原。

3. 微生物学检查 幽门螺旋杆菌感染的检查方法很多，主要包括细菌的直接检查、尿素酶活性测定、免疫学检测及聚合酶链反应等方法。

4. 防治原则 目前尚无有效的预防措施。治疗用抗菌疗法，多采用以枸橼酸铋钾或抑酸剂为基础，再加两种抗生素的三联疗法。

三、创伤感染的细菌

（一）葡萄球菌属

葡萄球菌属因其排列如葡萄串状而得名。革兰染色阳性。主要引起疖、痈、毛囊炎、肺炎、脑脓肿、肝脓肿、化脓性骨髓炎及伤口感染等。在自然界中分布广泛，绝大多数不致病，仅少数引起人和动物的化脓性感染。其致病性随细菌侵入途径、菌量、毒力及机体免疫力不同而异。由于抗生素的广泛使用，耐药菌株逐年增加，目前金黄色葡萄菌对青霉素的耐药率已高达 90%，但对新型青霉素、庆大霉素和头孢唑啉比较敏感，体外实验证明黄连、黄芩、连翘、大青叶、板蓝根、蒲公英等对金黄色葡萄球菌有抑菌或杀菌作用。

1. 生物学性状 革兰阳性，球形，呈葡萄串状排列（图 1－17）。于普通培养基上生长良好，致病性葡萄球菌菌落呈金黄色，血琼脂平板上生长后，菌落周围可见完全透明溶血环。致病性菌株能分解甘露醇产酸。

重要抗原有葡萄球菌 A 蛋白、多糖抗原。①葡萄球菌 A 蛋白（SPA）存在于 90% 以上金黄色葡萄球菌细胞壁表面的一种蛋白质，能与人及多种哺乳动物的 IgG1、IgG2 和 IgG4 分子 Fc 段非特异结合，用于协同凝集试验。具有激活补体、抗吞噬、促细胞分裂、引起超敏反应、损伤血小板等多种生物活性。②多糖抗原细胞壁中的磷壁酸与肽聚糖相连，从金黄色葡萄球菌性心内膜炎患者血清中检出其抗体。

葡萄球菌属根据色素、生化反应等不同分为金黄色葡萄球菌、表皮葡萄球菌、腐生葡萄球菌 3 种，其中金黄色葡萄球菌多为致病菌，表皮葡萄球菌偶尔致病，腐生葡萄球菌一般不致病。60% ~70% 的金黄色

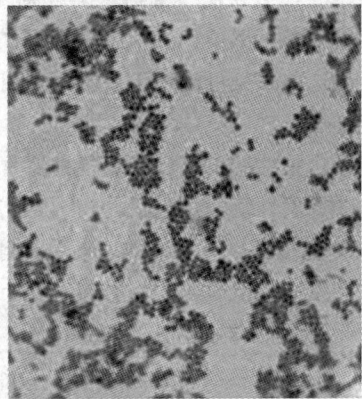

图 1－17 葡萄球菌

葡萄球菌可被相应噬菌体裂解，表皮葡萄球菌不敏感。用噬菌体可将金葡萄菌分为 4 群 23 个型。肠毒素型食物中毒由Ⅲ和Ⅳ群金葡萄菌引起，Ⅱ群菌对抗生素产生耐药性的速度比Ⅰ和Ⅳ群缓慢。造成医院感染严重流行的是Ⅰ群中的 52、52A、80 和 81 型菌株。引起疱疹性和剥脱性皮炎的菌株常是Ⅱ群 71 型。

葡萄球菌的变异可自然发生，与临床关系密切的是药物敏感性变异和菌落 L 型变异。有某些菌株对青霉素、苯唑西林（新型青霉素）、头孢唑啉等多种药物耐药，这些菌株又被称为耐甲氧西林金黄色葡萄球菌（methicillin – resistant S. aureas，MRSA），这些菌株已构成对医院内感染控制的威胁。产生耐药性的途径有：①产生分解抗生素中有效基因的诱导酶，如 β - 内酰胺酶。②敏感菌株通过有关噬菌体转导耐药基因的质粒而获耐药性。

2. 致病性

（1）致病物质 金黄色葡萄球菌的致病物质主要是产生的多种毒素和酶。

①血浆凝固酶（coagulase）：是能使含有枸橼酸钠或肝素抗凝剂的人或兔血浆发生凝固的酶类物质。凝固酶和葡萄球菌的毒力密切相关，常作为鉴别葡萄球菌有无致病性的重要标志。凝固酶阳性菌株进入机体后，使血液或血浆中的纤维蛋白沉积于菌体表面，阻碍体内吞噬细胞的吞噬，即使被吞噬后，也不易杀死。同时，凝固酶集聚在菌体周围，保护细菌不受血清中杀菌物质的作用。葡萄球菌引起的感染易局限和形成血栓，与凝固酶的生成有关。但凝固酶阴性的葡萄球菌亦能引起某些感染。

②耐热核酸酶（heat – stable nuclease）：致病性葡萄球菌能产生耐热核酸酶，对 DNA 和 RNA 有较强的降解能力，金黄色葡萄球菌产生此酶，其他葡萄球菌不产生，该酶作为鉴定致病性葡萄球菌的重要指标。

③葡萄球菌溶素（staphyolysin）：依抗原性及生物活性不同分 α、β、γ 和 δ4 种溶素，其中 α 溶素是重要致病因子。

④杀白细胞素（leukocidin）：损伤中性粒细胞和巨噬细胞，导致中毒性炎症反应和组织坏死等病变。

⑤肠毒素（enterotoxin）：导致以呕吐为主要症状的食物中毒。

⑥表皮溶解毒素（epidermolytic toxin）：也称表皮剥脱毒素（exfoliatin），引起人类或新生小鼠的表皮剥脱性病变，主要发生于新生儿和婴幼儿。

⑦毒性休克综合征毒素 – 1（TSST – 1）：可引起毒性休克综合征（TSST）。

（2）所致疾病 葡萄球菌可通过多种途径侵入机体，导致皮肤或器官的多种感染。

①手术后感染：手术后感染可从缝线处脓肿直到广泛的创口感染，一般由葡萄球菌感染所致。这种感染可出现于手术后数日或数周；若病人在手术时接受过抗生素，则感染的出现可能推迟。

②化脓性感染：皮肤、各种器官化脓性感染；败血症、脓毒血症等全身感染。

③毒素性疾病：包括食物中毒、烫伤样皮肤综合征、毒性休克综合征等。

3. 免疫性 人类对致病性葡萄球菌有一定的天然免疫力。只有当皮肤黏膜受创伤后，或机体免疫力降低时，才易引起感染。患病后所获免疫力不牢固，难以防止再次感染。

4. 微生物学检查法

（1）微生物学检查对于一般局部化脓性感染意义不大。

（2）在全身性感染确定病因或选择有效治疗药物上有一定价值。

（3）鉴定致病性葡萄球菌：能产生金黄色色素、有溶血性、凝固酶试验和耐热核酸酶试验阳性，分解甘露醇产酸。

（4）少数凝固酶阴性葡萄球菌有时也有致病性，故最后判定时还须结合临床表现。

5. 防治原则 皮肤有创伤时应及时消毒处理，防止感染。合理使用抗生素，避免耐药菌的形成。对顽固性反复发作的疖病患者，可试用自身疫苗疗法，有一定效果。

（二）链球菌

链球菌（*Streptococcus*）是化脓性球菌的另一类常见的细菌，广泛存在于自然界、人及动物粪便和健康人鼻咽部，大多数不致病。医学上重要的链球菌主要有化脓性链球菌、草绿色链球菌、肺炎链球菌、无乳链球菌等。引起人类的疾病主要有：化脓性炎症、毒素性疾病和超敏反应性疾病等。

1. 生物学性状 革兰阳性，球形，成链状排列（图 1 - 18）。在血琼脂平板上，不同种类细菌可产生不同的溶血现象，据此细菌分为：甲型溶血性链球菌、乙型溶血性链球菌和丙型链球菌三种。甲型溶血性链球菌菌落周围形成草绿色溶血环，称甲型溶血或 α 溶血，α 溶血环中的红细胞并未完全溶解，多为条件致病菌。乙型溶血性链球菌菌落周围形成完全透明的无色溶血环，界限分明，称乙型溶血或 β 溶血，β 溶血环中的红细胞完全溶解，常引起人和动物的多种疾病。丙型链球菌不产生溶血素，菌落周围无溶血环，因而亦称不溶血性链球菌，无致病性。

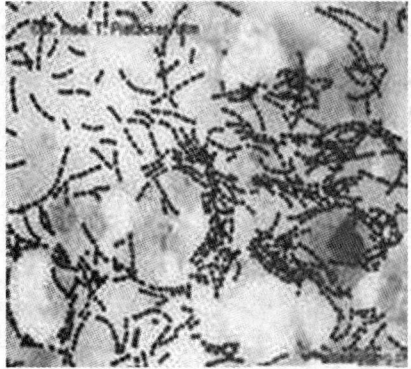

图 1 - 18 链球菌

本菌不分解菊糖，不被胆汁溶解，可与肺炎链球菌鉴别链球菌的抗原构造复杂，主要有三种。①多糖抗原：具群特异性，是链球菌群的分类依据，依此将链球菌分为 A ~ H、K ~ T、和 U、V 共 20 个群，致病菌 90% 左右属 A 群。②表面蛋白抗原：位于 C 抗原的外层，包括 M、T、R、S 四种成分。M 蛋白是化脓性链球菌的一种重要毒力因子，具有抗吞噬作用，M 蛋白与心肌肌浆蛋白和肾小球基底膜有共同抗原表位，故与风湿性心内膜炎和肾小球肾炎发病原因可能有关。③核蛋白抗原：称"P"抗原，无特异性，各种链球菌的 P 抗原均相同。

2. 致病性 A 群链球菌又称化脓性链球菌，是人类链球菌感染最常见病原菌。

（1）致病物质 包括细胞壁成分、侵袭性酶类及外毒素。细胞壁中的脂磷壁酸、M 蛋白和细胞壁受体有助于细菌黏附。侵袭性酶使细菌易在组织中扩散。主要有以下几种酶。①透明质酸酶：能分解透明质酸，使细菌及其毒素易在组织中扩散。②链激酶：能使血液中溶纤维蛋白酶原转变成溶纤维蛋白酶，溶解血块或阻止血浆凝固，有利于细菌在组织中扩散。③链道酶：分解脓汁中高度黏稠核酸，使脓汁稀薄，有利于细菌的扩散。外毒素有下述两种。①链球菌溶素：对氧敏感链球菌溶素 O（SLO）和对氧稳定的链球菌溶素 S（SLS）。SLO 除能溶解红细胞外，对中性粒细胞也有破坏作用，风湿热病人 SLO 抗体（ASO）升高显著，测其含量可作为风湿热及其活动性的辅助诊断；在血琼脂平板上菌落周围的溶血环是 SLS 引起。②致热外毒素：又称红疹毒素或猩红热毒素，是引起猩红热的主要致病物质。致热机制为直接作用于下丘脑引起发热反应。

（2）所致疾病 链球菌引起的疾病有侵袭性、毒素性和超敏反应性三类：①侵袭性疾病：感染后出现皮肤和皮下组织的化脓性炎症，病灶特点为界限不明显，浓汁稀薄，细菌易扩散。

②毒素性疾病：引起猩红热。③链球菌感染后超敏反应：主要有风湿热和急性肾小球肾炎两种疾病。

3. 免疫性　A 族链球菌感染后，可产生特异免疫，主要是 M 蛋白的抗体（IgG）。由于型别多，无交叉免疫性。猩红热病后可产生对同型红疹毒素的抗体，获得牢固的同型抗毒素免疫。检测易感人群对猩红热有无感受性的试验称为狄克试验（Dick test），即用一定量红疹毒素作皮肤试验。

4. 微生物学检查法

（1）细菌学诊断　①不同疾病采取不同标本，如脓汁、血液、鼻咽拭子等；②直接涂片染色镜检发现有典型链球菌时可做初步诊断；③分离培养后，鉴定主要依据细菌形态、染色性、菌落特征、溶血情况等。

（2）血清学诊断　抗链球菌溶素 O 试验常用于风湿热或肾小球肾炎的辅助诊断，用 SLO 检测血清中的 ASO，是体外毒素与抗毒素的中和试验。风湿热患者血清中抗 O 抗体比正常人显著增高，大多在 250U 左右；活动性风湿热患者一般超过 400U。

5. 防治原则　对急性咽炎和扁桃体炎患者，尤其是儿童要彻底治疗，以防止急性肾小球肾炎和风湿热的发生。A 群链球菌感染的治疗首选药物是青霉素。

（三）破伤风梭菌

破伤风梭菌（*Clostridium tetani*）是破伤风的病原体，是特殊的创伤感染菌。广泛存在土壤、健康动物和人的肠道中。当该菌通过创伤的皮肤或黏膜进入机体时，或分娩使用不洁器械剪脐带等，此菌即可侵入伤口生长繁殖，释放外毒素，导致破伤风。本病以骨骼肌发生强直性痉挛为特征，可因窒息或呼吸衰竭而死亡。如不及时预防，一旦发病死亡率很高。1981 年 WHO 宣布世界每年有 100 万人死于破伤风，尤其是热带地区此病多见，婴幼儿破伤风死亡率高达 85%。目前，主要是成人的工伤、创伤的感染。

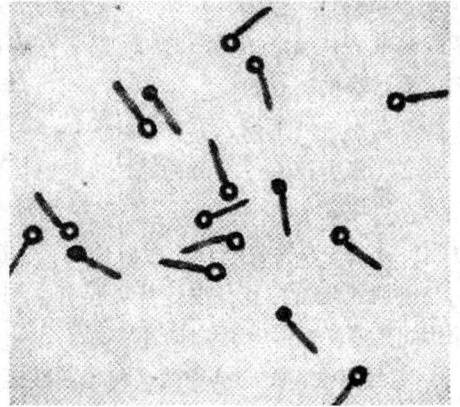

图 1-19　破伤风梭菌

1. 生物学性状　破伤风梭菌是革兰阳性细长的杆菌，在体内外都形成芽孢，芽孢在菌体一端，圆形、形成鼓槌状特殊形态（图 1-19）。有鞭毛，无荚膜。

破伤风梭菌为专性厌氧菌，普通培养基即可生长，羽毛状菌落及薄膜状爬行生长物。血平板上有轻度溶血环，庖肉培养基中轻度混浊，肉渣微变黑，产生咸臭气体。

破伤风梭菌的芽孢抵抗力强，在土壤中能存活几十年。高压蒸汽 121℃ 15~30min、干热 160~170℃ 1~2h 才能破坏芽孢，其繁殖体对青霉素敏感。

2. 致病性

（1）致病条件　伤口深而狭窄，创口闭合造成局部乏氧；坏死组织多，吸收游离氧；局部组织缺血缺氧；伤口进入泥土或异物，带入破伤风梭菌或其芽孢，同时伴有需氧菌或兼性厌氧菌混合感染，需氧菌或兼性厌氧菌生长消耗氧气而造成厌氧环境。以上原因均可造成有利于破伤风梭菌生长繁殖的厌氧条件。

（2）致病物质　破伤风梭菌侵袭力弱，只在入侵局部繁殖，产生破伤风外毒素毒素即破伤风痉挛毒素，该毒素毒性作用极强，对人的致死量小于1μg。每毫克纯化的结晶可杀死2000万只小鼠。破伤风痉挛毒素是由质粒编码表达的一种神经毒素，不耐热，可被肠道蛋白酶破坏，故口服毒素不起作用。毒素的分子结构系由 A、B 两部分多肽组成，B 链能与神经节苷脂结合，A 链具有毒性作用。

（3）致病机制　毒素对脑干神经和脊髓前角细胞有高度亲和力。毒素可由末梢神经沿轴索从神经纤维间隙，到达脊髓前角，直至脑干。也可通过淋巴、血液到达中枢神经系统。毒素能与脊髓及脑干抑制性神经细胞突触末端的神经节苷脂结合，封闭脊髓的抑制性突触，阻止神经细胞抑制性介质（甘氨酸和γ氨基丁酸）释放，破坏正常的抑制性调节功能，使脊髓前角细胞兴奋冲动可下达，但抑制性反馈信息不能上传，抑制了抑制性神经元的协调作用；当受刺激时伸肌和屈肌同时强烈收缩，肌肉出现强直痉挛。

（4）所致疾病　破伤风，横纹肌痉挛。破伤风的潜伏期从几天到几个月不等，平均 7～14天，潜伏期越短，病死率越高。感染越接近头部潜伏期就越短。临床表现的前驱症状为感染处肌肉痉挛，咀嚼困难、激动、多汗。继而全身肌肉痉挛，形成苦笑面容，角弓反张，轻者呼吸困难，重者窒息死亡。

3. 免疫性　破伤风免疫是典型的外毒素免疫，主要由抗毒素发挥中和毒素毒性的作用，病后不会获得牢固免疫力，通过破伤风类毒素的注射获得抗毒素免疫。

4. 微生物学检查　根据典型症状和病史（创伤史）即可诊断。直接涂片镜检和厌氧分离培养法阳性率低，对早期诊断无意义。动物实验可以确定有无毒素。

5. 防治原则

（1）一般措施　正确处理创口及时清创扩创，防止厌氧微环境的形成；应用甲硝唑等药物，抑制破伤风芽孢梭菌在局部病灶繁殖等。

（2）人工自动免疫　注射白百破三联制剂，刺激机体产生相应抗毒素；免疫程序为婴儿出生后第 3、4、5 月连续接种 3 次，2 岁、7 岁时各加强注射一次，建立基础免疫，以后如发生可能引起破伤风的外伤，立即再接种一次类毒素；孕妇接种破伤风类毒素可预防新生儿破伤风；战士、建筑工人和易受外伤的人群，第一年注射 2 次作基础免疫。第二年加强免疫 1次。每隔 5～10 年注射 1 次。受外伤时再注射 1 次。

（3）人工被动免疫　注射破伤风抗毒素（TAT），可获得被动免疫；用于紧急预防和特异治疗；注射前要作皮肤试验，防止发生过敏反应，必要时采取脱敏疗法；对破伤风患者，应早期、足量用 TAT 治疗。

（4）抗生素治疗　采用大剂量的青霉素和甲硝唑。

（四）产气荚膜梭菌

产气荚膜梭菌（*C. perfringens*）广泛分布于自然界及人与动物消化道，能引起人和动物多种疾病。根据其主要毒素的抗原性不同，菌株分为 A、B、C、D、E 5 种类型，其中 A 型产气荚膜梭菌是引起人类气性坏疽和食物中毒的主要病原菌。

1. 生物学性状　产气荚膜梭菌是革兰阳性粗大杆菌，卵圆形芽孢位于中央或近极端，不大于菌体。无鞭毛，有荚膜。专性厌氧，血平板上有双层溶血环，内环 θ 毒素引起完全溶血，外环 α 毒素引起不完全溶血；在牛乳培养基上生长，分解乳糖产酸，可凝固酪蛋白，同时产生大量气体，将凝固的酪蛋白冲成蜂窝状，气势凶猛，这种现象称为"汹涌发酵"，为本菌鉴别的主要特征。

2. 致病性

（1）致病物质 产气荚膜梭菌产生多种侵袭性酶和外毒素。外毒素有 12 种，重要的有：①α 毒素为卵磷脂酶，为最重要的毒性物质，能分解人和动物细胞膜上的磷脂，使多种细胞的胞膜受损，引起溶血、组织坏死、血管内皮损伤，血管通透性增高等病变；②θ 毒素具有溶血和破坏白细胞的作用；κ 毒素即胶原酶，可分解肌肉和皮下的胶原组织，使组织崩解；③μ 毒素是透明质酸酶，有利于细菌及毒的扩散。

（2）所致疾病 主要引起以下疾病。①气性坏疽（gas gangrene）：多见于战伤、工伤、车祸。是严重的创伤感染性疾病，以局部组织坏死、气肿、水肿、恶臭及全身中毒为特征。②食物中毒：多见于 A 型产气荚膜梭菌引起。③坏死性肠炎：是由 C 型产气荚膜梭菌产生的 β 肠毒素引起。

3. 微生物学检查

（1）直接涂片检查 这是极有价值的快速诊断法。从伤口深部取材，染色镜检，发现 G^+ 大杆菌，少量不规则白细胞和伴有其他杂菌这三大特点即可初步结果。

（2）分离培养、生化反应鉴定。

（3）动物实验 将标本厌氧培养，取培养液静脉注射小鼠或家兔，5～10min 处死动物，温箱孵育 6～8h，见尸体膨胀并有恶臭和"泡沫肝"。

4. 防治原则 及时处理伤口、扩创、反复用 H_2O_2 局部冲洗，切除感染及坏死组织；早期用多价抗毒素血清；同时用抗生素控制细菌繁殖。由于该菌在环境中极易形成芽孢，故需严密隔离病人，并对所用器械及敷料彻底灭菌，避免在医院传播。

（五）铜绿假单胞菌

铜绿假单胞菌为革兰阴性杆菌，有鞭毛，有荚膜。能产生带荧光的水溶性色素（青脓素与绿脓素）使培养基呈带荧光的亮绿色，严格厌氧。抵抗力较其他革兰阴性菌强，耐受许多化学消毒剂和抗生素。

铜绿假单胞菌是人体正常菌群之一，感染多见于皮肤黏膜受损部位，在医院感染中，由本菌引起者约占 10%，在烧伤病房可高达 32%，临床表现为局部化脓性炎症或全身感染，脓汁呈绿色，带臭味。感染后产生有一定保护作用的特异性抗体，中性粒细胞在抗铜绿假单胞菌感染中起重要作用。应用绿脓杆菌疫苗进行特异性预防，对特殊病房如烧伤病房、手术器械及治疗仪器等应进行严格消毒，防止医院内感染，对多种抗生素耐药，治疗过程中易发生耐药突变，需选用敏感抗菌药物联合使用。

四、动物源性细菌

动物源性细菌是人畜共患性疾病的病原菌，即由一种病原菌同时可引起动物和人类的某些传染病，称为人畜共患病。其中绝大多数是以动物作为传染源的称为动物源性疾病（zoonosis），动物源性细菌通常以家畜或野生动物作为储存宿主，人类通过直接接触病畜或污染物及媒介动物叮咬等途径感染而致病，这些病主要发生在畜牧区或自然疫源地。动物源性细菌主要包括布鲁菌属、鼠疫耶尔森菌和炭疽芽孢杆菌。这些病原菌的特点是：①人畜共患，既可危害牲畜，又引起人类传染病；②宿主范围广；③与多种职业病有关；④人类多是由于接触了感染的动物而受到传染；⑤可被霸权主义者及恐怖分子用来作为生物战剂。

（一）布鲁菌属

布鲁菌属（*Brucella*）是一类人畜共患传染病的病原菌，有 6 个生物种（牛布鲁菌，羊布鲁菌，猪布鲁菌，犬布鲁菌，绵羊附睾布鲁菌，沙林鼠布鲁菌）、19 个生物型，使人致病的是前 4 个生物种，因最早由美国医师 David Bruce 首先分离出，故得名。哺乳动物中牛、羊、猪等家畜最易感染，常引起母畜流产。人类与病畜接触或食用其染菌肉类、乳制品等可引起感染，称为布鲁菌病。对人致病的有牛布鲁菌（*B. abortus*）、羊布鲁菌（*B. melitensis*）、猪布鲁菌（*B. suis*）和犬布鲁菌（*B. canis*），在我国流行的主要是羊布鲁菌病，其次是牛布鲁菌病。

1. 生物学性状 革兰阴性小球杆菌或短杆菌。无鞭毛，无芽孢，光滑型菌株有荚膜。革兰染色着色不佳，吉姆染色呈紫色。专性需氧，初次分离培养时需 5% ~ 10% CO_2，生长缓慢，营养要求高，最适生长温度为 35℃ ~ 37℃，最适 pH 为 6.6 ~ 6.8。在血琼脂平板或肝浸液琼脂平板上，37℃培养 48h 长出透明、无色、光滑型（S 型）小菌落。血琼脂平板上无溶血现象，能分解尿素和产生 H_2S。根据产生的 H_2S 多少和在含碱性染料培养基中的生长情况，可鉴别三种布鲁菌。

布鲁菌含有两种抗原物质：A 抗原（牛布鲁菌菌体抗原）和 M 抗原（羊布鲁菌菌体抗原）。三种布鲁菌所含的 A 抗原与 M 抗原量在比例上不同。用 A 血清与 M 血清进行凝集试验对三种布鲁菌有鉴别作用。牛布鲁菌 A∶M = 20∶1，羊布鲁菌 A∶M = 1∶20，而猪布鲁菌 A∶M = 2∶1。

布鲁菌对日光、热、常用消毒剂等均很敏感。日光照射 10 ~ 20min，湿热 60℃ 10 ~ 20min，在普通浓度的来苏溶液中数分钟即被杀死。在外界环境中的抵抗力较强，在水中可生存 4 个月，在土壤、皮毛和乳制品中可生存数周至数月。对常用的广谱抗生素较敏感。

2. 致病性 内毒素是主要的致病物质。荚膜与侵袭酶（透明质酸酶、过氧化氢酶等）有利于细菌通过完整皮肤、黏膜进入宿主体内，并在机体脏器内大量繁殖和快速扩散入血。此外布鲁菌引起的Ⅳ型超敏反应也能参与致病。布鲁菌感染家畜引起流产，畜病还可表现为睾丸，附睾，乳腺，子宫炎等。人类对布鲁菌普遍易感，不引起流产。因为，易感动物生殖器官和胎膜含有大量赤鲜醇，刺激细菌生长，引起流产；人胎盘没有赤鲜醇。可引起菌血症和波浪热。人类感染主要通过接触病畜及其分泌物或被污染的畜产品，经皮肤黏膜和消化道、呼吸道等多种途径受染。布鲁菌侵入机体后，即被吞噬细胞吞噬，因其荚膜能抵抗吞噬细胞的裂解而成为胞内寄生菌，并经淋巴管到达局部淋巴结，生长繁殖形成感染灶。当布鲁菌在淋巴结中繁殖到一定数量后，突破淋巴结屏障侵入血流，出现发热等菌血症症状。此后，布鲁菌随血流侵入肝、脾、淋巴结及骨髓等处，形成新的感染灶。血液中的布鲁菌逐渐消失，体温也逐渐正常。细菌在新感染灶内繁殖到一定数量时，再度入血，又出现菌血症而致体温升高。如此反复使患者呈现不规则的波浪状热型，临床上称为波浪热。因布鲁菌为胞内寄生菌，抗菌药物及抗体等均不易进入细胞内，因此，本病较难根治，易转为慢性，反复发作。感染布鲁菌后，患者布鲁菌素皮肤试验常呈阳性。因此认为布鲁菌的致病与迟发型超敏反应有关。

3. 免疫性 机体对布鲁菌的免疫，主要是以细胞免疫为主。各菌种和生物型之间有交叉免疫。

4. 微生物学检查 布鲁菌病症状复杂又不典型，诊断主要靠微生物学检查。急性期取血液；慢性期取骨髓，将标本接种于双相肝浸液培养基（液相为肝浸液肉汤、固相为肝浸液琼脂斜面，斜面下端浸入液体中）。置 5% ~ 10% CO_2 环境中 37℃ 培养。每日倾斜培养物一次，使液体浸湿斜面。大多数 4 ~ 7 天长出菌落；如 30 天无菌生长可报告为阴性。有菌生长可根据涂片、CO_2 需要、H_2S 产生、染料抑菌试验、血清凝集等确定型别。可用试管凝集试验测定血清 IgM 抗体。抗体效价≥1∶160～1∶320 为阳性，1∶200 有诊断意义。用乳胶凝集试验可在 6min 内判定结果，方法简易可靠。抗球蛋白试验（Coombs 试验）对布鲁菌感染者出现不完全抗体者，在病程中凝集效价出现增长者有诊断意义。对慢性患者可进行补体结合试验测 IgG，一般以 1∶10 为阳性诊断标准，一般发病三周后出现 IgG 抗体。取布鲁菌素进行皮肤超敏反应试验，皮试阳性可诊断慢性或曾患过布鲁菌病。

5. 防治原则　控制和消灭家畜布鲁菌病，切断传播途径和免疫接种是三项主要的预防措施。免疫接种以畜群为主，人群接种对象是牧场，屠宰场工作人员及有关职业的人群，如兽医等，用冻干减毒活疫苗作皮上划痕法接种，有效期约 1 年。急性期患者以抗生素治疗为主，WHO 推荐的首选方案是利福平与多西环素联合应用，或四环素与利福平联用；神经系统受累者选用四环素合用链霉素。慢性期患者，除用抗生素治疗外，可用特异性菌苗进行脱敏治疗。

（二）炭疽芽孢杆菌

炭疽芽孢杆菌（*Bacillus anthraci*）属于需氧芽孢杆菌属，能引起羊、牛、马等动物及人类的炭疽病（anthrax），也是人类历史上第一个被发现的病原菌。炭疽芽孢杆菌曾被作为致死战剂之一。牛羊等草食动物的发病率最高，人可通过摄食或接触患炭疽病的动物及畜产品而感染。皮肤炭疽在我国各地还有散在发生，不应放松警惕。

1. 生物学性状　炭疽芽孢杆菌菌体粗大，两端平截或凹陷，是致病菌中最大的革兰阳性细菌。排列似竹节状，无鞭毛，无动力（图 1-20）。本菌在氧气充足，温度适宜（25～30℃）的条件下易形成芽孢。芽孢呈椭圆形，位于菌体中央，其宽度小于菌体的宽度。在人和动物体内能形成荚膜。炭疽杆菌受低浓度青霉素作用，菌体可肿大形成圆珠，称为"串珠反应"。这也是炭疽杆菌特有的反应。

炭疽芽孢杆菌为专性需氧，在普通培养基中生长良好，最适温度为 37℃，最适 pH 为 7.2～7.4，在琼脂平板培养 24h，长成直径 2～4mm 的粗糙菌落。菌落呈毛玻璃状，边缘不整齐，呈卷发状（图 1-21），有一个或数个小尾突起，这是本菌向外伸延繁殖所致。在血琼脂平板上，菌落周围无明显的溶血环，但培养较久后可出现轻度溶血。菌落特征出现最佳时间为 12～15h。菌落有粘性，用接种针钩取可拉成丝，称为"拉丝"现象。在普通肉汤培养 18～24h，管底有絮状沉淀生长，无菌膜。有毒株在碳酸氢钠平板，20% CO₂ 培养下，形成黏液状菌落（有荚膜），而无毒株则为粗糙状。

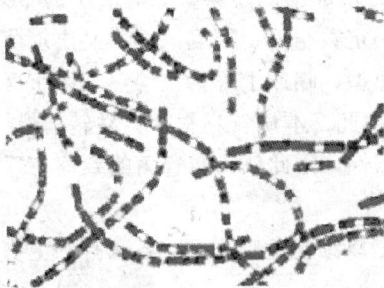

图 1-20　炭疽芽孢杆菌　　　图 1-21　炭疽芽孢杆菌菌落

炭疽芽孢杆菌的繁殖体抵抗力不强，易被一般消毒剂杀灭，而芽孢抵抗力强，在干燥的室温环境中可存活数十年，在皮毛中可存活数年。牧场一旦被污染，芽孢可存活数年至数十年。经直接日光曝晒 100h、煮沸 40min、浸泡于 10% 甲醛溶液 15min、5% 石碳酸需要 5 天才能将芽孢杀灭。高压蒸汽灭菌法 121℃、15min 可杀死芽孢。炭疽芽孢对碘特别敏感，对青霉

素、先锋霉素、链霉素、卡那霉素等高度敏感。

目前已知的有四种抗原成分，即炭疽毒素、荚膜多肽抗原、菌体多糖抗原、芽孢抗原。炭疽毒素是由保护性抗原、致死因子和水肿因子三种蛋白质组成的复合物。此复合物具有抗吞噬作用和免疫原性。三种成份均具有抗原性，不耐热，是致病的物质基础之一。

荚膜多肽抗原是由 D-谷氨酸多肽组成，抗原性单一，若以高效价抗荚膜血清与具荚膜炭疽杆菌作用，在其周边外发生抗体的特异性沉淀反应，镜下可见荚膜肿胀。菌体多糖抗原由等分子量的乙酰基葡萄糖胺和 D-半乳糖组成，耐热，与毒力无关。这种抗原无特异性，能与其他需氧芽孢杆菌，肺炎球菌 14 型及人类 A 血型物质发生交叉反应。能产生 Ascoli 热沉淀反应（抗原在病畜皮毛、腐败脏器中长时间煮沸仍可与相应抗体发生沉淀反应），用于流行病学调查。

芽孢抗原由芽孢外膜和皮质组成，是特异性抗原，具有免疫原性，有血清学诊断价值。

2. 致病性 炭疽杆菌的致病物质主要有荚膜及毒素两个部分，它们分别由 pXO_1 和 pXO_2 质粒所调控。荚膜具有抗吞噬作用，使细菌易于扩散繁殖。炭疽毒素是外毒素蛋白复合物，由水肿因子（edema factor，EF）、致死因子（1ethal factor，LF）以及保护性抗原（protective antigen，PA）三种成分构成。每种成分单独对动物均无毒性作用，至少有两种相关成分协同，才能引起动物发病，尤其在三种成分混合注射可出现炭疽的典型症状。其毒性作用是：增强微血管通透性，改变血液循环的正常进行，损坏肾脏功能，干扰糖代谢，最后导致动物死亡。

本菌可引致多种动物和人类的炭疽，牛、绵羊、鹿等易感性最强，禽类一般不感染。此菌通过消化道，呼吸道及皮肤创伤或通过吸血昆虫等多种途径传播，引起人类的炭疽病。①皮肤炭疽最常见，多发生于屠宰、制革或毛刷工人及饲养员。本菌由体表破损处进入体内，开始在入侵处形成水疖、水疱、脓疱、中央部呈黑色坏死，周围有浸润水肿，如不及时治疗，细菌可进一步侵入局部淋巴结或侵入血流，引起败血症死亡。②肠炭疽是由食入病兽肉制品所致，以全身中毒症状为主，并有胃肠道溃疡、出血及毒血症，发病后 2~3 日内死亡。③肺炭疽由吸入含有大量病菌芽孢的尘埃所致，多发生于皮毛工人，病死率高。病初似感冒，进而出现严重的支气管肺炎，可在 2~3 天内死于中毒性休克。

3. 免疫性 感染炭疽后可获得持久免疫力。

4. 微生物学诊断

（1）显微镜检查 将疑为炭疽被检动物病料（血液、水肿液或脏器）制片，用亚甲蓝（美蓝）、瑞特或姬姆萨染色法染色镜检，如见有短链呈竹节状或散在呈砖头状，外有荚膜；培养物作革兰染色，如见到带芽孢长链的革兰阳性大杆菌，则可初步判定为炭疽杆菌。

（2）分离培养 将被检病料划线接种于普通琼脂平板，37℃培养24h，如见到小米到豌豆大、低平、毛玻璃样、粗糙、边缘不整齐的卷发状菌落时，可初步判定为炭疽杆菌。为抑制杂菌生长，可选用戊烷脒琼脂等炭疽杆菌选择性培养基。分离出的细菌，与枯草杆菌、巨大芽孢杆菌、马铃薯杆菌等非致病性需氧性芽孢杆菌相鉴别。为进一步对分离的细菌作鉴定，做串珠试验、噬菌体裂解试验，青霉素抑菌试验等。

（3）动物试验 取被检材料给小鼠、豚鼠或家兔皮下注射，小鼠于注射后 24~39h，豚鼠 2~3 天，家兔 2~4 天死于败血症。剖检时脾脏肿大，内脏和血液中有大量带荚膜的杆菌可证实为炭疽杆菌。

（4）血清学试验 常用的是 Ascoli 沉淀试验，即将炭疽沉淀素血清与被检材料浸出液加在沉淀反应管内，使两液面接触，如有白色环出现，是阳性反应。此外，还可用反向间接凝集试验、串珠荧光抗体试验和琼脂扩散试验等检查炭疽杆菌。

5. 防治原则 预防人类炭疽首先应防止家畜炭疽的发生。家畜炭疽感染消灭后，人类的传染源也随之消灭。目前我国使用的炭疽活疫菌，作皮上划痕接种，免疫力可维护半年至一年。青霉素是治疗炭疽的首选药物。根据不同的感染类型，治疗也不同。皮肤炭疽用青霉素总量为 100 万 ~200 万 U。同时可加用四环素、链霉素、氯霉素或新霉素。对于肺炭疽及肠炭疽，每日青霉素总量应在 600 万 U 以上；对于炭疽性脑膜炎及败血症，每日青霉素总量要超过 1000U。除上述抗生素外，其他的抗菌药物，如磺胺、呋喃唑酮等，对其也有较强的作用。

（三）鼠疫耶尔森菌

鼠疫耶尔森菌（*Yersinia pestis*）是鼠疫（Plague）的病原菌。鼠疫是一种自然疫源性的烈性传染病，一般先在鼠类间发病和流行，通过带菌鼠蚤叮咬传播给人，引起人类鼠疫。临床上表现发热、毒血症和出血等。由于鼠疫患者死后皮肤呈黑紫色，故又称"黑死病"。鼠疫耶尔森菌也可被作为致死性细菌战剂，历史上曾发生过三次世界性大流行，我国西北等内陆地区偶有散发病例，因此，鼠疫仍是我国重点监控的自然疫源性传染病。

1. 生物学性状 鼠疫耶尔森菌为短小的革兰阴性球杆菌，卵圆形，两端浓染，有荚膜。无鞭毛，无芽孢。在陈旧培养物或高盐培养基上呈多形态性，有球形、杆状或哑铃状等。兼性厌氧菌，在普通培养基上能生长，但生长缓慢。在血平板上，形成不透明的，中央隆起，不溶血，边缘呈花边样菌落，这种菌落形态为本菌的特征。在液体培养基中 24h 孵育逐渐形成絮状沉淀，48h 在液表面形成菌膜，稍加摇动菌膜呈"钟乳石"状下沉，此特征有一定的鉴别意义。

鼠疫耶尔森菌对理化因素抵抗力较弱，湿热 70 ~80℃、10min 或 100℃ 1min 死亡，5% 来苏或石碳酸 20min 内可以杀死痰液中的细菌，但在自然环境中的痰液中能存活 36 天，在蚤粪中存活 1 年左右。在冻尸中能存活 4 ~5 个月。对链霉素、卡那霉素及四环素敏感。

鼠疫耶尔森菌抗原结构复杂，种类繁多，与毒力有关的有：①FI（Fraction I）抗原 为糖蛋白，是鼠疫耶尔森菌的荚膜抗原，抗原性强，特异性高，其相应抗体具有保护作用。②V/W（virulence）抗原：在细菌表面，V 抗原是蛋白质，有保护作用；W 抗原为脂蛋白，不能使豚鼠获得保护力，V/W 抗原结合物有促使产生荚膜，抑制吞噬作用，并有在细胞内保护细菌生长繁殖的能力，与侵袭力有关。③鼠毒素（murine toxin, MT）：是鼠疫杆菌产生的外毒素，对鼠类有剧烈的毒性，1μg 即可使鼠致死。主要作用在心血管系统，引起毒血症、休克。鼠毒素抗原性强，可制成类毒素。

2. 致病性 鼠疫为多途经传染，主要致病物质有，荚膜、多种毒性抗原、内毒素及毒性酶，透明质酸酶，溶纤维蛋白酶等。按传播方式不同分为：鼠间的鼠疫和人间的鼠疫。前者一般在人间发生流行之前发生，通过鼠蚤吸血传播。后者为人被感染的鼠蚤叮咬而传染。也可因宰杀感染后的动物，由破损创口侵入，或因吸入含本菌的气溶胶感染。临床常见的病型如下。①腺鼠疫：主要由野鼠传染家鼠，再由家鼠叮咬人时，将鼠疫杆菌注入人体皮下。再进入淋巴结内繁殖侵害，最常侵犯腹股沟淋巴结或腋窝淋巴结，引起淋巴结肿胀化脓及全身中毒。②肺鼠疫：原发性肺鼠疫多有呼吸道感染，吸入空气中鼠疫杆菌直接引起，也可由腺鼠疫或败血症型鼠疫继发而来。③败血症型鼠疫：腺鼠疫或肺鼠疫患者的病原菌可侵入血液，发生败血症，病死率极高。

3. 免疫性 人体对鼠疫杆菌无天然免疫力，易感染。患过鼠疫病愈者可获得持久性免疫力，很少再次感染。

4. 微生物学检查

（1）标本采集 因鼠疫传染性极强，采集标本时必须严格无菌操作。根据病型采取淋巴结穿刺液、肿胀部位组织液、脓汁、血液和痰等。人和动物尸体可取肝、脾、肺、病变淋巴结以及心血等。陈旧尸体取骨髓。将采集标本送至有严密防护措施的专门实验室进行检查，禁止在一般实验室进行操作。

（2）涂片镜检 除血液标本外，一般均需涂片或印片，干燥后用甲醇固定，革兰染色或亚甲蓝（美蓝）染色，镜检。在不同材料中，菌体大小、形态有很大差异，除典型形态外，往往可见菌体呈多形态性，需加以注意。

（3）分离培养 血液标本需先置肉汤中进行增菌培养。分离培养一般选用血琼脂平板，28℃，24h 后，可见较小的露滴状菌落，继续培养则菌落增大至 1~2mm，中央厚而致密，周边逐渐变薄。取可疑菌落进行涂片染色镜检，噬菌体裂解试验，血清凝集试验，特异荧光抗体染色等作出鉴定。

（4）血清学实验 可用于检查鼠疫耶尔森菌抗原或特异性抗体。敏感而特异的试验方法有 ELISA、固相放射免疫分析，SPA 协同凝集试验等。

（5）核酸检测 用 DNA 探针杂交方法或 PCR 技术检测鼠疫耶尔森菌核酸，有助于鼠疫的诊断。PCR 敏感性极高，蚤体内有 10 个鼠疫耶尔森菌感染即可检出。

5. 防治原则 严格控制传染源，隔离可疑病人或病人，严格执行检疫制度；切断传播途径，灭鼠、灭蚤；提高人群免疫力（预防接种鼠疫无毒活疫苗）和个人防护。高效价鼠免疫血清用于临床治疗，可与抗生素并用。

（于爱莲）

第二章 放线菌

学习目标

1. 掌握放线菌的形态结构和生长繁殖特点及培养方法。
2. 熟悉与制药有关的放线菌属的培养和代谢产物。
3. 了解放线菌引起的人类疾病及检查和治疗方法。

放线菌（actinomycete）由菌落呈放射状而得名，是原核细胞型微生物的一个类群，介于细菌和真菌之间，现被列于广义的细菌中。至今发现的放线菌都是革兰染色阳性。放线菌于1875 年由 Cohntothrix 发现，被从人泪腺感染病灶中分离出并培养成功。放线菌种类繁多，有56 个属，大多数有发达的分枝菌丝和孢子，主要以孢子繁殖。

放线菌在自然界分布广泛，主要存在于土壤、空气和水中，尤其是含水量低、有机物丰富、呈中性或微碱性的土壤中数量最多。大多数放线菌是腐生菌，只有少数为寄生菌，可使人类和动植物致病。

放线菌与人类的生产和生活极为密切，绝大多数是有益菌，对人类的健康是有利的。有的放线菌有极强的分解纤维素、橡胶等的能力，有的放线菌能与豆科植物共生固氮，故在自然界物质循环和环境保护等方面起着重要的作用。放线菌对人类健康最大的贡献是能产生大量的、种类繁多的抗生素，所以在制药工程中占据重要的地位。

第一节 放线菌的生物学特性

一、放线菌的形态与结构

放线菌基本结构和细菌相似，细胞壁的主要成分有肽聚糖，并含有二氨基庚二酸（DAP），而不含有真菌细胞壁所具有的纤维素和几丁质。放线菌由菌丝和孢子两部分结构组成（图 2 - 1），此特征和真菌相似。但是菌丝很细（ < 1μm）与细菌相似。在营养生长阶段，菌丝内无隔，一般呈多核的单细胞状态。故放线菌更接近于细菌。

（一）菌丝

菌丝是由放线菌孢子在适宜的环境下，吸收水分，萌发出芽，芽管延长，形成放射状分枝状的丝状物。大量菌丝交织成团，形成菌丝体。菌丝粗细与杆状细菌相似，直径约 0.5 ~ 1μm（图 2 - 2）。菌丝细胞的结构与细菌基本相同。

根据菌丝着生部位和功能的不同，放线菌菌丝可分为基内菌丝、气生菌丝和孢子丝三种（图 2 - 1）。

1. 基内菌丝 孢子在适宜条件下，吸收水分和营养，肿胀，萌发出芽，向基质的四周表

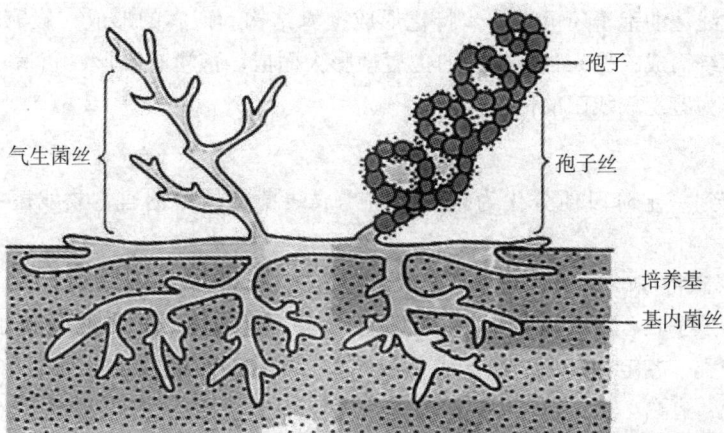

图 2-1 放线菌的结构图

面和内部伸展形成的菌丝，又称初级菌丝（primary mycelium）。它匍匐生长于培养基表面或伸向培养基内部，象植物的根一样，吸收水分和营养，又称营养菌丝（vegetative mycelium）。基内菌丝主要功能除了吸收营养物质，还可排泄代谢产物如抗生素、酶制剂等，有的产生不同的色素，若为水溶性色素，可向培养基内扩散，把培养基染成相应的颜色；若产生脂溶性的色素，则使其菌落或菌苔的背面呈现相应的颜色，可作为菌种鉴定的重要依据。

基内菌丝多分枝，直径在 0.2～0.8μm 之间，颜色较浅，大多无隔膜，不断裂，如链霉菌属和小单胞菌属等；有的基内菌丝生长一定时间后形成横隔膜，继而断裂成球状或杆状小体，如诺卡菌型放线菌。

2. 气生菌丝 基内菌丝发育到一定阶段，长出培

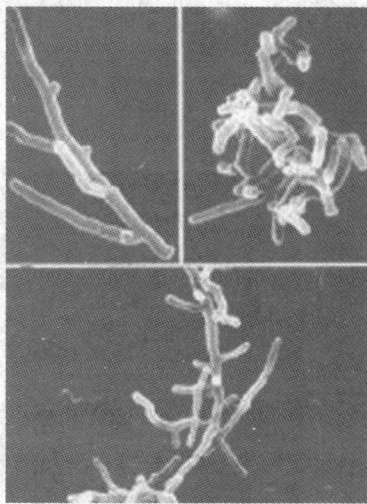

图 2-2 放线菌的菌丝

养基外并伸向空间的菌丝，由于是在初级菌丝的基础上发育形成的，又称二级菌丝（secondary mycelium）。在显微镜下观察时，一般气生菌丝颜色较深，比基内菌丝粗，直径为 1.0～1.4μm，长度相差悬殊，分枝较少，形状直形或弯曲，可产生色素，多为脂溶性色素，使菌苔或菌落呈现一定的颜色。

有些放线菌气生菌丝发达，有些则稀疏，还有的种类不形成气生菌丝。

3. 孢子丝 气生菌丝发育到一定程度，其顶端分化出的可形成孢子的菌丝，称孢子丝。孢子丝的主要功能是产生孢子，进行繁殖，又称繁殖菌丝。孢子成熟后，可从孢子丝中逸出飞散。

放线菌孢子丝的形态及其在气生菌丝上的着生方式，随菌种不同而异。孢子丝的形状有直形、波曲状、钩状、螺旋状等。螺旋状的孢子丝较为常见，其螺旋的松紧、大小、螺数和螺旋方向因菌种而异。螺旋的数目一般为 5～10 圈，旋转方向多为左旋，少数为右旋。孢子丝的着生方式有对生、互生、丛生与轮生（一级轮生和二级轮生）等多种。孢子丝为轮生的放线菌称为轮生类群，轮生类群的孢子丝多为二级轮生。孢子丝的形态和着生方式、螺旋的方向、数目、疏密程度以及形态特征可作为菌种鉴定的重要依据。

有的类群放线菌的孢子还可进一步特化形成孢囊结构。孢囊的形成一般有两种方式：一种孢子丝高度缠绕而成；另一种由特化的孢囊梗膨大而成。孢囊有圆形、瓶状、棒状等形状。这些特征也可作为鉴定放线菌的依据。

（二）孢子

孢子丝发育到一定阶段便分化为孢子。它是放线菌的繁殖器官，放线菌的孢子是无性孢子。

1. 孢子的形态特征　放线菌的孢子形状多样，在光学显微镜下，孢子呈圆形、椭圆形、杆状、圆柱状、瓜子状、梭状和半月状等，即使是同一孢子丝分化形成的孢子也不完全相同，因而不能作为分类、鉴定的依据。孢子成熟后一般分泌脂溶性的色素，使带有孢子堆的菌落呈现一定的颜色，有白、黄、灰黄、淡紫、淡灰等。孢子表面的纹饰因种而异，在电子显微镜下清晰可见，有的光滑，有的褶皱状、疣状、刺状、毛发状或鳞片状，刺又有粗细、大小、长短和疏密之分，一般比较稳定。孢子的排列方式不同，有单个、双个、短链或长链状。孢子的颜色、表面特征和排列方式是菌种分类、鉴定的重要依据（图2-3）。

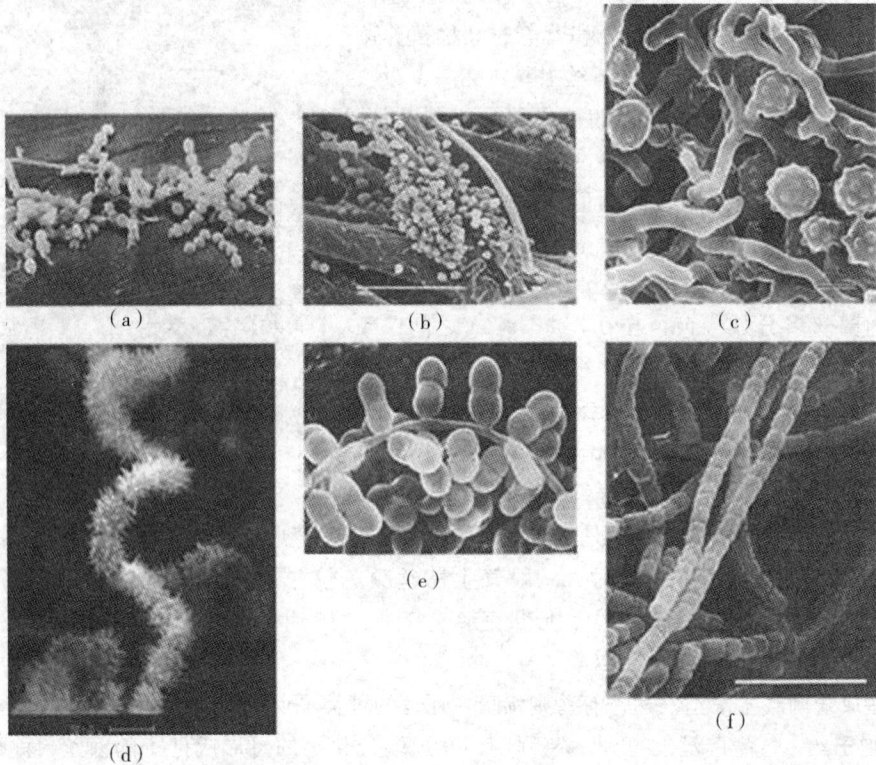

图2-3　放线菌的孢子

2. 孢子的形成过程　孢子的产生有以下几种方式。

（1）凝聚孢子　其过程是孢子丝孢壁内的原生质围绕核物质，从顶端向基部逐渐凝聚成一串体积相等或相近的小段，然后小段收缩，并在每段外面产生新的孢子壁而成为圆形或椭圆形的孢子。孢子成熟后，孢子丝壁破裂释放出孢子。多数放线菌按此方式形成孢子，如链霉菌孢子的形成多属此类。

（2）横隔孢子　该分裂方式的主要特征是在孢子丝中出现横膈膜，每两个横膈膜之间形成孢子。隔膜分裂的方式两种：一种细胞膜内陷，再由外向内逐渐收缩形成横膈膜，将孢子丝分割成许多无性孢子。另一种是细胞壁和细胞膜同时内陷，再逐渐向内溢缩，将孢子丝益裂成一串无性孢子。诺卡菌属按此方式形成孢子。

（3）孢囊孢子　有些放线菌首先在菌丝上形成孢子囊（sporangium），在孢子囊内形成孢子，孢子囊成熟后，破裂，释放出大量具有鞭毛的能游动的孢囊孢子。游动放线菌属和链孢菌囊菌属均以这些方式形成孢子。孢子囊可在气生菌丝上形成，也可在营养菌丝上形成。孢子囊可由孢子丝盘绕形成，有的由孢子囊柄顶端膨大形成。

（4）分生孢子　小单孢菌科中多数种的孢子形成是在营养菌线上作单轴分枝，基上再生出直而短的特殊分枝，分枝还可再分枝权，每个枝权顶端形成一个球形或椭圆形孢子。它们聚集在一起，很象一串葡萄，这些孢子亦称分生孢子。

（5）厚壁孢子　某些放线菌偶尔也产生。

3. 孢子的萌发　孢子成熟后散落在周围环境中，遇到合适的条件萌发，长出芽管，由芽管延长长出分枝，越来越多的分支形成营养菌丝体，最终发育为成熟的菌丝体。

此外，放线菌也可借菌丝断裂的片断形成新的菌体，这种繁殖方式常见于液体培养基中。工业化发酵生产抗生素时，放线菌就以此方式大量繁殖。如果静置培养，培养物表面往往形成菌膜，膜上也可产生出孢子。

放线菌孢子具有较强的耐干燥能力，但不耐高温，60～65℃处理10～15min即失去生活能力。

二、放线菌的生长与繁殖

（一）放线菌的繁殖方式和生活史

放线菌进行无性繁殖，不进行有性繁殖。固体培养基中以形成孢子方式，液体培养基里以断裂生殖方式进行无性繁殖。成熟的孢子散落在适宜环境里萌发，长出芽管，芽管延长，形成基内菌丝，基内菌丝向培养基外长成气生菌丝，气生菌丝发育到一定阶段，在顶端形成孢子丝，孢子丝发育成孢子。也就是以孢子→菌丝→孢子的循环过程进行生长繁殖（图2－4）。在液体振荡培养中，菌丝体可无限伸长和分枝，每一个脱落的菌丝片段，在适宜条件下都能长成新的菌丝体。

图2－4　放线菌的生长繁殖周期

（二）放线菌的培养条件

放线菌营养要求不高，能在简单培养基上生长。利用的碳源主要是淀粉、葡萄糖、麦芽糖等，放线菌分解淀粉能力较强，所以培养基中加入一定量的淀粉；氮源以蛋白胨和氨基酸等较为合适；此外还需要无机盐和微量元素钾、镁、铁、铜、钙等。大部分微需氧，故在抗生素生产中需进行通气搅拌培养。最适温度为28～30℃；最适pH为中性偏碱性，为7.2～7.6。放线菌生长缓慢，需3～7天长成典型菌落，培养的时间比细菌长。

（三）放线菌的培养特征

放线菌的培养包括固体培养和液体培养两种方式。

放线菌在固体培养基上形成的菌落略大于细菌的菌落，但比真菌菌落小；菌落特征与细菌不同。放线菌菌丝相互交错缠绕形成紧密、坚实的菌落，干燥、不透明，菌落表面多皱；当大量孢子覆盖于菌落表面时，就形成表面为粉末状、颗粒状或石灰状等不同形状的，菌落周围有辐射状菌丝的典型放线菌菌落（图2-5）；由于基内菌丝和孢子常有颜色，使得菌落的正反面呈现出不同的颜色；由于大量的基内菌丝伸入培养基内，菌落与培养基结合紧密，不易被接种针挑起。

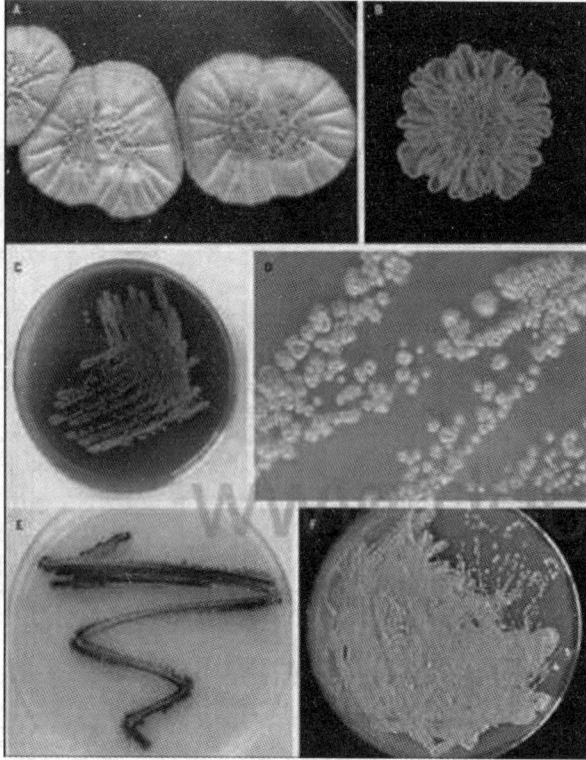

图2-5　放线菌的菌落特征

在液体培养基静止培养时，放线菌在液面与瓶壁交界处形成膜状物，一些大型菌丝团则沉在瓶底，所以在培养基底部形成沉淀，培养基澄清而不变浑浊；震荡培养时，菌丝体集结成团，可见培养基中形成由菌丝体所构成的球状菌丝团。

固体培养可以积累大量的孢子，所以经常用作保种培养和菌种鉴定培养等。液体培养可获得大量的菌丝体和代谢产物，所以在抗生素生产中多采用液体培养。

第二节　放线菌与人类的关系

大部分放线菌对人类是有利的，仅有少数放线菌可以引起人类的疾病。放线菌对人类最大的贡献是它能生产种类繁多的抗生素，目前已经分离到的放线菌产生的抗生素种类已达4000种以上，约占微生物产生抗生素的70%；近几年来筛选到的许多新的生化药物多数是放线菌的次级代谢产物，如抗癌剂、酶抑制剂、抗寄生虫剂、免疫抑制剂等；此外放线菌还能产生其他生物活性物质如维生素、酶制剂、氨基酸及有机酸等。故放线菌被广泛应用于制药工业，是一类很有发展前途的微生物，在医药工业上具有重要的意义。

一、制药工业中常见的放线菌

（一）链霉菌属

链霉菌属（*Streptomyces*）是放线菌的代表属，该菌具有发育良好的分枝状菌丝体，菌丝无隔膜，直径约 $0.4 \sim 1\mu m$，长短不一，多核。菌丝体有营养菌丝、气生菌丝和孢子丝，孢子丝再形成分生孢子。孢子丝和孢子的形态因种而异，这是链霉菌属分种的主要识别性状之一。

链霉菌与细菌的菌落不同，基内菌丝深入培养基中，使菌落与培养基结合紧密，不易挑取，即使挑起也不易破碎。大部分链霉菌气生菌丝中等长度，菌落表面呈较密的绒状，坚实、干燥、多皱，菌落较小而不蔓延；有的气生菌丝很长使菌落呈茸毛状或絮状；有的气生菌丝很短，但孢子丝多，断裂成孢子使菌落呈粉末状。菌丝大部分呈白色，少数呈米色、灰白、黄白、粉白色，也有的呈淡橙色和肉色。孢子丝发育后，气生菌丝的表面被孢子堆的颜色覆盖，呈现不同的颜色如白、黄、紫、粉红、灰色、青色等。从培养基背面可以观察基内菌丝的颜色，如白、黄、橙红、绿、蓝、紫、褐、黑等。有的链霉菌分泌水溶性的色素，使培养基呈现不同的颜色。链霉菌的产色性稳定，根据孢子堆的颜色、基内菌丝和可溶性色素可对链霉菌分类。

链霉菌主要生长在含水量较低、通气较好、有机质丰富、中性或微碱性的土壤中。该菌共约1000多种，分为14个类群，是放线菌中最大的一个属，该属产生的抗生素种类最多。研究表明，70%抗生素主要由放线菌产生，而其中90%又由链霉菌产生，如灰色链霉菌产生的链霉素、龟裂链霉菌产生的土霉素，卡那霉素链霉菌产生的卡那霉素，此外链霉菌属产生的博莱霉素、丝裂霉素、制霉菌素、两性霉素、氯霉素、四环素、万古霉素、红霉素等都是临床上常用的有效的药物。这些菌一般能抵抗自身所产生的抗生素，而对其他链霉菌产生的抗生素可能敏感。

有的链霉菌能产生一种以上的抗生素，不同种别链霉菌却可能产生同种抗生素。链霉菌还产生其他次级代谢产物如维生素、酶和酶制剂等。

改变链霉菌的营养，可能导致抗生素性质的改变。

（二）诺卡菌属（*Nocardia*）

此属中多数无气生菌丝，只有基内菌丝。基内菌丝细长，培养15h至4天，产生横隔膜，断裂成长短近于一致的杆状或球状体或带权的杆状体。每个杆状体内至少有一个核，可以复制并形成新的多核的菌丝体。菌丝以横隔分裂方式形成孢子。少数种在基内菌丝表面覆盖一薄层气生菌丝成为孢子丝。孢子丝直形、个别种呈钩状或螺旋，孢子丝亦有横隔，分裂形成杆状或椭圆形孢子。

诺卡氏菌主要分布于土壤中，多数为需氧性腐生菌，少数为厌氧性寄生菌。繁殖速度较慢，一般5~17天才形成菌落，因为具有长菌丝，在培养基上形成典型的菌丝体，大小一般比链霉菌菌落小，表面多皱、致密、干燥，黏着性差，接种环一触即碎，或者为面团状；有的种菌落平滑或凸起，无光或发亮呈水浸状。多数诺卡菌能产生胡萝卜色素，使菌落呈现各种颜色，如黄色、黄绿色、橙红色等。

现已报道诺卡菌100余种，能产生30多种抗生素。如对治疗结核分枝杆菌和麻风分枝杆菌治疗有特效的利福霉素，对治疗植物白叶枯病的细菌，以及原虫、病毒有作用的间型霉素，对革兰阳性细菌有作用的瑞斯托菌素等。另外，诺卡菌能同化各种糖类，有的能利用碳氢化合物、纤维素等，用于在石油脱蜡、烃类发酵以及污水处理中分解腈类化合物等。

（三）小单胞菌属

小单胞菌属（*Micromonospora*）不形成气生菌丝，只形成基内菌丝，菌丝体纤细，直径 $0.3 \sim 0.6 \mu m$，无横隔膜、不断裂。只在菌丝上长出很多孢子梗，孢子梗有分枝，每枝顶端着生一个孢子，象一串葡萄。由于孢子是单个着生的，所以称为小单胞菌，这是小单胞菌属的最突出的特征。

该菌属最适生长温度是 $32 \sim 37℃$，菌落比链霉菌小得多，一般 $2 \sim 3mm$，与培养基结合紧密，表面凸起，通常橙黄色，也有深褐、黑色、蓝色者；菌落表面覆盖着一薄层孢子堆。

此属菌一般为好气性腐生，能利用各种氮化物的糖类，具有很强的分解纤维素、几丁质的能力。大多分布在土壤或湖底泥土中，堆肥的厩肥中也有不少。该菌孢子耐热、耐干旱，在土壤、湖泊或湖底的沉积物中可存活多年。

此属约30多种，也是产抗生素较多的一个属。例如绛红小单胞菌和棘孢小单胞菌产生庆大霉素，相模原小单胞菌产生小诺霉素、伊尼奥小单胞菌产生西索米星，有的能产生利福霉素、创新霉素、卤霉素等，共计30余种抗生素。此属菌产生抗生素的潜力较大，而且有的种还产生维生素 B_{12}。

（四）链孢囊菌属

链孢囊菌属（*Streptosporangium*）主要特点是具有发育良好的菌丝体。此属菌的营养菌体分枝很多，横隔少，直径 $0.5 \sim 1.2 \mu m$；气生菌丝体多为丛生、散生或同心环状排列，白色或淡粉色。另一个突出的特点是气生菌丝上可以特化成球形的孢囊，孢囊内形成孢囊孢子。孢囊一般着生在气生菌丝的顶端或其侧枝的顶端，由气生菌丝上的孢子丝盘卷形成。但是气生菌丝的特化程度不同，有时在同一气生菌丝上既有孢囊，也有螺旋状孢子丝，产生的无性孢子既有孢囊形成的孢囊孢子，也有孢子丝形成的分生孢子。孢囊形成初期体积较小、无色，随着成熟，体积增大，颜色加深，孢囊内形成横隔，分化为孢子团。孢子成熟后，通过孢囊上的小孔释放出来。孢子球形，直径为 $1.8 \sim 2.0 \mu m$，无鞭毛，不能游动。

该菌菌落与链霉菌相似，表面呈绒状、粉状或茸状，颜色较淡，多数为粉红色。

此属菌约15种以上，其中因不少种可产生广谱抗生素而受到重视。粉红链孢囊菌产生的多霉素（polymycin），可抑制革兰阳性细菌、革兰阴性细菌、病毒等病原体，对肿瘤也有抑制作用。绿灰链孢囊菌产生的绿菌素，对细菌、真菌、酵母菌均有作用。由西伯利亚链孢囊菌产生的两性西伯利亚霉素，对肿瘤有一定疗效。

（五）游动放线菌属

游动放线菌属（*Actinoplanes*）一般不形成气生菌丝；基内菌丝较细有分枝；以孢囊孢子繁殖，孢囊形成于分枝的基内菌丝上或孢囊梗上，孢囊梗直形或分枝，每分枝顶端形成一至数个孢囊，孢囊孢子通常略有棱角，并有一至数个发亮小体或几根端生鞭毛，能运动，产生带有鞭毛的游动孢子是该菌属的最特殊之处。有的种类是通过分生孢子进行繁殖的，分生孢子为单个或链状排列。

该属通常在沉没水中的叶片上生长，生长缓慢，需 $2 \sim 3$ 周培养才形成菌落，菌落湿润发亮。

本菌至今报道 14 种，产生的抗生素有创新霉素、绛红霉素等，前者对大肠埃希菌引起的尿路感染有一定的疗效，后者对肿瘤、细菌、真菌等均有作用。

（六）高温放线菌属

该菌属的有两个特点：一是基内菌丝分枝有隔，二是基内菌丝和气生菌丝都能产生单个的孢子。孢子是内源性的，球形，有皱褶，其形成和结构与细菌芽孢相似。孢子具有多层壁、膜结构，内含吡啶二羧酸，和细菌的芽孢一样对热、干燥及各种不良环境均有较强的抗性。

本属菌能在温度较高的自然环境中生长，如在堆肥、自然草堆、甘蔗渣等高温堆中生长，生长速度较快。形成的孢子在土壤、水、湖泊、海洋等长时间存活并进一步发育成菌丝体。

该菌属有的能产生抗生素，如产生的高温红霉素对革兰阳性菌和革兰阴性菌均有作用。

二、放线菌的致病性

引起人类致病的主要是厌氧放线菌属和需氧诺卡菌属中的少数放线菌。放线菌属为人体的正常菌群，多引起内源性感染，一般不在人与人之间及人与动物之间传播；诺卡菌属为腐生菌，广泛存在于土壤中，引起外源性感染。

（一）放线菌属

放线菌属有 31 个种，其中衣氏放线菌 （*A. israelii*）、牛型放线菌 （*A. bovis*）、内氏放线菌 （*A. naeslundii*）、黏膜放线菌 （*A. viscous*） 和龋齿放线菌 （*A. odontolyticus*） 等寄居在人和动物的口腔、上呼吸道、胃肠道和泌尿生殖道等，是正常菌群，机体抵抗力下降时引起放线菌病，属于条件致病菌感染。其中对人致病性较强的是衣氏放线菌。

放线菌病表现为慢性脓肿及形成瘘管，向外排出的黄色黏稠的脓液中，肉眼可见的黄色米粒大小颗粒，称作硫磺样颗粒，为放线菌病的典型特征。根据感染部位不同临床上分为面颈部、胸部、腹部、盆腔和中枢神经系统放线菌病，其中以面颈部最为常见。面颈部放线菌病患者大多近期免疫力降低、有口腔炎，拔牙史或下颚骨骨折史等外伤，放线菌直接由口腔黏膜创伤或伤口侵入，临床上表现为后颈面部肿胀，不断产生新结节，多发性脓肿和瘘管形成。病原体可沿导管进入唾液腺和泪腺，或直接蔓延到眼眶和其他部位，若累及颅骨引起脑膜炎和脑脓肿，也可经吸入感染肺部，在肺部形成病灶，症状和特征酷似肺结核。经吞咽进入胃肠引起腹部感染常能触及腹部包块与腹壁黏连，出现便血和排便困难，常以为结肠癌，术后切片见多个散在硫磺样颗粒；腹部感染也可因为腹壁外伤或阑尾穿孔引起。盆腔感染多继发于腹部感染，也可由子宫内放置不合适或不洁避孕用具引起。外伤或昆虫叮咬可引起原发性皮肤放线菌病，先出现皮下结节，然后结节软化、破溃形成窦道或瘘管。放线菌感染可累及任何组织和器官。损害也可扩展到心包心肌，并能穿破胸膜和胸壁，在体表形成多发性瘘管，排出脓液。中枢神经系统感染常继发于其他病灶。放线菌病一般不经血液播散

放线菌与龋齿和牙周炎有关。将从人口腔分离出的内氏放线菌和黏液放线菌接种于无菌大鼠口腔内，可导致龋齿的发生。内氏放线菌和黏液放线菌能产生一种黏性很强的多糖物质 6－去氧太洛糖 （6－deoxytalose），与乳酸杆菌等一起黏附在牙釉质上，形成菌斑。黏附的细菌分解食物中的糖类产酸腐蚀釉质，形成龋齿，其他细菌进一步引起齿龈炎和牙周炎。

放线菌病患者血清中可测到多种抗体，但抗体对机体无保护作用，亦无诊断价值。机体对放线菌的免疫主要靠细胞免疫。

最主要和最简单的诊断方法是从脓或痰中找到硫磺样颗粒。将可疑颗粒制成压片，在显

微镜下检查是否有呈放线状排列的菊花样菌丝，也可取组织切片经苏木精伊红染色镜检，中央部位呈红色，末端膨大部位呈红色。必要时取标本作厌氧培养。放线菌生长缓慢，常需观察1～2周以上，再观察菌落和作涂片检查，亦可取活组织切片染色检查。

放线菌感染尚无特异的预防方法。注意口腔卫生，牙周炎和龋齿及口腔破损等及时治疗。患者的脓肿和窦道应进行外科清创处理，同时应用大剂量青霉素较长时间治疗，也可以用甲氧苄啶–磺胺甲噁唑（TMP – SMZ）、克林达霉素、红霉素或林可霉素等治疗。

（二）诺卡菌属

诺卡均属有42个菌种，不属于正常菌群，对人致病的主要有星形诺卡菌和巴西诺卡菌，为外源性感染，感染后常表现为肺部化脓性炎症与坏死，严重者可通过血流播散至全身。

星形诺卡菌主要由呼吸道或创口侵入机体，引起化脓性感染，特别是免疫力低下的群体，如AIDS患者、肿瘤患者、器官移植以及患有其他慢性疾病的病人等，感染后可引起肺炎、肺脓肿，慢性患者类似肺结核、肺真菌病。易通过血行播散，引起脑膜炎与脑脓肿，若该菌经皮肤创伤感染，可侵入皮下组织引起慢性化脓性肉芽肿与形成瘘管。瘘管脓液中可见小颗粒，为诺卡菌的菌落。

巴西诺卡菌可侵入皮下组织引起慢性化脓性肉芽肿，表现为肿胀、脓肿及多发性瘘管。感染好发于腿部和足，称足分枝菌病。星形诺卡菌亦可引起本病。

微生物学检查法主要在脓液、痰等标本中查找黄色或黑色颗粒状得诺卡菌菌落。染色镜检，可见革兰阳性和部分抗酸性分枝菌丝，其抗酸性弱，与结核分枝杆菌区别。星形诺卡菌可在45℃生长，有初步鉴别诊断意义。

诺卡菌的感染无特异性预防方法。对脓肿和瘘管等可手术清创，切除坏死组织。各种感染可用抗生素或磺胺药治疗，一般治疗时间不少于6周。

（赵英会）

第三章 其他原核微生物

学习目标 ....

1. 掌握支原体、衣原体、立克次体的生物学性状、致病性、微生物学检查及防治原则；螺旋体的生物学性状。

2. 了解对常见的支原体、衣原体、立克次体、螺旋体进行检验和临床用药选择。

第一节 支原体

支原体（mycoplasma）是一类无细胞壁，具有高度多形性，在无生命培养基中能生长繁殖的最小原核细胞型微生物。

一、生物学性状

支原体具有高度多形性，呈球形或丝状等，随菌龄、菌株和检查方法的不同，可呈各种形态。形体微小，可通过一般滤菌器。革兰染色呈阴性，不易着色。多用 Giemsa 染色，可染为淡紫色。

支原体的营养要求较高，培养基中需加入 10% ~20% 的血清。适宜的培养条件下可在固体培养基上生长出典型的油煎蛋样小菌落（图 3 - 1）。

虽然支原体与细菌 L 型都具有高度多形性、能通过滤菌器、无细胞壁、对低渗环境敏感、油煎蛋样小菌落等共性，但鉴别起来倒也不难。从培养特性上来看，支原体在一般渗透压下能稳定生长，在自然界中广泛存在，细菌 L 型大多需高渗培养，自然条件下很少存在；支原体菌体大小基本一致，细菌 L 型菌体大小相差较大；支原体菌落较细菌 L 型菌落更小一些；支原体细胞膜含有高浓度的胆固醇，细菌 L 型细胞膜不含胆固醇；支原体在遗传上与细菌无关，细菌 L 型在去除诱因后易返祖为原菌。

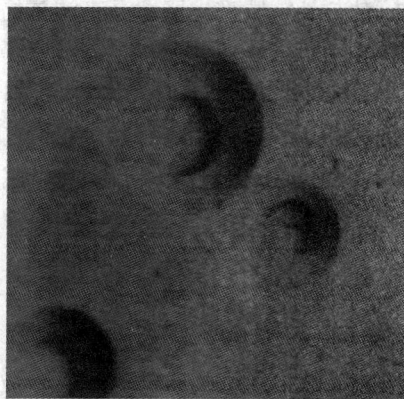

图 3 - 1 肺炎支原体菌落

二、致病性

存在于人体的支原体多不致病，致病性的支原体包括引起原发性非典型肺炎的肺炎支原体和引起泌尿生殖系统感染的解脲脲原体、人型支原体、生殖支原体和穿透支原体等。

不同的支原体感染机体的部位不同可引起不同类型的疾病，主要引起人类泌尿生殖道感染和口腔呼吸道感染。对人致病的支原体主要是通过黏附素、荚膜或微荚膜、毒性代谢产物、超抗原等机制引起细胞损伤的。

三、微生物学检查与防治

标本可采取鼻咽洗液、穿刺液、咽拭子、尿道与子宫颈拭子及各种分泌物。支原体具有黏附细胞作用，故多采用拭子标本。

支原体对干燥敏感，要注意标本保湿。可在液氮环境或 -70℃长期保存。

支原体对于理化因素较细菌敏感。由于细胞膜构成有胆固醇成分，故凡能作用于胆固醇的物质如皂素、洋地黄苷等均可作用于支原体。支原体对于多数抗生素敏感，但对于作用细胞壁的抗生素除外。治疗时多采用红霉素、强力霉素等。

在细胞培养中支原体是常见的污染源，可影响培养细胞的生长。应注意对支原体污染的监测。推荐支原体检测方法是以直接培养法与 DNA 荧光染色法相结合。若发生污染，可测定其对于抗生素的敏感性，并至少使用两种敏感抗生素进行处理。

四、常见的病原性支原体

（一）肺炎支原体

1. 生物学性状　肺炎支原体菌体大小为 $0.2 \sim 0.3 \mu m$，具有高度多形性。在初次分离时应在含足量血清和新鲜酵母浸出液的培养基中培养，10 天左右长出圆形菌落，致密生长，深入琼脂，无明显边缘。在多次传代以后，生长速度会更快，培养基上生长出典型的油煎蛋样小菌落（图 3 - 2）。能发酵葡萄糖，不能分解精氨酸和尿素。

2. 致病性　肺炎支原体是飞沫传播，多发生于夏末秋初，5 ~ 15 岁青少年发病率最高。肺炎支原体感染主要引起间质性肺炎，即原发性非典型性肺炎。以发热、咳嗽、头痛、咽喉痛、肌肉痛等为主要临床症状，有时会出现支气管肺炎甚至呼吸道以外的并发症，如心血管、神经系统、皮疹等。多数主要临床症状在一周左右后消失，肺部 X 线改变将持续一个月至一个半月才会消失。

3. 微生物学检查与防治　肺炎支原体可将标本（痰或咽拭子）接种于含足量血清和新鲜酵母浸出液的琼脂培养基或 SP - 4 培养基中进行分离培养。在含 5% CO_2 与 90% N_2 的气体环境

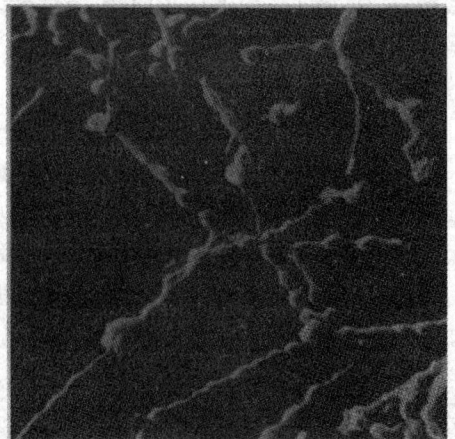

图 3 - 2　肺炎支原体

中，经 37℃培养 1 ~ 2 周，挑取可疑菌落可在形态上初步鉴定，葡萄糖发酵实验阳性、对豚鼠红细胞呈现 β 溶血环、血细胞吸附实验阳性。如需进一步鉴定可用特异性抗血清进行实验。由于肺炎支原体分离培养阳性率不高且需时较长，不宜用于快速临床诊断。

临床可用冷凝集实验，将患者血清和人 O 型血红细胞或自身红细胞混合，在 4℃过夜时发生凝集，37℃时凝集分散。但由于该实验的阳性率仅为 50% 左右，且具有非特异性，故临床

上更倾向于抗原和核酸检测的快速诊断。这样的方法更加快速便捷，特异性与敏感性更高，适于大量临床标本检查。

肺炎支原体减毒活疫苗和DNA疫苗的预防效果仅见于动物实验，目前多采用大环内脂类药物或喹诺酮类药物治疗肺炎支原体感染，如罗红霉素、阿奇霉素或氧氟沙星、司帕沙星，可出现耐药株。

（二）解脲脲原体

1. 生物学性状 解脲脲原体菌体大小为$0.2 \sim 0.3 \mu m$，具有高度多形性，常单个或成对排列。培养需添加胆固醇和酵母浸液，在固体培养基中培养48h可长出油煎蛋样小菌落。能分解尿素，不能分解精氨酸和葡萄糖。

2. 致病性 解脲脲原体可以经性传播途径或在分娩时经产道感染人体，引发的是泌尿生殖道疾病包括非淋菌性尿道炎、盆腔炎、宫颈炎、输卵管炎、阴道炎、前列腺炎、附睾炎等，也与自然流产、早产和死胎和不孕不育症有关。

3. 微生物学检查与防治 解脲脲原体实验室检验的方法多用分离培养和核酸检测。可取标本0.2ml接种于液体培养基中，培养$16 \sim 18h$后分解尿素产碱，使酚红指示剂由黄变红。再转种0.2ml培养物于固体培养基中，在含5%CO_2与90%N_2的气体环境中，经37℃培养48h，低倍镜下有油煎蛋样小菌落，可进一步进行鉴定。核酸检测是通过PCR的方法在患者泌尿生殖道标本中检测尿素酶基因、多带抗原（MB-Ag）基因和16S-rRNA基因。核酸检测快速且特异性强，适于大量标本检测。

在防治过程中要注意加强卫生宣教，切断传播途径。可用喹诺酮类、四环素类药物进行治疗，可有耐药株出现。

第二节 衣原体

衣原体（Chlamydia）是一类严格真核细胞内寄生，具有独特发育周期，能通过滤菌器的原核细胞型微生物。

衣原体主要具有以下主要特征：革兰染色阴性；具有细胞壁；严格活细胞内寄生；具有独特发育周期；有DNA和RNA两种核酸；对于多种抗生素敏感。

一、生物学性状

衣原体多呈圆形或椭圆形，革兰染色阴性，Giemsa染色呈淡蓝色或紫色。在光学显微镜下可以看见两种不同的颗粒结构，是衣原体两种不同的发育类型。其中一种是原体，较小，呈椭圆形，Giemsa染色呈紫色，中央有一个致密的拟核，具有感染性；另外一种是始体，较大，呈圆形或不规则形，Giemsa染色呈深蓝色，中央无致密的拟核，有疏松的网状结构，又称网状体，无感染性。

衣原体具有独特发育周期。原体具有强感染性，在宿主细胞外较为稳定，无繁殖能力，8h左右以胞饮的方式进入宿主易感细胞后发育、增大，经$12 \sim 36h$左右转变为始体。始体在细胞内以二分裂方式繁殖并发育成许多子代原体，最终$48 \sim 72h$成熟的子代原体从破坏的宿主细胞中释出，感染新的易感细胞。从原体吸附并进入细胞至子代原体释出，此为一个发育周期。

我们将衣原体感染细胞后在胞质内形成的块状物称为包涵体。衣原体种类不同，形成的包涵体的形态、染色、位置等也会各不相同，这有助于衣原体的鉴别。

培养衣原体的方法有细胞或组织培养、鸡胚培养、动物培养。其中细胞培养是最常用的方法，也是目前衣原体诊断的金标准。经 37℃ 培养 48~72h，对感染细胞进行包涵体染色鉴定，可通过离心处理来提高衣原体感染细胞的检出率。通常将经过放线菌酮处理的单层 McCoy 细胞作为沙眼衣原体的接种细胞，将 Hela-299 作为肺炎衣原体和鹦鹉热衣原体的接种细胞。

衣原体抵抗力较弱，不耐热，56℃ 仅能存活 5~6min。对于冷冻和干燥具有耐受性，不宜用甘油保存。对四环素、利福平、氯霉素、红霉素等敏感。鹦鹉热衣原体的抵抗力稍强，对于磺胺类药物有耐药性。

二、致病性

对人类致病的有沙眼衣原体（*C. trachomatis*）、肺炎衣原体（*C. pneumoniae*）、鹦鹉热衣原体（*C. psittaci*）。

不同的衣原体嗜组织性不同，致病性也不同。不同衣原体感染机体的部位不同可以引起不同类型的疾病。

三、微生物学检查与防治

（一）微生物学检查

要注意安全防护，必须严格按照生物安全要求进行。多不用分离培养，临床上是用非培养的诊断方法。

1. 直接细胞学检查

Giemsa 染色：衣原体不同的发育阶段染色性是不同的。成熟的衣原体为紫红色，始体为蓝色。

包涵体染色：沙眼衣原体可形成不同形态的密集的包涵体，在 Lugol 碘液染色时呈棕黄色（图 3-3）；肺炎衣原体形成 Lugol 碘液染色阴性的致密的包涵体；鹦鹉热衣原体形成 Lugol 碘液染色阴性的疏松的包涵体。

直接免疫荧光染色：可应用单克隆抗体或多克隆抗体，用于标本直接涂片染色时在荧光显微镜下检测衣原体。

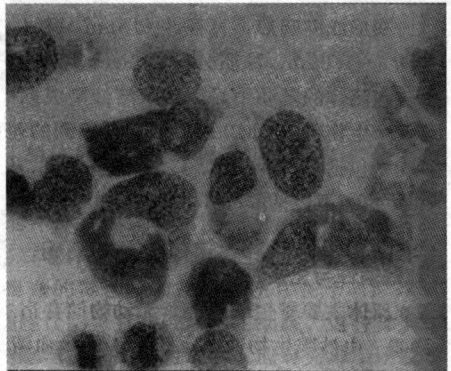

图 3-3　沙眼衣原体的包涵体

2. 血清学检测　临床上应用商品诊断试剂盒。采用微量免疫荧光检测和酶免疫测定检测肺炎衣原体和鹦鹉热衣原体，采用单克隆或多克隆抗体酶免疫法检测沙眼衣原体。

3. 分子生物学检测　可以采用 PCR 检测技术、核酸杂交技术等进行更加敏感、更有特异性的检测。

（二）防治措施

衣原体感染后机体免疫力并不强。在预防时要做到注意个人卫生、家禽管理、性观念上要自洁自好。多选用青霉素、四环素、利福平等药物进行治疗。

四、常见的病原性衣原体

（一）沙眼衣原体

1. 生物学性状　沙眼衣原体有着独特的发育周期，光学显微镜下可观察到两种球形的形态，原体和始体。原体直径约 0.3μm，核质致密，Giemsa 染色呈紫红色，有传染性；始体直径约 0.8μm，Giemsa 染色呈深蓝色或暗紫色，无传染性。原体能合成糖原，所以沙眼衣原体原体的包涵体可被碘液染成棕黄色。

2. 致病性　由于侵袭力和致病部位的不同，沙眼衣原体可分为两种生物型：沙眼生物型（biovar trachoma）和性病淋巴肉芽肿生物型（biovar lymp Hogramuloma venereum, LGV）。

沙眼衣原体有内毒素样物质，可以引起炎症反应，还可引起迟发型超敏反应，最终形成肉芽肿。沙眼衣原体引起的疾病主要有以下五种。

（1）沙眼　主要通过眼 – 手 – 眼或眼 – 眼传播，传播媒介有玩具、公用毛巾和洗脸盆等。沙眼衣原体侵袭眼结膜上皮细胞，在其内繁殖并形成包涵体。早期可以有流泪、结膜充血、滤泡增生、产生脓性分泌物等症状。晚期可以引起炎症、直至纤维组织增生而影响视力，出现眼睑内翻、倒睫、结膜瘢痕甚至形成角膜血管翳导致角膜损害，沙眼是致盲的原因之一。

（2）包涵体性结膜炎　分以下两种类型：一种是新生儿包涵体性结膜炎，新生儿经产道时被感染，引起急性化脓性结膜炎即包涵体脓漏眼，能够自愈，不侵犯角膜；另一种为成人包涵体性结膜炎，通过生殖道 – 手 – 眼传播，也可以经污染的游泳池水感染，引发滤泡性结膜炎，症状类似沙眼，无结膜瘢痕和角膜血管翳，但一般数周或数月可痊愈。

（3）泌尿生殖道感染　经性接触传播。感染女性可引起非淋病奈瑟菌性尿道炎、宫颈炎、盆腔炎、输卵管炎；感染男性可引起非淋病奈瑟菌性尿道炎，也可合并前列腺炎、附睾炎等。常与淋病奈瑟菌混合感染。

（4）性病淋巴肉芽肿　经性接触传播。感染女性主要侵犯会阴、肛门、直肠及盆腔淋巴结，可以引起会阴 – 肛门 – 直肠组织狭窄；感染男性主要侵犯腹股沟淋巴结，引起化脓性淋巴结炎和慢性淋巴肉芽肿。有时也可伴有耳前及颈部的淋巴结肿大。

（5）婴幼儿肺炎　多种生物型的沙眼衣原体可引起婴幼儿肺炎。

3. 微生物学检查与防治　可以根据不同疾病采取不同部位的标本。对于沙眼和包涵体性结膜炎患者可取眼结膜刮片、眼结膜穹窿或眼结膜分泌物进行涂片。对于泌尿生殖道感染的患者可取泌尿生殖道拭子、宫颈刮片、精液或初段尿液离心后标本涂片。对于性病淋巴肉芽肿患者可取淋巴结脓液、生殖器溃疡或直肠组织标本。可用膜式滤菌器除杂菌，衣原体标本常用含抗生素的二磷酸蔗糖运送培养基。标本于 2h 内接种，阳性检出率较高。细胞培养时要注意做到低温保存、快速送检、及时接种。

临床沙眼衣原体的快速诊断多应用抗原与核酸组分检测，更加快速，敏感性与特异性较强。可以应用单克隆抗体进行 ELISA 实验，检测标本中是否有沙眼衣原体 LPS 和主要外膜蛋白抗原；也可以通过特异性引物由 PCR 扩增来检测沙眼衣原体 DNA。

（二）肺炎衣原体

1. 生物学性状　原体在电镜下呈现典型的梨形，且有清晰的胞浆间隙，胞浆中有致密的圆形小体；始体生活周期与沙眼衣原体相似。肺炎衣原体 Giemsa 染色呈紫红色，较难培养，目前以 HEp – 2 和 HL 细胞系常见。

2. 致病性　肺炎衣原体可经人与人之间飞沫传播，常引起呼吸道疾病如肺炎、支气管炎、鼻窦炎、咽炎等。该病起病缓慢，可表现为咽痛、发热、咳嗽、咳痰等症状。

3. 微生物学检查与防治　可以用痰液、鼻咽部拭子、支气管肺泡灌洗液、漱口液为标本进行涂片观察及抗原检测。

对于血液标本，尤其是外周血单核细胞，在肺炎衣原体核酸诊断方面效果极佳，多采用PCR技术来检测特异性核酸片段，临床上用于快速诊断。

肺炎衣原体检测的"金标准"是微量免疫荧光实验。可通过测定血清中的 IgM 和 IgG 来区分近期感染和既往感染。微量免疫荧光实验在区分原发感染和继发感染方面也有帮助。若满足双份血清抗体滴度增高 4 倍及以上、单份血清 IgM 抗体滴度高于 1∶16、单份血清 IgG 抗体滴度高于 1∶512 以上三个条件之一即为急性感染，IgG 抗体滴度高于 1∶16 即为既往感染。

第三节　立克次体

立克次体（rickettsia）是一类严格细胞内寄生的革兰阴性的原核细胞型微生物，常以节肢动物为传播媒介。

立克次体共同特点如下：大小介于细菌和病毒之间、形态多样、有细胞壁、革兰阴性、严格细胞内寄生、二分裂方式繁殖、以节肢动物为传播媒介、对多种抗生素敏感、多为人兽共患病的病原体、多引起自然疫源性疾病。

一、生物学性状

立克次体大小介于细菌和病毒之间，光学显微镜下观察形态多样，多为球杆状。有细胞壁，革兰阴性但不易着色，通常用 Giemsa 染色，立克次体 Giemsa 染色呈蓝紫色。

立克次体结构与革兰阴性菌相似，具有细胞壁和细胞膜，无细胞器，严格细胞内寄生，可以用细胞培养、鸡胚卵黄囊接种、动物接种。二分裂方式繁殖，生长缓慢。通常分裂一代需 9 ~ 12h。

立克次体抗原包括由脂多糖构成的群特异性抗原和由外膜蛋白构成的种特异抗原。斑疹伤寒立克次体抗原与变形杆菌 OX_2、OX_{19}、OX_K 抗原可构成共同抗原，可以后者为替代检测斑疹伤寒患者血清中的相应抗体，此为外斐实验（Weil - Felix reaction），用以辅助诊断立克次体病。

立克次体大多对热、消毒剂抵抗力较弱，对低温、干燥抵抗力较强。一般在 56℃ 30min、0.5% 石碳酸、0.5% 来苏及 75% 乙醇溶液数分钟即可杀灭。冷冻干燥或 – 20℃ 可保存半年以上，在干燥节肢动物粪便中能保留传染性一年以上。对氯霉素和四环素等多类抗生素敏感，对磺胺类药物不敏感，且反而可以刺激其生长。

二、致病性

立克次体以节肢动物为传播媒介或储存宿主，为人兽共患病的病原体，多引起自然疫源性疾病。

立克次体的毒性物质为磷脂酶 A 和内毒素。立克次体主要通过节肢动物如蜱、螨、虱、蚤等的叮咬传播，也可通过其粪便传播。对人类致病的立克次体主要有普氏立克次体、斑疹伤寒立克次体、恙虫病立克次体等。普氏立克次体主要通过人虱传播，引起流行性斑疹伤寒。

斑疹伤寒立克次体主要通过鼠蚤传播，引起地方性斑疹伤寒。恙虫病立克次体经恙螨传播，引起人类恙虫病。

三、微生物学检查与防治

分离培养鉴定标本多采用发病急性期且尚未应用抗生素之前的外周血标本，将之接种于雄性豚鼠腹腔中。接种后如果豚鼠体温大于40℃或阴囊有红肿，表示已有感染发生；接种后如果豚鼠体温大于40℃但阴囊无红肿，则取动物脾脏组织继续用豚鼠传代，立克次体增殖后接种于鸡胚卵黄囊培养，并用鸡胚卵黄囊膜进行涂片检查。

血清学检测采用标本需要分别采取急性期与恢复期血清标本，藉以观察抗体滴度增长情况。

流行病学调查可采用节肢动物、野生小动物、家畜脏器的组织悬液进行标本采集。

分子生物学检测可以应用 PCR 检测或者核酸探针检测。

要注意防治节肢动物叮咬，注意个人卫生，进行灭蜱、灭螨、灭虱、灭蚤。病后多可获得牢固免疫力。特异性预防方面可以接种相应的灭活疫苗或减毒活疫苗，治疗药物多用氯霉素、四环素等抗生素，禁用磺胺类药物。

四、常见的病原性立克次体

（一）普氏立克次体

1. 生物学性状　普氏立克次体呈多形性，以短杆状为主。在细胞质内可单个或短链状排列。革兰染色阴性，Giemsa 染色呈蓝紫色，Gimenez 染色呈鲜红色，其中以 Gimenez 染色效果最好，也最常用。

多采用鸡胚、成纤维细胞、L929 细胞、Vero 细胞等进行分离培养，37℃为最适温度，繁殖一代需 6～10h。普氏立克次体感染细胞后常在胞质内分散存在。传代培养常用鸡胚卵黄囊，动物接种常用雄性豚鼠和小白鼠。

2. 致病性　普氏立克次体是流行性斑疹伤寒（又称虱传斑疹伤寒）的病原体。在世界各地流行性斑疹伤寒均有流行。

普氏立克次体传播媒介是人虱，经虱－人－虱方式传播，病人是储存宿主，也是惟一的传染源。人虱吸血，病人血中的普氏立克次体进入人虱体内并在其肠管上皮细胞内繁殖，再次叮咬健康人时病原体随粪便排泄至人皮肤上，经抓挠破损的皮肤侵入人体内致病。少数也可通过呼吸道和眼结膜感染。

流行性斑疹伤寒潜伏期为 10～14 天，骤然起病、高热、头痛、皮疹，可伴有周身疼痛、神经系统、心血管系统及其他脏器损害的表现。以成人感染多见，病后可获得牢固免疫力。

3. 微生物学检查与防治　由于普氏立克次体在标本中含量较低，直接镜检意义不大。多采用雄性豚鼠腹腔接种，判断方式同前文。

血清学检测应用以变形杆菌 OX_{19} 抗原进行的外斐实验。若抗体滴度不小于 1∶160 或恢复期抗体滴度较早期增高大于 4 倍即可诊断为斑疹伤寒。注意在试验中结合临床症状排除假阳性。

分子生物学检测可以应用 PCR 检测或者核酸探针检测。

预防方面注意改善生活条件，讲究个人卫生，杀灭体虱防止叮咬。抗感染以细胞免疫为主，可应用抗生素治疗，但禁用磺胺类药物。

（二）斑疹伤寒立克次体

1. 生物学性状　斑疹伤寒立克次体又称莫氏立克次体，形态、大小、染色、培养特性、抵抗力与普氏立克次体相同，但链状排列罕见。

斑疹伤寒立克次体传播媒介是鼠蚤和鼠虱，鼠是主要储存宿主。鼠蚤叮血，将病原体传染给人。斑疹伤寒立克次体在鼠蚤肠管上皮细胞内繁殖，叮咬健康人时随粪便排泄至人体内。少数也可因接触鼠蚤粪便通过呼吸道和眼结膜感染（图3-4）。

2. 致病性　斑疹伤寒立克次体是地方性斑疹伤寒（又称鼠型斑疹伤寒）的病原体。在世界各地散发，以非洲和南美洲为主要发生地。

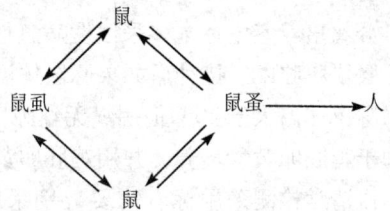

图3-4　斑疹伤寒立克次体传播

与流行性斑疹伤寒相比临床症状相似，但发病缓慢且病情较轻，累及中枢神经系统和心肌者罕见。

3. 微生物学检查与防治　接种雄性豚鼠腹腔，阳性反应可有发热、同时出现明显的阴囊红肿和鞘膜反应。与普氏立克次体相比，斑疹伤寒立克次体接种雄性豚鼠反应更重，其他检查方法同普氏立克次体。

预防方面要改善居住条件，讲究个人卫生，灭鼠灭虱灭蚤，接种疫苗。治疗同普氏立克次体。

（三）恙虫病立克次体

1. 生物学性状　恙虫病立克次体又称东方立克次体，呈多形性，以短杆状多见。Gimenez染色呈暗红色，恙虫病立克次体在感染细胞内，密集分布在胞质内近核处。其大小、革兰染色、Giemsa染色特性均与普氏立克次体相同。

多采用小鼠腹腔、鸡胚卵黄囊和细胞内接种。对于豚鼠不致病，但对小鼠敏感。地鼠肾细胞、睾丸细胞为常用的原代细胞，L929细胞、Vero细胞为常用的传代细胞。

在外界环境中抵抗力要低于普氏立克次体。

2. 致病性　恙虫病立克次体是恙虫病（又称丛林斑疹伤寒）的病原体，属于自然疫源性疾病，主要传染源为鼠类，包括家鼠和野鼠，携带恙螨的兔和鸟类也可以成为传染源。恙虫病是一种急性传染病，主要流行于东南亚、西南太平洋岛屿，在我国主要位于东南与西南地区。

恙螨既是传播媒介，又是储存宿主。恙虫病立克次体在恙螨体内寄居，可以经卵传代。患者被恙螨叮咬后，患处出现红斑样皮疹，形成水疱、破裂，出现溃疡，结成黑色焦痂，这是恙虫病的特征之一。

3. 微生物学检查与防治　将处于急性期发热但未应用抗生素的患者血液接种于小鼠腹腔来分离恙虫病立克次体，刮取濒死小鼠腹壁黏膜细胞并进行形态学鉴定。

将发病中晚期患者血液进行外斐反应（变形杆菌OX_k）。若抗体滴度不小于1∶160或恢复期抗体滴度较早期增高大于4倍即可诊断为丛林斑疹伤寒。

可以应用ELISA检测血清中特异性抗体、也可以进行补体结合试验、间接免疫荧光试验、PCR或核酸探针检测。

流行区内加强个人防护，防止被恙螨叮咬，除草灭鼠。治疗同普氏立克次体。

第四节　螺旋体

螺旋体（spirochete）是一类细长、柔软呈螺旋状弯曲，运动活泼的革兰阴性原核细胞型微生物。由螺旋体所致疾病中主要有性传播疾病和自然疫源性疾病。

一、生物学性状

螺旋体形态细长、呈螺旋状弯曲，柔软，革兰染色阴性，有细胞壁，对多种抗生素敏感，以二分裂方式繁殖，运动活泼。螺旋体的运动是通过其轴丝（又称内鞭毛或周浆鞭毛）的屈曲和收缩完成的。

在自然界螺旋体种类很多，可引起人类疾病的共包括钩端螺旋体、密螺旋体、疏螺旋体三个属。

二、常见的病原性螺旋体

（一）钩端螺旋体

钩端螺旋体（*L. biflexa*）简称钩体，分为两种。一种是问号状钩端螺旋体，是引起人和动物钩端螺旋体病（简称钩体病）的病原体；另一种是双曲钩端螺旋体，无致病性，是腐生性螺旋体。我们以下介绍的钩端螺旋体即问号状钩端螺旋。

1. 生物学性状　钩端螺旋体形体纤细，菌体一端或两端弯曲呈钩状，呈 C 形、S 形或 8 字形。暗视野显微镜下观察，螺旋细密而规则，如同细小闪亮的珍珠串，运动活泼。革兰染色阴性，不过不易着色。临床常用 Fontana 镀银染色法，钩端螺旋体可以被染成棕褐色（图 3 – 5）。

培养所需气体条件为需氧或微需氧，能在培养基上进行人工培养，生长缓慢。钩端螺旋体最适生长温度为 28 ~ 30℃，最适 pH 值为 7.2 ~ 7.6，营养要求较高，常用含有 10% 血清的柯氏（Korthof）培养基。经过 28℃ 1 周培养，液体培养基产生半透明云雾状混浊；经过 28℃ 2 周培养，在固体培养基上则形成扁平、不规则的透明

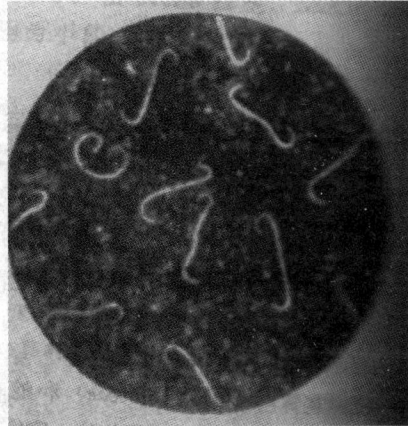

图 3 – 5　钩端螺旋体

菌落。非致病菌株在 13℃ 可以生长，这可以用来鉴别致病菌株。近年有报道应用复方明胶培养基培养钩端螺旋体可以在 5 ~ 7 天达到生长高峰。

对于理化因素的抵抗力钩端螺旋体较其他致病性螺旋体强。对酸碱均敏感，在夏秋季酸碱度中性的湿土或水中能存活数月，这一点对于钩端螺旋体的传播有重要意义。56℃ 10min 或 60℃ 1min 即死亡，在 4℃ 冰箱中能存活 2 周左右。对一般消毒剂敏感，常用消毒剂如 0.2% 来苏、1% 苯酚、10g/L 漂白粉 10 ~ 30min 可以将其杀死。对于干燥、日光直射抵抗力较弱，对于青霉素、多西环素等抗生素敏感。

2. 致病性　钩端螺旋体病是自然疫源性疾病，通过接触疫水传播，分布广泛，在世界各地均有发生。

钩端螺旋体的致病作用与产生的内毒素样物质、溶血素、细胞毒因子及致细胞病变作用物质等众多致病物质有关。内毒素样物质毒性较低，能引起发热、炎症和组织坏死；溶血素有类似磷脂酶 C 的作用，能破坏红细胞膜而致溶血，能导致出血、血尿、贫血、肝大和黄疸等症状出现；细胞毒因子在感染钩端螺旋体的人和动物的血浆中存在，可导致肌肉痉挛、呼吸困难甚至死亡；致细胞病变作用物质可被胰蛋白酶消化，56℃ 30min 可被灭活，能引起细胞退行性变。

钩端螺旋体所致疾病为钩体病。钩体病是一种自然疫源性疾病，人畜共患，鼠类和猪是主要储存宿主和传染源。感染动物的尿、粪、血中含有钩体，可污染环境。若人类接触污染的水或土壤，钩体就可以穿透破损的皮肤黏膜而侵入机体导致感染。也有通过胎盘传播导致感染的，孕妇感染后，可感染胎儿导致流产。该病起病较急，发病早期患者出现发热、头痛、腓肠肌压痛、乏力、眼结膜充血、淋巴结肿大等症状；后期可发展为肝肺肾等多组织器官出血坏死，甚至出现 DIC 或死亡。也有患者在退热后发生虹膜睫状体炎、全血管内膜炎或脉络膜炎等，估计其发病机制与超敏反应有关。根据钩体病不同的临床症状，可以分为不同的临床类型，如肺出血型、流感伤寒型、黄疸出血型、脑膜脑炎型、肾功能衰竭型、胃肠炎型等。

3. 微生物学检查与防治　钩体病的检查要严格遵守消毒隔离规定，谨防实验室感染。采集病原体标本时取外周血在发病 7~10 天；取尿液在发病 2 周。血清学检查多采用病程早期（发病初期）和晚期（发病第 3~4 周）双份血清，以便检测抗体效价的变化。

直接镜检：离心标本后暗视野显微镜检查，或直接免疫荧光镜检，也可 Fontana 镀银染色后普通光镜检查，钩端螺旋体可以被染成棕褐色。

分离培养：接种标本至 Korthof 培养基，28~30℃ 培养 4 周，每周取培养物暗视野显微镜下观察。如有钩端螺旋体生长，用诊断血清鉴定其血清型。若 4 周未生长，可判为阴性。

血清学检查：常用显微镜凝集试验、ELISA 试验、乳胶凝集试验及凝集抑制试验、间接血溶试验等。其中的显微镜凝集试验特异性与敏感性均较高，可用已知型别的活的钩端螺旋体作为抗原与不同倍比稀释的患者血清 28~30℃ 混合 2h，暗视野显微镜下观察。若为阳性则钩端螺旋体凝集成团、形如蜘蛛；若血清中抗体效价较高，凝集的钩端螺旋体可被溶解。患者强阳性凝集效价≥1∶300 或是恢复期血清效价大于早期血清效价 4 倍时有诊断意义。

动物实验：分离钩端螺旋体敏感，尤其在有杂菌污染时效果尤为明显。将标本注入幼龄豚鼠或 6 周龄金地鼠腹腔，可出现厌食、体温变化、流泪、竖毛等症状，多在 3~7 天内发病。在第 7 天起取腹腔液或心脏血进行暗视野显微镜下观察和分离培养。显微镜下肝脾组织可见大量钩端螺旋体。解剖病死动物，肺部和皮下出现大小不等的蝴蝶状出血灶，有诊断意义。

预防钩体病，要积极灭鼠，加强家畜管理。易感人群可接种灭活的钩端螺旋体多价疫苗，治疗药物首选青霉素，庆大霉素、多西环素等也有疗效。

（二）梅毒螺旋体

梅毒螺旋体（*Treponema pallidum*）是引起人类梅毒的病原体，属于密螺旋体属苍白密螺旋体种苍白亚种。

1. 生物学性状　梅毒螺旋体菌体约（0.1~0.2μm）×（6~15μm），具有 8~14 个规则而致密的螺旋，暗视野显微镜下观察运动活泼。多不易着色，可用 Fontana 镀银染色，菌体被染成棕褐色（图 3-6）。

梅毒螺旋体无法在人工培养基中生长，可用棉尾兔单层细胞培养，繁殖较好且可保持毒力。

梅毒螺旋体抵抗力极弱，对冷热、干燥和一般消毒剂均敏感。50℃加热5min、4℃放置3天或干燥1~2h即死亡。对于一般消毒剂和青霉素、红霉素、庆大霉素、罗红霉素等抗生素敏感。

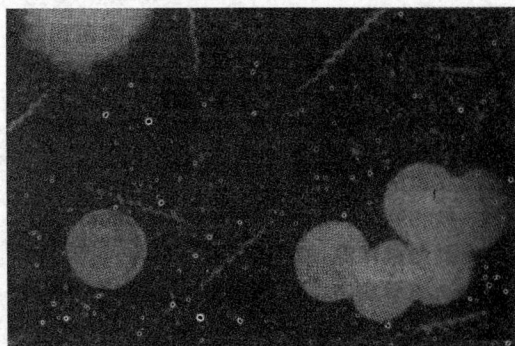

图3-6　梅毒螺旋体

2. 致病性

（1）致病物质　梅毒螺旋体的外膜蛋白有抗吞噬作用，梅毒螺旋体的透明质酸酶具有分解透明质酸，有利于扩散并造成组织损伤的作用。

（2）所致疾病　在自然情况下梅毒螺旋体的惟一宿主是人，引起的疾病即梅毒。梅毒螺旋体的主要传播途径是经性接触传播，引起获得性梅毒，即后天梅毒；也可通过胎盘垂直传播，引起胎儿先天梅毒。

按照病程后天梅毒可分为三期：第一期梅毒，感染后大约3周，在患者外生殖器部位出现无痛性硬结及溃疡，称为硬下疳，具有极强的传染性，约1个月自然愈合。血液中的梅毒螺旋体经2~3个月的潜伏期后进入第二期。第二期梅毒，患者的全身皮肤、黏膜常可有梅毒疹、淋巴结肿大等症状出现，也可累及骨、关节、眼和神经系统。不经治疗，症状也常可在3周至3月后消退。第一期、第二期梅毒常称为早期梅毒，其传染性强但损伤性小。第三期梅毒又称晚期梅毒，传染性小但破坏性大，可以危及生命。晚期梅毒不仅皮肤、黏膜出现溃疡性坏死病灶，内脏器官或组织还会产生肉芽肿样病变，重症梅毒患者可引起心血管及中枢神经系统损害，出现动脉瘤、脊髓痨或全身麻痹等严重症状。

先天梅毒可引起胎儿全身感染，导致早产、流产或死胎，或生后呈现神经性耳聋、锯齿形牙、马鞍鼻、间质性角膜炎、先天性梅毒心肌炎等特有症状。

3. 微生物学检查与防治　标本可以采取梅毒硬下疳分泌物、梅毒疹渗出物、淋巴结穿刺洗涤液等直接镀银染镜检，可见到棕褐色密螺旋体。或者直接暗视野显微镜检，可见到运动活泼的螺旋体。

做血清学实验时可采集血液，然后分离血清检查，包括非螺旋体抗原试验、螺旋体抗原试验两种。非螺旋体抗原试验为非特异性实验，以牛心肌的心脂质为抗原，测定标本血清中的反应素，常用来进行过筛试验。螺旋体抗原试验的特异性和敏感性均较高，以Nichols株梅毒螺旋体或者重组蛋白为抗原来测定患者血清中的特异性抗体，常用来进行确认试验。也可用荧光抗体直接检测，荧光显微镜下查找发荧光的梅毒螺旋体。

作为性传播疾病，预防以卫生宣教为主。治疗主要选用青霉素，早期、足量、全程治疗，且需要定期监测患者血清抗体的动态变化。

（池　明）

第四章 真　　菌

真菌是一类有细胞壁、有典型的细胞核（有核膜、核孔和核仁）和多种细胞器的真核细胞型微生物，不含叶绿素，无根、茎、叶分化。属异养菌，多数腐生，少数寄生或共生。大部分真菌有无性繁殖和有性繁殖两个阶段。真菌分单细胞真菌和多细胞真菌两类，单细胞真菌为圆形或卵圆形，无真的菌丝；多细胞真菌有菌丝和孢子两部分结构。

真菌种类繁多，有10万余种；在自然界分布广泛，与人类的关系密切，多数真菌对人类有益。许多真菌已被应用到酿造、食品、化工、制革工业和农业生产中，特别是应用到医药生产中。真菌也给人类带来不利的方面，如使药材、药物制剂、食品、衣物及一些工农业产品等发霉变质，少数真菌还可导致人类、动植物的疾病，还有的真菌产生毒素，严重威胁着人畜的健康。

由于真菌的主要类型酵母菌、霉菌和大型真菌等在医药工业中的广泛应用，因此本章主要介绍这3种真菌。酵母菌、霉菌和大型真菌不是分类学上的名词，在分类学上，酵母菌属于子囊菌纲，霉菌属于藻状菌纲，大型真菌属于胆子菌纲。

第一节　酵母菌

从广义上来说，凡是单细胞世代时间较长的、通常以出芽方式进行无性繁殖的低等真菌，统称为酵母菌。狭义来说酵母菌是一类单细胞、呈球形或卵圆形的真菌的统称。

一、酵母菌的生物学特性

（一）酵母菌的大小和形态

大多数酵母菌为单细胞，细胞形态大多呈卵圆形、圆形或圆柱形。酵母菌比细菌大几倍或十倍，长约 $5 \sim 20 \mu m$，有的长达 $50 \mu m$，宽约 $1 \sim 5 \mu m$，有的宽达 $10 \mu m$ 以上，在光学显微镜高倍镜下即可看清楚。酵母菌的大小、形态和环境有关系，一般成熟的细胞大于固体培养基培养的细胞，液体培养基里培养的细胞大于固体培养基里培养的细胞。有的酵母菌有假菌丝，如白色念珠菌，又称白假丝酵母菌，芽管延长，不脱落，连在一起，形成长长的假菌丝（图4-1）。

（二）酵母菌的细胞结构

酵母菌的结构与原核细胞型的微生物比较，结构复杂，除了基本结构细胞壁、细胞膜、细胞质、细胞核的成分和结构与之不同外，细胞质中可见多种细胞器如线粒体、内质网、高尔基体、微体等细胞器和若干个液泡。有的菌体有芽痕、蒂痕。

1. 细胞壁 细胞壁厚约 25nm，约为细胞干重的 18%～25%，主要成分有葡聚糖、甘露聚糖、几丁质、蛋白质、脂类等。酵母菌的细胞壁呈"三明治"结构：细胞壁的内层是葡聚糖，以葡萄糖为单位的复杂分支聚合物，是细胞壁的主要成分，对于

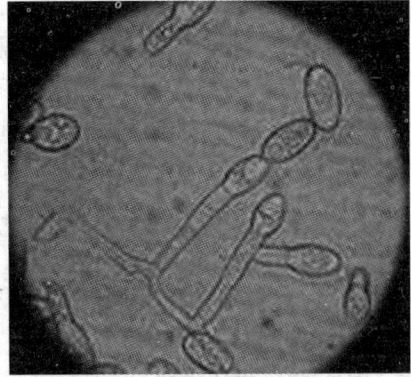

图 4-1 酵母菌的假菌丝

维持细胞壁的强度起主要作用；细胞壁的外层是甘露聚糖以甘露糖为单位的复杂分支聚合物，使细胞壁具有一定的机械强度；蛋白质连接内外层之间葡聚糖和甘露聚糖，所以蛋白质起重要作用。蛋白质成分约占细胞壁干重的 10%，大多与葡聚糖和甘露聚糖结合，也有以酶的形式与细胞壁结合而存在。几丁质是 N-乙酰葡糖胺的多聚物，不是所有的酵母菌中都有，其含量也因种而异，裂殖酵母中不含几丁质，酿酒酵母中含 1%～2%，有的假菌丝酵母含量超过 2%。不同类型的细胞壁的组成不同，有的以甘露聚糖为主，有的以葡聚糖为主，有的以几丁质为主。有的酵母菌细胞壁外还有类似细菌荚膜的结构，主要成分有异多糖和淀粉类物质。

2. 细胞膜 细胞膜的结构和成分与原核生物基本相同，由磷脂双分子层，中间镶嵌着蛋白质脂类以及少量的糖类构成；但已经有了由膜分化的细胞器，功能不及原核生物那样具有多样性。一些种如酿酒酵母的细胞膜中含有固醇如麦角甾醇和酵母甾醇，这两种成分在细菌的细胞膜和其他真核细胞膜中少有。脂类主要以甘油酯、甘油磷脂及固醇的形式存在；蛋白质包括参与吸收糖和氨基酸的酶，糖多为甘露聚糖。有的酵母菌细胞膜上还有与出芽时细胞壁合成有关的几丁质合成酶，合成细胞壁骨架结构的 1,3-β-葡聚糖合成酶。

3. 细胞质 细胞质是细胞进行新陈代谢的场所，是一种胶状液体。细胞质中有线粒体、内质网、微体、液泡、质粒等结构。

（1）线粒体 线粒体是能量代谢的场所，其由两层膜包围，自细胞膜分化而来。在有氧状态时，线粒体数量增多，由内膜向内卷曲形成的嵴发达，上有许多呼吸酶；在无氧状态时，酵母菌以发酵的方式产生能量，细胞内的线粒体数量减少。

（2）内质网 内质网是在细胞质膜和液泡膜或核膜之间的双层膜系。在发育的初期比较发达。细胞质内的核糖体大部分结合在内质网膜上，形成粗面内质网，主要参与核糖体的翻译和蛋白质的合成及修饰。滑面内质网上没有核糖体颗粒，主要参与脂类的合成和运输等。但酵母菌中粗面内质网比滑面内质网少。

酵母菌的核糖体和其他真核细胞的核糖体相同，由 40s 和 60s 两个亚基组成，在合成蛋白质时两个亚基组成 80s 的起始复合物。

（3）液泡 在出芽繁殖的初期液泡小、数量多，随着细胞生长液泡由小变大，小液泡汇集成大液泡，成熟的酵母细胞中有一个大的液泡。液泡由单层膜构成，主要功能是贮存营养物质和水解酶，积累细胞内的脂类代谢产物和金属离子等，同时起调节渗透压的作用。

（4）微体 细胞质中由细胞膜内折形成，在内折之间的膜外表面上有许多颗粒，有些可能是溶酶体（含过氧化氢酶），主要作用参与一些特殊营养物质的氧化和分解。微体比线粒体

小，内含 DNA。

4. 细胞核　细胞核的主要功能是携带遗传物质，控制细胞内遗传物质的转录和信息的传递。细胞核膜为双层膜，上有核孔，核孔 40～70nm，其透性比任何生物膜都大。核内合成DNA 通过核孔转移到细胞质内。分裂间期时，以染色质状存在，由组蛋白牢固结合在 DNA 上形成核小体（串珠状的丝状结构），核小体是染色质的基本结构单位，核小体组成染色质。当细胞进行分裂时，染色质浓缩成染色体，染色体为线状，其数目因种而异。核内 rRNA 含量很高的区域为核仁，是合成核糖体的场所，细胞核内有一至数个核仁。染色体上有纺锤体极体，可使染色体分离和移动。核膜外有中心体，由蛋白质亚基组成的细丝状结构，在细胞的出芽及有丝分裂中起着重要的作用。

（三）酵母菌的繁殖

1. 酵母菌繁殖方式　酵母菌繁殖方式比原核细胞微生物复杂，除了进行无性繁殖，还能进行有性繁殖。无性繁殖方式多样，以出芽繁殖最常见，少数酵母菌以细胞分裂方式繁殖。有性繁殖是指通过不同类型的"异型配子"或"异型细胞"的直接接触而完成的生殖方式。酵母菌的有性繁殖通过生成子囊孢子方式。

（1）无性繁殖

①芽殖又称出芽繁殖，是酵母菌无性繁殖的主要方式，几乎所有属酵母菌中都存在的繁殖方式（图 4－2）。生长旺盛的酵母菌中，可发现大量的正在出芽的菌体细胞，有的细胞上长有多个芽体。芽体长到一定程度，脱离母细胞继续生长。环境适宜时，出芽繁殖迅速长大的子细胞来不及与母细胞分开又长出新芽，期间仅以狭小的面积相连，形成藕节状的细胞串，称为假菌丝。如白假丝酵母菌能形成假菌丝。出芽的基本过程：a. 母细胞出芽部位的细胞壁经水解酶作用变薄，形成小突起；b. 新合成的细胞物质包括核酸、蛋白质和一些细胞器等涌入芽体，即核物质和原生质体分配，使芽体逐渐变大；c. 芽体成熟时，芽体与母体细胞的连接部位开始溢

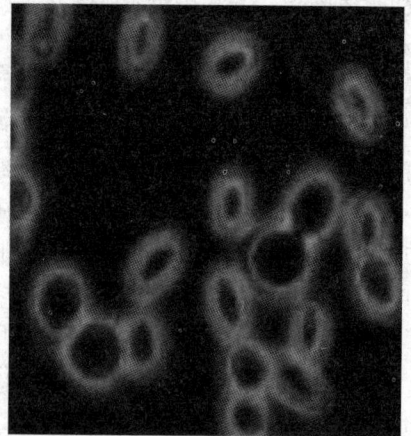

图 4－2　芽殖

缩并出现横隔壁；d. 新细胞膜形成，新细胞壁形成，横壁处断裂，芽体脱离母细胞，并在母细胞上留下一个芽痕，而子细胞上留下一个蒂痕。

芽殖仅发生于细胞壁的特定部位即芽痕处，芽痕有一个到几十个，据芽痕数可以确定某细胞产生过的芽体数，以此来估测细胞的菌龄。出芽方式可以在一端、两端、三边及多边出芽，因种而异。一个细胞能形成的芽数是有限的，平均 24 个。

②少数酵母菌以类似于细菌的二分裂方式，即以细胞分裂方式繁殖，叫裂殖，以这种方式繁殖的称为裂殖酵母。裂殖酵母进行繁殖时，先是细胞长成一定大小时延长，核分裂为两部分，然后细胞中间出现横隔，将两个子细胞分开，两个细胞末端变圆，形成新的个体，新形成的两个子细胞长大成熟后又重复此过程。

③有的酵母菌能产生特殊类型的无性孢子，如掷孢子酵母属，在卵圆形的营养细胞上长出小梗，小梗上长出肾形的孢子，孢子成熟后通过一种特有的喷射机制射出。用倒置培养皿培养掷孢子酵母属长成菌落时，在皿盖上形成由掷孢子组成的菌落模糊镜像。白假丝酵母菌

在假菌丝顶端及菌丝中间能形成厚壁孢子又称为后垣孢子，该孢子抗性强，既是一种无性孢子，又是一种休眠体。地霉属产生节孢子。

（2）有性繁殖 酵母菌以形成子囊和子囊孢子的方式进行有性繁殖。不同种类的酵母菌形成子囊的结构和形态有差异。子囊内产生子囊孢子，子囊孢子的数目随菌种而异，有的4个（图4-3），有的8个。

邻近的两个不同性别的配囊细胞，各自伸出一根管状的原生质体突起，相互接触，局部融合形成一个通道，先行质配再经核配生成二倍体细胞即接合子，接合子体积较大，进行减数分裂产生4个或8个单倍体的子核，每一个子核和周围的细胞质一起，即幼年子囊，在其表面形成细胞壁后子囊成熟，形成4个或8个子囊孢子。子囊孢子由子囊壳壁的破裂而释放出来。每个子囊孢子相似于一个酵母细胞，个体小些，它们发芽生长成单倍体细胞，然后配囊融合，产生二倍体细胞。如此周而复始，进行繁殖。如酵母属和接合酵母属。

2. 酵母菌的培养特征 酵母菌在有氧和无氧的环境中都能生长，即酵母菌是兼性厌氧菌，在缺氧的情况下，酵母菌把糖分解成酒精和水。在有氧的情况下，它把糖分解成二氧化碳和水，在有氧存在时，酵母菌生长较快。酵母菌在 pH 为 3~7.5 的范围内生长，最适 pH 值为 pH 4.5~5.0。最适生长温度一般在 20~30℃ 之间。酵母菌在固体培养基表面，24~48h 培养后就可长出的菌落，酵母菌菌落特征与细菌菌落相似，但比细菌的菌落大、厚、不透明，菌落光滑、湿润、黏稠、边缘整齐，易被挑起。大多为乳白色，少数红色（图4-4）。酵母菌菌落一般为圆形，若时间培养过长，则表面皱缩。菌落特征是酵母菌菌种鉴定的依据。产生假菌丝的酵母菌菌落平坦，表面和边缘较粗糙。酵母菌的菌落一般散发出一股悦人的酒香味。

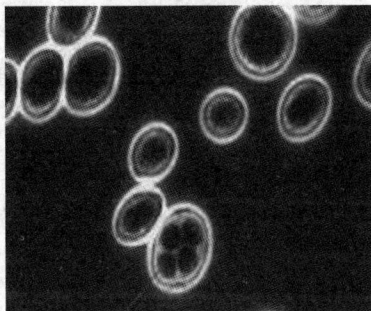

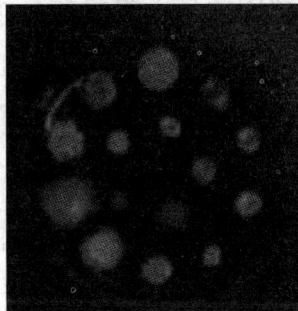

图4-3 子囊孢子 　　图4-4 各种酵母菌的菌落

在液体培养基中培养，一般出现明显的沉淀；个别能在培养基中均匀生长或在培养基表面生长，长出菌膜。当需氧生长时，菌体生长旺盛，常使培养基出现混浊现象；而厌氧生长时，菌体一般在培养基的底部，形成一层很厚的沉淀。酵母菌在液体培养基培养出现混浊、沉淀、菌膜，具鉴别意义。

二、常见酵母菌

（一）酵母属

啤酒酵母是酵母属的代表类型，是研究酵母菌的模式菌。啤酒酵母为单细胞，圆形、卵圆形、椭圆形及腊肠形。大小不一，从几微米到十几微米。无性繁殖为芽殖，产生芽生孢子，有性繁殖形成子囊孢子。发酵工业常用二倍体细胞，因其个体较大，生命力强。

啤酒酵母广泛分布于各种水果的表皮、发酵的果汁、含糖量较高的土壤和酒曲中。能发酵葡萄糖、麦芽糖、半乳糖和蔗糖，发酵产物主要有乙醇和一些有机酸，并能产生 CO_2。麦芽汁中含有丰富的麦芽糖是培养啤酒酵母的天然培养基。在麦芽汁琼脂培养基上生长的菌落为乳白色，有光泽，表面平坦且边缘整齐。

啤酒酵母在发酵工业中应用很广泛，可酿造啤酒、乙醇及其他饮料酒，还可发酵制作面包、馒头等。菌体内维生素、蛋白质含量高，可作食用、药用和饲料酵母。大量培养后可提取细胞内的核酸、谷胱甘肽、细胞色素 C、辅酶 A 和三磷酸腺苷等，具有重要的药用价值。

啤酒酵母自身有良好的保健功能，对糖尿病、脂肪肝、胃肠道疾病、皮肤过早老化、癌症等有辅助治疗作用，也是瘦身人群很好的营养促进剂，还能解酒护肝。

（二）假丝酵母属

热带假丝酵母菌是该属的代表，细胞呈卵形或球形，大小为 $(4 \sim 8)$ μm × $(6 \sim 11)$ μm，在麦芽汁琼脂培养基表面形成的菌落为白色或奶油色，无光泽或略带光泽，平滑，较软，有的形成皱褶，培养时间过长时，菌落逐渐变硬，并出现菌丝状特征。

在加盖玻片的玉米琼脂培养基上培养，可看到大量的假菌丝和芽生孢子。假菌丝形态典型，具有分枝，上面长有轮生状或短链状的芽生孢子。

该菌能发酵葡萄糖、麦芽糖、半乳糖、蔗糖，不能发酵乳糖、蜜二糖、棉籽糖。在液体培养基培养时，可出现菌膜，大量的菌体则沉淀于培养容器的底部。

该菌利用烃类的能力强，可用于石油脱蜡。也是产生石油蛋白质的重要菌种，还可用农副产品或工业废料来大量培养热带假丝酵母菌作为饲料。

三、酵母菌与人类关系

酵母菌是人类文明史上应用最早的微生物，在酿造、食品、医药等工业中中占有重要的地位。在饮食和酿造业上被用来发酵生产面包、馒头、酒类、果汁、酱油、醋等食品，医药上被用来生产蛋白质、氨基酸、维生素、核酸、酶等药物。

少数酵母菌危害人类。一些腐生型酵母菌引起食物、纺织品及其他原料腐败变质；发酵工业中，某些酵母菌污染，影响产品的产量和质量；少数耐高渗透压酵母可导致蜂蜜、果酱等变质。少数寄生型的酵母菌能感染人和动植物，危害人类和动物健康或给人类带来损失。

酵母菌是第一个被测定全基因组序列的真核细胞型微生物，具有的较完备的基因表达调控机制和对表达产物的加工修饰能力，是研究和应用真核微生物的模式微生物，也为高等真核生物提供了一个可以检测的试验系统，主要被用来表达外源蛋白和研究基因的功能等，特别是生产细胞因子类药物和研究人类致病基因的功能等。

（一）酵母菌与制药工业

酵母菌经高温干燥制成酵母粉，可用于治疗消化不良，并具有促进代谢、增强食欲等功效。在酵母培养过程中，如添加一些特殊的元素制成含硒、铬等微量元素的酵母，对一些疾病具有一定的疗效。如含硒酵母用于治疗克山病和大骨节病，并有一定防止细胞衰老的作用；含铬酵母可用于治疗糖尿病等。

酵母菌的单细胞蛋白可达细胞干重的 50% 左右，常作为生产单细胞蛋白的原料。酵母菌细胞含有人类和动物所必须的氨基酸，比动物蛋白和植物蛋白营养价值更高，更易消化吸收。酵母菌细胞还含有丰富的核酸、维生素、酶和辅酶等，并含有细胞色素 C、麦角固醇等药用生理活性物质。通过大量培养后提纯可获得以上产物，被广泛用于制药工业。

酵母菌发酵能力强，可发酵生产枸橼酸、反丁烯二酸、脂肪酸、甘油、甘露醇、乙醇以及 1，6 - 二磷酸果糖等。现已发现酵母菌中含有铜、锌、锰三种不同类型的超氧化物歧化酶（SOD），并且酶活性高。

（二）酵母菌与人类疾病

引起人类疾病的酵母菌主要有白假丝酵母菌和新型隐球菌。

1. 白假丝酵母菌　又称白色念珠菌，是一种条件致病菌，通常存在于正常人口腔、上呼吸道、肠道及女性阴道的黏膜上，参与正常菌群的构成，一般不引起疾病。当机体菌群失调、长期使用光谱性抗生素、抵抗力下降等原因时引起疾病，如艾滋病患者由于病毒破坏免疫系统、肿瘤进行放疗和化疗、器官移植免使用疫抑制剂及糖尿病患者长期使用抗生素、激素等引起免疫力下降时，白色念珠菌可导致机体内源性感染。

白色念珠菌可侵犯人体多个部位，如皮肤、黏膜、肺、肠、肾、脑，引起皮肤感染（常见鹅口疮、口角炎、外阴炎及阴道炎）、内脏感染（肺炎、肠胃炎、心内膜炎及肾炎等）和中枢神经系统感染（脑膜炎、脑炎等），其中黏膜感染多见的以鹅口疮最多，该病在体质虚弱的婴幼儿中最为常见，其次是由于菌群失调引起女性的真菌性尿道炎，典型症状是阴道分泌物呈豆腐渣样。

目前对白色念珠菌的高危人群尚未建立起有效的预防措施。治疗白色念珠菌可局部用克霉唑软膏、益康唑霜、硝酸咪康唑栓等；内脏感染可口服两性霉素 B、氟康唑、酮康唑、制霉菌素等。

2. 新型隐球菌　新型隐球菌细胞为圆形，细胞壁外有一层由多糖组成的厚厚的荚膜，常规染料不易着色，故得名隐球菌。用墨汁染色后，在显微镜下可见到透明荚膜包裹着菌细胞。

新型隐球菌在自然界的分布很广，在土壤、鸽子、牛乳、水果等腐生，一般是外源性感染引起致病。鸽子的羽毛和粪便中含有大量的新型隐球菌，因此鸽子可以是该菌的传染源。在人和动物的体表和腔道也能分离到该菌。对人类而言，新型隐球菌是条件致病菌。呼入鸽粪污染的空气，可引起肺部轻微炎症或隐性感染。亦可由破损皮肤及肠道传入。当机体免疫力低下时，可向全身播散，主要侵犯中枢神经系统，发生脑膜炎、脑炎、脑肉芽肿等，此外还可侵入骨骼、肌肉、淋巴结、皮肤黏膜，引起慢性炎症和脓肿。和白色念珠菌相同的是，在免疫系统功能低下的人中如艾滋病和器官移植患者等常见。

治疗新型隐球菌感染可用两性霉素 B 或庐山霉素静脉滴注，大蒜提取液对本菌感染有一定的疗效。

第二节　霉　　菌

具有菌丝体的丝状真菌统称霉菌，与酵母菌对应，也称为多细胞真菌。霉菌意即"引起物品霉变的真菌"，在潮湿的环境里大量生长繁殖，发育成肉眼可见的丝状、绒毛状、蛛网状或絮状的菌丝体。

一、霉菌的生物学特性

霉菌由菌丝和孢子两部分结构构成。菌丝具有分枝，能借助顶端生长进行延伸，许多分枝菌丝相互交织在一起构成菌丝体。

（一）形态和结构

1. 菌丝　菌丝是中空管状结构，直径为 $2 \sim 10 \mu m$，比一般细菌和放线菌的菌丝可宽几倍至十几倍。幼年菌丝无色透明，老龄菌丝常呈各种颜色。菌丝按结构又可分为无隔菌丝和有隔菌丝。无隔菌丝整个菌丝为长管状单细胞，细胞质内含有多个核，其生长只表现为菌丝的伸长和细胞核的增多。这是低等真菌所具有的菌丝类型。有隔菌丝是菌丝中有隔膜，隔膜是由菌丝内壁向内延伸形成的环状结构。被隔膜隔开的一段菌丝就是一个细胞，整个菌丝由多个细胞组成，每个细胞含有一个或多个核（图4－5）。隔膜的中央有单孔或多孔，细胞质和细胞核等可以自由流通，每个细胞功能相同。这是高等真菌所具有的类型。菌丝延长时，顶端细胞随之分裂，使细胞数目不断增加。老龄菌丝或菌丝断裂时，隔膜上的小孔会封闭或堵塞。

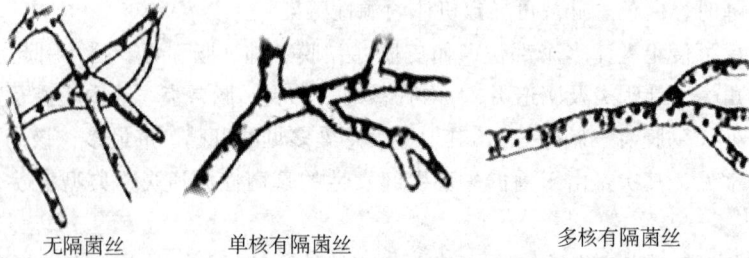

无隔菌丝　　　单核有隔菌丝　　　　　多核有隔菌丝

图4－5　无隔菌丝和有隔菌丝

按分化程度分为营养菌丝和气生菌丝。营养菌丝又称为基内菌丝，深入培养基中，主要作用是吸收营养；向空气中生长的菌丝称为气生菌丝，气生菌丝发育到一定的程度可分化为繁殖菌丝，产生孢子（图4－6）。

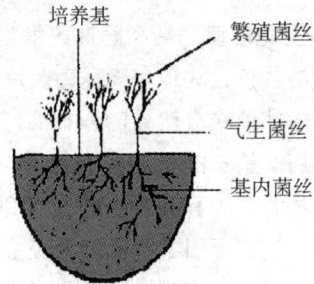

图4－6　菌丝基内菌丝、气生菌丝和繁殖菌丝

2. 孢子　孢子是真菌的繁殖的器官，分为无性孢子和有性孢子。无性孢子有厚壁孢子、节孢子、包囊孢子、分生孢子和芽生孢子。有性孢子分卵孢子、接合孢子和子囊孢子。

（1）无性孢子

①厚壁孢子：是由菌丝原生质浓缩变圆，新生成壁或壁加厚而形成圆形、纺锤形等形状的孢子，厚壁环绕在细胞的外面，不与菌丝分离，当菌丝的其他部分死亡时，厚壁孢子仍可存活（图4－7）。所以厚壁孢子是霉菌的休眠体，对热、干燥等不良环境抵抗力很强。

②节孢子：它是由菌丝断裂形成的外生孢子。当菌丝长到一定阶段，出现许多横隔膜，然后从横膈膜处断裂，产生许多孢子（图4－8）。孢子是成串的短柱状、筒状或两端钝圆的细胞。发芽时，节孢子发育产生新的菌丝。

③孢囊孢子：孢子在被称为孢子囊的囊状结构内部形成。由于生于孢子囊内，又叫内生孢子。它是由气生菌丝顶端膨大形成特殊囊状结构—孢子囊，孢子囊逐渐长大，在囊中形成许多核，每一个核外包以原生质并产生细胞壁，形成孢囊孢子。带有孢子囊的梗称孢子囊梗，孢子囊梗伸入到孢子囊中的部分叫囊轴或中轴。孢子囊成熟后释放出孢子。例藻状菌纲毛霉目及水霉目一些属以这种方式繁殖。

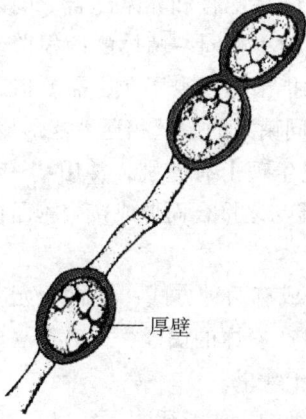

图4-7　厚壁孢子　　　　　　　　图4-8　节孢子

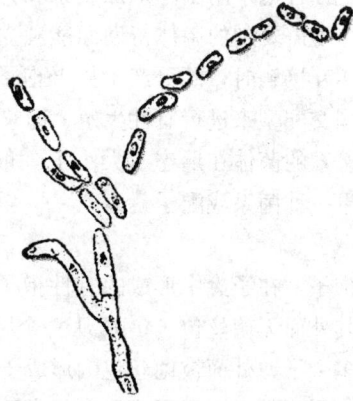

④分生孢子：是霉菌中常见的一类无性孢子，生于细胞外，所以又叫外生孢子。是大多数子囊菌纲及全部半知菌的无性繁殖方式。分生孢子是由菌丝顶端细胞，或由分生孢子梗顶端细胞经过分割或缢缩而形成的单个或成簇的孢子（图4-9）。分生孢子的形状、大小、结构、着生方式、颜色因种而异。

⑤芽生孢子：以出芽方式进行繁殖形成的孢子。菌丝细胞壁柔软的一小部分突起，子细胞的核移入芽眼，细胞壁紧缩，最后与母细胞脱离。

（2）有性孢子

①卵孢子：由两个大小不同的配囊结合后发育而成，小配子囊称雄器，大配子囊称藏卵器。藏卵器内有一个或数个称为卵球的原生质团，它相当于高等生物的卵。当雄器与藏卵器配合时，雄器中的细胞质和细胞核通过受精管进入藏卵器，并与卵球结合，受精卵球生出外壁，发育成卵孢子。

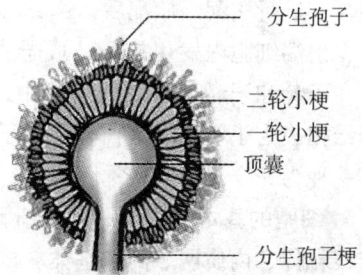

图4-9　曲霉属分生孢子

②接合孢子：是由菌丝生出的结构基本相似、形态相同或略有不同两个配子囊接合而成。两个相邻的菌丝相遇，各自向对方生出极短的侧枝，称原配子囊。原配子囊接触后，顶端各自膨大并形成横隔，分隔形成两个配子囊细胞，配子囊下的部分称配子囊柄。然后相接触的两个配子囊之间的横隔消失，发生质配、核配，同时外部形成厚壁，即成接合孢子（图4-10）。

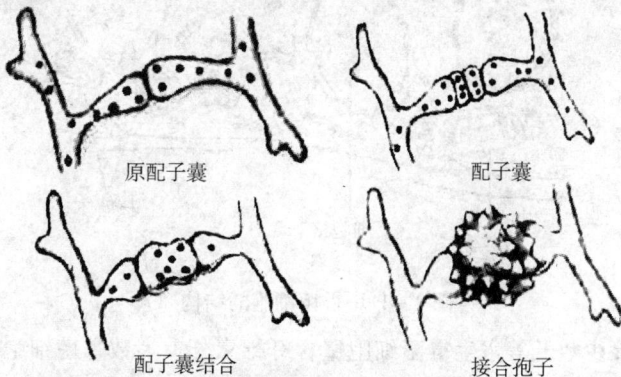

原配子囊　　　　　　　　　配子囊

配子囊结合　　　　　　　　接合孢子

图4-10　接合孢子形成过程

　　根据产生接合孢子的菌丝来源或亲和力不同可分为同宗配合和异宗配合。同宗配合指菌体自身可孕，不需要别的菌体帮助而能独立进行有性生殖。当同一菌体的两根菌丝甚至同一菌丝的分枝相互接触时，便可产生接合孢子。异宗配合指菌体自身不孕，需要借助别的可亲和菌体的不同交配型来进行有性生殖，即它需要两种不同菌系的菌丝相遇才能形成接合孢子。这两种不同菌系的菌体在形态、大小上一般无区别，但生理上有差别，常用"＋"和"－"来表示。如果一种菌系或配子囊为"＋"，那么。凡是能与之接合而形成接合孢子的另一菌系或配子囊为"－"。

　　③子囊孢子：在子囊中形成的有性孢子。子囊的形成有两种方式：a. 两个营养细胞直接交配而成，其外面无菌丝包裹；b. 从一个特殊的，来自产囊体的菌丝，称为产囊丝的结构上产生子囊，多个子囊外面被菌丝包围形成子实体，称为子囊果。

　　在子囊内形成的有性孢子。形成子囊孢子是子囊菌纲的主要特征。

　　子囊是两性细胞接触以后形成的囊状结构。子囊有球形、棒形、圆筒形、长方形等，因种而异。子囊内孢子通常是 1～8 个。子囊孢子的形状、大小、颜色也各不相同。不同的子囊菌形成子囊的方式不同。最简单的是两个营养细胞结合形成子囊，细胞核分裂形成子核，每一子核形成一个子囊孢子。例：酿酒酵母。复杂的方式是霉菌不同性别的菌丝，分化出雄器（小）和产囊器（大），产囊器也称雌器，两个性器官接触后，雄器的内含物通过受精丝进入产囊器，进行质配。质配后，产囊器生出许多短菌丝（称产囊丝），产囊丝顶端的细胞是双核的，在顶端细胞内发生核配，成子囊母细胞。再经有丝分裂和减数分裂产生 1～8 个子囊孢子。在子囊和子囊孢子发育过程中，雄器和雌器下面的细胞生出许多菌丝，形成保护组织，整个结构成为子实体。这种有性的子实体称为子囊果，子囊包在其中。子囊果主要有三种类型：一种为完全封闭式，称闭囊壳；瓶形有孔口的称子囊壳；开口呈盘状的称子囊盘。

　　3. 细胞的基本结构　　霉菌的细胞结构由细胞壁、细胞膜、细胞质、细胞核构成，细胞质中有线粒体、内质网、高尔基体、核糖体、液泡和各种内含物（肝糖、脂肪滴、异染颗粒等）等（图 4－11）。幼龄菌往往液泡小而少，老龄菌有较大的液泡。

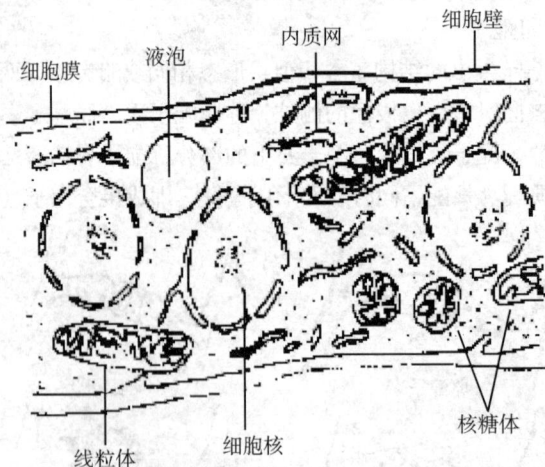

图 4－11　霉菌细胞的结构

　　（1）细胞壁　　除少数低等水生霉菌细胞壁含纤维素外，多数霉菌细胞壁的主要成分几丁质，几丁质是由数百个 N－乙酰葡萄糖胺以 β－1，4 糖苷键连接而成的。几丁质和纤维素分别构成高等和低等霉菌细胞壁的网状结构—微纤丝，微纤丝使细胞壁具有坚韧的特点。细胞壁除了几丁质还有葡聚糖、甘露聚糖和蛋白质，它们填充于上述纤维状物质构成的网内或网外，充实细胞壁的结构。

（2）细胞膜　组成和酵母菌基本相同，内层为蛋白质，外层为糖类，中层为磷脂。所不同的是霉菌的细胞壁和细胞膜之间能形成一种特殊的膜结构，称为膜边体或流苏体。这种由单位膜包围形成的膜边体形状变化很大，有管状、囊状及颗粒状，改结构可能与细胞壁的形成有关。

（3）细胞质　细胞质组成与酵母菌基本相同，内含有线粒体、内质网、核糖体、质粒、液泡和高尔基体等细胞器。

（4）细胞核　有核膜和核仁的分化，核膜上有核孔。

（二）霉菌的人工培养

1. 培养条件　营养要求不高，容易培养。喜酸、甜、温、湿、咸。喜爱在含糖的培养基上生长，如葡萄糖、蔗糖、麦芽糖等，淀粉也可。需要的有机氮源如蛋白胨、氨基酸等。有的霉菌加上氯化钠生长更好。合适的 pH 为 4.5～5.5，合适的生长温度 22～30℃，需要较高的湿度。霉菌一般为需氧菌。

2. 培养特征　在固体培养基上培养，霉菌生长慢需要 3～7 天才能见到生长茂盛的菌落。霉菌菌落也称丝状菌落，由分枝状菌丝组成，菌丝比放线菌的长且粗，因此形成的菌落疏松呈绒毛状、絮状或蜘蛛网状。菌落比细胞和放线菌的菌落都大几倍至几十倍。有的在固体培养基上呈同心圆蔓延扩散，以致没有固定的大小。霉菌的菌落疏松、干燥、不透明等。有的分泌色素到培养基中，使培养基着色。由于不同的真菌孢子含有不同的色素，所以菌落可呈现红、黄、绿、青绿、青灰、黑、白、灰等多种颜色。菌落不同的颜色和形状是鉴定霉菌的重要依据之一。

霉菌菌落正反面颜色呈现明显差别，因为气生菌丝分化出来的子实体和孢子的颜色往往比深入到培基内的营养菌丝的颜色深；而菌落中心与边缘颜色、结构不同的原因是接近中心的气生菌丝其生理年龄越大，发育分化和成熟的年龄越早，故颜色比菌落边缘尚未分化的菌丝深。

在液体培养基培养时，如果是静止培养，霉菌往往在表面上生长，液面上形成菌膜；如果是震荡培养，菌丝有时相互缠绕在一起形成菌丝球，菌丝球可能均匀地悬浮在培养液中或沉于培养液底部。

（三）霉菌的生长繁殖

霉菌的繁殖能力很强，主要靠形成无性孢子和有性孢子进行繁殖。一般霉菌菌丝生长到一定阶段后先进行无性繁殖，到后期，在同一菌丝上产生有性繁殖结构，形成有性孢子，进行有性繁殖。也就是霉菌的从孢子开始，经过发芽、生长成为菌丝体，再由菌丝体经过无性繁殖和有性繁殖最终到产生孢子，即孢子–菌丝体–孢子的循环过程。

1. 无性繁殖　无性繁殖是指不经过两性细胞的配合，而只通过营养细胞的分裂或营养菌丝的分化而形成同种新个体的过程。霉菌的无性繁殖主要通过各种无性孢子来实现，无性孢子萌发时产生芽管，进一步发育成菌丝体。无性孢子在一个季节可以产生许多次、特点是量大、分散、有一定抗性。所以发酵工业生产多用无性孢子来进行繁殖和扩大培养，同时也有利于菌种保存。若控制不好，则引起实验室、工业生产等污染。

2. 有性繁殖 经过两个性细胞接合而产生新个体的过程为有性繁殖。大多数霉菌是单倍体，二倍体仅限于接合子。在霉菌中，有性繁殖不如无性繁殖普遍，有性繁殖多发生在特定的条件下，往往在自然条件下较多，在一般培养基上不常出现。不同的霉菌有性繁殖的方式不同。多数霉菌是由菌丝分化形成特殊的性细胞——配囊或由配囊产生的配子（雄器和雌器）相互交配，形成有性孢子。

有性繁殖一般分为3个阶段：质配、核配和减数分裂形成有性孢子。

（1）质配 质配是两个不同性细胞接触后进行结合，并将二者的细胞质融合在一起的过程。此时两个性细胞的核暂时不融合，每个核的染色体数目是单倍的，两个核共存于同一细胞中，称为双核细胞。

（2）核配 双核细胞的两个核融合，产生接合子核，此时核的染色体数是双倍的。低等真菌，质配后立即核配；高等真菌，在质配后经很长时间才能核配，在此期间双核在细胞中甚至可同时各自分裂，因此在质配和核配之间还有一个双核阶段。

（3）减数分裂 大多数真菌在核配后立即进行减数分裂，染色体数目恢复到单倍体。

二、常见霉菌

（一）毛霉属

毛霉属是接合菌纲、毛霉目的一个大属，广泛分布于土壤、空气、堆肥中，也常见于蔬菜、水果或富含淀粉的食品和谷物上，引起腐败变质。低等真菌，单细胞真菌，菌丝发达繁密。菌丝无隔多核，菌落蔓延性强多呈棉絮状。毛霉属既能进行无性繁殖，亦能进行有性繁殖。无性繁殖方式是产孢囊孢子，从菌丝体上直接发出孢子囊梗，孢子囊梗顶端产生膨大的孢子囊，孢子囊为球形，囊壁上常有针状的草酸钙结晶。在囊轴与孢子囊梗相连处无囊托，但孢子囊壁破裂时，留有残迹称为囊领。毛霉的孢子囊梗有单生的，也有分枝的。分枝有单轴、假轴两种类型。毛霉的菌丝多为白色，孢子囊黑色或褐色，孢子囊孢子大部分无色或浅兰色，因种而异。有性繁殖方式是产生接合孢子。

能分解复杂的有机物质，所以损坏食品、纺织品和皮革等。有的生产蛋白酶、淀粉酶、脂肪酶等具有很强的消化能力，有的生产柠檬酸、草酸等有机酸，还有的生产3-羟基丁酮等，有的对甾体化合物有转化作用。

（二）根霉属

根霉属与毛霉同属接合菌纲毛霉目。分布于土壤、空气中，常见于淀粉食品、水果蔬菜上，可引起食品霉腐变质和水果、蔬菜的腐烂。很多特征与毛霉相似，单细胞真菌，菌丝也为白色、亦无隔膜，也有孢子囊梗和孢子囊，菌落多呈絮状。主要区别在于根霉有假根和匍匐枝，与假根相对处向上生出孢囊梗。孢子囊梗与囊轴相连处有囊托。

无性繁殖产生孢囊孢子，有性繁殖产生接合孢子。根霉的孢子囊和孢囊孢子多为黑色或褐色，有的颜色较浅。

常污染食物、药品等引起变质发霉。根霉能产生一些酶类，如淀粉酶、果胶酶、脂肪酶等；能发酵产生乙醇等，在酿酒工业上常用做糖化菌。有些根霉还能产生乳酸、延胡索酸等有机酸。有的也可用于甾体转化。

（三）曲霉属

曲霉属属于子囊菌亚门，少数属于半知菌亚门。广泛分布于土壤、空气、谷物和各种有机物上，可引起食物、谷物和果蔬的霉腐变质，有的可产生致癌性的黄曲霉毒素。

曲霉属是多细胞真菌，菌丝发达多分枝，有隔多核。由特化了的厚壁而膨大的菌丝细胞（足细胞）上垂直生出分生孢子梗；在分生孢子梗的末端膨大呈囊状称为顶囊，在顶囊上生出的放射性的瓶装结构，为小梗在其顶端生出成串的小分生孢子，分生孢子头状如"菊花"。

曲霉属是制酱、酿酒、制醋的主要菌种，能生产酶制剂如蛋白酶、淀粉酶、果胶酶，还生产有机酸如柠檬酸、葡萄糖酸和衣康酸等，农业上用作生产糖化饲料的菌种。曲霉属也引起物品的霉败变质，有些曲霉引起粮食的霉败，并产生毒素，人和家畜食用后引起中毒和癌症。还有个别的曲霉可引起人和动物的感染。

（四）青霉属

青霉菌多数属于子囊菌亚门，少数属于半知菌亚门，是多细胞真菌。种类多，广泛分布于土壤、空气、粮食和水果上，可引起病害或霉腐。与曲霉属类似，菌丝也有隔多核。但青霉属无足细胞，从基内菌丝或气生菌丝上生出分生孢子梗，分生孢子梗有横隔，其顶端生有扫帚状或毛笔状的分生孢子头，所以也称为帚状菌。分生孢子多呈蓝绿色。扫帚枝有单轮、双轮和多轮，对称或不对称。无性繁殖产分生孢子；大多数有性阶段不明，归为半知菌类。少数种可形成子囊孢子，归为子囊菌亚门。

青霉菌在制药工业上有重要的作用，是生产抗生素的重要菌种，如产黄青霉和点青霉都能生产临床上常用的重要抗生素青霉素，灰黄霉素亦由青霉菌产生。它能生产有机酸，如葡萄糖酸、柠檬酸，也引起水果等食物、皮革、衣物的变质损坏。

（五）链孢霉属

又称脉孢菌属，因子囊孢子表面有纵形花纹，犹如叶脉而得名。菌丝有膈膜，无性繁殖生成分生孢子，着生在分生孢子梗上，成串生长，孢子卵圆形，常呈红色、粉红色。由于孢子红色及常在富含淀粉的食物上生长，因此称为红色面包霉。脉孢菌的有性繁殖产生子囊孢子。该菌含有丰富的蛋白质和维生素，常用于工业发酵的生产饲料。该菌同样也引起食物腐败变质。

（六）头孢霉属

头孢霉属菌丝较发达，有横隔，常结成绳束状排列。成熟时由营养菌丝上生长出直立的分生孢子梗，不分枝，中央较粗向末端逐渐变细，在顶端产生大量的分生孢子，并借助黏膜聚集形成头状结构，故名头孢霉。头孢霉的腐蚀性强，主要分布在潮湿的土壤和植物残体中，含有多种类型。有的头孢霉如顶头孢霉产生重要的抗癌物质和抗生素头孢菌素 C。

三、霉菌与人类的关系

霉菌与人类的生活息息相关。一方面对人类的生活起着有利的作用，腐生型霉菌在自然界中物质循环中起着重要的作用，能把其他生物难分解的纤维素和木质素等彻底分解。有些霉菌在生长繁殖的过程中产生能抑制或杀死其他微生物的抗生素，还可产生有利于人类的酶制剂、蛋白质、维生素等。另一方面霉菌又带来不便，如污染食品、纺织品、皮革、纸张、木器、光学仪器甚至药品等，引起霉变；霉菌是植物的主要病原菌，少量的真菌引起人类和动物的疾病。有些真菌能产生毒素，毒性极强，毒素污染粮食和饲料，食入引起人和家畜中毒和癌症。我们尽量消除或减小不利的一面，充分利用有利的一面。

（一）霉菌与制药工业

霉菌在制药工业中的首要的贡献是生产抗生素，其代谢产物青霉素和头孢菌素属 β－内酰胺类抗生素，是重要的抗感染药物，占据了世界感染药物市场的 65%。青霉素对革兰阳性菌及某些革兰阴性菌有较强的抗菌作用。灰黄霉素是很好的抗真菌的药物，可抑制皮肤癣菌的增殖。由产黄青霉发酵发酵提取得到的青霉素 C 或青霉素 V 经化学扩环后可获得抗菌谱广的头孢菌素。

除抗生素外，霉菌还广泛应用于各醇类、维生素和有机酸的生产。产生的醇类如乙醇、正丙醇、正丁醇、异戊醇等和有机酸可使饮品呈特有的香味。产生的维生素主要是 B_{12}。

少数霉菌细胞都能产生一些重要的酶，其中的淀粉酶、蛋白酶、纤维素酶及果胶酶等酶制剂已经被广泛应用于各种工业生产中。

霉菌的分解能力强，对包括甾体化合物在内的一些有机物具有一定的降解作用，因此常用于生物转化方面的研究和生产。通过霉菌的降解作用可使一些难以用化学方法改造的化合物得以分解、拆分或结构发生变化，从而产生新的生物活性。这为新药的筛选及传统药物的改造提供了一个重要辅助手段。

（二）霉菌与人类疾病

少数霉菌引起人类疾病主要包括以下几种情况。

1. 条件致病性霉菌　由于菌群失调、光谱抗生素的使用、免疫力低下等原因，少数霉菌引起感染，感染分为浅部感染和深部感染。

浅部感染霉菌是指那些能侵染机体的表皮、毛发、和指（趾）甲等浅部角化组织的霉菌。一般不侵入机体内部，主要在皮肤表面的不同部位形成病变，可破坏角化的组织，故称皮肤癣菌或皮肤丝状菌。皮肤癣菌有毛癣菌、表皮癣菌和小孢子癣菌。3 个属都引起手癣、脚癣、股癣和体癣等，其中手脚癣是人类最常见的浅部真菌感染。毛癣菌和小孢子癣菌可侵犯指（趾）甲，引起甲癣，俗称灰指（趾）甲，指（趾）甲增厚、变形、颜色变暗等；侵犯毛发引起头癣、须癣等。浅部感染的真菌一般在正常人皮肤表面有少量，遇到潮湿、温暖的环境大量生长繁殖，它们有嗜角质蛋白的特性，通过机械刺激和代谢产物的作用而引起局部病变。

对皮肤癣的感染，主要以预防为主，避免直接或间接地接触皮肤癣患者，并保持皮肤清洁卫生。保持鞋袜干燥可以预防足癣。对于癣的治疗主要提倡局部用药，所选药物主要是灰黄霉素、酮康唑、咪康唑和伊曲康唑等。

2. 致病菌感染　深部感染霉菌可分为皮下组织感染真菌和全身性感染真菌。引起皮下组织感染的真菌主要有着色真菌和孢子丝菌，常经创伤侵入皮下组织，一般只局限于局部组织，少数可经淋巴管或血性而缓慢扩散至周围组织或器官。感染着色真菌后，早期皮肤感染发生丘疹，进而增大形成暗红色或黑色结节，因病损部位变色、发黑，故称着色真菌病。

孢子丝菌经皮肤微小的伤口进入机体，然后沿淋巴管扩散，引起亚急性或慢性肉芽肿，使淋巴管形成链状硬结，进而形成坏死和溃疡，称为孢子丝菌下疳，本菌液经口进入呼吸道、肠道，然后经血液循环进入其他器官，引起深部感染或全身感染。

预防这两类菌感染，主要是避免外伤。对于前者病变皮肤面积较小者，可外科手术切除，皮损面积较大者可服用氟胞嘧啶或伊曲康唑。对于后者治疗可用碘化钾、酮康唑、两性霉素等。

全身性感染真菌指那些能侵入机体深部的组织、器官或内脏，从而导致全身感染的霉菌。

一类外源性感染，致病性较强。病原体主要有烟曲霉、粗球孢子菌等。常引起侵染部位慢性肉芽肿样炎症、溃疡和组织坏死等。内源性感染的真菌有曲霉、毛霉和卡氏肺孢子菌等。这些菌是条件致病菌，在人体体表和腔道有少量的菌，菌群失调时，引起感染。曲霉和卡氏肺孢子菌主要感染肺部，再播散到全身。毛霉多首发在鼻和耳部，经口腔唾液流入上颌窦和眼眶，引起坏死性炎症和肉芽肿，再经血流侵入脑部、肺、胃肠道等。

局部感染真菌还是提倡局部用药，全身感染再选用口服药物。选用局部用药如呼吸道感染采用吸入治疗法，其他局部涂抹用药或采用手术切除法。全身感染选用抗真菌药物如两性霉素 B、伊曲康唑等，应注意药物的不良反应，如灰黄霉素对肝、肾等器官有损伤作用。

3. 霉菌毒素 很多霉菌在生长繁殖过程中产生一些有毒的代谢产物，称为霉菌毒素。这些毒素可能污染粮食和副产品。耐热性强，一般烹饪方法不易不能去除其毒性，人和动物食用后引起食物中毒，或长时间食用后，有致癌、致畸和致突变等作用。典型的是黄曲霉毒素，是迄今为止发现的毒性最强的霉菌毒素，与人的肝癌发生密切相关，先已发现其有细胞毒、胚胎毒、血液毒、神经毒和内脏毒性等多种毒性。世界各国已经限定了其在各类食品和饲料中的最高许量标准。

4. 过敏性疾病 有些过敏体质的人，呼入真菌的孢子和菌丝，引起过敏型疾病如哮喘等。

第三节 大型真菌

大型真菌是指能产生肉眼可见的大型子实体的真菌，泛指广义上的蘑菇 mushroom 或蕈菌 macrofungi。分类上属于胆子菌纲和子囊菌纲，包括药用菌和食用菌，如灵芝、茯苓、猴头、蘑菇、金针菇、木耳等。多数大型真菌本身具有一定的食用和药用价值，如灵芝、猴头、茯苓除了含有蛋白质、氨基酸、维生素、多糖和微量元素等营养物质外，还具有抗癌、抗衰老、增强免疫功能等药理活性。此外，一些大型真菌能够分解枯死植物，对维持自然界物质循环、生态平衡有重要的作用，可开发应用于造纸业和环境净化；一些大型真菌能引起树木病害或损害多种木质产品。少数真菌产生毒素，能引起食物中毒，严重者致死。

一、形态和结构

大型真菌菌体大小为（3～8）cm×（5～20）cm；形态各异，有头状、笔状、树枝状、花朵状、舌状和伞状等。基本构成为子实体和菌丝体。菌丝由许多分枝菌丝组成，具有分隔。菌丝发育良好，据发育阶段分为初生菌丝、次生菌丝和三生菌丝。初生菌丝为单倍体，由担孢子萌发而形成；次生菌丝为双倍体，由两个初生菌丝细胞融合形成，融合后只质配并不核配，以锁状联合方式形成新的双核细胞；次生菌丝特化形成三级菌丝，也是双倍体。特化菌丝形成各种子实体，子实体由营养菌丝和繁殖菌丝组成，是产生孢子的结构。形成初级菌丝仅是短暂的阶段。次级菌丝是长期存在的，能存活几年，每年长出子实体。子实体只能存活几天。

二、繁殖方式

大型真菌以无性繁殖和有性繁殖两种方式进行繁殖。无性繁殖有芽殖、裂殖和产生分生孢子等来完成。担子菌的有性繁殖是产生担子和担孢子（图 4-12）。担子是担子菌产生孢子的构造，是完成了核配和减数分裂的细胞。担孢子是担子菌所特有，经两性细胞核配合后产生的外生孢子。因着生在担子上而得名。

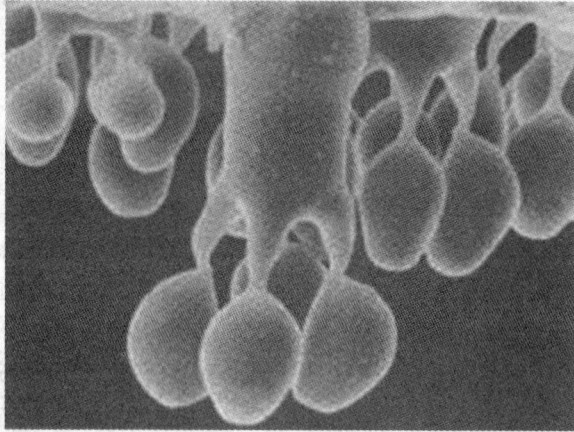

图 4 – 12　担孢子

双核菌丝的顶细胞逐渐增大，经锁状联合伸长形成幼担子。当条件适宜时，双核菌丝顶端细胞的两个核发生核配，经减数分裂形成产生 4 个单倍体的核，同时担子顶端长出 4 个小梗。小梗头部膨大，单核细胞分别进入小梗，进而发育成 4 个单倍体的担孢子。担孢子成熟后弹射解离，残留担孢子梗。解离脱落的担孢子遇到合适条件萌发，周而复始，进行繁殖。

大型真菌的三级菌丝围绕担子形成担子果，又称子实体。典型的伞菌子实体包括菌柄、菌盖、菌环和菌群等结构。子实体的形态多姿多彩，许多大型真菌依据其形态特征来命名的。

三、生活史

以担子菌为例说明大型真菌的生活史：①由担孢子萌发先形成菌丝，初期为多核菌丝，短时间后迅速产生横隔形成单核初级菌丝；②两个宗系不同的菌丝各自生出突起，经异宗配合发生质配，形成双核细胞；③通过锁状联合机制形成双核次生菌丝；④次生菌丝特化成子实体；⑤子实体菌褶处形成棒状的双核担子；⑥担子中双核融合经核配形成二倍体；⑦减数分裂形成 4 个单倍体的担孢子；⑧担孢子成熟后弹射出来，遇到合适条件再萌发，开始新的生活史。

四、大型真菌和人类关系

我国中药中包含了许多真菌类药物，如茯苓、猪苓、灵芝等明代就有记载。目前已经开发的大型药用大型真菌有 20 ~ 30 种，如对银耳、灵芝、云芝、猪苓、茯苓、脱皮马勃、冬虫夏草等进行人工培育、对临床治疗、抗癌和提高免疫力研究取得重大进展。

有些大型真菌本身就可入药。银耳分布于福建、贵州、四川、浙江、江苏等地。常生于阴湿的山区的阔叶树木上。银耳是一种营养丰富的滋养补品，能滋阴养胃、生津、润肺、益气和血、补脑强心。茯苓在全国大部分地区均有分布，菌核入药，能利水渗湿，健脾宁心。灵芝在我国许多省区菌有分布，有"长生不老药"之称，子实体可入药，具有滋补、健脑、强壮、消炎、利尿、益胃的功效。主治失眠、神经衰弱、冠心病、慢性肝炎、肾炎等。云芝在我国各地山区均有分布，子实体能清热、消炎。脱皮马勃一般分布于西北、华北、华中、云南等地区，子实体有消肿、清热解毒、利咽、止血等功效，主治扁桃体炎、咽炎、鼻出血、咳嗽等。

　　大型真菌的抗癌作用不是对癌细胞有直接杀伤作用，而是增强吞噬细胞的吞噬能力，提高机体的免疫力，从而产生对癌细胞的抵抗力。有些大型真菌分泌的多糖如银耳酸性异多糖、香菇多糖、茯苓多糖、猪苓多糖、云芝多糖等都是抗癌活性物质。从大型真菌中分离到倍半萜、二帖和三帖等具有抗癌和抗菌活性。大型真菌中均含有甾醇类化合物，是重要的维生素 D 原，受紫外线照射可转化为维生素 D_2，可用于防治软骨病。

　　大型真菌获得除了用一般栽培方法外，还可用深层发酵法生产菌丝体和发酵产物，两种方法获得的子实体疗效同等。所以深层发酵法是药用真菌实现工业化生产最具潜力的方法。

（赵英会）

第五章 病 毒

病毒（virus）是一类非细胞型微生物，与其他微生物比较，病毒的主要特征是：①体积非常微小，一般需用电子显微镜放大千万倍以上才能观察到；②结构简单，无完整的细胞结构，只含有一种类型核酸（DNA 或 RNA）；③专性细胞内寄生；④以复制方式增殖；⑤对抗生素不敏感。

病毒是引起人类疾病的重要病原体。由病毒所致的传染病不仅数量多且传染性强，有的病情严重、病死率高或病后留有后遗症。如流感、病毒性肝炎、艾滋病等可造成世界性流行；狂犬病、病毒性脑炎和出血热等疾病的死亡率高。此外，许多病毒与肿瘤、自身免疫病、老年性痴呆等疾病的发生有密切关系。

第一节　病毒的基本特性

病毒虽然体积微小，但有典型的形态和结构。将具有一定形态结构和感染性的完整病毒颗粒，称为病毒体（virion）。

一、病毒的大小和形态

1. 病毒的大小　测量病毒大小的单位是纳米（nm），即千分之一微米（μm）。各种病毒的大小相差很大，一般介于 20～250nm 之间，以 100nm 者多见。最大的病毒如痘病毒为 300nm，在普通光学显微镜下勉强可以看到；最小的病毒如小 RNA 病毒和微小 DNA 病毒直径约在 20～30nm 之间。

2. 病毒的形态　病毒的形态多种多样（图 5－1）。绝大多数动物病毒呈球形或近似球形；植物病毒多呈杆状或丝状（某些动物病毒也呈丝状）；此外，还有呈砖形（痘病毒）、子弹形（狂犬病病毒）；而细菌病毒（噬菌体）多呈蝌蚪形。某些病毒的形态呈多形性，如黏病毒，有球形、丝状和杆状。

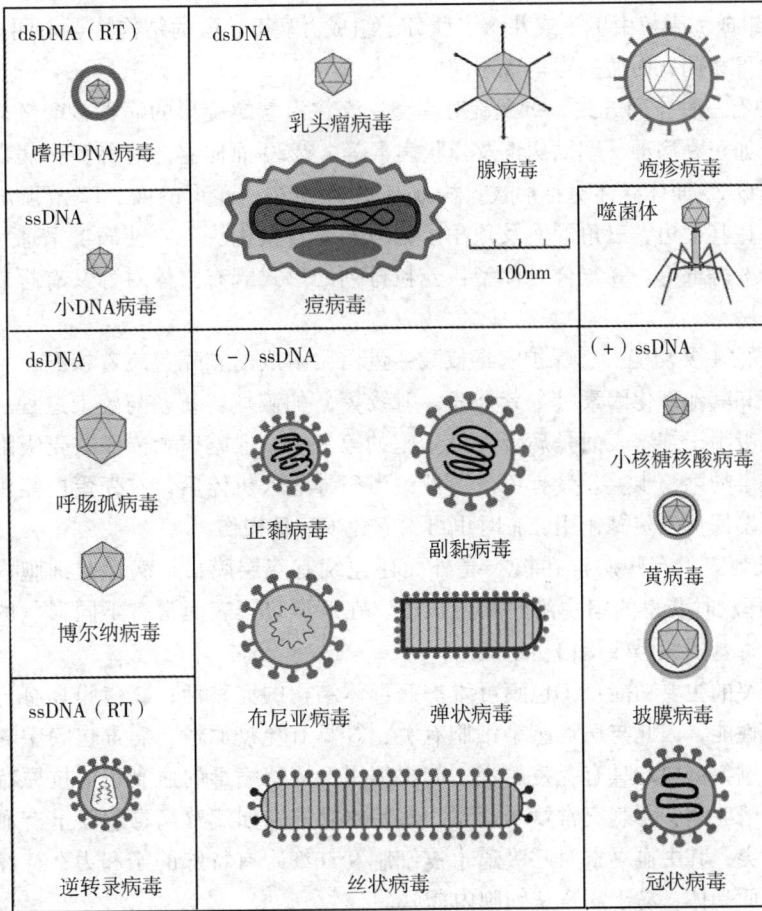

图 5 - 1 病毒的形态与结构模式图

二、病毒的结构和化学组成

病毒的结构可分为基本结构和辅助结构。基本结构包括核心和衣壳,二者构成核衣壳 (nucleocapsid)。有些病毒的核衣壳就是病毒体,称裸露病毒 (naked virus),或无包膜病毒; 有些病毒的核衣壳外还有包膜 (envelope) 及刺突 (spike),称包膜病毒 (enveloped virus) (图 5 - 1)。

1. 核心 (core) 位于病毒的中心,主要由一种类型的核酸,即 DNA 或 RNA 组成,构成病毒基因组,携带病毒的全部遗传信息,决定了病毒的感染、增殖、遗传、变异等生物学性状。核心内还有少量病毒基因编码的非结构蛋白,是病毒增殖所需的功能蛋白,如病毒核酸多聚酶、转录酶或逆转录酶等。

病毒核酸的存在形式具有多样性。形状上有线状和环状之分;构成上有单链或双链,也有分节段的,如双链 DNA 病毒 (dsDNA)、单链 DNA 病毒 (ssDNA)、单正链 RNA 病毒 (+ ssRNA)、单负链 RNA 病毒 (- ssRNA)、双链 RNA 病毒 (dsRNA) 等。其中单正链 RNA 病毒的核酸,可直接作为 mRNA,这种病毒核酸裸露后仍有感染性,称感染性核酸 (infectious nucleic acid)。

2. 衣壳（capsid）   是包围在病毒核心外面的结构，由一定数量的呈对称排列的壳粒（capsomere）组成。壳粒由 1 个或几个多肽分子组成。病毒核酸的结构特点不同，壳粒的数目和排列方式也不相同，而使病毒呈现不同的形状。

（1）壳粒有三种排列方式   ①螺旋对称型：壳粒沿着螺旋形的病毒核酸链对称排列，使病毒呈杆状，如正黏病毒、副黏病毒及弹状病毒等。②20 面体立体对称型：病毒核酸聚集成团，壳粒排列成 20 面体立体对称形式，构成有 20 个等边三角形的面、12 个顶角、30 个棱边的立体结构。在其棱边、三角形面及顶角上皆有对称排列的壳粒，使病毒呈球状，如脊髓灰质炎病毒、肝炎病毒等。③复合对称型：壳粒排列的形式既有立体对称又有螺旋对称，如噬菌体。

（2）衣壳的主要功能   ①保护病毒核酸：蛋白质组成的衣壳包绕着核酸，可使核酸免遭环境中核酸酶和其他理化因素（如紫外线、射线等）的破坏。②参与感染过程：病毒以其表面结构特异地吸附于细胞表面是病毒感染细胞的第一步。裸露病毒依靠衣壳吸附于易感细胞表面，完成感染的第一步。③具有免疫原性：当病毒进入机体后，衣壳蛋白能刺激机体发生特异性免疫，发挥免疫防御作用，有时也可引起免疫病理损伤。

3. 包膜及刺突   有些病毒在核衣壳外面还包绕有双层膜，是病毒在细胞内成熟后，以"出芽"方式释放时获得的宿主细胞膜或核膜。在病毒包膜表面常有不同形状的突起，称刺突，刺突由病毒基因编码的蛋白质组成。

包膜及刺突的主要功能：①包膜可维护病毒体结构的完整性；②包膜具有与宿主细胞膜亲和及融合的性能，因此与病毒感染细胞有关；③具有免疫原性，病毒包膜中含有的糖蛋白或脂蛋白以及刺突蛋白均具有免疫原性，如根据甲型流感病毒的血凝素的抗原特异性不同可划分不同的血清亚型；④刺突常赋予病毒一些特殊功能，如流感病毒包膜上有血凝素和神经氨酸酶两种刺突，其中血凝素对呼吸道上皮细胞和红细胞有特殊的亲和力；神经氨酸酶能破坏易感细胞表面受体，易于病毒从细胞内释放。

引起人类疾病的病毒大多数为包膜病毒，而包膜病毒对脂溶剂（如乙醚、氯仿和胆汁）敏感。故包膜病毒一般不能经消化道感染；而经消化道感染的病毒一般为裸露病毒。

三、病毒的增殖

病毒没有细胞结构和代谢系统，必须在活的易感的宿主细胞内，由宿主细胞提供酶系统、能量、原料和生物合成的场所，以病毒核酸为模板，在 DNA 多聚酶或 RNA 多聚酶及其他必要因素作用下，合成子代病毒的核酸和蛋白质，装配成完整病毒颗粒并释放至细胞外。病毒的这种增殖的方式称为复制（replication）。病毒复制一般可包括吸附、穿入、脱壳、生物合成及装配与释放五个阶段，称为复制周期（replication cycle）。

（一）病毒的复制

1. 吸附   是病毒感染宿主细胞的第一步，是病毒体的表面结构蛋白与易感细胞表面特异性受体相结合的过程。这种结合是特异性的，它决定了病毒对宿主细胞的亲嗜性，表现出病毒对感染宿主的种系特异性、组织特异性及致病的特异性。如流感病毒血凝素糖蛋白与细胞表面受体唾液酸结合而发生吸附；人类免疫缺陷病病毒包膜糖蛋白 gp120 的受体是人 Th 细胞表面 CD4 分子等。吸附过程可在几分钟到几十分钟内完成。

2. 穿入   即病毒颗粒或基因组进入细胞的过程。病毒与细胞表面结合后，可通过三种方式进入细胞。①胞饮：类似吞噬泡，细胞内陷将病毒包进细胞浆内，裸露病毒多以胞饮方式进入易感染细胞内。②融合：是指病毒包膜与细胞膜融合，融合后再将病毒的核衣壳释放至细胞浆内。③直接进入：少数裸露病毒在吸附时某些蛋白衣壳的多肽成分发生改变，而直接穿过细胞膜，如脊髓灰质炎病毒。

3. 脱壳　即病毒体释放出基因组核酸进入细胞内特定部位的过程。多数病毒穿入细胞后，在细胞溶酶体酶的作用下，脱去衣壳释放出病毒核酸。

4. 生物合成　即病毒利用宿主细胞提供的环境和底物合成大量病毒核酸和蛋白的过程。病毒核酸在细胞内复制的部位因核酸类型不同而不同。除痘病毒外，DNA 病毒都在细胞核内复制；除正黏病毒和逆转录病毒外，RNA 病毒均在细胞浆内复制。

生物合成一般分早期和晚期两个阶段。①早期合成阶段：病毒早期基因组在细胞内进行转录、翻译，产生病毒生物合成中必需的酶类及某些抑制或阻断宿主细胞核酸和蛋白质合成的非结构蛋白，以利于病毒的进一步复制和阻断宿主细胞的正常代谢。②晚期合成阶段：根据病毒基因组指令，开始复制病毒核酸，并经过病毒晚期基因的转录、翻译而产生病毒的结构蛋白，主要为衣壳蛋白及刺突蛋白。

病毒的基因组类型不同，其核酸复制的过程也不同。

（1）双链 DNA 病毒　此类病毒的 DNA 复制为半保留复制，即在解链酶作用下亲代 DNA 的双链解开为正、负两个单链，再分别以这两条单链为模板，复制子代 DNA。

（2）单链 DNA 病毒　此类病毒很少，微小 DNA 病毒属此类。该类病毒首先以亲代 DNA 作模板，合成互补链，并与亲代 DNA 链形成 dsDNA，作为复制中间型。然后解链，以半保留形式进行复制，并以新合成互补链为模板复制出子代 DNA。

（3）单正链 RNA 病毒　除正黏病毒外，此类病毒的核酸大多数在宿主细胞浆内复制。+ssRNA 本身具有 mRNA 功能，+ssRNA 在自身编码的 RNA 聚合酶作用下，转录出与亲代互补的负链 RNA，形成双股 RNA（±RNA），即复制中间型，其中以负链 RNA 为模板复制子代病毒 RNA。

（4）单负链 RNA 病毒　大多数包膜病毒属于 −ssRNA 病毒，如流感病毒、狂犬病病毒等。病毒 −ssRNA 首先在自身携带的依赖 RNA 的 RNA 多聚酶作用下转录出互补正链 RNA，形成复制中间体（±RNA），产生更多的正链 RNA，以其中部分正链 RNA 为模板复制出子代负链 RNA。

（5）双链 RNA 病毒　双链 RNA 在复制时，必须先以其原负链为模板复制出正链 RNA，再由正链 RNA 复制出新的负链，构成子代 RNA。

（6）逆转录病毒　此类病毒自身携带有逆转录酶，其基因组独特，由两条相同的正链 RNA 构成，称为单正链双体 RNA。首先在逆转录酶的作用下，以病毒 RNA 为模板合成 cDNA，构成 RNA：DNA 中间体；之后中间体中的 RNA 链由 RNA 酶 H 水解，DNA 链进入细胞核内，在 DNA 多聚酶作用下复制成双链 DNA；该双链 DNA 则整合至宿主细胞的染色体 DNA 上，成为前病毒（provirus）。前病毒在细胞核内转录出子代病毒 RNA，也可随宿主细胞的分裂存在于子代细胞内。

5. 装配与释放　病毒核酸与蛋白质合成之后，在细胞浆内或细胞核内组装为成熟病毒颗粒。不同种类的病毒在细胞内装配的部位不同。除痘病毒外，DNA 病毒均在细胞核内装配；RNA 病毒与痘病毒则在细胞浆内装配。无包膜病毒的核酸从衣壳裂隙间进入壳内形成核衣壳，即装配为成熟的病毒体。有包膜病毒的包膜的脂类来源于细胞，而包膜的蛋白质（包括糖蛋白或刺突）是由病毒基因组编码。在细胞膜系统（浆膜或核膜）的特定部位，当病毒编码的特异糖蛋白插入细胞膜时，装配的核衣壳与此处细胞膜结合，在病毒释放时即获得包膜。

　　成熟的病毒体以不同方式释放于细胞外。①裸露病毒均以破胞方式释放，即病毒装配完成后，随着宿主细胞的破裂，病毒全部释放到周围环境中。②包膜病毒在装配完成后，以出芽方式释放到细胞外。通常细胞不死亡，仍能继续分裂增殖。③此外还有其他方式，如巨细胞病毒，很少释放到细胞外，而是通过细胞间桥或细胞融合的方式在细胞间传播；某些肿瘤病毒，其基因组以整合方式随细胞的分裂而出现在子代细胞中。

　　病毒复制周期的长短与病毒种类有关，如小 RNA 病毒为 6 ~ 8h，正黏病毒为 15 ~ 30h。每个细胞产生子代病毒的数量也因病毒和宿主细胞不同而异，多者可产生 10 万个病毒。

（二）与病毒增殖有关的异常现象

　　病毒在细胞内增殖是病毒与细胞相互作用的过程。但当细胞不能提供病毒复制所需要的条件或病毒本身的基因不完整时，病毒则不能完成整个复制过程，可能引起病毒的异常增殖，如顿挫感染和缺陷病毒。此外，当两病毒感染同一细胞时，会发生干扰现象。

　　1. 顿挫感染　病毒进入宿主细胞后，如细胞不能为病毒增殖提供所需要的酶、能量及必要的成分，则病毒在其中不能合成自身成分；或者虽能合成部分或全部病毒成分，但不能装配和释放，此感染过程被称为顿挫感染（abortive infection）。不能为病毒增殖提供条件的细胞，称为非容纳细胞。能为病毒提供条件，可产生完整病毒的细胞则称为容纳细胞。

　　2. 缺陷病毒　因病毒基因组不完整或基因发生改变而不能进行正常增殖的病毒称为缺陷病毒（defective virus）。当缺陷病毒与其他病毒共同感染细胞时，若其他病毒能为缺陷病毒提供所需要的条件，缺陷病毒则又能完成正常增殖而产生完整的子代病毒，这种起辅助作用的病毒称为辅助病毒（helper virus）。如腺病毒伴随病毒就是一种缺陷病毒，此病毒当和腺病毒共同感染细胞时即能产生成熟病毒，腺病毒就是辅助病毒。丁型肝炎病毒也是缺陷病毒，必须依赖于乙型肝炎病毒才能复制。缺陷病毒具有正常病毒的衣壳和包膜，只是内含缺损的基因组，虽然不能复制，但却具有干扰同种成熟病毒体进入细胞的作用，故又称其为缺陷干扰颗粒（defective interfering particle，DIP）。DIP 不仅能干扰非缺陷病毒的复制，还能影响细胞的生物合成。

　　3. 干扰现象　当两种病毒感染同一细胞时，可发生一种病毒抑制另一种病毒增殖的现象，称为病毒的干扰现象（interference）。干扰现象不仅发生在不同种病毒之间，也可在同种不同型或不同株病毒之间发生。其主要机制是：①病毒诱导细胞产生的干扰素（interferon，IFN）可抑制另一种病毒的增殖；②病毒吸附时与宿主细胞表面受体结合而改变了宿主细胞代谢途径，阻止了另一种病毒的吸附和穿入等复制过程。病毒之间干扰现象可以使感染中止，从而能够阻止发病，或利于宿主康复。但在预防病毒性疾病的疫苗的使用时，应注意避免干扰现象的发生，确保疫苗的免疫效果。

四、病毒的分类

（一）病毒的分类原则及种类

　　病毒学分类主要是根据病毒的生物学性状和理化特性进行。如病毒体基因组特性、形态学特征、生理学特性、病毒蛋白特性、免疫学特性、组织培养特性及自然宿主范围等。

　　根据分类原则，病毒按科（family）、属（genus）、种（species）分类。如痘病毒科、疱疹病毒科及副黏病毒科等。病毒属由是同一科内生物学性状相似、亲缘关系相近的病毒组成。

根据血清学和生理学等特性不同，属内又分为若干种。病毒科名以 – viridae 后缀表示，属名和种的后缀均用 – virus 表示，如人乳头瘤病毒（human papillomavirus）是乳多空病毒科（papoviridae）中乳头瘤病毒属（papillomavirus）的一种。

1995 年国际病毒分类委员会将动植物病毒 4000 余种分为 71 个科、11 个亚科、164 个属。目前仍有 100 种以上病毒尚无法归类。

（二）病毒的命名法

的病毒命名和书写规范规定，病毒不采用拉丁双名法命名；病毒科名和属名的英文书写均为斜体，病毒科名第一个字母大写；种名不斜体，第一个字母也不大写，除非该字来源于人名、地名或科、属名。在正式书写时，病毒名称前应冠以分类名称，以疱疹病毒为例，疱疹病毒科（family *Herpesviridae*）、单纯病毒属（genus *Simplexvirus*）、单纯疱疹病毒 2 型（herpes simplex virus 2）。有时也可省略分类名，如小 RNA 病毒科（*Picornaviridae*）。

第二节　病毒与人类的关系

一、病毒的感染

能感染人体或对人有致病作用的病毒，称人类病毒。病毒侵入机体，并在细胞中增殖的过程称为病毒感染（viral infection）。病毒感染的实质是病毒与机体、病毒与易感细胞相互作用的过程。病毒感染常因病毒种类、机体状态不同而使机体产生轻重不一的损伤，引起的疾病称病毒性疾病（viral disease）。

（一）病毒的传播途径

病毒侵入机体的方式和途径常决定感染的发生和发展。流行病学上把病毒在人群中的传播方式分为水平传播和垂直传播两类。

1. 水平传播（horizontal transmission）　指病毒在人群中不同个体之间的传播（也包括由媒介、动物参与的传播），主要通过呼吸道、消化道或皮肤粘膜等途径进入人体，或直接进入血循环感染机体，这种方式产生的感染称水平感染。

2. 垂直传播（vertical transmission）　指存在母体的病毒经胎盘或产道由亲代传播给子代的方式，主要是孕妇发生病毒血症，或病毒与血细胞紧密结合造成子代的感染，这种方式产生的感染称垂直感染。这种感染在其他微生物少见。已知有十多种病毒可引起垂直感染，其中以乙肝病毒、巨细胞病毒、人类免疫缺陷病毒和风疹病毒最为多见。垂直感染可致胎儿流产、早产或先天畸形，子代也可没有任何症状或成为病毒携带者。

（二）病毒感染的类型

指病毒感染在机体整体水平上的表现。病毒的毒力、嗜细胞组织特性，以及机体的遗传特性和免疫力，均可影响病毒感染的进程和结局。机体感染病毒后可表现出不同的临床类型，根据有无症状，可分为隐性感染和显性感染。

1. 隐性感染　病毒进入机体后，不引起明显临床症状，称隐性病毒感染（inapparent infection），又称亚临床感染。这可能与病毒的种类、毒力较弱和机体免疫力较强有关。病毒在体内不能大量增殖，对细胞和组织造成损伤不明显。病毒隐性感染十分常见，因其不出现临床症状，容易造成漏诊和误诊。但隐性感染者病毒仍可在体内增殖并向外界播散，成为重要的传染源。相当部分的隐性感染者可获得对该病毒的免疫力，从而终止感染。如脊髓灰质炎病毒和流行性乙型脑炎病毒的大多数感染者为隐性感染，发病率只占感染者的0.1%。

2. 显性感染　病毒进入机体，在靶细胞内大量增殖使细胞损伤，引起机体出现临床症状称显性感染（apparent infection）。显性感染按症状出现早晚和持续时间长短又分急性感染和持续性感染。

（1）急性病毒感染（acute viral infection）指病毒感染机体后，潜伏期短、发病急，病程数日或数周，恢复后机体内不再存在病毒，常可获得特异性免疫。如流行性感冒和甲型肝炎等。

（2）持续性病毒感染（persistent viral infection）指病毒感染机体后，在机体内可持续存在数月、数年甚至数十年，是重要传染源。病毒在机体存留期间可有临床症状，也可无症状，往往引起慢性进行性疾病。病毒持续感染的形成有病毒和机体两方面因素，如：①机体免疫力低下，无力清除病毒；②病毒的免疫原性弱，机体难以产生有效的免疫应答对其清除；③病毒存在的部位与免疫系统相对隔绝，逃避宿主的免疫作用；④病毒基因组整合于宿主基因组中，与细胞长期共存。

持续性病毒感染的临床表现多种多样，大致分为三种类型。

①慢性病毒感染：感染呈慢性进行性过程，机体迁延不愈。病毒可持续存在于血液或组织中，不断有病毒排出体外，病程长达数月或数十年，如乙型肝炎病毒、EB病毒等常形成慢性感染。

②潜伏性病毒感染：感染反复发作。经急性或隐性感染后，病毒潜伏在机体特定组织或细胞内，不产生有感染性的病毒体，也无临床症状；但在某些条件下，潜伏的病毒可被激活而增殖，急性发作引起显性感染，如单纯疱疹病毒在原发感染后，可潜伏在三叉神经节中，此时机体即无症状也无病毒排出；但当机体受环境因素影响，劳累或免疫功能低下时，潜伏的病毒被激活增殖，引起疱疹。

③慢发病毒感染：其特点是感染的潜伏期特别长，可长达数月、数年甚至数十年，一旦出现临床症状，即呈现亚急性、进行性、致死性疾病。如人免疫缺陷病毒引起的艾滋病，麻疹病毒引起的亚急性硬化性脑炎。

二、病毒的致病机制

病毒的致病是从入侵细胞开始，在细胞中增殖并扩延到多数细胞，最终引起组织器官的损伤和功能障碍。

（一）病毒感染对宿主细胞的直接作用

病毒严格的细胞内寄生的特性是其致病的基础。病毒感染宿主细胞后，病毒和细胞相互作用的方式不同，其结果也不相同。除了病毒进入非容纳细胞后产生的顿挫感染而终止感染进程外，病毒在容纳细胞中可表现为以下形式为：溶细胞效应、稳定状态感染、细胞凋亡、细胞增殖和转化、病毒基因的整合及包涵体的形成等。

1. 溶细胞效应　病毒在宿主细胞内复制，可在短时间释放大量子代病毒，造成细胞裂解死亡，称病毒的溶细胞效应。多见于无包膜病毒，如脊髓灰质炎病毒、甲肝病毒。病毒的溶细胞效应的机制主要是：①病毒蛋白可阻断细胞的核酸和蛋白质的合成，中断细胞的正常代谢，导致细胞死亡；②病毒感染可损伤溶酶体，释放的酶类可致细胞自溶；③病毒感染对细胞器的损伤，使细胞出现浑浊、肿胀，团缩等改变。溶细胞效应是病毒感染细胞后引起的细胞损伤较严重的类型，当靶器官损伤到一定程度，机体就会出现典型的临床症状。此类病毒感染多表现急性感染。

2. 稳定状态感染 有些病毒（多为有包膜病毒）在宿主细胞内增殖，过程缓慢，对细胞代谢等影响不大，以出芽方式释放子代病毒、短时间内不会引起细胞溶解和死亡，称为病毒的稳定状态感染。此类感染会造成宿主细胞的变化，主要表现在细胞膜成分的改变，如病毒复制时有病毒蛋白表达在细胞膜上，引起宿主细胞表面出现新的抗原。细胞膜的改变可引起细胞融合，也可引起免疫性细胞损伤。如麻疹病毒、副流感病毒感染细胞，导致其与邻近细胞的融合，利于病毒扩散。这种稳定状态感染，由于病毒长期增殖和释放多次后，细胞最终仍会死亡。

3. 细胞转化 某些 DNA 病毒的全部或部分核酸、逆转录病毒逆转录产生的 DNA 可整合到宿主细胞的染色体中，整合的病毒 DNA 可随细胞分裂而带入子代细胞中，不出现病毒颗粒。但病毒基因组的整合会造成宿主细胞基因组的损伤，如整合的病毒 DNA 片段可造成细胞染色体整合处基因的失活、附近基因的激活等，导致宿主细胞的某些遗传形状发生改变，称细胞转化（cell transformation）。转化的细胞失去细胞间接触性抑制，无限制生长，结果可能导致肿瘤的发生。人类某些恶性肿瘤的发生与病毒感染引起的细胞转化有关，如乙肝病毒感染与原发性肝癌的发生、EB 病毒与恶性淋巴癌即鼻咽癌发生、单纯疱疹病毒与宫颈癌发生关系密切。

4. 细胞凋亡 细胞凋亡（cell apoptosis）是由细胞基因自身指令发生的一种生物学过程。即在一定条件下，细胞受到诱导因子作用，激发的信号激活细胞凋亡基因，导致细胞膜鼓泡、细胞核浓缩并可出现凋亡小体。研究证实，有些病毒（如腺病毒、流感病毒、HPV 和 HIV 等）感染细胞后，可直接或间接作为诱导因子诱发细胞凋亡。

5. 包涵体的形成 细胞被病毒感染后，在细胞浆或细胞核内出现光学显微镜下可见的斑块状结构，称为包涵体（inclusion body）。病毒包涵体由病毒颗粒或未装配的病毒成分组成，也可以是病毒增殖留下的细胞反应痕迹。病毒的种类不同，形成的包涵体的特征不同，可作为诊断病毒感染诊断的依据。如有的在胞质内（痘类病毒），有的在胞核内（疱疹病毒），或两者都有（麻疹病毒）；嗜酸性或嗜碱性等。

（二）病毒感染引起的免疫病理损伤

病毒本身具有很强的免疫原性，病毒感染细胞后还会引起宿主细胞膜成分的改变出现新的抗原，因此病毒可诱发机体发生免疫应答，引起的免疫病理损伤也是常见的。

1. 体液免疫介导的病理损伤 许多包膜病毒能诱发细胞表面出现病毒基因编码的抗原，当其与相应抗体特异结合后，在补体参与下引起感染细胞的破坏，为Ⅱ型超敏反应。还有些病毒抗原与相应抗体结合形成的免疫复合物，可沉积在某些器官组织的表面，激活补体并引起Ⅲ型超敏反应，造成局部损伤和炎症。如沉积在肾毛细血管的基底膜上，造成肾损伤（蛋白尿、血尿），沉积在关节滑膜上导致关节炎等。

2. 细胞免疫介导的病理损伤 病毒感染细胞（出现了新抗原）诱发细胞免疫应答，产生的特异性细胞毒性 T 细胞（cytotoxic T cell, Tc 或 CTL）和迟发型超敏反应 T 细胞可与病毒感染细胞特异性结合，通过直接细胞毒作用和释放淋巴因子等造成病毒感染细胞的损伤。

总之，在病毒感染早期，病毒所致的直接细胞损伤，及毒性物质的释放引起机体的炎症反应可使机体产生全身症状。感染后期，由免疫复合物、补体活化、T 细胞介导的免疫病理反应和感染细胞溶解等可引起机体局部组织器官严重损伤和炎症。由于某些病毒可引起免疫病理损伤，因此，临床上应慎用免疫增强剂治疗这类疾病。

3. 病毒对免疫系统的损伤　病毒感染可对机体的免疫系统产生影响。如麻疹病毒感染患儿结核菌素试验阳性转为阴性，这种免疫抑制使得病毒性疾病加重、持续，并可能使疾病进程复杂化。人类免疫缺陷病毒感染可导致机体细胞免疫功能低下，引起艾滋病，同时极易发生机会性感染或并发肿瘤，免疫应答低下可能与病毒直接侵犯免疫细胞有关，病毒感染免疫细胞，不仅影响其功能，还会减少免疫细胞的数量，使得机体整体的免疫功能下降。

三、抗病毒治疗

目前抗病毒药物种类很少。造成抗病毒药物研发缓慢的主要原因在于病毒的严格的细胞寄生性。病毒在宿主细胞内复制的过程与人类细胞的生物合成过程非常相似。所以，作为抗病毒药物，首先要能进入细胞，并且能选择性地抑制病毒的复制而又不干扰宿主细胞的代谢，找到这种具有选择毒性的药物很困难。尽管如此，病毒复制过程仍有一些独特的环节可以被利用。近年来随着分子病毒学研究的深入，以及利用计算机技术进行分子模拟，以病毒复制的某个环节作为药物作用的靶点，研制出对某些病毒有明显抑制作用的抗病毒药物。目前，抗病毒药物包括化学药物、基因制剂和天然药物。

（一）抗病毒的化学药物

1. 阻断病毒脱壳的药物　金刚烷胺（Amantadine）是人工合成的三环胺类化合物，通过阻止甲型流感病毒的脱壳而抑制病毒的复制。甲基金刚烷胺（Rimantadine）是金刚烷胺的衍生物，具有同样药效，但不良反应小。这类药物对乙型和丙型流感病毒无效。

2. 阻断病毒核酸的药物　这类药物主要是核苷类似物，它们能与正常核酸前体竞争磷酸化酶和多聚酶，或掺入子代病毒 DNA，造成 DNA 链延伸终止及病毒基因组缺陷。主要应用于疱疹病毒、逆转录病毒。

目前使用的核苷类似物主要通过以下机制抗病毒。

（1）药物掺入子代病毒 DNA　某些核苷类似物被细胞编码的磷酸激酶作用后，能掺入子代病毒 DNA，造成病毒基因组缺陷，如碘苷和三氟胸苷（Trifluorothymidine，TFT）。碘苷，即胸腺嘧啶的甲基被碘原子取代制成，进入细胞后被细胞磷酸激酶转化成三磷酸碘苷，三磷酸碘苷可与鸟嘌呤高频错配而掺入新合成的 DNA 链，造成致死性突变。正常细胞也能将三磷酸化的碘苷和三氟胸苷掺入细胞 DNA 和 mRNA 中，因此这两个药物毒性大，不能全身使用，临床上用于单纯疱疹病毒性角膜结膜炎局部治疗。

（2）药物竞争抑制病毒 DNA 聚合酶　某些核苷类似物被病毒编码的激酶磷酸化后，能竞争抑制病毒 DNA 聚合酶，干扰病毒核酸的合成，如阿昔洛韦（Acyclovir，ACV，无环鸟苷）、丙氧鸟苷（Ganciclovir，DHPG）、阿糖胞苷（Vidarabine）、Cidofovir 等。无环鸟苷是鸟嘌呤核苷类似物，鸟苷的核糖环被三碳片段取代，故名。无环鸟苷进入细胞后，疱疹病毒编码的胸苷激酶将无环鸟苷转化成一磷酸无环鸟苷，细胞磷酸激酶将它进一步转化成三磷酸无环鸟苷（Acyclovir Triphosphate，ACV-TP），由于 ACV-TP 在化学结构上与鸟苷相似，在 DNA 合成时 ACV-TP 也被掺入 DNA 链里，但无环鸟苷没有 3′端羟基，掺入后 DNA 链不能延伸，导致 DNA 合成终止。ACV 对 HSV1 型和 2 型、VZV 有效，对巨细胞病毒无效。临床用于治疗原发生殖器疱疹局部治疗，以及单纯疱疹性脑炎和免疫缺陷患者的 HSV、VZV 感染的全身治疗。丙氧鸟苷也是鸟苷类似物，结构和作用机制与 ACV 类似，但由巨细胞病毒编码的磷酸激酶处理，因此对巨细胞病毒更有效，用于艾滋病患者的巨细胞病毒感染。

(3) 药物抑制病毒逆转录酶 核苷类似物被细胞激酶磷酸化，磷酸化后分子结构与核苷酸相似，可作为底物类似物竞争抑制病毒逆转录酶，并在逆转录时被逆转录酶掺入到新合成DNA链中。由于不是正常核苷酸，下一个核苷酸无法正常与之连接，造成DNA链延伸终止。这类药物有叠氮胸苷（Azidothymidine，AZT）、双脱氧肌苷（Dideoxyinosine，ddI）、双脱氧胞苷（Dideoxycytidine，ddC）、双脱氢双脱氧胸苷（Stavudine，d4T）、拉米夫定（Lamivudine，3TC）等。其中AZT是胸腺嘧啶核苷类似物，于1987年批准用于AIDS临床治疗。AZT可被HIV逆转录酶高效掺入DNA链，阻断HIV复制。AZT对HIV逆转录酶的抑制比细胞DNA聚合酶高100倍以上，对人类细胞功能影响小。

双脱氧肌苷进入体内后被代谢成双脱氧三磷酸腺苷（ddATP），ddC被代谢成双脱氧三磷酸胞苷（ddCTP），ddATP或ddCTP都可被HIV逆转酶掺入DNA链，造成DNA延伸终止。d4T、3TC也是被HIV逆转酶掺入DNA链中造成延伸终止。

3. 抑制病毒DNA聚合酶或逆转录酶的药物 ①抑制疱疹病毒DNA聚合酶的药物，如甲酸磷霉素是焦磷酸化合物，可抑制疱疹病毒科各病毒的DNA聚合酶，也可抑制HIV的逆转录酶活性。②抑制逆转录酶的药物，如Nevirapine、Delavirdine、Efavirenz等，也称为非核苷逆转录酶抑制剂（non-nucleoside reverse transcriptase inhibitor，NNRTI），可结合至逆转录酶的活性部位附近，导致酶蛋白构象改变，干扰酶活性。由于HIV对NNRTI类药物易产生耐药性，通常病毒对一种NNRTI产生耐药，对其他NNRTI也同样具有耐药性，因此此类药物需与核苷类似物联合使用。

4. 阻断病毒前体蛋白裂解的药物 病毒核酸分子小，必须高效率利用其DNA序列，最常见的方式就是编码大前体蛋白，然后经蛋白酶切割，裂解为多个病毒结构和功能蛋白。如HIV编码的gag和pol前体蛋白需经切割才成为成熟的结构蛋白（gp24）和功能蛋白（逆转录酶），切割是由HIV编码的蛋白酶（viral protease）完成的，因此，抑制HIV蛋白酶就等于阻断了HIV的复制。赛科纳瓦（Saquinavir）、英迪纳瓦（Indinavir）、瑞特纳瓦（Ritonavir）、耐菲纳瓦（Nelfinavir）等药物通过肽键与HIV蛋白酶结合，从而抑制蛋白酶活性，阻断HIV复制。由于不能够影响到已整合于染色体的前病毒DNA，因此，蛋白酶抑制剂也仅是降低血液的病毒载量，不能清除病毒。

5. 阻断病毒蛋白质合成的药物 α和β-干扰素刺激能细胞产生三种生物活性蛋白：2，5-寡核苷酸合成酶（2，5-oligonucleotide synthetase）；2，5-oligo（A）激活的核糖核酸酶；磷酸化蛋白合成延伸因子-2（eIF-2）的蛋白激酶。这三种酶都能识别并降解病毒mRNA，从而阻断病毒蛋白翻译。由于人体细胞mRNA没有这些酶的识别序列，故它们对人体细胞蛋白质的翻译没有影响。干扰素对细胞外的病毒没有直接作用。

6. 阻断病毒释放的药物 流感病毒在成熟释放时，需要靠病毒的神经氨酸酶水解N-乙酰神经氨酸才能脱离宿主细胞，神经氨酸酶抑制剂如Zanamivir、Oseltamivir可以抑制流感病毒释放和扩散。

（二）抗病毒的基因治疗

1. 反义寡核苷酸（Antisense Oligonucleotide，asON） 是迄今惟一被批准临床应用的反义核酸类药物，是一段单链小DNA片段，是巨细胞病毒mRNA的互补序列，能与巨细胞病毒mRNA结合，阻断相应的蛋白翻译。临床用于巨细胞病毒性视网膜炎局部治疗。

2. 核酶（Ribozyme） 是一类能与特定RNA序列结合并具有酶活性的RNA分子。类似于反义RNA，核酶与靶RNA的互补结合也具有序列特异性，结合之后能在特定位点切割降解靶 RNA 分子。这个特性可被用于设计切割病毒基因组 RNA、mRNA，从而起到抗病毒作用。但核酶是 RNA，易被组织中的 RNA 酶破坏，应用可能会有困难。目前还没有核酶临床实验应用的报道。

（三）抗病毒的天然药物

从中草药筛选出有抗病毒作用的天然药物有 200 余种，如黄芪、板蓝根、大青叶、贯众、蟛蜞菊等对肠道病毒、呼吸道病毒、虫媒病毒、肝炎病毒感染有一定防治作用；甘草提取物甘草酸对多种病毒的核酸合成有抑制作用。中草药的特点是毒性低。天然药物的作用机制大多不清楚，其药效成分可能是原型，也可能是经机体代谢后的代谢产物。多数研究认为是通过调整或增强机体免疫力而发挥抗病毒作用。

目前抗病毒药物的应用仍有较大的局限性：①对潜伏病毒无效：药物都是利用病毒复制过程的某个环节发挥作用，而潜伏病毒不复制，药物也就无法发挥作用。如疱疹病毒往往潜伏于神经细胞，可逃避药物的作用。②耐药突变毒株的出现：HIV 的复制突变频率非常高，易出现耐药毒株。③药物种类较少：目前投放市场或正在研发的抗病毒药物主要是针对 HIV、疱疹病毒和肝炎病毒感染。

第三节　常见的引起人类疾病的病毒

一、流行性感冒病毒

流行性感冒病毒（influenza virus）简称流感病毒，是流行性感冒（流感）的病原体。流感是一种急性上呼吸道传染病，传染性强、潜伏期短、发病率高。有甲、乙、丙三型，其中甲型流感病毒抗原易变异，多次引起世界性大流行，如 1918～1919 年的大流行中，全世界至少有 2000 万人死于流感；乙型流感病毒对人类致病性较低；丙型流感病毒只引起人类不明显的或轻微的上呼吸道感染，很少造成流行。

（一）生物学性状

1. 形态与结构　流感病毒一般为球形，直径为 80～120nm，初次从患者体内分离出的病毒有时呈丝状或杆状。病毒体的结构从内向外分为核衣壳、包膜和刺突三个部分。

核衣壳：由 8 个核酸片段和核蛋白（nucleoprotein，NP）及 RNA 聚合酶复合体组成，位于病毒体最内层。核酸为分节段的单负链 RNA，甲型和乙型由 8 个节段、丙型由 7 个节段构成，每个基因节段分别编码不同的蛋白质。由于病毒进入细胞后核酸拆开分节段复制，病毒成熟时再重新装配于子代病毒体中，所以病毒在复制过程中极容易发生基因重组而导致新病毒株的出现，这一特点是流感病毒易变异主要原因。NP 是主要的结构蛋白，它与 RNA 多聚酶复合体一起形成核糖核蛋白（ribonucleoprotein，RNP）。RNP 与病毒的 RNA 片段形成核衣壳，核衣壳蛋白呈螺旋对称排列。

包膜和刺突：病毒体的包膜由两层组成，内层为基质蛋白，外层是来源于宿主细胞膜的脂蛋白。病毒体的包膜上镶嵌有两种刺突，即血凝素（hemagglutinin，HA）和神经氨酸酶（neuraminidase，NA），二者均以疏水末端插入到脂质双层中。血凝素的数量较神经氨酸酶多，约为 4∶1～5∶1。

血凝素呈三棱柱形，为糖蛋白。HA 的主要功能有：①与宿主细胞表面受体（唾液酸）结合而吸附到宿主细胞上；②具有膜融合活性，促使病毒包膜与胞饮膜的融合并释放核衣壳；③能使多种动物或人的红细胞发生凝集，血凝现象可以被特异性抗体所抑制，即血凝抑制试验；④具有免疫原性，能刺激机体产生 HA 抗体，此抗体可中和病毒，为保护性抗体。

神经氨酸酶为糖蛋白，末端有扁球形结构，另一末端镶嵌于包膜脂膜中。NA 的主要功能有：①参与病毒的释放，NA 可水解受感染细胞表面糖蛋白末端的 N－乙酰神经氨酸，使成熟病毒体自细胞膜出芽释放；②促进病毒扩散，NA 可破坏细胞膜上病毒特异的受体，液化细胞表面的黏液，使病毒从细胞上解离，利于病毒的扩散；③具有免疫原性，能刺激机体产生 NA 抗体，但此抗体不能中和病毒的感染性，能抑制该酶的水解作用。

2. 分型与变异 根据核蛋白的不同，流感病毒分为甲、乙、丙三型。甲型流感病毒根据其表面 HA 和 NA 抗原特异性的不同，又分为若干亚型，人群中流行的有 H1、H2、H3 和 N1、N2 几种抗原构成的亚型。乙型、丙型流感病毒未发现亚型。

甲型流感病毒除感染人类以外，还可以感染禽、猪、马等动物；乙型流感病毒只感染人类；丙型流感病毒在人和猪中都有流行。不同动物的流感病毒基因进化率不同，人甲型流感病毒 HA 及 NA 基因进化最快，禽流感病毒则较慢。病毒基因进化理论认为，所有哺乳动物感染的流感病毒均来源于禽流感病毒。

流感病毒表面抗原 HA 和 NA 易发生变异，变异有两种形式。①抗原漂移（antigenic drift）：变异幅度小，为量变，属于亚型内变异，由病毒基因点突变造成，所引起的流行是小规模的。②抗原转变（antigenic shift）：变异幅度大，为质变，由病毒基因重排造成，使病毒株表面抗原的一种或两种发生变异，形成新亚型（如 $H_1N_1 \rightarrow H_2N_2$、$H_2N_2 \rightarrow H_3N_2$）。由于人群缺少对新亚型病毒株的免疫力，从而易引起流感大流行。如果两种不同亚型的病毒同时感染同一细胞（同一机体），则易发生基因重组形成新亚型。甲型流感病毒抗原变异情况与流感大流行关系密切（表 5－1）。

表 5－1 甲型流感病毒抗原变异情况与流感大流行

亚型名称	抗原结构	流行年代	代表病毒株*
原甲型（A0）	H_0N_1	1930～1946	A/PR/8/34（H_0N_1）
亚甲型（A1）	H_1N_1	1946～1957	A/FM/1/4/（H_1N_1）
亚洲甲型（A2）	H_2N_2	1957～1968	A/Singapore/1/57（H_2N_2）
香港甲型	H_3N_2	1968～1977	A/Hongkong/1/68（H_3N_2）
香港甲型与新甲型	H_3N_2 H_1N_1	1977～	A/USSR/90/77（H_1N_1）

*代表病毒株命名法：型别/分离地点/毒株序号/分离年代（亚型）。

3. 培养 流感病毒能在鸡胚羊膜腔和尿囊腔中增殖，也可在组织细胞（人羊膜、猴肾、狗肾、鸡胚等细胞）中培养。易感动物较多，雪貂最为易感。

4. 抵抗力 流感病毒抵抗力较弱，不耐热，56℃ 30min 即可被灭活，对干燥、日光、紫外线以及乙醚、甲醛等化学药物敏感。在 0～4℃能存活数周。

（二）致病性和免疫性

流感病毒的传染源主要是患者，其次为隐性感染者，感染的动物也是传染源。带有流感病毒的飞沫，经呼吸道进入体内，少数也可经共用手帕、毛巾等间接接触而感染。病毒侵入呼吸道黏膜柱状上皮细胞内增殖，引起细胞变性坏死及组织炎症。病毒一般只引起表面感染，很少入血，但其释放的毒素样物质可入血引起全身症状。一般经 1～4 天的潜伏期，患者有鼻塞、流涕、咽痛、咳嗽、畏寒、头痛、发热及浑身酸痛、乏力等症状。一般数日可痊愈。但婴幼儿、老人和慢性病患者，可继发细菌感染，如合并肺炎。流感的特点是传播快、发病率高，病死率低，但并发症的病死率较高。

人体在感染流感病毒后或疫苗接种后可产生特异性的细胞免疫和体液免疫。鼻腔分泌物中的 sIgA 抗体（抗 HA）有保护作用，是防止感染的最重要因素。但分泌性抗体存留短暂，一般只有几个月。不同型别病毒间不能诱导交叉保护性抗体。当一种病毒的型别发生抗原漂移时，对该株病毒具有高抗体滴度的人对新毒株可表现轻度感染；但当病毒的型别发生抗原转变时，人群对新毒株则普遍易感而发病。

（三）微生物学检查法

在流感流行期间，依据临床症状诊断流感并不困难，但要确诊或进行流行病学监测必须进行实验室检查。

做病毒的分离与鉴定，可取急性期患者的咽洗液或咽拭子，经抗生素处理后接种于 9～11 日龄鸡胚羊膜腔和尿囊腔中孵育，收集羊水和尿囊液进行病毒血凝试验。如血凝试验阳性，再用已知免疫血清进行血凝抑制试验，鉴定型别。

血清学诊断可采取患者急性期和恢复期双份血清，如果恢复期比急性期血清抗体效价升高 4 倍以上，即可做出诊断。

用单克隆抗体经免疫酶标法可快速检测甲、乙型流感病毒在感染细胞内的病毒颗粒或病毒相关抗原。核酸杂交或序列分析等方法也被用于检测流感病毒核酸或进行分型。

（四）防治原则

流感病毒传染性强，传播快，流行期间应避免人群聚集，必要时应戴口罩，公共场所要进行的空气消毒，对流感患者进行隔离。接种疫苗可降低发病率和减轻症状。但由于流感病毒不断发生变异，只有掌握流感病毒变异的动态，选育新流行病毒株，才能及时制备出有特异性预防作用的疫苗。目前尚无有效的治疗方法，主要是对症治疗和预防继发性细菌感染。

二、乙型肝炎病毒

乙型肝炎病毒（hepatitis B virus，HBV）属嗜肝 DNA 病毒科（*hepadnaviridae*），主要经输血、注射、性行为和母婴传播，引起乙型肝炎，部分患者可转为慢性，少数还可导致肝硬化和肝癌。全世界 HBV 感染者及携带者达 3.5 亿之多，其中我国约有 1.2 亿人。

（一）生物学性状

1. 形态与结构　电子显微镜检查 HBV 感染者的血液，可以观察有大球形颗粒、小球形颗粒和管形颗粒三种形态（图 5 - 2）。

（1）大球形颗粒　直径 42nm，亦称 Dane 颗粒，是完整 HBV 颗粒，有双层结构。外层相当于病毒的包膜，含乙型肝炎病毒表面抗原（hepatitis B surface antigen，HBsAg）、前 S1（PreS1）和前 S2 抗原（PreS2）；内层为核衣壳，呈 20 面体立体对称，衣壳蛋白为乙型肝炎病毒核心抗原（hepatitis B core antigen，HBcAg）。用强去垢剂或酶处理则能暴露出乙型肝炎病毒 e 抗原（hepatitis B e antigen，HBeAg）。Dane 颗粒中心含有 DNA 和 DNA 多聚酶。

（2）小球形颗粒　直径 22nm，成分主要为 HBsAg，不含 HBV DNA 和 DNA 多聚酶，可大量存在血流中。

（3）管形颗粒　直径 22nm，长度在 50～70nm 之间，是由小球形颗粒连接而成的。

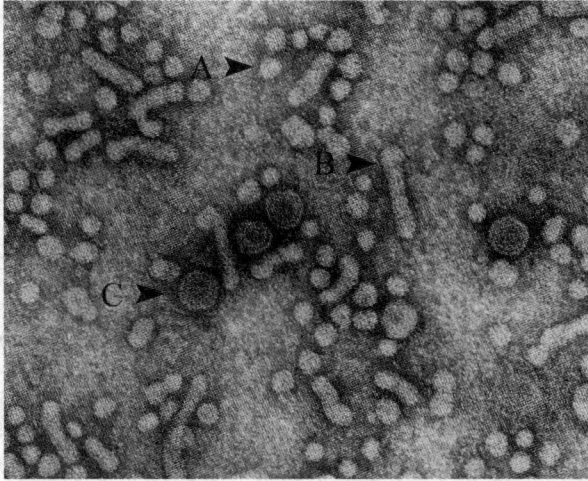

图 5 - 2　HBV 形态电镜图
A：小球形颗粒；B：管形颗粒；C：Dane 颗粒　×80000

2. 抗原组成　HBV 主要有以下四种抗原。

HBsAg 存在于三种 HBV 颗粒表面，是机体受 HBV 感染的主要标志之一。HBsAg 具有免疫原性，特别是其中 a 抗原决定簇免疫原性很强，能刺激机体产生保护性抗体，即抗 HBs。根据 HBsAg 抗原特异性不同，HBV 可分为 adr、adw、ayr、ayw 等四种血清型。血清型分布有明显的种族和地区差异，如欧美主要是 adr 型，我国汉族以 adr、ayw 为多见。

HBcAg 为 HBV 衣壳蛋白。由于 HBcAg 定位于感染细胞核内，而且 Dane 颗粒的 HBcAg 外面包裹 HBsAg，因此很难从患者血清中检出。但 HBcAg 可在肝细胞膜表面表达，是宿主细胞毒性 T 细胞攻击的主要靶抗原。HBcAg 免疫原性很强，能刺激机体产生抗 HBc，但无中和作用。检出高效价抗 HBc，特别是抗 HBc IgM 则表示 HBV 在肝内处于复制状态。

HBeAg 由 PreC 蛋白经过加工而成的可溶性抗原。由于 HBeAg 和 Dane 颗粒出现的时间相一致，与 HBV DNA 多聚酶在血流中的消长动态也基本一致，因此，HBeAg 可作为 HBV 复制及血清具有传染性的标志。急性乙型肝炎进入恢复期时 HBeAg 消失，抗 HBe 阳性；但抗 HBe 亦见于慢性乙型肝炎及携带者的血清中。

3. 病毒培养　黑猩猩对 HBV 易感，接种后可发生与人类相似的急慢性感染，是进行致病机制和疫苗效果研究理想的动物模型。目前 HBV 尚不能进行体外细胞培养和分离。

4. 抵抗力　HBV 对理化因素的抵抗力相当强，对低温、干燥、紫外线均有抵抗性，70% 乙醇等一般消毒剂不能灭活。121℃ 15min、100℃ 10min 及环氧乙烷等可使 HBV 灭活。

（二）致病性与免疫性

1. 传染源和传播途径　HBV 主要传染源是乙型肝炎患者及无症状携带者。凡含有 HBV 的血液或体液（唾液、乳汁、羊水、精液和分泌物等）直接或通过破损的皮肤、黏膜进入体内皆可造成感染。HBV 主要通过以下三种途径传播。

血液和血制品传播：HBV 在血循环中大量存在，只需极微量的含 HBV 的血液即可造成感染，如输血、血制品、注射、手术、采血、拔牙、内窥镜检查、预防接种、针刺等均可传播乙型肝炎。

母婴传播：分娩时新生儿经产道时，通过微小伤口或受母血、羊水或分泌物中的病毒感染所致。也可由宫内感染或通过哺乳而感染。

性传播及密切接触传播 HBV 感染者的精液和阴道分泌物中可检出 HBV，HBsAg 阳性配偶较家庭其他成员更易感染 HBV，表明性行为可传播 HBV。唾液中也可检出 HBsAg，所以密切接触也可传播 HBV。

2. 致病性　乙型肝炎的临床表现呈多样性，如无症状携带者、急性肝炎、慢性肝炎及重症肝炎等。HBV 的致病机制，除了 HBV 对肝细胞直接损害外，主要是通过宿主的免疫应答引起肝细胞的病理损伤。

（1）**细胞免疫介导的免疫损伤**　肝细胞受 HBV 感染后，其表面可出现 HBsAg、HBeAg 或 HBcAg。这些病毒抗原可诱导机体产生细胞毒性 T 细胞（CTL），对 HBV 感染的肝细胞发挥杀伤效应。CTL 的免疫效应具有双重性，既能清除病毒，又能杀伤肝细胞，从而造成肝细胞破坏，导致炎症反应。一般认为细胞免疫应答的强弱与临床过程的轻重与转归有密切关系。当病毒感染的肝细胞少时，CTL 可将病毒感染细胞全部杀伤，释放于细胞外的 HBV，可被抗体中和，临床表现为急性肝炎，并可恢复而痊愈；若病毒感染的细胞数量多时，引起的细胞免疫应答超过正常范围，会迅速引起大量细胞坏死，表现为重症肝炎；若机体免疫功能低下，CTL 则不能将病毒感染肝细胞杀伤，病毒仍可不断释放，又无有效的抗体中和病毒，病毒则持续存在并不断感染肝细胞，导致慢性肝炎；慢性肝炎又可促进纤维细胞增生，则发生肝硬化；如果机体对 HBsAg 免疫应答低下，产生耐受，则机体呈现无症状携带状态。

（2）**体液免疫介导的免疫损伤**　在急性或慢性乙型肝炎患者血循环中，可检出 HBsAg 及抗 HBs 或 HBeAg 及抗 HBe 的抗原抗体复合物。这些免疫复合物可沉积于周围组织的小血管壁，引起Ⅲ型超敏反应，临床上出现各种相关的肝外症状，主要表面为短暂发热、肾小球肾炎、皮疹、多发性关节炎及小动脉炎等，其中以肾小球肾炎最被重视。如果免疫复合物在肝内大量沉积，引起毛细血管栓塞，可诱导肿瘤坏死因子产生而导致急性肝坏死，临床表现为重症肝炎。

（3）**自身免疫所致的损伤**　HBV 感染肝细胞后，还会引起肝细胞表面自身抗原的改变，如在细胞膜上暴露出肝特异性脂蛋白抗原（liver specific protein，LSP）。LSP 作为自身抗原可诱导机体产生对肝细胞的自身免疫应答，通过 CTL 的杀伤作用或释放细胞因子的直接或间接作用损害肝细胞。

研究资料表明，HBV 感染还与原发性肝癌的发生有密切关系。

3. 免疫性　机体受 HBV 感染后，能产生一系列抗体，其中抗 HBs 和抗 PreS2 有保护作用。抗 HBs 可中和体液中 HBV，使其失去感染性；抗 PreS2 可以封闭病毒与肝细胞表面受体结合，阻止病毒对肝细胞的吸附。抗 HBe 与肝细胞表面 HBeAg 结合后，可通过补体介导参与破坏病毒感染的靶细胞，有一定的保护作用。抗 HBc 无保护作用。细胞免疫主要依靠 CTL 对 HBV 感染的肝细胞直接杀伤，在清除 HBV 感染的肝细胞中有较重要的作用；机体还可通过分泌 IFN - γ 和 TNF - α 等细胞因子灭活靶细胞内的病毒。

（三）微生物学检查

常采用血清学方法检测患者血清中 HBV 抗原和抗体，主要包括 HBsAg、抗 HBsHBeAg 和抗 HBe、以及抗 HBcIgM 和抗 HBcIgG。对 HBV 抗原、抗体血清学标志进行综合分析方可有助于临床诊断。HBV 抗原、抗体在感染机体内消长情况与临床表现密切相关（图 5 - 3）。

1. HBsAg 和抗 HBs　检出 HBsAg 表示机体感染了 HBV。血清 HBsAg 阳性见于急性乙型肝炎的潜伏期和急性期、慢性乙型肝炎、肝硬化和原发性肝癌及无症状携带者。急性肝炎恢复后，1~4 个月内 HBsAg 可消失，持续 6 个月以上则认为转为慢性肝炎。HBsAg 阳性而长期无临床症状者为 HBV 携带者。抗 HBs 阳性表示机体已获得对 HBV 的免疫力。

2. 抗 HBc 包括抗 HBc IgM 和抗 HBc IgG。抗 HBc IgM 常出现于感染早期。慢性 HBV 感染者，抗 HBc IgG 持续阳性。抗 HBc IgM 阳性表示体内有病毒复制，该抗体下降速度与患者病情相关，如一年内不降至正常则提示有转为慢性肝炎的可能。

3. HBeAg 和抗 HBe HBeAg 阳性是体内有 HBV 复制和血液传染性强的标志。急性乙肝 HBeAg 呈短暂阳性，如持续阳性提示预后不良。抗 HBe 见于急性乙肝的恢复期，此时，血清 HBeAg 消失，表示机体已产生一定免疫力，血液传染性降低。

近年来，临床上也采用 PCR 技术检测 HBVDNA，用于乙型肝炎的诊断及流行病学调查。

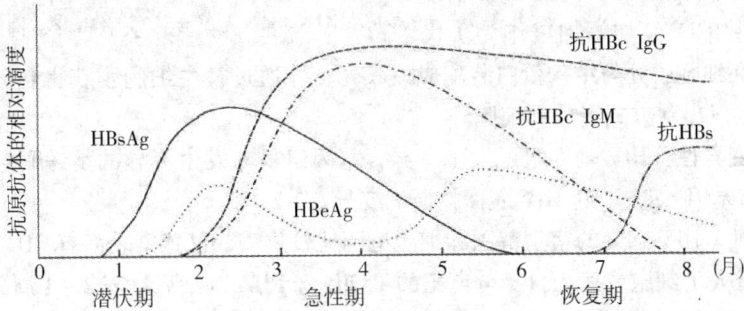

图 5-3 急性乙型肝炎血清学标志变化及临床表现

（四）防治原则

切断传播途径和接种疫苗是预防乙型肝炎的主要措施。如对乙肝患者及携带者的血液、分泌物和用具等要严格消毒灭菌；严格筛选献血员，提倡使用一次性注射器及输液器，防止血液传播；对高危人群进行疫苗接种。我国使用 HBV 基因工程疫苗，即将编码 HBsAg 的基因在酵母菌中高效表达，产生的 HBsAg 经纯化制成疫苗，预防接种效果较好。

目前尚无治疗乙型肝炎的特效药物，一般主张抗病毒药与免疫调节药物并用治疗乙型肝炎。

三、人类免疫缺陷病毒

人类免疫缺陷病毒（human immunodeficiency virus，HIV）是获得性免疫缺陷综合征（acquired immunodeficiency syndrome，AIDS），即艾滋病的病原体。HIV 包括 HIV-1 和 HIV-2 两个型别，两型病毒的核苷序列相差超过 40%。世界上广泛流行的 AIDS 多由 HIV-1 引起；HIV-2 只在西非呈地域性流行。

（一）生物学性状

1. 形态与结构 HIV 为直径 100~120nm 的球形颗粒。电镜下病毒内部有一致密的圆柱状核心，该核心是由两条相同单股 RNA 构成的双体结构及包裹其外的衣壳蛋白（p24）组成，构成病毒核衣壳。病毒核衣壳外侧包有两层膜结构，内层是内膜蛋白（p17），亦称跨膜蛋白，最外层是脂质双层包膜，包膜表面有刺突并含有 gp120 和 gp41 包膜糖蛋白（图 5-4）。

2. 病毒的复制 HIV 的复制过程与其他逆转录病毒相同。首先 HIV 包膜刺突糖蛋白 gp120 与靶细胞上特异受体（CD4 分子等）结合，病毒包膜与细胞膜发生融合；核衣壳进入细胞浆内脱壳、释放出 RNA；在病毒自身逆转录酶的作用下，以病毒 RNA 为模板，经逆转录形成互补的负链 DNA，构成 RNA：DNA 中间体。中间体中的 RNA 被 RNaseH 水解，再由负链 DNA 复制成双股 DNA。在病毒基因整合酶的作用下，病毒基因组整合于细胞染色体基因组，这种整合的病毒 DNA 称为前病毒（provirus）。当各种因素刺激前病毒活化而进行自身转录，在宿主细胞 RNA 多聚酶 Ⅱ 作用下，病毒 DNA 转录形成 RNA。有些 RNA 经拼接，成为 mRNA，在细胞的核蛋白体上翻译成子代病毒的结构蛋白及非结构蛋白；还有些 RNA 经加帽加尾作为子代

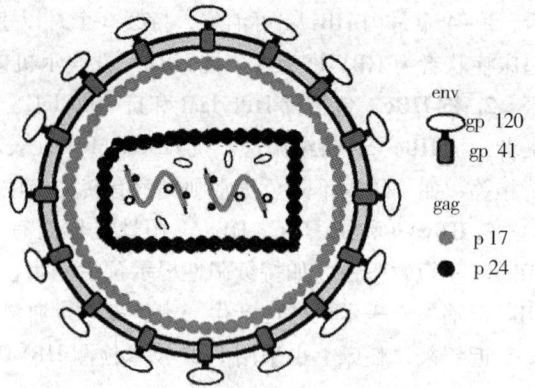

图 5-4　人类免疫缺陷病毒结构模式图

基因组 RNA，在细胞膜处与结构蛋白装配成核衣壳，并通过宿主细胞膜获得包膜，构成完整的子代病毒体，以出芽方式释放到细胞外。

3. 病毒的变异性　HIV 基因组可发生变异，基因组最易发生变异的是编码包膜糖蛋白的基因 env 和调节基因 nef，引起 HIV 表面抗原的变异。

4. 培养特性　HIV 感染的宿主范围和细胞范围比较狭窄，仅感染表面有 CD4 分子的细胞。实验室常用正常人 T 细胞或病人自身分离出的 T 细胞经 PHA 刺激后培养 2~4 周分离病毒，也可用成人淋巴细胞白血病患者的 T 细胞来分离培养病毒。

5. 抵抗力　HIV 对理化因素抵抗力较弱。100℃加热 20min 可被灭活，但在室温下可存活几天，在冷冻血制品中须 68℃ 72h 才能保证灭活被病毒。0.5% 次氯酸钠、10% 漂白粉、70% 乙醇、35% 异丙醇、0.3% H_2O_2、5% 来苏尔等化学消毒剂处理 10~30min 可完全灭活病毒。

（二）致病性与免疫性

1. 传染源和传播途径　AIDS 的传染源是 HIV 携带者及 AIDS 患者。从 HIV 感染者的血液、精液、阴道分泌物、唾液、乳汁、脑脊液、脊髓及中枢神经组织等标本中均可分离到病毒。主要传播途径有三种。①性传播是 HIV 的主要传播方式，因此 AIDS 是重要的性传播疾病之一。②血液传播，即输入带有 HIV 的血液或血液制品，包括器官或骨髓移植、人工授精及使用受 HIV 污染的注射器和针头。中国 AIDS 感染者大多是由静脉注射吸毒引起。③垂直传播，包括经胎盘、产道或哺乳等方式传播，其中胎儿经胎盘感染最多见。

2. HIV 感染临床表现　包括原发感染急性期、无症状潜伏期、AIDS 相关综合征及典型 AIDS 四个阶段。①原发感染急性期：病毒感染机体后开始大量复制，引起病毒血症，此期可从血液、脑脊液及骨髓细胞中分离到病毒，从血清中可查到 HIV 抗原。临床上可出现发热、咽炎、淋巴结肿大、皮肤斑丘疹和黏膜溃疡等症状。持续 1~2 周后 HIV 感染进入无症状潜伏期。②无症状潜伏期：此期持续时间较长，一般 5~15 年。临床无症状，也有些患者出现无痛性淋巴结肿大。此期患者外周血中一般不能或很少检测到 HIV 抗原，这表明长期无症状的临床过程与病毒持续在体内进行低水平的复制有关。③AIDS 相关综合征：随着感染时间的延长，当 HIV 大量在体内复制并造成机体免疫系统进行性损伤时，临床上则出现发热、盗汗、全身倦怠、慢性腹泻及持续性淋巴肿大等症状。④典型 AIDS：主要表现免疫缺陷症的合并感染和恶性肿瘤的发生。由于 AIDS 患者机体免疫力低下，一些对正常机体无致病作用的病原生物常可造成 AIDS 患者的致死性感染，如真菌（白色念珠菌）、细菌（分枝杆菌）、病毒（巨细胞病毒、人类疱疹病毒 -8 型、EB 病毒）、原虫（卡氏肺孢子虫）等感染症。部分病人可并发

肿瘤，如 Kaposi 肉瘤、恶性淋巴瘤等。也有患者出现神经系统疾患，如艾滋病痴呆综合征等。

3. HIV 致病机制　HIV 对 CD4$^+$T 细胞有高度亲嗜性。大量 CD4$^+$T 细胞受病毒感染而遭破坏，造成以 CD4$^+$T 细胞（Th）减少所致的细胞免疫功能低下及免疫调节功能紊乱。HIV 对 CD4$^+$T 细胞的损害主要是通过病毒的直接致细胞病变作用及免疫病理作用所致。①受感染细胞表面的 HIV 包膜糖蛋白 gp120 与周围非感染细胞膜表面 CD4 分子相互结合，导致细胞融合，形成多核巨细胞，引起细胞死亡；②病毒增殖时，病毒 DNA 对细胞正常的生物合成产生干扰作用，并通过改变细胞膜的完整性和通透性，导致细胞损伤和死亡；③HIV 感染能诱导细胞凋亡；④受感染细胞膜上有 HIV 糖蛋白抗原表达，可激活细胞毒性 T 细胞的直接杀伤作用，也可与特异性抗体结合后，通过 ADCC 作用破坏细胞；⑤自身免疫的产生致使 T 细胞损伤。当 HIV 编码病毒抗原决定簇基因（如 gp41）与细胞膜上 MHC Ⅱ 类分子基因有同源性时，就会诱导产生能与细胞发生交叉反应的自身抗体。

HIV 还可对其他免疫细胞及神经细胞发生损害。现在研究表明，HIV 具有多嗜性，除感染 CD4$^+$T 细胞外，还能感染其他表面有少量 CD4 分子表达的细胞，如单核 – 巨噬细胞、树突状细胞、神经胶质细胞、皮肤的郎格汉斯细胞、肺泡巨噬细胞、肝的枯否细胞及肠道黏膜的杯状、柱状上皮细胞等。病毒可影响这些细胞的正常功能，并随这些细胞特别是单核 – 巨噬细胞播散到全身，常使患者出现 HIV 脑病、脊髓病变、艾滋病痴呆综合征等中枢神经系统疾患。

4. 免疫性　机体在 HIV 原发感染后，一般 1~3 个月即可检出 HIV 抗体，包括抗 gp120 的中和抗体。中和抗体具有一定的保护作用，仅能减少急性期血清中的病毒抗原量，不能彻底清除体内的病毒及感染细胞内的病毒。细胞内的病毒主要依靠细胞免疫，以及抗 gp120、gp41 抗体介导的 ADCC 作用。特异性 CTL 对杀伤 HIV 感染细胞及阻止病毒扩散有重要作用，但 CTL 不能清除 HIV 潜伏感染的细胞，致使 HIV 不能彻底被清除。

（三）微生物学检查法

1. 检测抗体　一般 HIV 感染 2~3 个月（或更长）后均可检出 HIV 抗体，因此检测抗体对筛查（如供血者）和确认 HIV 感染非常重要。我国规定对供血者筛查时必须检查 HIV–1 和 HIV–2 两个型别的抗体。检测 HIV 抗体常用的方法有 ELISA、RIA、IFA 及蛋白印迹等。一般检测到两种 HIV 抗原的抗体（如 p24 和 gp120 抗体）方可肯定诊断。

2. 病毒分离鉴定　大约需 4~6 周。首先分离正常人淋巴细胞（或用传代 T 细胞株 H9、CEM），用 PHA 刺激并培养 3~4 天后，接种患者的单个核细胞、骨髓细胞、血浆或脑脊液等标本。培养 2~4 周后，如出现不同程度病变，尤其见到多核巨细胞，则表明有病毒增殖。再用 IFA 法检测 HIV 抗原 p24，或用生化反应检测培养液中逆转录酶活性，也可用电镜检测 HIV 颗粒来进行鉴定。

3. 病毒蛋白抗原检测　常用 ELISA 法检测细胞中 HIV 的衣壳蛋白 p24。此抗原通常出现于病毒感染的急性期，潜伏期常为阴性，典型 AIDS 期又可重新被检出。

4. 检测核酸　应用核酸杂交法检测细胞中前病毒 DNA，可确定细胞中 HIV 潜伏感染情况；应用 PCR 法检测 HIV 的前病毒 DNA，或用 RT–PCR 法定量检测血浆等标本中病毒 RNA；定量检测方法常用于监测 HIV 感染者病情发展及评价药效。

（四）防治原则

AIDS 是一种全球性疾病，蔓延速度快、死亡率高，又无特效治疗方法，为此，包括我国在内的许多国家都制定了预防和控制 HIV 感染的措施，如：①建立 HIV 感染的监测网络，控制疾病的流行蔓延；②普遍开展预防艾滋病的宣传教育，认识 AIDS 的传染方式及其严重危害性。取缔娼妓，抵制和打击吸毒行为；③对供血者进行 HIV 抗体检查，禁止进口血液制品，确保输血和血液制品的安全；④加强国境检疫，同时对高危人群要进行 HIV 抗体检测。

HIV 的变异为疫苗的研制带来巨大挑战，减毒活疫苗、灭活疫苗的安全性难以保证，目前国内外致力于研究基因重组疫苗。

目前用于 AIDS 的治疗的药物主要有核苷类逆转录酶抑制剂、抑制病毒 DNA 合成药物，以及蛋白酶抑制剂。现在临床上常使用联合治疗方法（俗称鸡尾酒疗法），使用两种以上逆转录酶抑制剂和蛋白酶抑制剂，比使用单药治疗效果好。

四、其他病毒

（一）麻疹病毒

麻疹病毒（measles virus）是麻疹的病原体，分类上属于副黏病毒科麻疹病毒属。麻疹是儿童最常见的急性传染病。我国自 20 世纪 60 年代初应用麻疹减毒活疫苗以来，儿童的发病率显著下降。

1. 生物学性状 麻疹病毒为球形或丝形，直径约 120 ~ 250nm。核心为单负链 RNA，不分节段，核衣壳呈螺旋对称，外有包膜，表面有 HA 和溶血素（haemolyxin，HL）两种糖蛋白刺突。其中 HA 能与宿主细胞受体结合介导病毒的吸附，能凝集猴红细胞；HL 能使细胞发生融合形成多核巨细胞，利于病毒扩散，还具有溶血作用。麻疹病毒抗原结构较稳定，只有一个血清型。病毒抵抗力较弱，加热 56℃ 30min 和一般消毒剂都能使其灭活，对日光及紫外线敏感。

2. 致病性与免疫性 人是麻疹病毒的惟一宿主。急性期患者是传染源，病毒通过飞沫传播，或通过鼻咽分泌物污染用具、玩具或密切接触而感染。麻疹的传染性极强，易感者接触后几乎全部发病。潜伏期为 9 ~ 12 天。病毒首先在呼吸道上皮细胞中增殖；继之侵入淋巴结增殖，然后入血形成第一次病毒血症；病毒随血液扩散到达全身淋巴组织中，大量增殖后再次入血形成第二次病毒血症，引起全身症状。由于病毒在结膜、鼻咽黏膜和呼吸道黏膜等处增殖，上呼吸道出现卡他症状；病毒在真皮层内增殖，口腔两颊内侧黏膜出现中心灰白、周围红色的 Koplik 斑，约 3 天后全身皮肤出现斑丘疹。皮疹出齐后，若无并发症，预后良好。有些年幼体弱的患儿，易并发细菌性感染，如继发性支气管炎、中耳炎等，重者可导致死亡。极个别的麻疹患者在其恢复后若干年（2 ~ 17 年）出现亚急性硬化性全脑炎（subacute sclerosing panencephalitis，SSPE）。SSPE 属急性感染后的慢发性感染，表现为渐进性大脑衰退，最后导致昏迷死亡。

病后人体可获得终生免疫力。细胞免疫有很强的保护作用，可清除细胞内的病毒，病毒抗体在抗再感染中起主要作用。

3. 防治原则 对患者进行隔离及儿童接种麻疹疫苗是预防麻疹除最有效的措施。我国规定，初次免疫为 8 月龄，1 年后及学龄前再加强免疫，免疫力可持续 10 年左右。对与麻疹患儿接触但未接种过疫苗的易感儿童，可使用丙种球蛋白进行被动免疫。

（二）腮腺炎病毒

腮腺炎病毒（mumps virus）引起流行性腮腺炎，该病为以腮腺肿胀、疼痛为主要症状的儿童常见病。腮腺炎病毒只有一个血清型，不变异。

　　人是腮腺炎病毒惟一宿主，病毒主要通过飞沫传播。病毒最初于鼻或呼吸道上皮细胞中增殖，进入血流，通过病毒血症扩散至腮腺及其他器官，如胰腺、睾丸、卵巢和中枢神经系统。主要症状为一侧或两侧腮腺肿大，并伴有发热、肌疼无力等症状。整个病程大约持续 7～12 天。青春期男性感染者易并发睾丸炎，女性易合并卵巢炎。严重者可并发脑炎。病后可获得持久免疫力。

　　流行期间患儿应及时隔离，一般人群服用中药板蓝根、金银花有预防效果。目前已有腮腺炎减毒活疫苗，免疫效果好。

（三）风疹病毒

　　风疹病毒（rubella virus）属披膜病毒科（*Togaviridae*），只有一个血清型，不变异。风疹病毒引起的风疹是一种常见儿童传染病。病毒通过气溶胶在人群中传播。潜伏期 10～21 天，表现症状为发热、麻疹样皮疹，并伴耳后和枕下淋巴结肿大。成人感染则症状较重，除出疹外，还有关节炎和疼痛、血小板减少、疹后脑炎等，但疾病大多预后良好。

　　孕妇妊娠早期感染风疹病毒，病毒可通过胎盘感染胎儿，导致胎儿发生先天性风疹综合征，引起胎儿畸形、死亡、流产或产后死亡。胎儿畸形主要表现为先天性心脏病、白内障和耳聋三大主症。

　　为减少畸形儿的出生，对怀疑有风疹病毒感染的孕妇早期确诊十分必要，常用的诊断方法有：①用血清学方法检测孕妇或胎儿血中风疹病毒的特异性 IgM，阳性者，可认为是近期感染；②检测胎儿绒毛膜中风疹病毒的特异性抗原；③取羊水或绒毛膜进行病毒分离鉴定；④取羊水或绒毛尿囊膜做核酸分子杂交或 PCR 检测风疹病毒核酸。

　　为优生优育，育龄妇女和学龄儿童应接种风疹疫苗。风疹病毒自然感染和疫苗接种后均可获得持久免疫力。我国研制的风疹减毒活疫苗已投入使用。

（四）脊髓灰质炎病毒

　　脊髓灰质炎病毒（poliovirus）是脊髓灰质炎的病原体。病毒侵犯中枢神经系统，导致松弛性肢体麻痹。

　　1. 致病性与免疫性　脊髓灰质炎的传染源为患者和隐性感染者。病毒通过污染食物、生活用品等经消化道传播，也有经呼吸道传播的报道。潜伏期为 7～14 天。病毒经口进入胃肠道后，先在口咽部和肠道集合淋巴结中增殖，入血形成病毒血症，进而扩散至易感的网状内皮组织，病毒大量增殖后再次进入血，形成第二次病毒血症，再侵入靶器官。若机体免疫力健全，90% 以上感染者表现为隐性感染，为顿挫感染，患者有发热、疲倦、嗜睡、头痛、恶心、呕吐、便秘、咽痛等症状，数天后可恢复。少数病例病毒可沿周围神经轴突蔓延至中枢神经系统，临床上出现脑膜炎症状，此为无菌性脑膜炎型脊髓灰质炎。病毒在细胞内增殖，能损伤或完全破坏细胞，特别是脊髓前角运动神经细胞，严重病例，可累及灰质神经节，甚至后角和背根神经节，患者四肢常出现肌肉弛缓性麻痹，多见于儿童，故也称小儿麻痹症。

　　脊髓灰质炎病毒表面抗原能诱生中和抗体，在病毒感染后不久产生并可持续多年。但该病毒有Ⅰ、Ⅱ、Ⅲ 3 个血清型，故病后可能发生异型病毒的感染。

　　2. 防治原则　接种或口服脊髓灰质炎病毒疫苗是预防脊髓灰质炎惟一有效的方法。有灭活脊髓灰质炎疫苗（IPV）和口服脊髓灰质炎减毒活疫苗（OPV）两种，二者均为三价混合疫苗。我国采用三价糖丸活疫苗进行免疫，效果较好。

（五）柯萨奇病毒和 ECHO 病毒

　　柯萨奇病毒（coxsackievirus）有 30 个血清型，ECHO 病毒又称肠道致细胞病变人孤儿病毒（enteri cytopathogenic human orphan virus），有 34 个血清型。这两类病毒能引起人类多种疾病，如轻型的呼吸道感染、心肌炎、心包炎、脑膜脑炎以及严重的婴儿全身性疾病。

患者和无症状带毒者是传染源。主要传播途径为粪–口途径，潜伏期为 2~9 天。在感染早期能从咽部、粪便和血液中分离出病毒。多数感染者为亚临床感染。

1. 无菌性脑膜炎 由柯萨奇病毒 B 组和常见的 A7、A9 型以及 ECHO 病毒引起。临床早期症状为发热、头痛、全身不适、呕吐和腹痛、轻度麻痹，1~2 天后出现颈强直、脑膜刺激症状等。

2. 疱疹性咽峡炎 由柯萨奇病毒 A 组的 A2~A6、A8、A10 型引起。典型症状为发热、咽喉痛、软腭及悬雍垂周围出现水疱性溃疡损伤。

3. 手足口病 由柯萨奇病毒 A 组的 A16 型、新肠道病毒 71 型引起，有时 A5 和 A10 型也可引起。特征为口和咽溃疡、手掌和足底的水疱疹，有时可蔓延至臂部和腿部。

4. 心肌炎 成人及儿童的原发性心肌病是由柯萨奇病毒 B 组引起的，约占心脏病的 5%。ECHO 病毒 1、6、9 等型也可引起。新生儿感染常引起死亡，其他年龄感染者可造成明显的心脏损伤，且可出现持续感染，促发导致心肌病的自身免疫应答。

5. 婴儿全身性疾病 这是一种非常严重、多器官感染性疾病，由柯萨奇病毒 B 组经胎盘感染胎儿或护理不当造成接触性感染引起的，ECHO 病毒某些型别也能引起。婴儿感染后常有嗜睡、吸乳困难和呕吐，伴有或不伴有发热等症状，进一步发展为心肌炎或心包炎，甚至死亡。

（六）甲型肝炎病毒

甲型肝炎病毒（hepatitis A virus，HAV）引起甲型肝炎。1988 年上海曾发生因食用 HAV 污染的毛蚶而暴发流行甲型肝炎。

1. 生物学性状 HAV 颗粒呈球形，直径 27nm，衣壳为 20 面体立体对称，核酸为线性 + ssRNA，无包膜。迄今世界上 HAV 毒株均属同一血清型。

HAV 的易感动物有黑猩猩、南美洲猴狨及恒河猴等灵长类动物。

HAV 在自然界的存活能力强，如在粪便、污水、海水和毛蚶等水生贝类中可存活数天至数月；对热及消毒剂的抵抗力较强，如 60℃1h 或在食物中 85℃1min 均不能使 HAV 失活，在 −20℃贮存数年仍保持感染性；可在 pH 3.0 环境中存活。HAV 经 121℃ 20min、煮沸 5min、干热 180℃60min、UV（1.1 瓦/1 分钟）、甲醛（1∶4000、37℃ 3 天）及次氯酸盐（1∶100 倍稀释氯漂白粉）等处理可被灭活。

2. 致病性与免疫性 HAV 主要通过粪–口途径传播，病毒由患者或隐性感染者粪便排出体外，污染食物、水源、海产品及食具，引起暴发或散发性流行。HAV 经口侵入人体，首先在口咽部或唾液腺中增殖，然后在小肠淋巴结内增殖，继而入血形成病毒血症，再到达肝脏，在肝细胞内增殖而致病。HAV 在细胞内增殖非常缓慢，故不直接造成明显的肝细胞损害，机体的免疫应答参与了肝脏的损伤。HAV 主要侵犯儿童和青年。临床表现多从发热、乏力、食欲不振开始，继而出现肝肿大、压痛、肝功能异常，部分病人可出现黄疸。甲型肝炎一般为自限性疾病，预后良好，不转为慢性肝炎。

机体感染后可产生对 HAV 的持久免疫力。

3. 微生物学检查 一般以血清学检查和病原学检查为主，不做病毒培养。采用血清学反应检测抗 HAV IgM 可做为 HAV 早期感染的诊断指标；检测抗 HAV IgG 有助于流行病学调查。也可采用放射免疫或 ELISA 检测粪便中 HAV 的抗原和病毒颗粒。

4. 防治原则 做好卫生宣教工作，管理和改善饮食、饮水卫生是预防甲型肝炎的主要环节。目前，我国研制的减毒甲型肝炎活疫苗已大批生产和使用，可特异性预防甲型肝炎。

（七）丙型肝炎病毒

丙型肝炎病毒（hepatitis C virus，HCV）主要经血或血制品传播。丙型肝炎的临床和流行病学特点类似乙型肝炎，但症状较轻，易演变为慢性肝炎，部分患者可发展为肝硬化或肝癌。

患者和 HCV 阳性血制品是传染源。HCV 主要通过输血或血制品、注射、性交和母婴传播，引起急性或慢性丙型肝炎。潜伏期为 2～17 周，但由输血或血制品引起的丙型肝炎潜伏期较短，大多数患者不出现症状或症状较轻。急性肝炎与其他型别肝炎相似，有恶心、呕吐、黄疸和血清谷丙转氨酶升高等症状。大多数患者可能演变为慢性肝炎，约有 20% 可逐渐发展为肝硬化或肝癌。

目前认为 HCV 的致病机制，既有病毒对肝细胞的直接损害，又有免疫病理损伤，其中CTL 攻击丙型肝炎病毒感染的肝细胞是造成肝细胞损害的重要原因。

通过严格筛选献血员和加强血制品的管理可降低丙型肝炎的发病率。我国义务献血法已明确规定，筛选输血员必须检测 HCV 抗体，对血制品同样要进行检测。HCV 疫苗的研制目前仍处于研究阶段。目前尚缺乏对丙型肝炎治疗的特效药物。

（八）流行性乙型脑炎病毒

流行性乙型脑炎病毒（epidemic type B encephalitis virus），简称乙脑病毒，是流行性乙型脑炎（简称乙脑）的病原体。在我国除西部外，大部分地区均有流行。

1. 生物学性状 病毒颗粒呈球形，直径 40nm。病毒包膜的表面有由包膜糖蛋白 E 组成的刺突；病毒核心由单股、正链 RNA 和病毒核蛋白 C 组成。病毒 RNA 具有感染性，衣壳为 20 面体对称。包膜蛋白 E 能凝集雏鸡、鸽和鹅的红细胞。

病毒在多种动物的组织细胞和鸡胚内均能增殖。敏感动物是小鼠或乳鼠。

病毒较少发生变异，不同地区和不同时间分离的病毒株之间无明显的差异，迄今只发现 1 个血清型。

病毒抵抗力弱。对热敏感，56℃30min 或 100℃ 2min 可灭活；对乙醚、丙酮等脂溶剂及消毒剂敏感。

2. 致病性与免疫性

（1）传染源与传播媒介 在自然界该病毒主要存在于蚊子及家畜（如猪、牛、羊、马等）体内。蚊子可携带病毒越冬，病毒可以经卵遗传至子代。蚊子（在我国主要是三节吻库蚊）是该病毒的传播媒介。当病毒在蚊子肠道和唾液腺内增殖至一定数量后，可随着蚊子叮咬猪（多见幼猪）等家畜时使家畜感染。家畜被病毒感染后一般无明显的临床症状，仅出现短暂的病毒血症，是重要的传染源。病毒可在猪和三节吻库蚊之间形成自然感染循环，在猪体内增殖的病毒可随着三节吻库蚊的叮咬和改变叮咬对象而传染给人。

乙型脑炎流行的高峰时间与各地区的蚊虫密度高峰相一致，如在我国南方为 6～7 月，华北为 7～8 月，东北为 8～9 月。

（2）致病性与免疫性 乙脑病毒感染人体后，绝大多数病例表现为隐性感染或仅出现轻微症状，只有少数病例发展为典型的乙脑。病毒随蚊子叮咬侵入人体，首先在皮下毛细血管内皮细胞和局部淋巴结等处增殖，然后释放入血形成第一次病毒血症；病毒随血流播散到肝脏、脾脏等处，进入单核－巨噬细胞中继续增殖，经 10 天左右的潜伏期，在体内增殖的大量病毒再次侵入血流形成第二次病毒血症，引起发热、寒战及全身不适等症状。经数日后多数患者自愈，此为顿挫感染。但有少数（约 0.1%）患者体内的病毒可以突破血脑屏障，进入脑组织细胞中增殖，造成脑实质及脑膜病变。临床表现为突然高热、头痛、呕吐或惊厥、昏迷等脑膜刺激症状及脑炎症状，死亡率为 10%～30%。部分患者痊愈恢复后可残留运动障碍、精神障碍等严重的后遗症。

流行性乙型脑炎发病或隐性感染后机体均可获得持久的免疫力。

3. 防治原则 目前对乙型脑炎没有特效的治疗方法。防蚊、灭蚊和易感人群的疫苗接种是预防本病的关键。在流行季节前，通过流行季节前对猪等家畜进行疫苗接种，中止病毒的自然传播循环，可有效降低人群的发病率。我国主要使用流行性乙型脑炎病毒 P3 株灭活疫苗。

（九）登革病毒

登革病毒（dengue virus）引起登革热，该病广泛流行于热带和亚热带地区，是一种分布广、发病多、危害较大、有季节性的急性传染病。在我国海南、广东、广西和台湾等地均有报道。

登革病毒的自然宿主包括人、低等灵长类动物和蚊子。病毒通过蚊（主要是埃及伊蚊和白纹伊蚊）—人—蚊循环进行传播。由于登革病毒 RNA 的突变或新的外来毒株的侵入，常引起登革热的暴发流行。登革病毒的靶细胞为具有 IgGFc 受体的单核巨噬细胞。病毒感染机体后，首先在毛细血管内皮细胞增殖，释放入血形成病毒血症，进一步感染血液和组织中的单核-巨噬细胞，引起登革热。登革病毒多引起无症状的隐性感染。临床上分普通登革热（DF）和登革出血热/登革热-休克综合症发热（DHF/DSS）。前者病情较轻，以头痛、乏力、肌肉、骨骼和关节酸痛为主要症状，部分病人伴有皮疹、淋巴结肿大等症状。后者常发生于曾感染过登革病毒的成人和儿童。除上述症状外，主要表现为高热、出血、血压降低和休克等，死亡率高。其致病机制与病毒感染的直接作用和免疫病理损伤密切相关。

登革病毒感染后产生的病毒特异性抗体可以保持终身，但同时获得的对其他血清型登革病毒的免疫能力（异型免疫）仅持续 6～9 个月。如再次感染其他型登革病毒，有可能引起DHF/DSS。

目前尚无安全、有效的登革病毒疫苗。控制传播媒介、防止蚊虫叮咬是预防登革病毒感染的重要措施。清除蚊虫孳生场所、开展宣传教育增强居民自行清理蚊虫孳生场所的意识，改善环境卫生条件等。用登革病毒 1～4 型混合的减毒活疫苗具有一定的免疫效果，但减毒株的稳定性差，有可能引起临床症状。

（十）汉坦病毒

汉坦病毒（hantavirus）主要引起以发热、出血和严重的肾功能衰竭等为主要症状的急性病毒性感染，由 WHO 命名为肾综合征出血热（hemorrhagic fever with renal syndrome，HFRS）。本病在我国流行的地域较广，除新疆、西藏、台湾和海南省外，均有病例报告，主要集中在东北三省、长江中下游和黄河下游各省。

我国汉坦病毒的传染源主要是黑线姬鼠、褐家鼠和林区的大林姬鼠。HFRS 呈季节性流行，与鼠类的繁殖活动和与人的接触时间等密切相关。病毒在鼠体内增殖后，可随唾液、尿、呼吸道分泌物及粪便等长期、大量地排毒污染周围环境，经呼吸道、消化道或直接接触等途径传播给人。另外，病毒感染的大鼠或小鼠等实验动物也可以传播病毒，引起汉坦病毒的实验室感染。

人被汉坦病毒感染后，经 1~3 周潜伏期，出现发热、出血及肾脏损害为主的临床症状。HFRS 的典型临床经过分为 5 期，即发热期、低血压期、少尿期、多尿期及恢复期。病死率为 3%~20%。HFRS 的病理改变以肾脏最为突出，主要表现为肾小球血管的充血和出血、上皮细胞变性和坏死、肾间质水肿出血和炎症细胞浸润等。

HFRS 病后可获持久免疫力，再次感染发病者极少。

对汉坦病毒的预防，可采取防鼠、灭鼠，并注意处理鼠的排泄物，加强实验动物的管理，改善家庭和个人的居住生活环境等措施。注意个人防护，特别是野外工作人员和动物实验工作者的防护，避免与啮齿类动物密切接触，并防止经呼吸道或消化道摄入啮齿类动物的排泄物、污染物等而被感染。接种灭活病毒疫苗预防效果较好。

（十一）单纯疱疹病毒

单纯疱疹病毒（herpes simplex virus，HSV）能引起人类多种疾病，如龈口炎、角膜结膜炎、脑炎以及生殖系统感染和新生儿的感染。HSV 感染宿主后，常在神经细胞中潜伏感染，激活后又会出现无症状的排毒，在人群中维持传播链，周而复始的循环。

1. 生物学性状　HSV 病毒体呈球形，为包膜病毒，核心为线性双链 DNA，包膜有糖蛋白刺突和 Fc 受体。

病毒抵抗力较弱，易被脂溶剂灭活。分两个血清型，即 HSV-1 和 HSV-2。

HSV 对动物感染宿主范围较广，如家兔、豚鼠及小鼠等。HSV 在多种细胞中能增殖，如原代兔肾、人胚肾细胞以及地鼠肾等传代细胞培养分离病毒。感染细胞后出现明显细胞病变，有嗜酸性核内包涵体。

2. 致病性和免疫性　HSV 在人群中感染极为普遍。患者和带毒者是该病的传染源，病毒经皮肤、黏膜的直接接触或性接触感染机体。两种不同血清型 HSV 的感染部位和和临床症状各不相同，HSV-1 主要引起腰上部感染为主，HSV-2 则以腰以下和生殖器感染为主。HSV 感染通常分为原发感染、潜伏和复发感染。复发感染者较多。

（1）原发感染　HSV 的原发感染多发生在无 HSV 特异抗体的婴幼儿和学龄前儿童。HSV-1 的原发感染一般局限在口咽部，以龈口炎为最多见。临床表现为牙龈和咽颊部成群疱疹、发热、咽喉痛，破溃后形成溃疡。此外还可引起脑炎、皮肤疱疹性湿疹。成人可引起咽炎和扁桃体炎。其中大多数原发感染为隐性感染，可发展为潜伏感染，病毒潜伏在三叉神经节。HSV-2 的原发感染主要引起生殖器疱疹，男性表现为阴茎的水疱性溃疡损伤，女性表现为宫颈、外阴、阴道的水泡性溃疡损伤，并发症包括生殖器外损伤和无菌性脑膜炎。病毒潜伏在骶神经节。

（2）潜伏与复发感染　病毒在感觉神经元的潜伏感染是嗜神经 HSV 和 VZV 的一种特征。人受 HSV 原发感染后，HSV 常在感觉神经节中终身潜伏，约 1% 的受感染细胞携带病毒基因，潜伏状态下只有很少的病毒基因表达。当机体受到多种因素如紫外线（太阳暴晒）、发热、创伤和情绪紧张、细菌或病毒感染以及使用肾上腺素等影响后，潜伏的病毒被激活，病毒沿感觉神经纤维轴索下行至神经末梢，感染上皮细胞，特别在骨髓移植或大剂量化疗后，在缺少预防的状态下，约有 80% 的病人复发。

（3）新生儿及先天性感染　新生儿可经产道感染，引起疱疹性脑炎、角结膜炎等。妊娠妇女感染 HSV，病毒有可能经胎盘感染胎儿，造成流产、死胎或先天性畸形。

（4）免疫性　机体可产生针对 HSV 的中和抗体，这些抗体不能阻止重复感染或潜伏病毒的复发，但可以减轻疾病的严重程度。细胞免疫在抗 HSV 感染中起主要作用。

3. 防治原则　目前，对疱疹病毒感染的控制尚无特异性预防措施。避免与患者接触或给易感人群注射特异性抗体可减少 HSV 感染的危险。临床常用抗 HSV 的药物有阿糖腺苷、阿昔洛韦等，这些药物能抑制病毒 DNA 合成，可减轻临床症状，但不能彻底防止潜伏感染的再发。

（十二）水痘－带状疱疹病毒

水痘－带状疱疹病毒（varicella－zoster virus，VZV）在儿童初次感染引起水痘，恢复后病毒潜伏在体内，少数病人在成人后病毒再发而引起带状疱疹，故被称为水痘－带状疱疹病毒。

1. 生物学性状　VZV 在形态上与 HSV 相同。仅有一个血清型。培养 VZV 常用人成纤维细胞以及猴的多种细胞，3 天至 2 周左右出现典型的细胞病变，如出现细胞核内包涵体以及多核巨细胞。

2. 致病性及免疫性　皮肤是该病毒的主要靶器官。VZV 引起的水痘为原发感染，带状疱疹为复发感染。

（1）水痘　是具有高度传染性的儿童呼吸道疾病，患者是传染源。患者急性期水痘内容物及呼吸道分泌物内均含有病毒。病毒经呼吸道黏膜或结膜进入机体，在局部增殖。经血液和淋巴液播散至肝脾等组织，增殖后再次入血并扩散至全身，特别是皮肤、黏膜组织，全身皮肤出现丘疹、水疱，有的因感染发展成脓疱疹。皮疹呈向心性分布，躯干比面部和四肢多。健康儿童罕见脑炎和肺炎并发症。成人水痘症状较严重，常并发肺炎，死亡率较高。如孕妇患水痘除病情严重外，并可导致胎儿畸形、流产或死亡。

（2）带状疱疹　是成人、老年人或有免疫缺陷和免疫抑制患者常见的一种疾病，由潜伏病毒被激活所致。曾患过水痘的病人，少量病毒潜伏于脊髓后根神经节或脑神经的感觉神经节中。外伤、发热等因素能激活潜伏在神经节内的病毒，活化的病毒经感觉神经纤维轴突下行至所支配的皮肤区，增殖后引起带状疱疹。初期局部皮肤有异常感，瘙痒、疼痛，进而出现红疹、疱疹，串连成带状，以躯干和面额部为多见，呈单侧分布，病程约 3 周左右，少数可达数月之久。并发症有脑脊髓炎和眼结膜炎等。

（3）免疫性　体液免疫和细胞免疫对限制 VZV 扩散以及水痘和带状疱疹痊愈起主要作用，其中以细胞免疫更为重要，但不能阻止带状疱疹的发生。病后可获终身免疫。

3. 防治原则　水痘减毒活疫苗已在日本、德国、美国等国家应用。我国有些地区对 1 岁以上儿童也在试接种水痘疫苗。注射水痘－带状疱疹免疫球蛋白或高效价 VZV 抗体制品，能在一定程度上紧急预防或阻止新生儿、未免疫妊娠接触者或免疫低下接触者的感染和疾病的发展，但没有治疗价值。免疫抑制儿童及成人患带状疱疹，可应用无环鸟苷、阿糖腺苷等核苷类似物等进行治疗。

（十三）狂犬病病毒

狂犬病病毒（rabies virus）是一种嗜神经性病毒，可引起多种野生动物和家畜等的自然感染，并可通过咬伤、抓伤或密切接触等形式传播给人类而引起狂犬病。目前尚无有效的治疗方法，一旦发病，死亡率近乎 100%。

1. 生物学性状　病毒形态似子弹状，一端钝圆，另一端扁平，平均大小为（130～300nm）×（60～85nm）。病毒包膜表面有许多糖蛋白刺突，与病毒的感染性、血凝性和毒力等相关。

狂犬病病毒的易感动物范围较广，如野生动物（如狼、狐狸、臭鼬、浣熊、蝙蝠等）及家畜（如狗、猫等）。在易感动物或人的中枢神经细胞（主要是大脑海马回的锥体细胞）中增殖时，可在细胞质内形成一个或多个、圆形或椭圆形、直径为 20～30nm 的嗜酸性包涵体，称内基小体（Negri body）。通过检查动物或人脑组织标本中的内基小体，可以辅助诊断狂犬病。

该病毒对热、紫外线、日光、干燥的抵抗力弱。病毒悬液经 56℃ 30～60min 或 100℃ 2min 作用后病毒即失去活力。病毒易被强酸、强碱、乙醇、乙醚等灭活。肥皂水、去垢剂等亦有灭活病毒的作用。

2. 致病性与免疫性 狂犬病病毒能感染多种家畜和野生动物，如犬、猫、牛、羊、猪、狼、狐狸、鹿、野鼠、松鼠等。病犬是狂犬病的主要传染源。患病动物唾液中含有大量的病毒，于发病前 5 天即具有传染性。隐性感染的犬、猫等动物亦有传染性。人对狂犬病病毒普遍易感，主要通过被患病动物咬伤、抓伤或密切接触而感染和引起狂犬病。黏膜也是病毒的重要侵入门户，如患病动物的唾液污染眼结合膜等，也可引起发病。

该病毒对神经组织有很强的亲和力。病毒在咬伤部位的横纹肌细胞内缓慢增殖 4～6 天后侵入周围神经，此时病人无任何自觉症状。病毒沿周围传入神经迅速上行至背根神经节而大量增殖，并侵入脊髓和中枢神经系统，侵犯脑干及小脑等处的神经元，使神经细胞肿胀、变性，形成以神经症状为主的临床表现。最后，病毒自中枢神经系统再沿传出神经侵入各组织与器官，如眼、舌、唾液腺、皮肤、心脏、肾上腺等，引起迷走神经核、舌咽神经核和舌下神经核受损，患者可以发生呼吸肌、吞咽肌痉挛，临床上出现恐水、呼吸困难、吞咽困难等症状。其中，特殊的恐水症状表现在饮水、见水、流水声或谈及饮水时，均可引起严重咽喉肌痉挛，故也称狂犬病为恐水症。另外，当交感神经受刺激时，可出现唾液和汗腺分泌增多；当迷走神经节、交感神经节和心脏神经节受损时，可引起心血管功能紊乱或猝死。人被狂犬咬伤，发病率为 30%～60%。潜伏期通常为 3～8 周，短者 10 天，长者可达数年。咬伤部位距头部愈近、伤口愈深、伤者年龄愈小，则潜伏期越短。此外，与入侵病毒的数量、毒力以及宿主的免疫力也有关。

机体感染狂犬病病毒后可产生体液免疫和细胞免疫，具有免疫保护作用。

3. 微生物学检查 一般情况下，根据动物咬伤史和典型的临床症状可以对狂犬病做出诊断。但是，对于发病早期或咬伤不明确的可疑患者，及时进行微生物学检查进行确诊尤为重要。同时也需要对可疑动物进行观察。

捕获可疑动物后隔离观察 7～10 天。如动物发生狂犬病，可杀死动物取脑组织制成切片或印片后，检查病毒抗原或内基小体；或者将动物脑组织悬液接种于小鼠脑内，待发病后直接检查脑组织中的内基小体或病毒抗原，可以提高阳性检出率。对于无典型症状的可疑动物，用同位素标记的寡核苷酸探针直接检测其脑组织中的病毒 RNA。

对可疑患者的检查，可采用病毒分离、病毒抗原的免疫学检测等方法辅助诊断狂犬病病毒感染。

4. 防治原则 预防家畜狂犬病是控制人狂犬病发生的关键。若人被可疑动物咬伤，应立即对伤口进行处理。如用 3%～5% 肥皂水或 0.1% 苯扎溴胺（新洁尔灭）以及清水充分清洗伤口；对于严重咬伤者较深的伤口，应该用注射器伸入伤口深部进行灌注清洗及 75% 乙醇或碘酊涂擦消毒，最后注射抗狂犬病血清进行被动免疫。并应尽早接种狂犬病疫苗进行预防。一般于伤后第 1、3、7、14 和 28 天分别肌注狂犬病疫苗进行全程免疫，效果良好。在伤口严重等特殊情况下，应联合使用抗狂犬病毒血清或免疫球蛋白，并加强注射疫苗 2～3 次，即在全程注射后第 15、75 天或第 10、20、90 天进行。

（十四）轮状病毒

轮状病毒是引起婴幼儿及动物胃肠炎的最重要的病原体。1973 年 Bishop 等人首次从患急性腹泻患儿的十二指肠黏膜超薄切片中发现了病毒颗粒，形似车轮，命名为轮状病毒。1983 年我国病毒学家洪涛又发现了成人腹泻轮状病毒（adult diarrhea rotavirus）。

轮状病毒的抗原成分较为复杂。根据组特异性抗原将其分为 A ~ G 七个组。其中 A、B 和 C 组与人腹泻有关，其他组与哺乳动物及脊椎动物腹泻有关。

A 组轮状病毒是世界范围内婴幼儿急性腹泻的最重要的病原体。临床显性感染多见于 6 个月至 2 岁儿童。以粪 – 口途径传播为主。潜伏期为 1 ~ 4 天。典型症状为腹泻、发热、腹痛、呕吐，最终导致脱水。其致病机制是，人受轮状病毒感染后，病毒在小肠黏膜绒毛细胞的胞浆中增殖，并损伤其转运机制。轮状病毒编码的非结构蛋白（NSP4）作用类似肠毒素，通过诱发信号传导通路诱导分泌，引起腹泻。损伤的细胞脱落至肠腔，释放大量病毒，每克粪便高达 10^{10} 个病毒颗粒。未经治疗的重病例则因脱水严重，电解质紊乱而导致死亡。

B 组轮状病毒是引起成人腹泻的病原体。通过污染的水源经粪 – 口途径传播。主要感染 15 ~ 45 岁的青壮年。潜伏期为 2 天左右，病程 2.5 ~ 6 天。临床症状为黄水样腹泻、腹胀、恶心、呕吐，病死率低，常为自限性，可完全恢复。

C 组轮状病毒在儿童腹泻中常为散发，偶见暴发流行，发病率低。

儿童受轮状病毒感染后常因腹泻和呕吐造成脱水和电解质紊乱。因此治疗主要是及时补液，纠正酸中毒，以减少死亡率。目前尚无用于临床治疗轮状病毒感染的有效药物。

（十五）人乳头瘤病毒

人乳头瘤病毒（human papillomavirus，HPV）属于乳多空病毒科、乳头瘤病毒属（*papillomavirus*），主要引起人类皮肤、黏膜的寻常疣、扁平疣和尖锐性湿疣的病原体，并与宫颈癌的发生有密切关系。

1. 生物学特性　HPV 呈球形，直径 52 ~ 55nm，20 面体立体对称，衣壳由 72 个壳微粒组成，核心是超螺旋双链环状 DNA，无包膜。用基因克隆和分子杂交等标准进行分类，HPV 约有 100 余型，各型之间的 DNA 同源性均小于 50%。

2. 致病性和免疫性　HPV 对皮肤和黏膜上皮细胞具有高亲嗜性。病毒复制主要发生在皮肤棘层和颗粒层，并诱导上皮增殖，表皮增厚，伴有棘层增生和表皮角化。上皮的增殖形成乳头状瘤，也称为疣。该病毒 DNA 的一段游离基因常能插入宿主染色体的任意位置，而导致细胞转化。

HPV 根据感染部位不同可分为嗜皮肤性和嗜黏膜性两大类，两类之间有一定交叉。皮肤受紫外线或 X 线等照射造成的很小损伤，以及其他理化因素造成的皮肤、黏膜损伤均可为 HPV 感染创造条件。病毒主要通过直接接触感染者的病变部位或间接接触被病毒污染的物品而传播。生殖道感染与性行为，尤其与近期性行为关系密切，HPV 阳性率与性伙伴数量呈正相关，故 HPV 引起的生殖道感染是性传播疾病之一。母婴间垂直传播见于生殖道感染的母亲在分娩过程中感染新生儿。HPV 由于型别及感染部位不同，所致疾病不尽相同。

皮肤疣包括寻常疣、跖疣和扁平疣。皮肤表面的疣大多属于自限性和一过性损害，病毒仅停留于局部皮肤和黏膜中，不产生病毒血症。1、2、3 和 4 型常见手和足部角化上皮细胞感染，引起寻常疣，多见于少年和青春期。7 型常感染屠夫及卖肉人的手部皮肤，引起肉贩疣；

扁平疣常由 3、10 型引起，多发于青少年颜面及手背、前臂等处。

尖锐湿疣主要由 6、11 型感染泌尿生殖道引起，称为生殖器疣，也称为尖锐湿疣。女性感染部位主要是阴道、阴唇和宫颈，男性多见于外生殖器及肛周等部位。由于 6、11 型属低危型，故尖锐湿疣很少癌变。

16、18、31、33、45、51、52 等型别是高危型乳头瘤病毒，可引起宫颈、外阴及阴茎等生殖道上皮内瘤样变，长期可发展为恶性肿瘤，最常见为宫颈癌。与宫颈癌发生最相关的是 16 和 18 型，是高危型 HPV，其次是 31、45、33、35、39、51、52 和 56 型。此外 6 型和 11 型常引起儿童咽喉乳头瘤，虽然属良性瘤，但严重者可因阻塞气道而危及生命。57b 与鼻腔良、恶性肿瘤有关，12 型和 32 型等与口腔癌有关。

3. 防治原则 对寻常疣和尖锐湿疣可用局部药物治疗或冷冻、电灼、激光、手术等疗法去除。用基因工程菌表达的 L1 和 L2 蛋白制备的疫苗在临床试用对宫颈癌有一定的预防效果。

（杨维青）

第六章 微生物的营养及代谢

第一节　微生物的营养

　　细菌等微生物处于适宜的环境条件下，能够不断地从外界吸收水分和各种营养物质，进行新陈代谢，如果同化作用的速度超过了异化作用，则导致个体细胞的生长。当生长达到一定程度后，细胞就会分裂，数量急剧增加，即为繁殖。能够满足微生物生长繁殖及完成各种生理活动所需的物质统称为营养物质（nutrient），获得和利用营养成物质的过程称为营养（nutrition）。

一、微生物细胞的化学组成

　　微生物细胞的化学组成与其他生物细胞相似，物质基础是各种化学元素（chemical elements），由各种元素再构成细胞内的各类化学物质，以满足生命活动的需要。

（一）组成细胞的化学元素

　　组成微生物各化学元素的种类各所占的比例相对稳定。可以按其对细胞的重要程度不同分为主要元素（mainly elements）和微量元素（trace elements）。主要元素包括碳、氢、氧、氮、磷、硫、钾、钙、镁、铁等，其中碳、氢、氧、氮、磷、硫这六种元素可占微生物细胞干重的97%；微量元素主要有锌、锰、铜、锡、钨、钼、钴、镍、硼等。微生物体内的元素组成和所占的比例常随微生物种类不同而有差异。此外，微生物所处的环境、培养时间等也会导致细胞内的元素组成发生一定变化。

（二）组成细胞的化学组分

　　各种化学元素主要以化合物的形式存在于微生物细胞中，重要的化合物组分有水、各类无机物、有机物和以此为基础进一步合成的蛋白质、核酸、糖类及脂类等。

　　水是细胞维持正常生命活动必不可少的，微生物细胞的含水量可占其重量的80%左右，其余固体成分仅占约15%～20%，包括蛋白质、核酸、脂类、糖类和无机盐等。

　　蛋白质是微生物细胞中主要的固形成分，约占细胞固形成分的40%～80%。蛋白质是组成微生物细胞结构的基本物质，也是微生物酶的组成成分，微生物的各种生理现象和生命活动都与蛋白质的活性有关。

细菌等微生物的核酸主要有脱氧核糖核酸（DNA）和核糖酸（RNA）。细菌的核质体及质粒都是 DNA，约占细胞干重的3%；而 RNA 存在于细胞质中，除少量以游离状态存在外，多数都与蛋白质结合，形成核蛋白体，约占细胞干重的10%。DNA 是细菌遗传的物质基础，携带全部的遗传基因；RNA 主要参与控制蛋白质的生物合成。

糖类在细菌等微生物细胞中约占固形成分的10% ~ 30%，在细菌中既有以复杂组成成分存在的类型，如脂多糖、肽聚糖等，也有以游离形式存在的类型如糖原、淀粉等。前者主要组成细菌细胞的结构物质，后者主要是细胞内的贮藏性能源，能被细菌分解作为能源和碳源利用。

脂类含量约占细菌微生物等细胞固形成分的1% ~ 7%，极个别类型偏高，如结核分枝杆菌体内的脂类含量高达40%。主要的脂类有脂肪酸、糖脂、蜡脂和固醇等。磷脂是构成细菌细胞内各种膜的主要成分；脂蛋白、糖脂和固醇是细菌细胞壁的重要组分；脂肪酸可以结合糖或蛋白质，也可以以游离状态存在，游离态的脂肪酸也是细菌细胞内的能源性物质。

微生物细胞内的维生素主要是水溶性 B 族维生素，其含量非常低。B 族维生素是构成许多重要辅酶的前体或功能基团，在微生物代谢过程中起的重要作用。

除上述物质外，细菌等微生物还含有一些特殊成分，如磷壁酸、二氨基庚二酸和吡啶二羧酸等。细菌的组成成分除核酸含量相对稳定外，其他化学成分的含量常因菌种、菌龄的不同以及环境条件的改变而有所区别。

二、营养物质及生理功能

微生物需要不断地从外界吸收供其细胞生长繁殖所需的各类营养物质，根据微生物生长代谢所需营养物质主要元素成分的差异，及在微生物生长繁殖中的生理功能不同，可将细菌等微生物的营养物质划分为碳源、氮源、无机盐、生长因子和水五类。

（一）碳源

碳源（carbon source）是为微生物生长提供碳素来源的营养物质的统称，是含碳元素的各种化合物。碳源主要用于合成微生物的含碳物质及其细胞骨架，并为微生物的生长繁殖提供能量。

碳源主要包括无机碳源和有机碳源。少数微生物能利用无机碳源，微生物细菌则是以有机碳源为主。无机碳源主要有 CO_2 及碳酸盐（CO_3^{2-} 或 HCO_3^-）；有机碳源的种类非常丰富，常见类型有糖类及其衍生物、醇类、脂类、有机酸和烃类等，其中，最容易被细菌吸收利用的是糖类物质，单糖优于双糖和多糖，己糖优于戊糖，葡萄糖是细菌利用的主要碳源物质。有些细菌能利用的碳源种类较多，适应环境的难力强；有些细菌则仅能利用少数和几种类型。常依据细菌利用碳源的类型和能力差异对其进行分类鉴定。

（二）氮源

氮源（nitrogen source）是为微生物生长提供氮素来源的营养物质的统称，是含氮元素的各种化合物或简单分子。氮源一般不作为能源，主要为微生物细胞合成生命大分子物质如蛋白质、核酸等提供氮素，一些个别类型的微生物能利用氨基酸、铵盐或硝酸盐同时作为氮源和能源。

氮源从其化学结构上划分可包括无机氮源、有机氮源及氮气分子。绝大多数微生物只能利用无机氮源或有机氮源。常见的无机氮源即各种氮化物主要有铵盐、硝酸盐、尿素及氨等；有机氮源主要是动物或植物蛋白质及其不同程度的降解产物，也称为蛋白质氮源，如鱼粉、黄豆饼粉、牛肉膏、蛋白胨、玉米浆等。由于各类氮源的复杂程度差较大，微生物对不同氮源的吸收利用能力差异也较大，利用速度也不同。小分子氮源，很容易被细菌等微生物吸收利用，短时间内就可满足菌体生长需要，称之为速效氮源；大分子复杂氮源，在被细菌利用之前还要经进一步的降解才能被吸收利用，有利于代谢产物的合成，称之为迟效氮源。

个别种类的细菌能够吸收并利用环境中的游离氮气作为氮源，借助一些特殊的酶将分子态的氮转化为氨和其他氮化物，这一复杂生理过程称为固氮作用，具备固氮能力的细菌统称为固氮菌。

（三）无机盐

无机盐（inorganic）是为细胞生长提供必需的各种金属元素及一些微量元素，以满足微生物细胞生活的需要。主要包括氯化物、硝酸盐、磷酸盐、碳酸盐以及含有钾、钠、钙、镁、铁、等元素的化合物。

无机盐对微生物细胞的主要生物功能有：①作为酶或辅酶的组成部分；②作为酶的调节剂，参与调节酶的活性；③调节并维持细胞内的渗透压、pH 和氧化还原是位；④有些元素硫、铁等可以作为一些自养类型微生物的能源；⑤维持生物大分子和细胞结构的稳定性。

（四）生长因子

生长因子（growth factor）是指微生物细胞本身不能合成或合成量不足，必须借助外源加入的、微量就可满足微生物生长繁殖的营养因子，微生物所需的常见生长因子有维生素、氨基酸及各类碱基（嘌呤及嘧啶）等。生长因子并非任何一种微生物都须从外界吸收。多数真菌、放线菌和某些细菌不需要提供生长因子，因此在培养这类微生物时，不需要再加入某种生长因子；缺乏合成必须生长因子能力的微生物，被称为生长因子异养型微生物，如乳酸细菌，各种动物致病菌、原生动物和支原体等。在培养这类微生物时，必须加入某种生长因子。

（五）水

水是维持微生物细胞结构和生存必不可少的一种重要物质，主要生理功能是：①作为细胞的组成成分；②为细胞代谢提供液体介质环境，如营养物质的运输、分解及代谢废物的排泄；③直接以分子态参与代谢，如脂肪分解过程中－氧化中就有加水反应和脱水反应；④水的比热高，能有效降低细胞内的温度，使细胞内进行的各种氧化还原反就都能在适宜的温度下进行，使酶的生理活性得到正常发挥；⑤维持蛋白质核酸等生物大分子的天然构象稳定，以发挥正常的生物学效应。

三、微生物的营养类型

由于各种微生物具有不同的酶系统，其分解和合成营养物质的能力有差异，因而对营养物质的要求也有不同。按照微生物对营养物质的需求，可将微生物初步分为两大营养类型即自养型（autotroph）和异养型（heterotroph）。

自养型能以简单的无机物如 CO_2 碳酸盐等作为碳源，以 N_2、NH_3、NO_2 等作为氮源，能量来源则来自无机物氧化产生的化学能如硝化菌等；也可以通过光合作用获得能量如红螺杆菌等。

异养型不能利用简单的无机物作为碳源或氮源，必须利用有机物质如糖类、蛋白质、氨基酸、维生素等。代谢所需能量主要来源于有机物的氧化过程。医学上的病原菌基本上属于寄生型的异养菌，主要从活体的有机物中获取能量和营养物质。

进一步根据碳源、能源及电子供体性质的区别，可将微生物的营养类型主要分为光能无机自养型、光能有机异养型、化能无机自养型和化能有机异养型四种类型（表6-1）。

表6-1 微生物的主要营养类型

营养类型	能源	碳源	电子供体	代表类型
光能无机自养型	光能	CO_2	H_2S、S、H_2O	绿硫细菌、蓝细菌
光能有机异养型	光能	有机物	有机物	红螺细菌
化能无机自养型	无机物	CO_2	H_2S、H_2、Fe^{2+}、NH_4^+或NO_2^-	硝化细菌、铁细菌
化能有机异养型	有机物	有机物	有机物	大肠埃希菌

值得注意的是，微生物营养类型的划分不是绝对的，不同营养类型之间的界限并非十分严格。在特定环境条件下，有些自养型微生物可以利用有机物进行生长；而一些异养型微生物也可以利用 CO_2 碳酸盐作为碳源生长。

四、营养物质的运输方式

微生物结构简单，营养物质的进入及代谢产物的排出都是借助其细胞壁和细胞膜的结构和功能完成的。细胞壁和细胞膜组成了微生物细胞的屏障结构，对各种营养物质具有自由或选择性的透过作用，细胞膜起主要的屏障作用。根据营养物质运输的特点，可将运输方式分为简单扩散、促进扩散、主动运输和基团转移四种类型。这四种不同运输方式的区别见表6-2。

（一）简单扩散

简单扩散（simple diffusin）主要是借助细胞内外营养物质的浓度梯度，使营养物质通过细胞的壁膜屏障结构从高浓度向低浓度扩散。其主要特点是：①不消耗能量；②不需要载体蛋白（carrier prctein）-渗透酶参与；③扩散方向是从高浓度向低浓度；④扩散的速率随浓度梯度的降低而减小，当细胞内外浓度相等时达动态平衡。

借助简单扩散进入细胞的营养物质种类并不多，主要是水、脂肪酸、乙醇、甘油、某些氨基酸及一些气体分子。

（二）促进扩散

促进扩散（facilitated diffusion）是借助细胞内外营养物质的浓度梯度和载体蛋白，使营养物质通过细胞的壁膜屏障结构，进入细胞内的过程。与简单扩散相比，不同之处是在促进扩散中还需要载体蛋白参加。这些载体属于渗透酶类，与相应的被运输物质之间具有亲和力，在细胞膜外侧亲和力大于细胞膜内侧亲和力，从而使营养物质进入细胞后能与载体分离。

一般微生物往往只能借助专一的载体蛋白来运输相应的营养物质，也有些微生物可以利用多种载体来运输一种营养物质。通过促进扩散进入细胞的营养物质主要有氨基酸、单糖、维生素及无机盐等。

（三）主动运输

主动运输（active transport）是在特异性渗透酶的参与下，逆浓度差运输所需营养物质至细胞内的过程，是微生物细胞吸收营养物质的主要方式。主动运输是单方向的，总是从细胞外到细胞内，并且也没有动态平衡点。因此，某种营养物质经主动运输后，胞内浓度要远远大于胞外。主动运输的主要特点是：①消耗能量；②需要载体蛋白－渗透酶参与；③运输方向是从低浓度向高浓度；④对被运输的营养物质具有高度的选择性。

在主动运输中载体蛋白起着非常关键的作用，载体与运输营养物之间亲和力的大小是由载体蛋白的构型决定的。在营养物质的运输中，载体蛋白的构型发生变化，这种构型变化需要消耗能量。

主动运输虽然对营养物质有选择性，但由于载体系统多样，故运输的营养物质种类丰富。大多数氨基酸、糖类和一些离子（K^+、Na^+、HPO_4^{2-}、HSO_4^{2-}）都是借助主动运输进入到细胞内的。

（四）基团转移

基团转移（group translocation）是一种特殊形式的主动运输，其特点是被运输的营养物质在由细胞膜外向膜内运输中发生了化学修饰。如葡萄糖经过这种方式被运输到胞内后，增加了一个磷酸基团成为磷酸葡萄糖。基团转移的主要运输对象是糖类、脂肪酸、核苷、碱基等营养物质。

表 6-2　微生物营养物质的运输方式的简单对比

比较项目	简单扩散	促进扩散	主动运输	基团转移
特异载体蛋白	无	有	有	有
运输速度	慢	快	快	快
物质运输方向	高浓度向低浓度	高浓度到低浓度	低浓度到高浓度	低浓度到高浓度
运输分子	无特异性	有特异性	有特异性	有特异性
能量消耗	不需要	不需要	需要	需要
运输后物质结构	不变	不变	不变	不变

第二节　微生物的代谢及产物

新陈代谢（metabolism）是细胞内发生的各种化学反应的总称，包括一系列极其复杂的生化反应过程，主要由分解代谢和合成代谢两个过程组成。分解代谢（catabolism）又称生物的异化作用，是指将复杂的有机物分解为简单化合物的过程，同时伴随能量的释放；合成代谢（anabolism）也叫生物的同化作用，是指微生物利用能量将简单小分子物质合成复杂大分子和细胞结构物质的过程，该过程需要吸收能量。

在细菌等微生物细胞中，分解代谢与合成代谢不是彼此孤立进行的，而是同时存在并相互偶联地进行的。分解代谢为合成代谢提供原料和能量，合成代谢又为分解代谢提供物质基础，两者的相互依存相互制约。

某些微生物在代谢过程中除了通过初级代谢产生维持生命活动所必需的物质和能量外，还能通过次级代谢产生如抗生素、激素、生物碱、毒素及维生素等次级代谢产物，这些次级代谢产物除了有利于这些微生物的生存外，还与人类的生产和生活密切相关（详见第三篇）。

一、微生物代谢的酶类

细菌等微生物是能够进行独立生活的生物，新陈代谢作用需要在酶的催化下才能进行，因而其细胞内的酶类非常丰富，根据不同的分类方法可将微生物的酶分为多种类型。

（1）按存在部位可将微生物的酶划分为胞内酶和胞外酶。胞内酶存在于细胞内，催化细胞内进行的各种生化反应。参与细胞代谢的多数酶都属于胞内酶，如氧化还原酶、裂解酶、转移酶及异构酶等；胞外酶是在细胞膜产生，并能向胞外分泌的酶。胞外酶多为水解酶类，主要与微生物吸收和利用某些营养物质有关，如蛋白酶、淀粉酶、纤维素酶等，这些酶能够将细胞外的一些复杂大分子物质降解为简单小分子物质，使其易于透过细胞膜被微生物吸收。某些病原性细菌产生的胞外酶如透明质酸酶、卵磷脂酶等与细菌的致病性有关。

（2）按产生方式可将微生物的酶分为组成酶和诱导酶。组成酶是遗传上固有的，不管微生物生活的环境中有无该酶的作用基质，均不影响其产生，细菌的酶多数是组成酶；诱导酶是在酶的底物或相应的诱导物诱导下才能产生的酶，当底物或诱导物移走后，酶的产生停止，这类酶的合成一般受多基因调控。大肠埃希菌分解乳糖的 β - 半乳糖苷酶、金黄色葡萄球菌产生的抗青霉素 β - 内酰胺酶均为诱导酶。

（3）按专一性可将细菌的酶分为共有酶和特有酶。细菌细胞内酶的种类繁多，其中很多酶在不同类型的菌体内都具有，如参与细菌基础代谢的一些酶，这些酶在细胞内催化的生化反应过程相似，称之为共有酶；也有少数酶只存在于某些特殊类型的细菌细胞内，所催化的生化反应往往是该类细菌独特的，称为特有酶，常利用其对细菌进行分类、鉴定和诊断疾病。

（4）近年来，在基因工程研究中，发现细菌体内含有与防御作用有关的限制酶（restriction enzyme）和修饰酶（modification enzyme），称为限制与修饰系统（R - M 系统）。该系统能识别菌体自身的 DNA，对外源的 DNA 通过限制性核酸内切酶的作用，使其降解；对自身的 DNA 由甲基化酶进行甲基化修饰，使之免受限制性核酸内切酶作用。目前已提纯的限制酶近百种，这些酶主要来源于细菌或其他微生物，可作为分子生物学研究的工具酶。

二、微生物的产能方式

微生物进行新陈代谢需要能量，能量的获得除少数自养菌可源自光合作用外，大多数微生物要通过生物氧化过程来获得。生物氧化通常有加氧、脱氢、失去电子三种方式。细菌与真核细胞不同，主要是脱氢和失去电子，很少有加氧的方式。细菌的脱氢反应过程，基本上都是由某一底物（即营养物质）作为供氢体，经脱氢酶催化后，经供氢体上的氢脱去，然后在经过多种递氢体传送转运，最后将氢交给受氢体。在反应中供氢体因脱氢而被氧化，受氢体因受氢而被还原，所以，生物氧化过程实际上是一种氧化还原反应。失去电子的反应过程与上述反应基本相同，但必须由细胞色素和细胞色素氧化酶传递电子，将电子传给最终的电子受体。

细菌等微生物在进行生物氧化过程中，所需酶和受氢体（或电子受体）的种类不同，因此，通常将微生物的生物氧化过程分为两大类：以无机物为最终受氢体的称为呼吸，以有机物为受氢体的称为发酵。呼吸又可分为两类：以游离氧分子为最终受氢体的称为需氧呼吸；以无机化合物（NO_3^-、CO_2、SO_4^{2-} 等）为受氢体的称为厌氧呼吸。需氧呼吸在有氧条件下进行，厌氧呼吸和发酵，均在无氧条件下进行。医学上大多数病原菌（包括需氧菌和兼性厌氧菌）都是进行需氧呼吸和发酵，没有厌氧呼吸。

需氧呼吸过程中通常产生并储存大量能量，足以供给微生物合成代谢和维持生命之用；发酵过程中通常由于酶系统不完善，不能将生物氧化过程进行到底，所产生的能量也比需氧呼吸要少得多，所以，微生物必须代偿并加强其代谢活动，以获取足够的能量。这个特点通常被只要工业用来获取大量发酵产物，如乙酸、乳酸、丙酸等，这些产品在工业、医学、药学上均有重要经济价值。

三、微生物的代谢过程

微生物的代谢方式同其他生物甚至高等生物既有相似之处，也有其自身的特点。微生物的代谢类型主要有分解代谢和合成代谢。

（一）分解代谢

微生物的类型不同，能利用的营养物质种类亦不同。对某些分子量较大、结构复杂的营养物质如多糖、蛋白质及脂类等一般难以直接利用。有些类型的微生物能分泌相应的胞外酶，通过酶将其降解为小分子物质后，再吸收利用；而一些结构简单、营养丰富的有机化合物如葡萄糖、氨基酸等则很容易被微生物吸收并利用。分解代谢主要为细菌等微生物提供能量和用于合成生物大分子的前体物质。

1. 糖的分解　糖是多数微生物分解代谢过程中获取的良好碳源和能源。多糖类物质必须在相应的胞外酶作用下水解成单糖，才能被细胞进一步降解利用。最容易吸收和利用的单糖是葡萄糖，细菌对葡萄糖的分解主要是通过葡萄糖－丙酮酸代谢途径和丙酮酸代谢途径两个阶段完成。

葡萄糖被微生物分解有多种途径，但最后每条途径都可产生丙酮酸。而丙酮酸的进一步分解代谢途径，往往随微生物种类不同和各种情况变化而异。如需氧菌通常将丙酮酸通过三羧酸循环分解为二氧化碳和水，并在此过程中产生 ATP 及其他一些代谢产物；厌氧菌在厌氧条件下，可以丙酮酸为底物进行发酵，细菌类型不同，发酵产物则不同。可以根据发酵产物不同将发酵分为不同的类型，常见的发酵类型以终产物归类，可分为有乙醇发酵、乳酸发酵、丙酸发酵、混合酸发酵、丁二醇发酵及丙酮丁醇发酵等。

2. 蛋白质的分解　蛋白质首先经微生物分泌的胞外蛋白酶作用分解为短肽，吸收至细胞内，再由胞内酶分解成氨基酸进入下一步的代谢。能分解蛋白质的微生物不多，而蛋白酶又有较强的专一性，故可以根据分解蛋白质能力的差异对一些微生物的特性进行鉴定。如明胶液化、牛乳胨化等都是细菌分解利用蛋白质的现象。能分解氨基酸的细菌比能分解蛋白质的细菌多，其分解能力也不相同。细菌既可直接利用吸收的氨基酸来合成蛋白质，也可将氨基酸进一步分解利用。对氨基酸的分解主要通过脱氨、脱羧及转氨等方式实现。

（1）脱氨作用　是微生物分解氨基酸的主要方式。微生物类型、氨基酸种类与环境条件不同，脱氨方式也不同。脱氨作用主要有氧化、还原和水解等方式。

（2）脱羧作用　许多微生物细胞内含有氨基酸脱羧酶，可以催化氨基酸脱羧生成有机胺，有机胺在胺氧化酶作用下，放出氨生成相应的醛，醛再氧化成有机酸，最后通过脂肪酸 β－氧化方式分解。

（3）转氨作用　转氨作用是氨基酸的 α－氨基通过相应的转氨酶催化转移到 α－酮酸的酮基位置上，分别生成新的 α－酮酸与 α－氨基酸。该过程是可逆的，生成的 α－酮酸可以进入糖代谢途径。

（二）合成代谢

微生物利用分解代谢产生的能量、中间产物以及从外界吸收的小分子物质，通过生物合成为复杂细胞结构物质的过程称为合成代谢。与分解代谢相比，合成代谢是一个消耗能量的过程。合成代谢的三要素是 ATP、还原力和小分子前体物质。微生物进行的最重要的合成代谢是细胞物质的合成，主要包括核酸、蛋白质、多糖及脂类的合成。

四、微生物的重要代谢产物

伴随着代谢的进行，微生物产生大量的代谢产物，其中有些是微生物生长所必需的，有些产物虽然并非微生物必需，但可用于鉴别微生物，还有些与微生物的致病性有关。

（一）分解代谢产物和相关的生化反应试验

由于不同细菌细胞内的酶系统不完全相同，对同一营养物质的代谢途径和代谢产物也不相同，因此可以通过检测不同的代谢产物对细菌进行鉴定，称为细菌的生化反应，其中以细菌分解糖和氨基酸产物的生化反应类型为主。

1. 糖发酵试验（carbohydrate fermentation test） 不同种类的细菌对糖的分解利用能力不同；对某一种糖，有的能分解，有的不能分解。对同种糖分解的途径也不尽相同：有的只产酸，有的可同时产酸和气体，借此可以鉴别细菌。例如大肠埃希菌分解葡萄糖、乳糖等产酸产气，而伤寒沙门菌只分解葡萄糖产酸，不产气，且不能分解乳糖。这是由于大肠埃希菌分解葡萄糖等产生的甲酸，经甲酸氢解酶的作用生成氢气和 CO_2。而伤寒沙门菌无此酶，故分解葡萄糖只产酸而不产气。

2. 甲基红试验（methyl red test） 大肠埃希菌和产气肠杆菌均属 G^- 短杆菌，并且都能分解葡萄糖、乳糖产酸产气，二者不易区别。但两者所产生的酸类和总酸量不一：大肠埃希菌可产生甲酸、乙酸、乳酸、琥珀酸和乙醇，而产气肠杆菌只产生甲酸以及乙醇和乙酰甲基乙醇，因而大肠埃希菌培养液酸性强，pH 在 4.5 以下，加入甲基红指示剂呈红色，为甲基红试验阳性；产气肠杆菌将分解葡萄糖产生的两分子丙酮酸转变成 1 分子中性的乙酰甲基甲醇，故生成的酸类少，培养液最终 pH 在 5.4 以上，加入甲基红指示剂呈橘黄色，甲基红试验阴性。

3. VP 试验（Voges – Proskauer test） 产气肠杆菌在含有葡萄糖的培养基中，可分解葡萄糖产生丙酮酸，丙酮酸进一步脱羧生成乙酰甲基甲醇，在碱性溶液中能被空气中的氧氧化成二乙酰，二乙酰可与蛋白胨中精氨酸的胍基发生反应，生成红色的化合物，此为 VP 反应阳性。大肠埃希菌分解葡萄糖不能产生乙酰甲基甲醇，最终培养液的颜色不能变红，故其 VP 反应为阴性。

4. 枸橼酸盐利用试验（citrate utilization test） 产气肠杆菌能利用枸橼酸盐为碳源，在仅含有枸橼酸盐为惟一碳源的培养基中能生长，分解枸橼酸盐产生 CO_2，再转变为碳酸盐，使培养基由中性变为碱性，导致含有溴麝香草酚蓝（BTB）指示剂的培养基由中性时的绿色变为蓝色，此为枸橼酸盐利用试验阳性。大肠埃希菌不能利用枸橼酸盐，在上述培养基上不能生长，结果为阴性。

5. 吲哚试验（indole test） 有些细菌体内含有色氨酸酶，能分解色氨酸生成吲哚，在培养液中加入对二甲基氨基苯甲醛试剂，可生成红色的玫瑰吲哚，称为吲哚试验阳性。大肠埃希菌、霍乱弧菌等吲哚试验为阳性；产气肠杆菌、伤寒沙门菌等为阴性。

6. 硫化氢试验（hydrogen sulfide test） 有些细菌如变形杆菌、鼠伤寒沙门菌等能分解胱氨酸、半胱氨酸和蛋氨酸等含硫氨基酸，产生 H_2S，如遇培养基中的铅盐或亚铁盐，就会生成黑色的硫化物，为硫化氢试验阳性。

细菌的生化反应还有其他一些重要类型，上述六项试验是较常用的。细菌的生化反应是鉴别细菌的重要手段，尤其对形态、革兰染色反应和培养特性相同或相似的细菌更为重要。其中吲哚试验（I）、甲基红试验（M）、VP 试验（V）和枸橼酸盐利用试验（C），简称为 IM-ViC 试验，常用于大肠埃希菌和产气肠杆菌的鉴别。典型大肠埃希菌的 IMViC 试验结果是"＋＋－－"，而产气肠杆菌是"－－＋＋"。

（二）合成代谢产物及其应用

微生物在合成代谢中，除能合成细胞结构物质外，还能合成一些相关的代谢产物，存在于微生物细胞中或分泌到微生物细胞外。其中有些产物与微生物的致病性有关，有些可用于微生物的鉴定，还有些在医学及制药工业中有重要应用价值。

1. 热原质（pyrogen） 泛指那些能引起机体发热的物质，按其来源可分为内源性热原质（endogenous pyrogen）和外源性热原质（exogenous pyrogen）。内源性热原质来源于机体自身，如伴随感染及其他炎症反应所产生的白细胞介素 – 1（interleukin – 1，IL – 1）；外源性热原质是微生物在合成代谢中产生，能导致感染机体发热的物质，主要包括革兰阴性菌细胞壁中的内毒素，一些革兰阳性菌分泌的外毒素及少数革兰阴性菌的外膜成分，都可导致受感染的机体发热。因此，在注射药品的生产中要特别注意防止热原质污染。

热原质能耐受高温，采用高压蒸气灭菌（121℃、20min）亦不被破坏。温度250℃、作用30min 或180℃、作用4h 才能破坏热原质，如果用强酸、强碱或强氧化剂处理，需煮沸30min才能使热原质的致热效应丧失。注射液、生物制品、抗生素以及输液用的蒸馏水均不能含有热原质。因此，在制备和使用注射制剂的过程中，需要严格的无菌操作，以防止细菌污染。对液体中可能存在的热原质可用吸附剂吸附、特殊石棉滤板过滤或通过蒸馏方法除去。输液用的玻璃容器需250℃高温作用2h，以彻底破坏热原质。

2. 毒素（toxin）与侵袭性酶 致病菌能合成对人和动物有毒性的物质，称为毒素。细菌的毒素主要有两种：一种是产生后可以分泌到胞外的毒素，其化学成分均为蛋白质，毒性强，称为外毒素（exotoxin），如白喉毒素、破伤风毒素、炭疽毒素及肉毒毒素等；另一种是细菌细胞壁的结构物质如脂多糖中的类脂A，该毒素不能向胞外分泌，只有在细菌死亡或崩解后才能释放出来，称为内毒素（endotoxin）。内毒素的毒性较弱。

某些病原性细菌还能产生具有侵袭性的酶，能损伤机体组织，导致细菌的侵袭和扩散，是细菌重要的致病物质。如链球菌产生的透明质酸酶、产气荚膜梭菌的卵磷脂酶等。

3. 细菌素（bacteriocin） 细菌素是某些细菌合成的一种具有杀菌作用的蛋白类物质。它与细菌产生的抗生素有些相似，但其作用范围窄，仅对与产生菌亲缘关系较近的细菌有杀伤作用。敏感菌表面有细菌素相应的受体，可吸附细菌素。细菌素作用机制主要抑制菌体蛋白合成，进而杀死细菌。细菌素的产生是受菌体内的质粒控制，往往按产生菌来命名，如大肠埃希菌产生的大肠菌素（colicin）、铜绿假单胞菌产生的绿脓菌素（pyocin）等。细菌素一般不用于抗菌治疗，但由于其作用的特异性，可用于细菌的分型和流行病学调查。

4. 色素（pigment） 许多微生物在一定条件下能合成某些色素，从而使菌落带有一定的颜色。微生物产生的色素有脂溶性和水溶性两类，脂溶性色素不溶于水，只存在于微生物细胞，如金黄色葡萄球菌产生的金黄色色素；水溶性色素可以向菌落周围的培养基中扩散，使培养基带有一定的颜色，如铜绿假单胞菌的色素可使培养基或脓汁呈绿色。细菌产生色素颜色是固定的，可用于细菌的分类和鉴定。

5. 抗生素（antibiotics） 某些微生物在代谢过程中能产生一定种类的抗生素，如多黏菌素（polymyxin）、短杆菌肽（tyrothricin）等。

6. 维生素（vitamin） 多数微生物都能利用周围环境中的碳源和氮源合成自身生长所需的维生素，其中某些类型的微生物还能将合成的维生素分泌到细胞外。如作为人体正常菌群之一的大肠埃希菌在肠道中能合成维生素 K 及 B 族维生素，可被人体吸收利用，对维持肠道的生理环境起着重要作用。

（三）初级代谢与次级代谢

微生物在生命活动过程中能合成两种代谢产物即初级代谢产物和次级代谢产物。初级代谢产物是微生物生长繁殖所必需的化合物，如氨基酸、核苷酸、维生素等，其合成代谢途径称为初级代谢。次级代谢产物是指那些为微生物合成的，但对微生物的生长、繁殖无明显影响的各种代谢产物，如抗生素、色素等，其合成代谢途径称为次级代谢。次级代谢产物具有以下特点。

1. 对微生物的生长、繁殖无明显影响 初级代谢产物往往是微生物生长所不可缺少的物质，而次级代谢产物对微生物本身的生长和繁殖没有明显的影响。

2. 与初级代谢紧密相连 次级代谢产物的生物合成是由初级代谢的某一中央代谢物分出支路代谢而形成的，先有初级代谢后有次级代谢。抗生素的发酵也符合此规律，即先有微生物的生长，后才是抗生素的合成。

3. 在一定条件下能大量合成 次级代谢产物的合成除受细胞本身的遗传调控外，还受外界环境的影响。因此，在发酵过程中，应该充分调节好各种外界因素，使其最符合细菌的生长和产物的生物合成。

（吴培诚）

第七章 消毒与灭菌

细菌的生命活动易受外界条件影响。适宜的外界条件能使细菌的生长繁殖迅速；不适宜的外界条件则可抑制细菌的生长繁殖，甚至导致菌体死亡。根据细菌与外界条件的关系，可采用多种理化手段抑制细菌生长或杀死环境中的病原微生物，这对有效的控制感染和消灭传染病都具有十分重要的意义。现将能用来表示采用理化方法对微生物杀灭程度的相关概念介绍如下。

1. 消毒（disinfection） 指能杀死物体上病原微生物的方法。用以消毒的化学药品称为消毒剂。消毒不一定能杀死含芽孢的细菌或非病原微生物，一般的消毒剂在常用浓度时，只对细菌的繁殖体有作用，而要杀灭细菌芽孢则需提高消毒剂浓度和延长作用时间。

2. 灭菌（sterilization） 杀灭物体上所有微生物（包括细菌芽孢在内的全部病原微生物和非病原微生物）的方法。灭菌比消毒要求高。

3. 抑菌（bacteriostasis） 抑制体内外细菌生长繁殖的方法。抗生素是常用的抑菌剂，常用来抑制体内细菌生长繁殖或用于体外抑菌试验。

4. 防腐（antisepsis） 防止或抑制无生命物体（如食品等）中微生物生长繁殖的方法。一般微生物不死亡。用于防腐的化学药品称为防腐剂。许多化学药品在低浓度时为防腐剂，在高浓度时为消毒剂。

5. 无菌（asepsis） 指不存在活菌。操作过程是无菌状态称为无菌操作。

常用的消毒与灭菌方法有物理和化学两大类。

第一节 物理消毒灭菌法

用于消毒灭菌的物理方法有热力灭菌法、辐射杀菌法、滤过除菌法、渗透压法、干燥与低温抑菌法等。

一、热力灭菌法

利用高温对细菌的致死作用，常采用干热灭菌法和湿热灭菌法进行消毒与灭菌。其原理是：①无芽孢细菌大多在 55~60℃ 作用 30~60min 后死亡；②对高温抵抗力较强的芽孢，也可依情况经长时间煮沸被杀死；③细菌繁殖体和真菌在湿热 80℃ 作用 5~10min 即可被全部杀死。

在同一温度下，湿热灭菌法的效果要优于干热灭菌法，其原因是：①湿热中细菌吸收水分后，菌体蛋白较易凝固。②湿热比干热的穿透力大，能使灭菌物品内部温度更快提高。③湿热的蒸气接触灭菌物品时，蒸汽可由气态变为液态，释放大量潜热，使灭菌物品温度迅速升高。

（一）干热灭菌法

通过干热脱水干燥使大分子变性以达到消毒灭菌效果。一般在干燥状态下，细菌繁殖体经 $80 \sim 100℃$ 加热 1h 即可被杀死，而芽孢需经 $160 \sim 170℃$ 2h 才能被杀死。

1. 焚烧　在焚烧炉内或直接点燃焚烧的方法。效果彻底，但仅适于废弃物品（包括动物尸体）。

2. 烧灼　用火焰直接灭菌的方法。实验室用的接种环、试管口、瓶口等均可用火焰烧灼灭菌。

3. 干烤　利用电热干烤箱加热灭菌的方法。干烤箱一般加热至 $160 \sim 170℃$ 经 2h 可达到灭菌效果。适于高温下不损坏、不变质、不蒸发的物品，如玻璃、瓷器等。

4. 红外线　利用红外线热效应加热灭菌的方法。波长在 $1 \sim 10\mu m$ 的红外线电磁波热效应最强，杀菌作用类似干热。此法常用红外线烤箱进行操作，所需温度和时间也同于电热干烤箱，但其热效应不能使物体表面均匀加热，常用于医疗器械的灭菌。

（二）湿热灭菌法

1. 巴氏消毒法　液体中的病原菌或特定微生物可用较低温度杀灭，而其中重要的不耐热成分不被破坏的消毒方法。此法因由巴斯德创用而得名，共有两种方法。方法一是加热温度为 $61.1 \sim 62.8℃$，加热时间为 30min；方法二是加热温度为 $71.7℃$，加热时间为 $15 \sim 30s$，第二种方法目前应用较广，常用于牛乳、酒类、饮料等的消毒。

2. 煮沸法　在 1 标准大气压下，水温 $100℃$，加热 5min 细菌的繁殖体就能被杀死，而要杀灭细菌芽孢则需煮沸 $1 \sim 2h$。采用此法时为促进芽孢的杀灭，也可在水中加入 2% 碳酸钠，既可提高水的沸点达 $105℃$，又可防止金属生锈。在高原地区，如每增加 300m 海拔，就需延长 2min 消毒时间。此法常用于消毒注射器、刀剪、食具等。

3. 流通蒸气法　在 1 标准大气压下用 $100℃$ 的水蒸气进行消毒的方法。经 $15 \sim 30min$ 蒸气消毒即可杀灭细菌繁殖体，但不能杀死全部芽孢。Arnold 消毒器是此法常用器具。

4. 间歇蒸气法　用反复多次的流动蒸气间歇加热灭菌的方法。如用流通蒸气法灭菌后，灭菌物品尚有芽孢残存，可将灭菌物品置 $37℃$ 恒温箱过夜，使芽孢发育成繁殖体，次日用流通蒸气法再次灭菌，如此连续三次以上，可达到彻底灭菌效果。此法适于不耐高温的含糖、牛奶等营养较高的培养基。

5. 高压蒸气灭菌法　是利用密闭容器加热产生蒸气，随蒸气压上升，容器内温度升高以达到灭菌目的的方法。采用此方法，当蒸气压为 $103.4kPa$（$1.05kg/cm^2$），温度为 $121.3℃$，持续 $15 \sim 20min$ 时，可杀灭所有微生物（包括芽孢）。此法常用于耐高温、耐潮湿物品的消毒灭菌，如一般培养基、生理盐水、手术器械、手术敷料等。

二、辐射杀菌法

（一）紫外线

具有杀菌作用的紫外线波长在 $200 \sim 300nm$ 间，其中以 $265 \sim 266nm$ 杀菌效果最强。紫外线杀菌的作用机制是：与 DNA 的吸收光谱范围一致的紫外线，被 DNA 吸收后，一条 DNA 链上相邻的两个胸腺嘧啶共价结合成二聚体，从而干扰了 DNA 的复制与转录，导致菌体的变异甚至死亡。此法可用于手术室、病房、实验室的空气消毒或不耐热物品的表面消毒，但由于紫外线穿透力较弱，普通纸张、尘埃、玻璃等均能阻挡其照射，故只能用于可照射区域的物品表面消毒。使用时也应注意防护，避免其对皮肤、眼睛的损伤。

（二）电离辐射

高速电子、X 射线和 γ 射线等在剂量足够时，一些分子在撞击辐射粒子后，可产生游离基、离子等物质，破坏细菌 DNA，以杀灭各种细菌。电离辐射可产生较高的能量，穿透力强，常用于消毒一次性医疗塑料制品和食品，能避免食品中的营养被破坏。

（三）微波

微波作为一种电磁波，常用于非金属器械、无菌病室的物品、检验室用品等的消毒灭菌。消毒中常用的微波有 2450MHz 与 915MHz 两种。微波可穿透塑料薄膜、玻璃、陶瓷等物质，但不能穿透金属。

三、滤过除菌法

采用物理阻留方式去除液体或空气中的细菌，达到无菌效果的方法称为滤过除菌法。滤菌器是常用的滤过除菌器具，其种类较多，常见的有薄膜滤菌器、Seitz 滤菌器、烧结玻璃滤菌器等。滤菌器上有细微小孔，能阻止液体或气体中的大于孔径的细菌等颗粒通过而滤除细菌。此法常用于不耐高温灭菌的毒素、血清及空气等的除菌。

四、超声波消毒法

频率超过 20 000Hz 的声波，不能被人耳感受到，被称为超声波。超声波可在液体中造成压力改变，使细菌细胞崩解，达到灭菌作用。此法对革兰阴性菌效果较好，但不能彻底杀菌。

五、干燥、渗透压与低温抑菌法

细菌的抗干燥能力不一，有的较弱，在干燥环境中会很快死亡；有的较强，在干燥环境中可数小时、数月不死。而芽孢的抗干燥能力最强，如炭疽芽孢杆菌的芽孢可耐干燥 20 余年。在食品保存时，常用盐腌法和糖渍法防止食物变质，其原理是：盐腌和糖渍食物时可提高渗透压，使微生物处于高渗介质，导致菌体内水分外逸，生理性干燥，细菌停止生命活动。10% 的食盐浓度即能抑制大多数病菌生长，常见食品如咸鸭蛋、咸菜等；60% ~ 70% 以上的糖液即可抑制微生物生长，常见食品如果脯、蜜饯等。

低温常用于菌种保存。细菌在低温环境下新陈代谢减慢，当温度回升时，又能恢复生长繁殖。菌种保存时在低温状态下真空抽去菌体水分，可避免解冻时对细菌的损伤。微生物低温保存时间可达数年至数十年。

第二节　化学消毒灭菌法

采用能影响细菌的组成、结构和生理活动的化学消毒药品，也能达到防腐、消毒和灭菌的效果。但因其对人体组织可产生危害，仅限于外用或环境消毒。

一、消毒剂的作用机制

化学药品的杀菌机制主要有以下几点：①醇类、高浓度酚类、高浓度重金属盐类、酸碱类、醛类等可使菌体蛋白质变性或凝固。②某些氧化剂、低浓度重金属盐类等可破坏和干扰细菌的酶系统和代谢。③低浓度酚类、脂溶剂、表面活性剂等可改变细胞壁或细胞膜通透性，导致细菌死亡。

二、常用消毒剂的种类

（一）酚类

包括苯酚、石炭酸、氯乙定等酚类化合物，浓度低时可使菌体细胞膜被破坏，胞质内物质外漏；浓度高时，可使菌体蛋白凝固，也可使细菌氧化酶等被抑制。3%～5%的苯酚常用于地面、器具表面的消毒，2%的来苏水常用于皮肤消毒，0.01%～0.05%的氯乙定常用于阴道冲洗、术前洗手等。

（二）醇类

这类消毒剂能脱去细胞膜中的脂类，导致菌体蛋白变性。临床上常用的是70%～75%的乙醇，可用作体表消毒，但对细菌芽孢无效。60%的异丙醇杀菌作用强于乙醇，但毒性较高，也可用于皮肤消毒等。

（三）重金属盐类

重金属盐类消毒剂能与细菌酶蛋白的 -SH 基结合，使之丧失酶活性，或与菌体蛋白质结合后，使之沉淀或变性，主要包括汞和银制剂等。汞类常见的有0.05%～0.1%的升汞，其杀菌作用较强，但对金属有腐蚀性，可用于非金属器皿的消毒。2%的红汞可抑制细菌生长，且无刺激性，常用于皮肤、黏膜消毒。0.1%的硫柳汞抑菌能力较强，可用于手术部位消毒。银制剂常见的有刺激性较小的1%～5%的蛋白银，常用于尿道黏膜及眼部消毒。具有腐蚀性的1%的硝酸银可用来预防淋球菌感染。

（四）氧化剂

常用的氧化剂有卤素及其化合物、高锰酸钾、过氧化氢、过氧乙酸等。杀菌机制源于其氧化能力，使酶蛋白中产生 -SS- 基，导致酶活性丧失。卤素及其化合物包括碘和氯两类，碘类包括碘酒和碘仿。2.5%的碘酒对皮肤有刺激性，可在皮肤消毒后用乙醇脱碘。2%～2.5%的碘仿具有去污作用且无刺激性，也可用于皮肤伤口消毒。氯类氧化剂常见的有漂白粉、氯等。漂白粉常用于饮水消毒。氯刺激性较强，可直接用于地面、厕所、排泄物消毒。而过氧化氢在水中能破坏蛋白质的分子结构，适于口腔、黏膜、皮肤消毒。过氧乙酸为强氧化剂，原液具有刺激性与腐蚀性，稀释后适用于塑料、玻璃器皿消毒。

（五）表面活性剂

该类消毒剂具有清洁作用，易溶于水，能降低液体的表面张力，使物品表面油脂乳化。其消毒灭菌原理是能破坏所吸附菌体细胞壁通透性，使细菌死亡。用于消毒的表面活性剂包括新洁尔灭、杜灭芬等。新洁尔灭对芽孢无效，刺激性小，合成洗涤剂和肥皂可使其效果减弱，常用于外科手术消毒和皮肤、黏膜消毒。杜灭芬较稳定，肥皂可使其作用减弱，适用于金属器械、塑料、橡胶类物品消毒，也可用作创伤冲洗。

（六）烷化剂

此类消毒剂杀菌能力强，能对细菌蛋白质和核酸的产生烷化作用，包括环氧乙烷、甲醛和戊二醛等。环氧乙烷和甲醛能取代细菌酶蛋白中氨基、羧基等，使酶活性丧失。环氧乙烷易燃、有毒，对病毒、真菌和细菌芽孢均有较强的杀灭能力，适于敷料及手术器械消毒。甲醛挥发慢但刺激性强，适于物品浸泡和空气消毒。戊二醛能将氨基上氢原子取代，挥发慢且刺激性小，适于内镜、精密仪器等消毒。

（七）酸碱类

醋酸和生石灰均属于此类。醋酸具有浓烈的醋味，利用醋酸水溶液蒸发，可进行空气消毒。生石灰杀菌能力较强且有强腐蚀性，按1∶4～1∶8配成糊状的生石灰可进行地面或排泄物消毒。

（八）染料类

1%～2%浓度的甲紫溶液，又叫紫药水、龙胆紫溶液。其杀菌力强，无刺激性，具有收敛作用，是一种常用的皮肤、黏膜消毒剂。但因其有致癌作用，严禁用于破损皮肤消毒。

三、影响消毒灭菌效果的因素

在采用理化因素进行消毒灭菌的过程中，影响因素众多，如能充分利用这些因素，可使消毒灭菌效果得到提高，否则，将使消毒灭菌效果减弱。影响消毒灭菌效果的因素主要有以下几种。

（一）消毒剂的浓度、性质及作用时间和强度

不同浓度的消毒剂具有不同的杀菌效果。一般的消毒剂在浓度高时，杀菌作用大，浓度低时，只能抑菌（醇类除外）。消毒剂对微生物的作用大小也与其理化性质相关。任一消毒剂的作用效果均有其适用范围，如表面活性剂对革兰阳性菌的杀灭效果优于革兰阴性菌；甲紫对葡萄球菌杀灭效果较好。一定浓度的消毒剂，作用时间越长，消毒效果越好。而采用物理方法灭菌时，热力灭菌温度、微波输出功率、紫外线照射强度、电离辐射剂量等也均可影响消毒灭菌效果。

（二）微生物的种类和污染程度

消毒灭菌时，相同消毒剂对不同微生物具有不同的杀菌效果，如石炭酸溶液可快速杀灭沙门菌，但杀灭金黄葡萄球菌时作用时间需延长2倍以上；70%的乙醇只对细菌繁殖体有效，而不能杀死细菌芽孢；此外，微生物污染越严重，数量越多，所需作用时间也越长，所需消毒剂量也越大。

（三）温度

一般情况下，温度越高，消毒效果越好，如石炭酸溶液杀灭金黄葡萄球菌时，20℃时比10℃快约5倍。

（四）酸碱度

酸碱度对消毒剂杀菌作用影响较大，如新洁尔灭杀菌时，pH越低，所需浓度越高；弱酸性的戊二醛水溶液，不能杀死芽孢，只有在加入碳酸氢钠，溶液呈碱性后，才能杀菌。

（五）其他因素

环境中有机物（如排泄物、分泌物等）能阻碍消毒剂与微生物的接触，减弱消毒效果。还有一些拮抗物质也能影响化学消毒剂的效果，如硫代硫酸钠可中和过氧乙酸的作用。

（郑海筝）

第八章　微生物的遗传和变异

学习目标 ••••••

1. 掌握病毒、原核细胞型微生物和真核细胞型微生物的遗传物质；转化、转导、溶原性转换、接合等概念。
2. 熟悉微生物遗传与变异的机制。
3. 了解微生物的变异现象及微生物在遗传学上的应用。

遗传和变异是微生物的基本特性之一。遗传（heredity）是指子代与亲代生物学性状表现相同；变异（variation）是指子代与亲代生物学性状出现差异。遗传使微生物的种属特征保持相对稳定，且世代相传，而变异使微生物产生新的变种，变种的新特性靠遗传巩固，使物种得以进化和发展。了解微生物遗传与变异的现象和机制，有助于对微生物的致病机制、耐药机制和对感染性疾病的诊断防治的研究。

第一节　微生物的变异现象

微生物的变异有两种类型：基因型变异（genotypic variation）和表型变异（phenotypic variation）。基因型变异又叫遗传型变异，是微生物的基因结构发生了改变，可以遗传给子代。表型变异又叫非遗传型变异，是由于外界环境条件改变而导致的变异，微生物的基因结构并没有发生改变，所以不能遗传给子代。另外，二者的特点还有很多不同，例如基因型变异是发生于某微生物群中的极少数个体，而且发生的变异是不可逆的；而表型变异是由一定环境因素所致，凡在此环境中的微生物群体都会发生同样的变异，是群体性的变异，并且当起作用的环境条件去除以后，其变异又可逆转复原。微生物的许多性状都可以发生变异，主要包括形态结构的变异和某些生理特性的变异。

一、形态结构变异

细菌的形态、大小、结构受到不同的外界环境因素影响后都可发生变异。例如，鼠疫耶菌在含 30g/L NaCl 的培养基上生长，可由典型的两级钝圆的椭圆形小杆菌变异成大小不等的球形、杆状、丝状、逗点状或哑铃状等。金黄色葡萄球菌在 β-内酰胺类抗生素、抗体、补体和溶菌酶等因素的影响下，细胞壁合成受阻，失去细胞壁变成 L 型细菌，不能维持其固有的球形，而是变为多形态性。真菌也容易发生形态结构的变异，在不同培养基不同温度下培养，同一种真菌可以表现出不同的形态。

除了基本结构的变异之外，细菌的一些特殊结构也可发生变异。如肺炎链球菌在含血清培养基或机体内能够形成荚膜，而在普通培养基上生长，荚膜会逐渐消失。有鞭毛的沙门菌在含有 0.1% 苯酚的琼脂培养基上生长，可失去鞭毛，细菌鞭毛从有到无的变异，称 H - O 变异，此变异是可逆的。

二、菌落变异

细菌的菌落大致可分为两种类型，即菌落表面光滑、湿润，边缘整齐的光滑型菌落（smooth type，S 型）和菌落表面粗糙、枯干，边缘不整齐的粗糙型菌落（rough type，R 型）。光滑型与粗糙型菌落的性状比较见表 8 - 1。细菌经反复多次人工传代后，光滑型菌落可变为粗糙型，称为 S - R 变异。S - R 变异多见于肠道杆菌，主要是由于失去 LPS 特异性寡糖重复单位引起的，经常伴随着其他性状的改变，如毒力、抗原性和生化特性等。所以，一般而言，S 型菌的致病性强，故从临床标本中分离致病菌时应挑取 S 型菌落，但也有少数菌例外，如结核分枝杆菌、炭疽芽孢杆菌和鼠疫耶氏菌，其毒力株是 R 型菌落。

表 8 - 1 光滑型与粗糙型菌落的性状比较

性状	光滑（S）型	粗糙（R）型
菌落性状	光滑、湿润、边缘整齐	粗糙、枯干、边缘不整齐
菌体形态	正常、一致	可异常而不一致
特异性表面多糖抗原	有	无
毒力	强	弱或完全丧失
对噬菌体的敏感性	敏感	不敏感
生化反应性	强	弱
肉汤中的培养特性	均匀混浊	颗粒状生长，易于沉淀

三、毒力变异

微生物的毒力变异有毒力增强变异和毒力减弱变异两种。例如，白喉棒状杆菌不产生外毒素，但是当其感染了 β - 棒状杆菌噬菌体后可以获得编码白喉外毒素的基因，从而产生白喉外毒素，导致毒力增强。牛型分枝杆菌的野生型是强毒菌株，Calmette 和 Güérin 将其接种于含马铃薯、甘油和胆汁的培养基中，经过 13 年 230 代传代培养后得到一株毒力减弱的变异菌株，即卡介苗（Bacillus of Calmette Güérin，BCG）。狂犬病毒在家兔脑内连续传代 50 代以后到的变异株对人和犬的毒性明显减弱。利用微生物的毒力减弱变异，可以制备疫苗预防疾病。

四、耐药性变异

耐药性变异是指细菌对某种抗菌药物由敏感变成耐药的变异。自从抗生素广泛应用以来，细菌对抗生素耐药的不断增长是世界范围内的普遍趋势，也是临床治疗感染性疾病的难点。据统计，目前金黄色葡萄球菌耐青霉素的菌株已达从 90% 以上。临床中耐甲氧西林金黄色葡萄球菌（methicillin resistant Staphylococcus aureus，MRSA）的比例也在逐年上升，我国于 1980 年前仅为 5%，1985 年上升至 24%，1992 年以后达 70%。结核分枝杆菌、淋病奈瑟菌、铜绿假单胞菌等细菌的耐药菌株在临床上也非常常见。有的细菌表现为同时对多种抗菌药物耐药，称为多重耐药菌株，如肠道中的大肠埃希菌和痢疾志贺菌可同时获得对多种抗菌药物的耐受性。甚至还有的细菌变异后产生对药物的依赖性，如痢疾志贺菌赖链霉素株（SmD 株），离开链霉素则不能生长。

"超级细菌"其实并不是一个细菌的名称，而是一类细菌的名称，泛指临床上出现的多重耐药菌。随着时间的推移，超级细菌的名单越来越长，包括产超广谱酶大肠埃希菌、多重耐药铜绿假单胞菌、多重耐药结核杆菌、多重耐药肺炎链球菌等。最近发现了一些细菌与传统的超级细菌相比，其耐药性已经不再是仅仅针对数种抗生素的多重耐药性，而是对绝大多数抗生素均不敏感，这被称为泛耐药性（pan - drug resistance，PDR）。如产 NDM - 1 泛耐药肠杆菌科细菌、泛耐药鲍曼不动杆菌、泛耐药铜绿假单胞菌等。

五、酶活性变异

有些细菌变异后其酶活性会发生改变，不能合成某种营养成分，成为营养缺陷型（auxotroph），在缺乏该成分的基础培养基中不能生长；或失去发酵某种糖的能力，在以该种糖作为惟一碳源的培养基上不能生长。

第二节　微生物遗传变异的物质基础

核酸是微生物的主要遗传物质，包括 DNA 和 RNA。主要存在的部位是细胞核、核质和病毒的核心中。除此以外，微生物还有质粒、细胞器 DNA 等核外遗传物质。

一、原核细胞型微生物的遗传物质

（一）染色体

原核细胞型微生物没有真正的细胞核，核物质仅为裸露的 DNA，称为拟核。原核微生物也不形成染色体结构，但是为了叙述方便我们把原核微生物的核 DNA 仍称作染色体。

原核微生物的染色体一般是一条环状双螺旋 DNA 长链，按一定构型反复回旋而成的松散网状结构，附着在横隔中介体或细胞膜上。每条 DNA 单链的骨架由磷酸和脱氧核糖组成，支链含有四种碱基，即两种嘌呤：腺嘌呤（A）和鸟嘌呤（G）；两种嘧啶：胸腺嘧啶（T）和胞嘧啶（C）。细菌染色体的大小在 580 ~ 130 000kb 之间，重复序列较少。经序列分析证实，大肠埃希菌 MG1655 株染色体 DNA 含 4639kb，分子量为 3×10^9，含有约 4300 个基因，其中重复序列约占 1%。细菌染色体 DNA 分子含有细菌正常生长所必需的全部遗传信息，其基因与真核细胞不同，为连续基因、无内含子，转录后形成的 mRNA 无须剪切、拼接，可直接翻译成多肽。

原核细胞型微生物 DNA 的复制，在大肠埃希菌已证明是双向复制。即双链 DNA 解链后从复制起点开始，在一条模板上按顺时针方向复制连续的大片段，另一条模板上按逆时针方向复制若干断续的小片段，然后再连接成长链。复制到 180° 时汇合，完成复制全过程约需20min。复制后的 DNA 分离，分别移动到细菌细胞的两端。细菌分裂后，亲代的两条 DNA 各分布于一个子代菌细胞内。子代细菌的 DNA 双链中，有一条来自于亲代的细菌染色体 DNA，另外一条是以亲代细菌染色体 DNA 为模板新合成的 DNA。子代 DNA 携带的遗传信息与亲代的完全相同，倘若在 DNA 复制过程中，子代 DNA 发生改变，细菌则会出现变异。

典型的原核细胞型微生物在一般情况下只有一套基因，即一条染色体，是单倍体生物。但是也有例外，如霍乱弧菌的基因组是两条染色体，大的一条含 2961146bp，小的一条含1072314bp，但多染色体上的基因安排是不相同的，所以仍然是单倍体。原核细胞型微生物基因组多为双链环状 DNA，但也有线状的情况存在，如伯氏疏螺旋体。

毒力岛（pathogenicity island）是 1997 年由 Hacker 提出的一个概念，指病原性细菌染色体上编码许多毒力相关基因的 DNA 片段，一般分子质量较大，约 20~100kb。其特点是两侧一般具有重复序列和插入元件，通常位于细菌染色体 tRNA 位点内或其附近，不稳定，含有潜在的可移动元件，其基因产物多为分泌性蛋白或表面蛋白。毒力岛的 G + C 含量与宿主菌染色体的 G + C 含量有明显差异，说明它并不是先天就有的，而可能是在进化过程中获得的。近年来相继在大肠埃希菌、耶尔森菌属、霍乱弧菌、幽门螺杆菌、鼠伤寒沙门菌、志贺菌等致病菌中发现了约 20 多个毒力岛，而且一种细菌往往具有一个或多个毒力岛。毒力岛不仅赋予病原菌特殊的致病能力，而且在细菌进化的过程中扮演重要的角色，毒力岛的获得可能与新现病原菌密切相关。因此细菌毒力岛的发现，对从基因水平上了解细菌性疾病的发病机制具有重要意义，使人们对病原菌的进化方式有了新的认识。认识到只需一个单一的遗传重组步骤就可能使一个非病原菌变成病原菌，也认识到细菌毒力是一个多基因作用的复杂过程，为研究新出现的病原菌和重新抬头的病原菌提供了新思路。

（二）质粒

质粒（plasmid）是细菌染色体以外的遗传物质，为闭合环状双链 DNA，通常以超螺旋状态存在于细胞质中。质粒的分子量比染色体小得多，所含的基因数也比染色体少得多。一般质粒有 20~30 个基因，小的质粒仅有几个基因，个别大的质粒有 100 个基因左右。质粒不仅与细菌遗传物质的转移有关，也与某些细菌的致病性、次级代谢产物（如细菌素）的合成以及细菌的耐药性有关。质粒也是基因工程中最常用的载体，所以对质粒的研究日益受到重视。

质粒主要有以下特征。

1. 具有自我复制的能力　质粒在细菌的细胞中可以自行复制，并随细菌的分裂分配到子代细胞中。一般相对分子质量大的质粒，其复制受染色体复制的严格限制，只有染色体本身复制时，这类质粒才能复制，所以在细菌细胞中质粒的拷贝数很低，通常为 1~2 个拷贝，这类质粒称为严密型质粒（stringent plasmid）。相对分子质量小的质粒，其复制并不严格受染色体复制的控制，所以拷贝数较多，每个细菌细胞中可含 20~60 个拷贝，这类质粒称为松弛型质粒（relaxed plasmid）。基因工程中为获得大量的基因产物所用的载体质粒便是这类松弛型质粒。

2. 不相容性或相容性　两种相同或近缘的质粒不能稳定的共存于同一个宿主细胞中，这种现象称为质粒的不相容性（incompatibility）。而两种不同类型的质粒可稳定地共存于一个宿主细胞中，称为质粒的相容性（compatibility）。质粒的不相容性与其 DNA 同源性密切相关，通常存在于亲缘关系比较接近的两种质粒。根据质粒的不相容性可以将质粒分成若干不相容群。属于同一不相容群的质粒不能共存于同一细菌，而属于不同不相容群的质粒可以共存于同一细菌中。检测质粒的不相容群可以作为流行病学调查、追逐传染源的手段。迄今为止已经将肠杆菌科的细菌质粒划分为 30 余个不相容组，假单胞菌属 11 个，葡萄球菌属 7 个。

3. 质粒可以在细胞间转移　质粒可经接合、转化或转导等方式从一个细菌转移至另外一个细菌，所携带的生物学性状也随之转移。质粒不仅可在同种、同属的细菌间转移，有的甚至可以在不同种属的细菌之间转移。根据质粒能否通过接合作用进行传递，可将其分为接合型质粒（conjugative plasmid）和非接合型质粒（nonconjugative plasmid）。接合型质粒带有与接合传递有关的基因，一般相对分子质量较大，为 40~100kb，如致育质粒和耐药性质粒。非接合型质粒分子质量较小，一般在 15kb 以下，但也有例外，如志贺菌的毒力质粒分子质量为 220kb。非接合型质粒在一定条件下通过与其共存的接合型质粒的诱动（mobilization）或转导而传递。

4. 质粒可以自然丢失或经人工处理而消除 质粒能够从宿主细胞中自然丢失，但丢失率很低。人为的应用某些理化因素处理，可以使质粒的丢失率提高 100 ~ 10000 倍，如高温、紫外线、溴化乙啶、丝裂霉素 C 等。质粒所携带的遗传信息并非细菌生存所必需，质粒丢失后，细菌仍可存活。

5. 质粒控制细菌的某些遗传性状 虽然质粒并非细菌生存所必需，但是质粒携带的遗传信息能赋予宿主菌某些生物学性状，如耐药性、产生细菌素等，有利于细菌在特定的环境下生存。常见的质粒如下：①致育质粒：又称 F 质粒（fertility plasmid），大小约 100kb，编码细菌的性菌毛。带有 F 质粒的细菌为雄性菌或称 F^+ 菌，能长出性菌毛；无 F 质粒的细菌为雌性菌或称 F^- 菌，不产生性菌毛。雄性菌的遗传物质能通过性菌毛传递给雌性菌，这个过程称为接合。细菌可以通过这种方式传递耐药性以及毒力基因片段。②耐药性质粒：指编码细菌对抗菌药物或重金属盐类耐药性的质粒。耐药性质粒分为两类，一类可以通过细菌间的接合进行传递，称接合性耐药质粒，又称 R 质粒（resistance plasmid），在革兰阴性菌中比较多见。另一类是不能通过接合传递的非接合性耐药质粒，它们可通过噬菌体进行传递，往往在革兰阳性菌（如葡萄球菌）中比较多见。③毒力质粒：又称为 Vi 质粒（virulence plasmid），编码与细菌致病性有关的毒力因子。如致病性大肠埃希菌产生的耐热性肠毒素是由 ST 质粒决定的，产生的不耐热肠毒素是由 LT 质粒决定的，ST 质粒和 LT 质粒都属于毒力质粒。现在越来越多的证据表明，不少病原菌的致病性都是由其携带的毒力质粒所决定的。④细菌素质粒：编码各种细菌产生细菌素，如大肠埃希菌产生的细菌素称为大肠菌素（colicin），其编码的基因是 Col 质粒。细菌素仅对同品系或近缘的细菌具有抑制作用，可用于细菌分型或流行病学调查。⑤代谢质粒：可编码产生相关的代谢酶，如沙门菌发酵乳糖的能力通常是由质粒决定的。

（三）转位因子

转位因子（transposable element）是能够在细菌染色体、质粒及前噬菌体之间移动的 DNA 片段。转位因子通过位置移动改变细菌遗传物质的核苷酸序列，产生插入突变、基因重排或插入位点附近基因表达的改变，从而引起细菌某些性状的变异。转位因子可分为插入序列（insertion sequence，IS）、转座子（transposon，Tn）和转座噬菌体，广泛的分布于革兰阳性菌和革兰阴性菌中。

1. 插入序列 IS 是在细菌中首先发现的一类转位因子，结构简单，长度一般为 0.7 ~ 1.4kb，相当于 1 ~ 2 个基因的编码量，不携带任何已知与转座功能无关的基因。IS 的共同特征是在它们的末端都具有一段反向重复序列。当 IS 插入序列靶位点后，便会在其两端的外侧产生一段短小的同向重复序列。IS 是细菌染色体、质粒和某些噬菌体的正常组分，其插入作用可以双向进行，既可以正向整合到基因组中，也可以反向整合到基因组中。

2. 转座子 Tn 长度一般超过 2kb，除了携带与转座作用有关的基因以外，还携带有其他基因，如耐药性基因、重金属抗性基因、糖发酵基因、肠毒素基因等。因此，当 Tn 插入某一基因时，一方面可以引起插入基因失活而导致基因突变，另一方面可因带入其他基因而使细菌获得新的遗传性状。有的转座子可携带多个耐药基因，与细菌的多重耐药性密切相关（表 8 - 2）。

表 8 – 2　转座子携带的耐药基因

转座子	携带耐药基因
Tn1、Tn2、Tn3	AP（氨苄西林）
Tn4	AP、SM（链霉素）、Su（磺胺）
Tn5、Tn6	Km（卡那霉素）
Tn7	TMP（甲氧苄氨嘧啶）、SM
Tn9	Cm（氯霉素）
Tn10	Tc（四环素）
Tn551	Em（红霉素）

3. 转座噬菌体　是一些具有转座功能的溶原性噬菌体，当整合到宿主染色体上，能改变宿主的某些生物学性状。如白喉棒状杆菌、肉毒梭菌等的外毒素就是由转座噬菌体的有关基因所编码的。另外，当转座噬菌体从细菌染色体分离脱落时，可能连带有细菌的 DNA 片段，所以它还可能在遗传物质转移的过程中起到载体的作用。

4. 噬菌体（phage）　是感染细菌、真菌、放线菌或螺旋体等微生物的病毒。作为病毒的一种，噬菌体具有病毒的共同特性：个体微小，不具有完整细胞结构，只含有单一核酸；具有严格的宿主特异性等。某些噬菌体的基因可整合到宿主菌的基因组中，从而使细菌获得新的遗传性状。详见本章第三节。

5. 整合子（integron，In）　是一种运动性的 DNA 分子，具有独特结构可捕获和整合外源性基因，使之转变为功能性基因的表达单位。它通过转座子或接合性质粒，使多重耐药基因在细菌中进行水平传播。整合子存在于许多细菌中，定位于染色体、质粒或转座子上，是细菌固有的一种遗传单位，并通过捕获外源性基因来增强细菌生存的适应性。

二、真核细胞型微生物的遗传物质

（一）染色体

真核细胞型微生物与高等动植物一样，具有真正的细胞核结构。遗传物质是以细胞分裂间期的染色质（chromatin）和细胞分裂期的染色体（chromaosome）的形式存在的，它们的主要化学组成是线状双链 DNA 和蛋白质。染色质的结构单位是核小体（nucleosome），每个核小体大约由 200bp 的 DNA 和 5 种组蛋白所构成。一个个核小体排列成串珠状染色质纤丝，它首先螺旋化形成直径约 30nm 的螺线管（solenoid），再进一步高级结构化，最终形成能在光学显微镜下可见的染色体。真核细胞型微生物一般含有多条染色体，其基因组远远大于原核细胞型微生物，并且每条染色体上具有多个起始位点，可同时进行复制。真核细胞型微生物的染色体大部分含有内含子（即不被翻译的部分），存在大量重复序列。

（二）细胞器 DNA

真核细胞型微生物的线粒体中含有 DNA 和 RNA、核糖体、氨基酸活化酶等，具有独立进行转录和翻译的功能。线粒体 DNA 呈双链环状，与细菌 DNA 相似，其中含的基因量很少。迄今为止，已知线粒体基因组仅能编码约 20 种线粒体膜和基质蛋白，所以真核细胞的大部分的遗传物质还是存在于细胞核中。

三、病毒的遗传物质

（一）核酸

病毒核酸非常简单，仅有 3～400kb。其含有的核酸类型也只有一种，或者是 DNA，或者是 RNA，携带病毒的全部遗传信息。病毒的核酸类型是多种多样的，有单链的、有双链的、有环状的、有线形的，可以是一个完整的核酸分子，也可以是分节段的。病毒基因组中的多种基因常常以互相重叠的形式存在，以充分利用其有限的核苷酸，而且含有内含子，转录后需要剪切和加工。

（二）蛋白质

传统观点认为蛋白质不是遗传物质，但朊粒（prion）的发现给这一定论带来了质疑。朊粒是具有传染性的蛋白质致病因子，其致病性是由蛋白质改变了折叠状态所致。蛋白质是否也是遗传物质，是当今分子生物学的热点争论。

第三节　噬菌体

噬菌体（bacteriophage）是感染细菌、真菌、放线菌或螺旋体的病毒，是 20 世纪初从葡萄球菌和志贺菌中首先被发现的。噬菌体具备病毒的基本特性：个体微小，可以通过滤菌器，要借助于电子显微镜观察；没有完整的细胞结构，主要由蛋白质衣壳和包裹在其中的核酸所构成；只能在活细胞内复制，是一种专性细胞内寄生的微生物。

噬菌体的分布非常广泛，可以说凡是有细菌存在的地方就可能有相应的噬菌体存在，如土壤中、水中、空气中等。在噬菌体感染的过程中，遗传物质不仅可以在噬菌体和宿主菌之间传递，而且可以在宿主菌之间进行传递，能够导致微生物遗传物质的重组和改变，赋予宿主菌新的生物学性状。因此，虽然噬菌体的本质是病毒，但是我们并没有把它放到病毒章节中介绍，而是在微生物的遗传与变异这部分来介绍。

一、噬菌体生物学性状

（一）噬菌体的形态与结构

噬菌体的体积微小，在电子显微镜下有 3 种形态：蝌蚪形、微球形和丝形。大多数噬菌体呈蝌蚪形，由头部和尾部所组成（图 8－1）。头部呈六边形立体对称，是由蛋白质外壳包绕核酸组成。在头尾连接处有尾领结构，可能与头部装配有关。尾部是一个管状结构，由一个中空的尾髓和外面包裹着的尾鞘所构成。尾髓具有收缩功能，可使头部核酸注入宿主菌。尾部的末端有尾板、尾刺和尾丝，尾板内有裂解宿主菌细胞壁的酶，尾丝是噬菌体的吸附结构，能识别宿主菌表面的特殊受体。

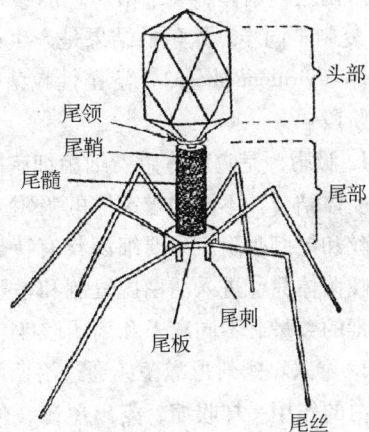

图 8－1　蝌蚪形噬菌体的结构示意图

（二）化学组成

噬菌体由蛋白质和核酸组成，蛋白质构成噬菌体头部的外壳和尾部。蛋白质起着保护核酸的作用，并决定噬菌体的外形和表面特征。核酸是噬菌体的遗传物质，噬菌体的核酸仅有一种类型，即 DNA 或 RNA，据此可将噬菌体分为 DNA 噬菌体和 RNA 噬菌体。大多数 DNA 噬菌体的 DNA 是线状双链，但一些微小 DNA 噬菌体的 DNA 为环状单链。大多数 RNA 噬菌体的 RNA 是线状单链，少数为线状双链，且分节段。

（三）培养特性

噬菌体具有严格的胞内寄生性，必须在活细胞内才能增殖。噬菌体的增殖有高度特异性，一种噬菌体只能在相应的某种细菌内增殖。有的噬菌体还有型特异性，仅能感染某种细菌的某一型。

（四）抗原性

噬菌体的衣壳蛋白具有抗原性，可以刺激机体产生特异性抗体。该抗体能抑制噬菌体感染相应细菌，使其失去感染敏感细菌的能力，但是对已吸附或已进入宿主菌的噬菌体不起作用。

（五）抵抗力

噬菌体对理化因素的抵抗力比一般细菌的繁殖体强。能抵抗乙醚、乙醇和氯仿，一般 75℃ 30min 或更久才能被灭活。对紫外线和 X 线敏感，一般经紫外线照射 10～15min 即可失去活性。噬菌体在室温、4～8℃冰箱中能保存 6 个月以上，在液氮和冻干状态下能保存更长时间。

二、噬菌体与宿主菌之间的相互关系

噬菌体有严格的宿主特异性，一种噬菌体只能寄生在相应易感宿主菌细胞内。这种特异性取决于噬菌体吸附器官和受体菌表面受体的分子结构和互补性。不同噬菌体的细胞受体各不相同，有的在细胞壁上，有的在荚膜、鞭毛或性菌毛上。例如 T3、T4 和 T7 噬菌体，其细胞受体是脂多糖；T2 和 T6 噬菌体的受体是脂蛋白；枯草杆菌噬菌体 SP－50 的受体是磷酸壁。

噬菌体感染细菌后有两种结局，一种是噬菌体增殖，细菌被裂解，建立溶菌性周期，这类噬菌体称为溶菌性噬菌体；另一种是感染细菌后暂时不增殖，而是将其核酸整合到宿主菌的核酸中，建立溶原性周期，这种噬菌体称为溶原性噬菌体（lysogenic phage）。

（一）溶菌性噬菌体的增殖周期

溶菌性噬菌体感染细菌后，能够在宿主菌细胞内独立复制和增殖，复制周期与宿主菌的 DNA 复制不同步。繁殖的结果是产生许多子代噬菌体，最终会裂解细菌，所以又被称为毒性噬菌体（virulent phage）。溶菌性噬菌体的增殖周期包括吸附、穿入、生物合成、成熟和释放几个阶段。

1. 吸附 是噬菌体感染细菌细胞的第一步。噬菌体通过吸附器官与宿主菌细胞表面的特异性受体结合。不同的噬菌体的吸附方式也不同，丝型噬菌体以其末端吸附，蝌蚪形噬菌体以尾丝和尾刺吸附。只要细菌具有特异性受体，不论是活菌或死菌，噬菌体都能吸附，但吸附后噬菌体只能进入活菌内复制和增殖。噬菌体与宿主菌之间的吸附反应受许多因素的影响，如病毒的数量、不同离子和离子浓度、温度、pH 等因素。

2. 穿入 蝌蚪形噬菌体通过溶菌酶的作用在细菌的细胞壁上打开一个缺口，尾鞘像肌动球蛋白的作用一样收缩，露出尾髓，伸入细胞壁内，把头部的核酸注入细菌的细胞内，其蛋白质外壳留在细胞壁外，不参与增殖过程。微球形和丝形噬菌体以脱壳的方式使核酸进入到宿主菌内。

3. 生物合成 噬菌体核酸进入细菌细胞后，会引起一系列的变化：细菌的 DNA 合成停止，酶的合成受到阻抑，噬菌体逐渐控制了细胞的代谢。噬菌体的基因转录具有明显的时序性，由噬菌体早期基因产生早期 mRNA 的过程称为早期转录，由此翻译所产生的蛋白质称为早期蛋白质，主要参与病毒的次早期或晚期转录、病毒基因组复制及抑制宿主的生物大分子合成。在噬菌体 DNA 复制开始或复制后所进行的转录称为晚期转录，所翻译的蛋白质称为晚期蛋白质，它们主要是构成噬菌体头部外壳和尾部的结构蛋白。晚期转录的同时，噬菌体以自身的核酸为模版，大量复制子代噬菌体的核酸。

4. 成熟和释放 子代噬菌体的蛋白质和核酸合成完成以后，头部蛋白质通过排列和结晶过程，把核酸包裹在其中，然后头部和尾部相互吻合，组装成一个完整的子代噬菌体。子代噬菌体在细菌细胞内增殖到一定程度时，由于噬菌体合成的溶菌酶逐渐增加，可使细胞裂解，从而释放出子代噬菌体。在光学显微镜下观察培养的感染细胞，可以直接看到细胞的裂解现象。子代噬菌体释放出来后，又去感染其他的敏感细菌，产生子二代噬菌体。T2 噬菌体在37℃下大约只需 40min 就可以产生 100～300 个子代噬菌体。

在液体培养基中，噬菌体裂解细菌的现象表现为可使浑浊菌液变为澄清。在固体培养基上，如果用适量的噬菌体和宿主菌混合接种培养，培养基表面可以形成透亮的溶菌空斑，称为噬斑（plaque）。不同噬斑的大小、性状、透明度等不尽相同，可以作为噬菌体的鉴别特征。一个噬斑一般是由一个噬菌体复制增殖并裂解细菌所致，称为噬斑形成单位（plaque forming unit，pfu）。将噬菌体按一定倍数稀释，通过噬斑计数，可用于测定标本中噬菌体的数目。

（二）溶原性噬菌体

溶原性噬菌体，感染细菌后其基因与宿主菌染色体整合，不产生子代噬菌体，但噬菌体DNA 能随细菌 DNA 复制，并随细菌的分裂而传代，也称为温和噬菌体（temperate phage）。整合在细菌基因组中的噬菌体基因组称前噬菌体（prophage），带有前噬菌体基因组的细菌称为溶原性细菌（lysogenic bacterium），被感染细菌所处的状态称为溶原状态（lysogeny）。前噬菌体也可以脱离宿主菌基因组，由溶原性周期进入溶菌性周期，在宿主细胞内复制增殖，产生许多子代噬菌体，并最终裂解细菌（图 8 - 2）。这种情况可以是自发的发生，也可以是在某些理化因素的作用下而发生，如 X 线、紫外线、致癌剂、突变剂等。所以，溶原性噬菌体可以有三种存在状态：①前噬菌体；②宿主菌细胞质内类似质粒形式的噬菌体核酸；③游离的具有传染性的噬菌体颗粒。

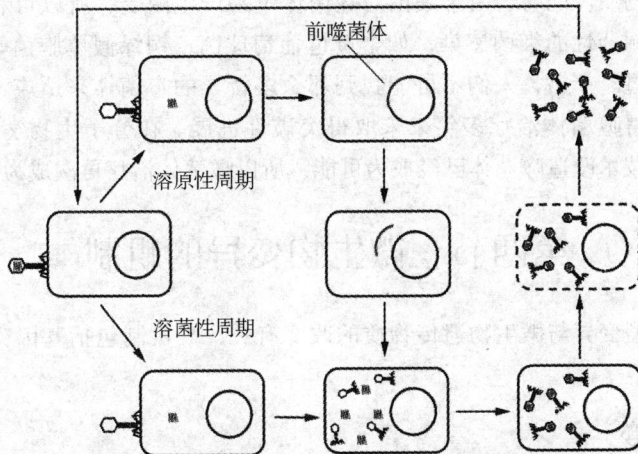

图 8 - 2 溶原性噬菌体的溶菌性周期和溶原性周期

溶原性噬菌体的基因整合到宿主菌基因组中可以改变细菌的基因型，如果溶原性噬菌体的基因得以表达，就会使宿主菌获得新的生物学性状，称为溶原性转换（lysogenic conversion）。

三、噬菌体的应用

（一）细菌的鉴定与分型

由于噬菌体感染具有高度特异性，一种噬菌体只能裂解一种或与该种相近的细菌，故可用于细菌的鉴定和分型。例如用已知的噬菌体鉴定未知的鼠疫耶氏菌、霍乱弧菌、枯草芽孢杆菌等。有的噬菌体裂解细菌还具有型特异性，所以可以利用噬菌体对某一种细菌分型。目前已利用金黄色葡萄球菌噬菌体将金黄色葡萄球菌分为四个群数百个型；利用伤寒沙门菌 Vi 噬菌体可将有 Vi 抗原的伤寒沙门菌分为 96 个噬菌体型。这种利用噬菌体分型的方法，在流行病学调查上，对追查和分析这些细菌性感染的传染源有很大帮助。

（二）检测标本中的细菌

噬菌体在自然界中分布非常广泛，凡是有细菌存在的地方，如水、土壤、人和动物的排泄物中都有噬菌体的存在。所以如果从标本中检测出某种噬菌体往往提示该标本中有相应细菌的存在。

应用"噬菌体效价增长试验"也可检测标本中的细菌。即在可疑标本中加入一定数量的已知噬菌体，37℃培养 6~8h，再进行噬菌体效价测定，如果效价有明显增长，则提示该标本中有相应细菌存在。

（三）分子生物学研究的重要工具

噬菌体基因数量少，结构简单，而且容易获得大量的突变株，所以成为遗传学研究中重要的基因载体工具，是研究 DNA、RNA 和蛋白质相互作用的良好模型。近年来，以 λ 噬菌体为载体构建基因文库，利用丝状噬菌体表面表达技术构建肽文库、抗体文库和蛋白质文库等，为分子生物学的发展做出了巨大贡献。

（四）治疗细菌性感染

由于噬菌体对细菌的感染具有种特异性，不像使用抗生素那样容易导致菌群失调，所以有望成为新的抗菌物质。同时，由于细菌对噬菌体不易产生耐受，所以可利用噬菌体治疗一些容易产生抗生素耐药性的细菌感染，如金黄色葡萄球菌、铜绿假单胞菌等。但是由于噬菌体对宿主菌的识别过于严格，人们不可能找到那么多特异的噬菌体来适应不同种类、不同型别的细菌感染，使得噬菌体治疗多年来未取得突破性进展。在分子生物学高度发展的今天，人们利用基因工程技术改造噬菌体已经成为可能，所以噬菌体治疗再次成为研究的热点。

第四节 微生物变异的机制

微生物的基因型变异与微生物遗传物质的改变有关，其机制包括基因突变以及基因的转移和重组。

一、基因突变

基因突变（mutation）是指微生物基因组中核苷酸的序列和组成发生突然而稳定的改变。

微生物的基因突变可分为自发突变（spontaneous mutation）和诱发突变（induced mutation）两种。自发突变是在未经人工改变的外界条件下，自然发生的突变。由于微生物分裂或复制的速度比较快，所以突变率是很高的。突变率是指每个核苷酸在一次复制周期内发生复制错误的频率。自发突变的突变率在细菌通常为 $10^{-6} \sim 10^{-9}$；而不同种类的病毒其自发突变率也有区别，一般 DNA 病毒的突变率为 $10^{-10} \sim 10^{-11}$，RNA 病毒的突变率为 $10^{-3} \sim 10^{-4}$。由于 DNA 病毒在宿主细胞内复制时，会受到真核细胞 DNA 复制校正功能的影响，所以其突变率明显低于 RNA 病毒。诱发突变是在某些物理诱变因素（如射线、高温）或化学诱变因素（如氟脱氧尿苷、亚硝酸、羟胺、烷化剂、溴化乙锭等）的影响下而发生的突变，其突变率常高于自发突变。

根据突变发生范围的大小，可将微生物的突变分为点突变（point mutation）和染色体畸变（chromosomal aberration）。点突变是相应基因上的 DNA 链中一个或少数几个碱基对的改变，包括碱基对的置换和移码。碱基置换可分为转换（transition）和颠换（transversion）两种类型，不同嘌呤之间或不同嘧啶之间的替代称为转换，而嘌呤与嘧啶之间的相互交换则称为颠换。当 DNA 序列中一对或几对核苷酸发生插入或丢失，必然引起该部位以后的核苷酸序列移位，由于遗传信息是以三联密码子的形式表达，移位会导致密码的意义发生错误，称为移码突变（traneshift mutation）。移码突变的结果往往是导致无功能肽类或蛋白质的产生。如插入和缺失三个碱基则阅读框架不变，其产物常常有活性或有部分活性。染色体畸变是指染色体的一大段发生了变化，基因突变的幅度比较大，包括染色体结构上的缺失、重复、插入、易位和倒置。

从遗传信息改变的角度来看，碱基突变后可出现同义突变（synonymous mutation）、错义突变（missense mutation）和无义突变（nonsense mutation）。同义突变是指碱基被替换之后，产生了新的密码子，但新旧密码子是同义密码子，所编码的氨基酸种类保持不变，因此同义突变并不产生突变效应，这是由于生物的遗传密码子存在兼并现象。错义突变是编码某种氨基酸的密码子经碱基替换以后，变成编码另一种氨基酸的密码子，从而使多肽链的氨基酸种类和序列发生改变。错义突变的结果通常能使多肽链丧失原有功能，许多蛋白质的异常就是由错义突变引起的。无义突变是编码某一氨基酸的密码子经碱基替换后，变成不编码任何氨基酸的终止密码子 UAA、UAG 或 UGA。虽然无义突变并不引起氨基酸编码的错误，但如果终止密码出现在一条 mRNA 的中间部位，就会使翻译的多肽链就此终止，形成一条不完整的多肽链。

二、基因的转移和重组

外源性的遗传物质由供体菌（提供遗传物质者）转入某受体菌（接受遗传物质者）细胞内的过程称为基因转移（gene transfer）。但仅有基因的转移是不够的，受体菌必须能容纳外源性基因。转移的基因与受体菌 DNA 整合在一起称为重组（recombination），使受体菌获得供体菌的某些特性。外源性遗传物质包括供体菌染色体 DNA 片段，质粒 DNA 及噬菌体基因等。在某些情况下，两个不同性状的微生物的基因可以发生部分转移，经过基因间的重组，形成新的遗传型个体。基因转移和重组的主要形式有转化（transformation）、转导（transduction）、溶原性转换（lysogenic conversion）、接合（conjugation）和原生质体融合（protoplast fusion）等。

（一）转化

转化是指受体菌直接从周围环境中吸收供体菌游离的 DNA 片段，从而获得供体菌某些遗传性状的过程。转化现象是 1928 年由英国学者 Griffith 在肺炎链球菌中发现的。Ⅲ型肺炎链球菌有荚膜，形成光滑（S）型菌落，毒力比较强，活菌注射到小鼠体内会导致动物死亡，但如果加热使其灭活则不会导致动物死亡。Ⅱ型肺炎链球菌无荚膜，形成粗糙（R）型菌落，毒力比较弱，活菌注射到小鼠体内也不会导致动物死亡。但是如果将热灭活Ⅲ S 型肺炎链球菌与活的 Ⅱ R 型肺炎链球菌混合注射小鼠，则发现小鼠意外地被感染致死，而且从小鼠的血液中分离出活的产荚膜的肺炎链球菌（图 8-3）。当时只是发现了这一现象，对其机制并不明确。直到 1944 年美国细菌学家 Avery 等从元素分析、酶学分析、血清学分析以及生物活性鉴定等方面证实了引起肺炎链球菌荚膜转化的转化因子是 DNA。用Ⅲ S 型肺炎链球菌的 DNA 代替热灭活的Ⅲ S 型肺炎链球菌重复上述实验，得到了相同的结果。这说明活的 Ⅱ R 型肺炎链球菌从Ⅲ S 型肺炎链球菌的 DNA 中获得了产生荚膜的基因，使Ⅱ R 型菌转化为Ⅲ S 型菌。第一次为遗传物质是 DNA 而不是蛋白质提供了直接的证据。到目前为止，已经在流感嗜血杆菌、链球菌、沙氏菌、奈瑟菌、根瘤菌、枯草芽孢杆菌、大肠埃希菌等几十种细菌中报道了转化现象，所转化的性状包括荚膜、抗药性、糖发酵特性、营养要求特性等。

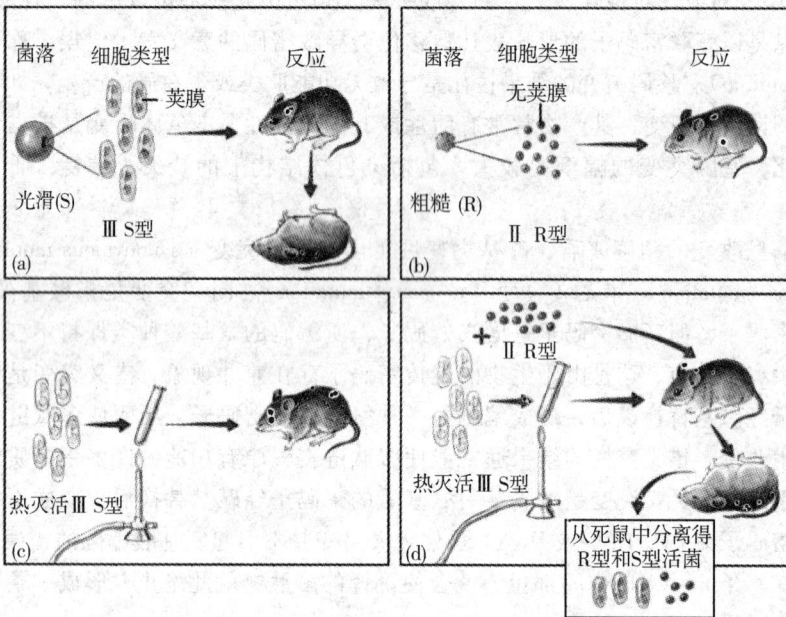

图 8-3　小鼠体内肺炎链球菌转化试验

　　转化的 DNA 片段可以来源于染色体，也可以来源于质粒。染色体转化过程包括有转化能力的染色体 DNA 片段的吸附、吸收和整合 3 个阶段。首先是供体菌的 DNA 片段吸附于受体菌的细胞膜上，这种吸附起先是可逆的，后来则不可逆。细胞膜上的双链 DNA 分解成单链，与一种特异的蛋白结合，穿入受体菌细胞内，与其 DNA 发生整合，取代一部分原来的 DNA，通过基因表达使受体细菌的表型发生相应的变化（图 8-4）。而质粒 DNA 的转化过程没有整合这一环节。

　　许多因素可以影响转化效率，受体菌和供体菌的亲缘关系愈远则转化效率愈低，这主要是受吸附位点专一性和染色体的同源程度的影响。某些外界因素也可以影响转化效率，例如一定浓度的钙离子能够提高大肠埃希菌、流感嗜血杆菌、金黄色葡萄球菌、酵母菌等的转化效率。又例如流感嗜血杆菌吸收双链 DNA 分子的最适 pH 是 6.8，pH 下降到 5.5 以下便不能吸收。温度对于转化也有影响，在肺炎链球菌和流感嗜血杆菌中外源 DNA 的整合在一定范围内都随着温度的上升而提高。

转化包括自然转化和人工转化。自然转化的第一步是受体菌要处于感受态（competence），此时细菌容易从周围环境中摄取 DNA 片段。感受态细菌一般只发生在对数生长期的后期，且保持时间短，仅数分钟到几小时。自然感受态细菌在自然环境中的存在具有普遍性，是细菌应付不良生存条件的一种调节机制，是自然界进行基因交换的重要途径。人工转化是在实验室中采用人工技术完成的，这些技术包括氯化钙或硫酸镁处理细胞、电穿孔法等。Ca^{2+} 诱导细菌成为感受态的机制尚不清楚，一般认为与增加细菌的通透性有关。电穿孔法是利用高压脉冲电流击破细胞膜或在细胞膜形成小孔，使 DNA 大分子能进入细胞，该方法同样适用于真核细胞型微生物。通过这些方法可以使不具有自然转化能力的细菌获得摄取外源 DNA 的能力，是基因工程的基础技术之一。

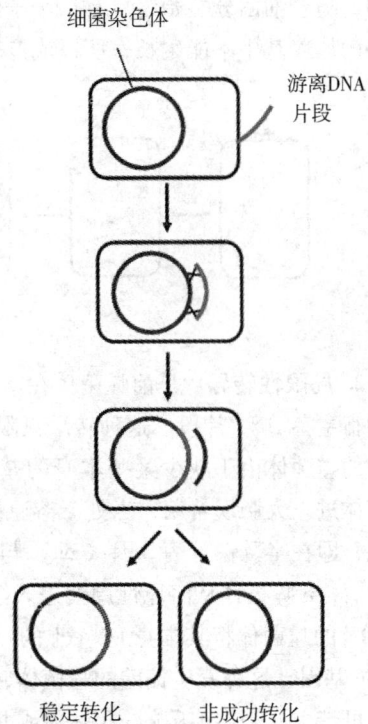

图 8 - 4　细菌的转化过程

（二）转导

转导是以噬菌体为载体将供体菌的遗传物质传递给受体菌，通过交换与整合，使受体菌获得供体菌的部分遗传性状。获得新遗传性状的受体菌细胞，称为转导子（transductant）。转导比转化可转移更大片段的 DNA，而且由于包装在噬菌体的头部受到保护，不易被 DNA 酶降解，所以比转化的效率更高。

转导可分为普遍性转导（generalized transduction）和局限性转导（restricted transduction）。普遍性转导与溶原性噬菌体的溶菌性周期有关，局限性转导则与溶原性噬菌体的溶原性周期有关，二者的区别见表 8 - 3。

1. 普遍性转导　溶原性噬菌体感染细菌以后，可将其基因整合到宿主基因组中，在一定情况下又可以切离出来，进行增殖。溶原性噬菌体在溶菌性周期的后期，其 DNA 大量复制，与外壳蛋白装配形成新的噬菌体。在组装的过程中大约有 $10^{-5} \sim 10^{-7}$ 的新噬菌体会出现错误，将细菌 DNA 的裂解片段误包入噬菌体头部衣壳中，形成一个不含噬菌体自身 DNA 的缺陷噬菌体。当这种错误组装的噬菌体再次感染另一宿主菌时，就会将前一宿主菌的某些遗传信息带给后一宿主菌，导致转导发生。由于被误包入的 DNA 片段可以是宿主菌染色体上的任何部分，所以这种转导称为普遍性转导（图 8 - 5）。根据噬菌体转导的供体菌 DNA 片段是否整合到受体菌的染色体上，又可将普遍性转导分为完全转导（complete transduction）和流产转导（abortive transduction）。转导的 DNA 整合到受体菌染色体上，并能产生稳定的转导子的转导称为完全转导；转导的 DNA 不整合到受体菌的染色体上，而是在细胞质中游离存在，虽然不能继续复制和传代，但仍然表达基因功能的转导称为流产转导。如编码色氨酸的外源性基因（trp）转导至 trp⁻ 的受体菌中，trp 基因虽呈游离状态，但可使细菌产生色氨酸合成酶，故此菌能在无色氨酸的培养基中生长。由于 trp 基因并没有整合的受体菌基因组中，所以不能自身复制，随着细菌分裂始终只有一个子细胞有 trp 基因，另一个没有 trp 基因的子细胞则在无色氨酸的培养基中不能生长，所以流产转导的细菌菌落比正常菌落小得多，易于识别。

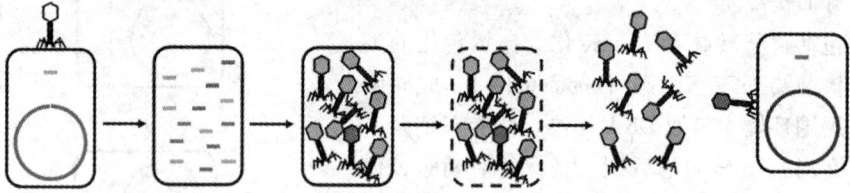

图 8 - 5　普遍性转导

2. 局限性转导　是前噬菌体在从宿主菌基因组切离时出现了偏差，带走了噬菌体两侧相邻的宿主菌 DNA 片段。这种转导只限于两侧相邻的 DNA，所以称为局限性转导。在局限性转导中的噬菌体由于缺少某些本身的基因，因而影响其相应功能，属于缺陷性噬菌体。例如 λ 噬菌体进入大肠埃希菌，当处于溶原性周期时，噬菌体 DNA 整合在大肠埃希菌染色体的特定部位，即在半乳糖苷酶基因（gal）与生物素基因（bio）之间，细菌受紫外线照射或化学因素作用后，λ 噬菌体从溶原性周期进入溶菌性周期，其 DNA 又从细菌染色体上分离，分离时会有 10^{-6} 的噬菌体将其本身 DNA 上的一段留在细菌染色体上，却带走了细菌 DNA 上两侧的 gal 或 bio 基因，这种发生偏差的噬菌体，称为部分缺陷噬菌体，当此噬菌体再次感染另一受体菌时，可带入原来供体菌的 gal 基因或 bio 基因。

表 8 - 3　普遍性转导与局限性转导的区别

	普遍性转导	局限性转导
基因转导的发生时期	溶菌性周期	溶原性周期
转导的遗传物质	供体菌染色体 DNA 任何部位或质粒	噬菌体 DNA 及供体菌 DNA 的特定部位
转导的后果	完全转导或流产转导	受体菌获得供体菌 DNA 特定部位的遗传特性
转导频率	低	高

（三）溶原性转换

溶原性细菌因染色体上整合有前噬菌体而获得新的遗传性状，称为溶原性转换（图 8 - 6）。通过溶原性转换可以使细菌发生毒力变异，例如以 β 棒状杆菌噬菌体感染无毒的白喉杆菌后，可使白喉杆菌获得产生白喉毒素的基因，转化为致病菌；肉毒梭菌产生肉毒毒素、溶血性链球菌产生红疹毒素也是通过溶原性转换而获得。另外细菌的抗原性变异，如沙门菌、志贺菌等抗原结构和血清型别也受溶原性噬菌体的控制，若失去前噬菌体则有关性状发生改变。

溶原性转换与转导有本质上的不同，首先是它的溶原性噬菌体不携带任何供体菌的基因；其次，这种噬菌体是完整的，而不是缺陷的。通过转导，受体菌获得的是供体菌的 DNA 片段，而在溶原性转换中受体菌获得的是噬菌体的 DNA 片段，当噬菌体从受体菌中消失后，通过溶原性转换而获得的性状也同时丧失。

（四）接合

接合是细菌通过性菌毛相互连接沟通，将遗传物质（质粒或染色体 DNA）从供体菌转移到受体菌的过程。迄今为止，已发现多种质粒接合传递体系，主要包括 F 质粒、R 质粒、Col

质粒和毒力质粒等。能通过接合方式转移的质粒称为接合性质粒，不能通过性菌毛在细菌间转移的质粒为非接合性质粒。接合不是细菌的一种固有功能，而是由各种质粒所决定的。F 质粒是最重要的一种，因为只有带有 F 质粒的细菌才能生成性菌毛沟通供体菌与受体菌，当 F 质粒丢失后细菌间就不能进行接合。接合广泛的存在于革兰阴性菌中，几乎包括了所有肠杆菌科的细菌；在某些革兰阳性菌（如链球菌、枯草杆菌）及链霉菌中也有报道。

1. F 质粒的接合 F 质粒又叫致育质粒，其编码的信息是细菌性菌毛。在 F^+ 菌和 F^- 菌的接合过程中，首先是通过 F^+ 菌的性菌毛与 F^- 菌接触，性菌毛逐渐缩短使两菌之间靠近并形成通道。然后开始 F 质粒的转移，F^+ 菌的质

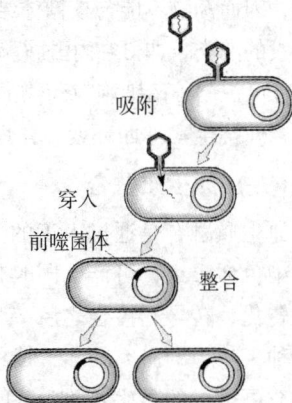

图 8-6 溶原性转换的过程

粒 DNA 中的一条链断开并通过性菌毛通道进入 F^- 菌内。受体菌获得的质粒单链和留在供体菌体内的单链分别在 DNA 聚合酶的作用下进行复制，各自形成完整的 F 质粒。因此，虽然供体菌转移了 F 质粒但并不失去，而受体菌获得 F 质粒后即长出性菌毛，成为 F^+ 菌（图 8-7）。

F 质粒进入受体菌后，能单独存在和自行复制，但有小部分 F 质粒可插入到受体菌的染色

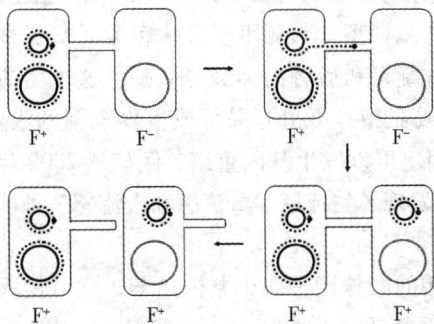

图 8-7 F 质粒的接合

体中，与染色体一起复制。整合后的细菌能高效地转移自身染色体上的基因至 F^- 菌，故称此菌为高频重组菌（high frequency recombinant，Hfr）。在 Hfr 中，F 质粒结合在染色体的末端。当 Hfr 与 F^- 菌接合时，F 质粒的起始转移位点的一股 DNA 断开，引导染色体 DNA 通过性菌毛接合桥进入 F^- 菌，F 质粒的其他部分最后进入受体菌，整个转移需时约 100min。由于细菌间的接合桥并不稳定，在转移的过程中，任何震动都能使转移中的

DNA 断裂而中止。所以在 Hfr 转移中，可能会有不同长度的供菌染色体片段进入 F^- 菌。但由于 F 质粒位于染色体单链的末端，所以 F^- 菌获得 F 质粒的机会是很少的。利用 Hfr 转移自身染色体的特点，可进行基因定位，绘制基因图。

2. R 质粒的接合 R 质粒由耐药传递因子（resistance transfer factor，RTF）和耐药决定子（resistance determinant）两部分组成，这两部分可以单独存在，也可结合在一起，但单独存在时不能发生质粒的接合性传递。例如，金黄色葡萄球菌的 R 质粒只有耐药决定因子而无 RTF，所以不能通过接合的方式向其他细菌传递耐药决定因子。而肠杆菌科细菌的 R 质粒具备上述两种结构，则可通过接合方式在不同种属细菌之间进行传递。RTF 的功能与 F 质粒相似，可编码性菌毛的产生和通过接合转移；耐药决定子能编码对抗菌药物的耐药性，可由几个转座子连接相邻排列，如 Tn9 带有氯霉素耐药基因，Tn4 带有氨苄西林、磺胺、链霉素的耐药基因，Tn5 带有卡那霉素的耐药基因。R 质粒能独立进行复制，随细菌分裂传给子代菌，通过接合作用在细菌间传递，从而导致耐药菌大量增加，因此 R 质粒也称为传染性耐药因子。目前认为 R 质粒决定细菌耐药性的机制包括：①R 质粒控制细菌改变药物作用的靶部位。如链霉素和红霉素的结合靶位分别是细菌核糖体上 30S 和 50S 亚基，R 质粒可编码产生甲基化酶，使药物作用靶位上的氮原子甲

基化，因而药物不能与核糖体结合，也就不能抑制菌体蛋白的合成。②R质粒能使细菌产生灭活抗生素的酶类，如β-内酰胺酶能水解青霉素、头孢菌素等的β-内酰胺环而使其失去作用。③R质粒可控制细菌细胞对药物的通透性。如R质粒能编码产生新的蛋白质，阻塞了细胞壁上的通水孔，使抗生素（四环素、异烟肼等）不能进入菌体内。

（五）原生质融合

原生质融合是通过人工的方法，使遗传性状不同的两细菌的原生质体发生融合。两种细菌的染色体重组，可产生同时带有双亲性状的、遗传性稳定的融合细胞。原生质体融合技术是继转化、转导和接合之后一种更加有效的转移遗传物质的手段。当前，有关原生质体融合在育种工作中的研究甚多，成绩显著，除不同菌株间或种间进行融合外，还能做到属间、科间甚至更远缘的微生物细胞间的融合。虽然融合细胞寿命较短，但通过原生质融合的方式，可使一些原来不具备基因转移条件的细菌进行杂交，获得具有某些特殊生物学性状的重组株。

（六）病毒的基因重组

由于病毒为非细胞型微生物，且具有严格的胞内寄生性，其基因重组的方式与原核细胞和真核细胞均有不同。病毒的基因重组（genetic recombination）是指两种或两种以上有亲缘关系但生物学性状不同的病毒株感染同一细胞时，在核酸复制的过程中发生基因交换和重新组合，产生兼有两亲代病毒特征的子代病毒。这种重组可以在两种活病毒或灭活病毒之间发生。

1. 活病毒间的基因重组　例如甲型流感病毒（A_0亚型）与亚甲型流感病毒（A_1亚型）的基因重组后，产生的子代病毒能同时产生前者的血凝素和后者的神经氨酸酶，这说明流感病毒可以通过活病毒间的基因重组产生新的病毒株或亚型，可引起局部或世界范围的大流行。人流感病毒与某些动物（鸡、猪、马）流感病毒间也可以发生基因重组，例如从2009年在全球范围内大规模流行的甲型H1N1流感病毒中，就发现了猪流感、禽流感和人流感三种流感病毒的基因片段。

2. 灭活病毒间的基因重组　例如将紫外线灭活的两株同种病毒共同培养，常可使灭活的病毒复活，产生具有感染性的病毒体，这称为多重复活（multiplicity reactivation），是因为两种病毒核酸上受损害的基因部位不同，重组后相互弥补而得到复活。因此，现今已不用紫外线灭活病毒制造疫苗，主要就是为了避免多重复活。

3. 死活病毒间的基因重组　例如将能在鸡胚中生长良好的甲型流感病毒（A_0或A_1亚型）经紫外线灭活后，再与亚甲型（A_2亚型）活流感病毒共同培养，可产生具有前者特点的A_2亚型流感病毒，可供制作疫苗，此称为交叉复活（cross reactivation）。

第五节　微生物遗传与变异的实际意义

一、在疾病诊断、治疗和预防中的应用

（一）病原学诊断

由于细菌在形态、结构、毒力、耐药性、抗原性和生化特性等方面均易发生变异，所以在进行细菌学诊断时，不仅要熟悉细菌的典型特性，还要了解细菌的变异规律和变异现象，这对于临床分离菌的鉴定与疾病诊断具有重要意义。例如，临床分离得到的金黄色葡萄球菌大多数有变异，产生的色素由金黄色变为灰白色，所以给该菌的鉴别带来困难。又如伤寒沙

门菌中有10%的菌株不产生鞭毛,检查时无动力,患者也不产生抗鞭毛(H)抗体。所以进行肥达试验时,不出现 H 凝集或 O 凝集效价很低,影响正确的判断。

(二)特异性预防

疫苗接种是使机体建立特异性免疫,预防传染性疾病的有效措施。减毒活疫苗是根据微生物遗传和变异的原理,用人工的方法减弱微生物的毒力,形成保留原有免疫原性的减毒株或无毒株,已成功的应用于某些传染病的预防,如卡介苗、脊髓灰质炎疫苗、麻疹疫苗等。目前疫苗的研究进一步应用人工变异的方法,通过基因工程技术改变决定毒力的基因,获得符合既定目标的变异株,能够更有效地制备理想的菌苗。

(三)疾病治疗

由于抗生素的广泛使用,临床分离的细菌中耐药菌株日益增多,甚至发现有多重耐药的菌株,而且有些耐药质粒同时带有编码毒力的基因,使其致病性增强。这些变异给疾病的治疗带来很大的困难。因此,对临床分离的致病菌,必须在细菌药物敏感试验的指导下正确选择用药,并应防止耐药菌株的扩散。尤其在治疗慢性疾病需长期用药时,除联合使用抗生素外,还要考虑使用免疫调节剂。

二、在致突变物质检测方面的应用

微生物的基因突变可由诱变剂引起,凡是能诱导微生物突变的物质可能也会诱导人体细胞的突变,从而导致肿瘤发生。所以可以利用细菌的致突变试验检测致癌物质。Ames 试验就是常用检测试验之一。用鼠伤寒沙门菌的组氨酸营养缺陷型(his⁻)作为试验菌,以检测疑为诱变剂的的可疑化学致癌物质。因 his⁻ 菌在组氨酸缺乏的培养基上不能生长,若发生突变成为 his⁺ 菌则能生长。比较含有被检物的试验平板与无检物的对照平板,计数培养基上的菌落数,凡能提高突变率、诱导菌落生长较多者,证明被检物有致癌的可能。

三、在遗传学和基因工程中的应用

微生物的遗传与变异是菌种选育(selection strain)的理论基础。菌种选育是指利用基因突变和 DNA 重组改良或改变菌种的生物学特性,使其符合工业生产或科学研究的要求。菌种选育的过程包括:首先使菌种产生变异;其次筛选出变异的菌株;最后使变异菌株的特性得以表达。根据菌种产生变异方式的不同,可以将菌种选育分为:自然选育、诱变育种、杂交育种和基因工程等方法。菌种选育技术的应用可大大提高微生物发酵产量,促进微生物发酵工业的发展。例如通过菌株选育,青霉素发酵单位从最初的 20U/ml 提高了 3000 倍,达到60 000U/ml。菌种选育在提高产品质量、改变产品组分、改善工艺条件、增加菌种遗传标记等方面也起到重大作用。

基因工程是一种 DNA 体外重组技术,其基本过程是用人工方法将所需要的某一供体生物的目的基因 DNA 片段提取出来,在离体的条件下用适当的工具酶切割,将它与载体的 DNA 分子连接构建重组载体,再将其导入某一易生长、繁殖的受体细胞中,让外源遗传物质受体细胞中进行正常的复制和表达,从而获得新的产物。目前很多不易从天然生物体内大量获得的生物活性物质,如胰岛素、干扰素、各种生长激素、IL-2、乙型肝炎表面抗原等都可通过基因工程菌大量生产。

(李　岩)

第二篇
免疫学基础

免疫学概述

免疫学（immunology）早期主要研究机体对病原微生物的抵抗，属于微生物学的研究范畴。20 世纪 60 年代，免疫学的理论和技术有了飞速发展，突破了传统抗感染免疫的局限，逐渐从微生物学中分离出来成为一门独立学科。

第一节　免疫学基本概念

一、免疫的基本概念

免疫（immunity）：来源于拉丁字 immunitas：免除劳役和税赋。由于免疫现象的认识来源于"瘟疫"等感染性疾病，因此免疫最初含义为"免除瘟疫"。

随着人们对免疫现象的认识逐步深入，发现许多免疫现象与微生物无关，并且免疫的结果既有利于机体一面，也可造成机体组织损伤，甚至可引起自身免疫性疾病，显然免疫的概念应赋予新的含义。

免疫的现代概念免疫是指机体接触"抗原性异物"或"异己成分"的一种生理性功能。由机体免疫系统执行，能识别和排除抗原性异物（即区别"自己"和"非己"成分），藉以维持机体内环境的稳定。它包括：①免疫防御（抗感染）；②免疫监视（清除突变细胞）；③免疫自稳（清除衰老死亡细胞）。免疫的本质是识别"自己"和"非己"成分，对"自己"成分保持耐受，对"非己"的抗原性异物进行清除。

二、免疫的功能

根据免疫清除的对象，免疫具有如下功能。①免疫防御：针对病原微生物及其毒性产物。异常可发生超敏反应。②免疫自稳：针对体内衰老或损伤的体细胞。异常可发生自身免疫性疾病。③免疫监视：针对畸变或突变细胞。异常可发生肿瘤或持续性病毒感染。

三、免疫应答的类型

据机体的免疫力获得方式、免疫力特异性的不同，免疫可分为固有免疫和适应性免疫两类。

（一）固有免疫

固有免疫（innate immunity）为种群在长期进化过程中逐渐形成的天然防卫功能，为机体抵御病原体侵袭的第一道防线，作用范围广，作用发挥快。出生时即具备，非后天形成，故也称天然免疫；由于不针对特定抗原，故又称非特异性免疫。

固有免疫功能的发挥需多种免疫因素参与，主要包括如下结构。

1. 屏障结构

（1）皮肤黏膜屏障 ①物理屏障作用：病原体要引起感染，首先须通过皮肤或消化道、呼吸道、泌尿生殖道等黏膜侵入机体。由于皮肤由致密的多层扁平细胞组成，完整的皮肤能有效地阻挡病原微生物的入侵；黏膜表面有纤毛，可以定向摆动，具有重要的排异功能。②化学屏障作用：皮肤和黏膜还可分泌多种化学物质，如汗腺分泌乳酸，皮脂腺分泌脂肪酸，胃黏膜分泌胃酸等均具有溶细菌或抵抗细菌作用。③生物屏障作用：皮肤和与外界相通的腔道黏膜表面定植着许多正常菌群，这些正常微生物通过防止附着、竞争必要的营养物质、释放抗菌物质来抵抗病原微生物。

（2）血-脑屏障 血-脑屏障由软脑膜、脉络丛的毛细血管壁和包在壁外的星形胶质细胞所形成的胶质膜所组成。其结构致密，能阻挡血液中微生物及其他大分子物质进入脑室及脑组织。

（3）血胎屏障 血胎屏障由母体子宫内膜的基蜕膜和胎儿的绒毛膜滋养层细胞所组成，可阻挡母体内有害物质进入胎儿体内。

2. 固有免疫细胞 体内还有多种细胞参与固有免疫，主要有 NK 细胞、中性粒细胞、单核巨噬细胞等。它们对抗原无严格选择性，能识别多种病原微生物等抗原共有成分。

3. 固有免疫分子 细胞因子、溶菌酶、补体等体液分子参与固有免疫。

（二）适应性免疫

适应性免疫（adaptive immunity）为个体出生后接触特定抗原而形成的免疫力。由于为后天获得，非生来即有，也称获得性免疫。因仅针对该特定抗原而发生反应，具较强特异性，又称特异性免疫。其识别抗原由特异性 T 淋巴细胞的 T 细胞抗原受体（T cell antigen receptor，TCR）或 B 淋巴细胞的 B 细胞抗原受体（B cell antigen receptor，BCR）承担。T 淋巴细胞或 B 淋巴细胞识别抗原后活化、增殖和分化，形成特异性效应 T 细胞或活效应分子（抗体），以特异性效应细胞或抗体为中心清除抗原异物。适应性免疫包括 T 细胞识别抗原后活化以效应 T 细胞为中心的细胞免疫应答（即 T 细胞介导的细胞免疫应答）和 B 细胞识别抗原后活化以抗体为中心的体液免疫应答（B 细胞介导的体液免疫应答）。

四、免疫系统的组成

免疫系统是执行免疫功能的系统，它可从免疫器官/组织，免疫细胞和免疫分子等三个层次来理解，因此免疫系统可包括：①免疫器官和免疫组织，如胸腺、骨髓、淋巴结、脾脏等；②免疫细胞，如 T 淋巴细胞、B 淋巴细胞、NK 细胞、单核巨噬细胞、树突状细胞等；③免疫分子，如存在于体液中的抗体、补体、细胞因子、溶菌酶等，以及存在于免疫细胞表面的TCR、BCR、MHC 分子等。

第二节 免疫学发展简史

一、免疫学的研究内容

免疫学早先属于医学微生物学的一部分，后来发展成为独立学科。它是研究人体免疫系统组织结构和生理功能的科学，具体包括：①免疫器官/组织、免疫细胞、免疫分子的结构及功能；②免疫应答的过程及机理；③免疫功能异常所致疾病过程及其机制；④免疫耐受的诱导，维持，打破及其机制；⑤免疫学理论和方法在疾病的防治和诊断中的应用。

免疫学发展迅猛，涉及领域广泛，从免疫学与应用的关系分为：①基础免疫学：研究机体免疫系统的组成、结构、功能，及其免疫应答等基本问题的一门学科，由此派生出：免疫生物学、分子免疫学、免疫遗传学、免疫化学等学科分支。②临床免疫学：利用基础免疫学理论与技术研究临床疾病发生、发展的规律，进而探讨疾病的预防、诊断和治疗的一门学科，它包括：肿瘤免疫学、移植免疫学、感染免疫学、自身免疫性疾病等。

二、免疫学的发展简史

免疫学的发展可归纳为以下三个时期。

（一）经验免疫学时期（16～19世纪末）

该时期主要发现免疫现象，但对免疫的物质基础和免疫的本质无认识或正确的解释。这其中有代表性的是对烈性传染病天花的预防。人们很早观察到天花感染的幸存者却不会再次患病，因此我国在16世纪有记载接种"人痘"以预防天花。18世纪后叶英国医生 E. Jenner 发明了牛痘，有效地防止天花的流行。

（二）科学免疫学时期（19世纪中～20世纪中）

该时期以实验为主研究免疫现象的本质及其作用机理，发明多种疫苗以预防疾病，建立免疫学手段以检测和治疗疾病。此阶段的主要进展包括：①人们尝试使用灭活或减毒的病原体制成疫苗以预防传染病，如 Louis Pasteur 将炭疽杆菌经 40～37℃ 培养后制成人工减毒活疫苗以预防牲畜炭疽病的发生，用动物传代和干燥法获得狂犬病毒减毒株。②揭示了免疫的物质基础，发现了抗体、吞噬细胞、淋巴细胞在免疫中的作用，进一步认识到抗体的化学结构及本质，并成功的应用抗毒素如白喉外毒素的抗毒素治疗感染性疾病。③认识到免疫可以无保护性，相反能引起组织损伤效应即超敏反应，如青霉素过敏、输血反应等。

（三）现代免疫学时期（20世纪中叶～现在）

分子生物学的兴起，极大地推动了免疫学的发展。大量的免疫分子基因被克隆、表达，对免疫应答的研究深入到基因水平和分子水平。免疫学新技术、新方法的出现，一些新的免疫现象被观察到并获得解释。到目前为止此阶段的主要进展包括：①阐明了抗体、TCR多样性和特异性的遗传学基础，克隆了细胞因子（cytokine）及其受体，并将细胞因子迅速应用于临床实践中去，发现并深入研究免疫应答过程的信号转导途径。②发现了自身免疫现象，认识到自身成分在某些特殊情况下也能诱导免疫反应，阐明了自身免疫性疾病的免疫学机制。③发现了免疫耐受现象发现并对其机理展开了研究。④建立起单克隆抗体技术、T细胞克隆技术、多种免疫标记技术，推动了生物技术和生物产业的发展。

三、免疫学与生物药业的关系

现代药业包括化学药业、中药药业和生物药业。免疫学从其建立之日开始，所取得的重要进展均对生物技术药业起着巨大推动作用，形成了极富生命力的"基础研究－应用研究－技术开发"的发展模式。最初抗感染免疫有力地推动了以疫苗研制为代表的生物制品产业的发展。近三十年来，现代免疫学在更深层次和更广泛领域推动了生物高技术和生物药业的发展，其中以单克隆抗体、基因工程抗体、细胞因子为主要产品的生物制药，目前成为生物制药领域的领头羊，已发展成具有巨大市场潜力和巨大经济效益的新型产业。

（刘晓波）

第九章 抗 原

抗原（antigen，Ag）是指凡能刺激和诱导机体的免疫系统产生免疫应答，并能与免疫应答产物（即抗体和致敏淋巴细胞）在体内或体外发生特异性结合反应的物质。在某些情况下，抗原亦可诱导机体产生免疫耐受或引起超敏反应，这些抗原分别被称为耐受原（tolerogen）或变应原（allergen）。

一个完整的抗原分子一般应具有两个基本特性：即免疫原性（immunogenicity）和反应原性（reactogenicity）。免疫原性是指抗原能刺激宿主的免疫系统产生免疫应答，诱导抗体或致敏淋巴细胞产生的能力；反应原性是指抗原能在体内外与所诱导产生的抗体或致敏淋巴细胞特异性结合的能力，又称免疫反应性（immunoreactivity）。既具免疫原性、又具反应原性的物质称为完全抗原，又称免疫原（immunogen），即通常所称的抗原，如各种微生物和异种蛋白等。只有反应原性而无免疫原性的抗原被称为半抗原（hapten）或不完全抗原，如某些多糖、类脂和药物等。半抗原能与相应的特异性抗体结合，但本身不能诱导产生免疫应答反应，只有与大分子蛋白质载体（carrier）结合后，才能成为完全抗原，从而获得免疫原性。

第一节　决定抗原免疫原性的条件

一、抗原的异物性

免疫的本质是机体的免疫系统识别自我与非己，并通过免疫应答排除抗原性异物的功能。所谓异物是指化学结构组成与自身成分相异或免疫系统发育成熟前未接触过的物质。正常成熟机体的免疫系统之所以能够识别宿主自身物质与非自身物质，对自身物质一般不产生免疫应答，只对非自身物质产生免疫应答，是因为机体的免疫系统在发育过程中，通过淋巴细胞与抗原接触而形成了"非己即异"的免疫识别。也正因为如此，机体将一些在胚胎期从未与淋巴细胞接触过（被隔离组织或称隐蔽抗原，如晶状体蛋白、精子和脑组织等）的自身物质、理化性状已发生改变的自身物质视为"异己"物质，这些自身物质对免疫系统而言，是具有免疫原性的抗原物质。因此，异物不是专指同种异体物质或异种物质，而是指胚胎期免疫系统的淋巴细胞未曾接触过的物质，包括异种物质、同种异体物质、被隔离的自身物质和已发生改变的自身物质。

异物性是指抗原来源的生物体与所刺激机体间的差异性，是某一物质能否成为抗原的首要条件。一般而言，抗原与机体的种属亲缘关系越远，其化学结构差别越大，免疫原性就越强，而亲缘关系越近，免疫原性越弱。例如，病原微生物对人而言，是异种生物，其免疫原性很强；鸭血清蛋白对鸡是弱抗原，而对家兔则是强抗原；又如在器官移植中，异种移植物排斥强烈，不能存活；同种移植物排斥相对较弱，可存活一定时间；而自身移植物不引起排斥反应，可长期存活。

二、一定的理化性质

（一）分子量大小

一般而言，抗原的免疫原性亦受分子量大小的影响，一个有效免疫原的分子量大多为10000以上。分子量越大，免疫原性越强。分子量大于10000为强抗原，小于10000为弱抗原，甚至无免疫原性。其原因可能有：①大分子物质化学结构复杂，表面抗原决定簇多，能有效激活淋巴细胞；②大分子物质化学结构稳定，不易被降解或清除，可在体内长期停留，能持续刺激淋巴细胞。但也有例外，如明胶分子量为10^5，但因其为直链氨基酸结构，在体内易降解为低分子物质，所以免疫原性很弱，而胰岛素，其分子量仅为5734，仍具免疫原性。

（二）分子构象和易接近性

抗原分子的构象（conformation）决定抗原的免疫原性。一个良好的抗原，其分子构象上的特殊化学基团与淋巴细胞的抗原识别受体吻合，即是说此抗原具有与淋巴细胞受体结合的分子构象。

易接近性（accessibility）是指抗原分子的特殊化学基团与淋巴细胞表面的抗原受体相互接触、结合的难易程度。它决定抗原免疫原性的强弱。特殊化学基团如紧接在抗原骨架侧面，而不暴露在抗原分子表面，淋巴细胞表面的抗原识别受体虽然与之相对应，但不能够吻合，免疫原性则很弱，甚至无免疫原性。如果侧链间距加大，或特殊化学基团暴露于外端，易接近性强，则免疫原性亦较强（图9-1）。

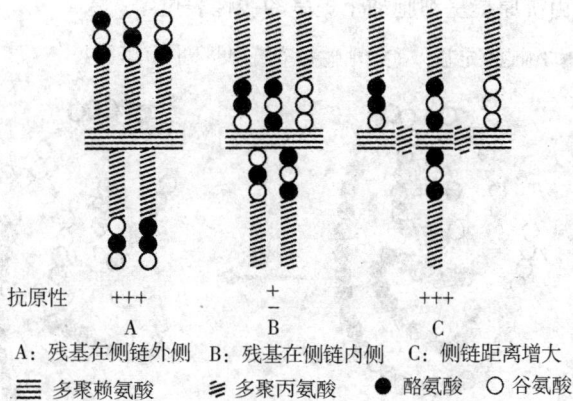

抗原性　　+++　　　　　+　　　　　　+++
　　　　　　A　　　　　-　B　　　　　　C
A：残基在侧链外侧　B：残基在侧链内侧　C：侧链距离增大
≡ 多聚赖氨酸　≥ 多聚丙氨酸　● 酪氨酸　○ 谷氨酸

图9-1　氨基酸残基在合成多肽骨架侧链上的位置与免疫原性的关系

（三）化学性质与结构复杂性

大多数完全抗原分子是蛋白质，其中含有大量芳香族氨基酸，尤其是含有酪氨酸的蛋白质，其免疫原性更强；而以非芳香族氨基酸为主的蛋白质，其免疫原性较弱。结构复杂的多糖、脂多糖亦可具免疫原性，而脂类和哺乳动物的细胞核成分如 DNA、组蛋白表现出很弱的免疫原性。而在活化的淋巴细胞中，其染色质、DNA 和组蛋白都具有免疫原性。

三、抗原的特异性

抗原的特异性表现在抗原的免疫原性和反应原性两方面。即某一特定抗原只能刺激机体的免疫系统产生针对该抗原的特异性抗体/致敏淋巴细胞，同时也只能与相应的抗体/致敏淋巴细胞发生特异性结合。例如，伤寒杆菌诱导的免疫应答只能针对伤寒杆菌；志贺杆菌不能诱导出对伤寒杆菌的免疫力，与抗伤寒杆菌抗体也不发生反应。特异性是获得性免疫应答的重要特征，是特异性免疫防治和免疫诊断的基本依据。抗原特异性与抗原分子中抗原决定簇的种类、组成和空间构型等因素有关。

（一）抗原决定簇

研究表明抗原分子中能与抗体或 BCR/TCR 结合的化学基团只是抗原分子中的一小部分，这种能与抗体结合或能被 BCR/TCR 识别的、决定抗原特异性的特殊化学基团，称为抗原决定簇（antigenic determinant，AD），因其通常存在于抗原分子表面，故又称抗原表位（epitope）。通常，一个多肽抗原表位含 5~6 个氨基酸残基，一个多糖表位含 5~7 个单糖。抗原表位是抗原分子与淋巴细胞表面的抗原识别受体（TCR/BCR）及抗体特异结合的基本单位。抗原可通过抗原表位与 BCR/TCR 结合，以诱导免疫应答反应，亦可藉抗原表位与相应抗体或效应 T 细胞在体内外发生特异性结合反应，以清除抗原或用于辅助疾病诊断。抗原表位的性质、数目和空间构象是决定抗原特异性的物质基础，据其结构、结合对象和存在部位不同，可分为以下几类。

1. 构象表位和顺序表位　抗原表位在结构上有两大类，一是构象表位（conformational determinant）；二是顺序表位（senquential determinant）（图 9-2）。构象表位是短肽和多糖残基在序列上不连续排列，在空间上形成特定的构象，又称非线性表位。顺序表位是由连续线性排列的短肽构成，又称为线性表位（line determinant）。B 细胞可识别构象表位或顺序表位，而 T 细胞只能够识别由抗原提呈细胞加工提呈的线性表位。

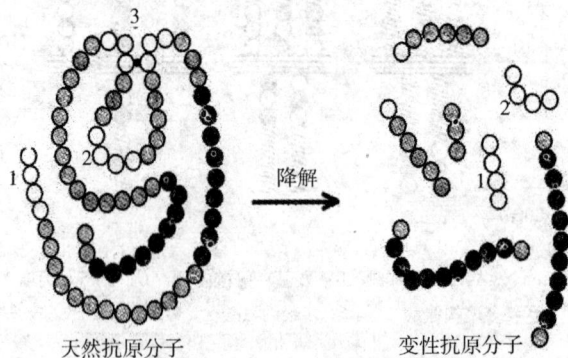

● T细胞决定基　　○ B细胞决定基　　1和2可存在,3消失

降解　　　天然抗原分子　　　变性抗原分子

B细胞决定基:1.在分子表面为线性结构;2.为隐蔽抗原决定基;3.为构象决定基
T细胞表位为线性结构,位于分子任意部位。天然抗原分子经酶解后,易失活的是B细胞构象表位

图 9-2　抗原表位的类型与特点

2. T 细胞表位和 B 细胞表位 根据 T、B 细胞所识别的抗原表位的不同, 表位可分为 T 细胞表位和 B 细胞表位。B 细胞表位位于抗原表面, 可直接刺激 B 细胞; T 细胞表位可存在于抗原物质的任何部位。表 9 – 1 是 T 细胞表位和 B 细胞表位的特征比较。

表 9 – 1 T 细胞表位和 B 细胞表位的特征比较

	T 细胞表位	B 细胞表位
表位受体	TCR	BCR
MHC 分子	必需	无需
表位性质	主要是线性短肽	天然多肽、多糖、脂多糖、有机化合物
表位大小	8 ~ 12 个氨基酸 (CD8$^+$T 细胞) 12 ~ 17 个氨基酸 (CD4$^+$T 细胞)	5 ~ 15 个氨基酸或 5 ~ 7 个单糖、核苷酸
表位类型	线性表位	构象表位; 线性表位
表位位置	抗原分子任何部位	抗原分子表面

3. 功能性表位和隐蔽性表位 位于抗原分子表面、易与 BCR 或抗体结合的构象表位, 称为功能性抗原表位, 在其中起关键作用的个别化学基团, 称为免疫优势基团。位于抗原分子内部、不能与 BCR 结合的构象表位, 称为隐蔽性抗原表位。在某些生物、理化因素作用下, 隐蔽性抗原表位可暴露于分子表面、成为功能性表位, 从而诱导免疫应答反应, 这在自身抗原中较常见。

(二) 抗原结合价

一个抗原分上能与抗体分子特异性结合的功能性表位数目, 称为该抗原分子的抗原结合价 (antigenic valence)。如肺炎球菌夹膜多糖半抗原只有一个表位, 只能与一个特异性抗体分子结合, 为一价抗原; 大多数天然抗原表面具多个相同或不相同的抗原表位, 能与多个相应的抗体分子特异性结合, 故为多价抗原 (图 9 – 3)。

| 具有2个表位的小抗原 抗原结合价=2 | 具有6个表位的中等大小抗原 抗原结合价=4 | 具有10个表位的大抗原 抗原结合价=8 |

图 9 – 3 抗原结合价图示

(三) 共同抗原与交叉反应

简单半抗原表面只有一个抗原表位, 只能与一种抗体结合。天然抗原表面大多存在具不同特异性的多种抗原表位, 可诱导产生多种抗体, 而每一种表位只能与相应抗体特异性结合。两种不同抗原分子 (如甲、乙两种细菌) 表面具有的相同抗原表位, 称共同抗原 (common antigen)。因为共同抗原的存在, 由甲、乙两种细菌刺激机体产生的抗体, 不仅可分别与其自身表面的相应抗原表位结合, 而且由甲菌刺激机体产生的抗体还能与乙菌表面的相同表位结合; 同样, 乙菌刺激机体产生的抗体, 亦可与甲菌表面的相同表位结合, 但反应程度较弱。这种抗原、抗体反应即称为为交叉反应 (cross – reaction)。某些具有相似立体构型的表位的不同抗原分子、即使其化学结构不相同，其抗原、抗体间亦可发生交叉反应（图9-4），但其结合能力不如特异者强。在血清学诊断中，必须避免交叉反应，以免造成误诊。

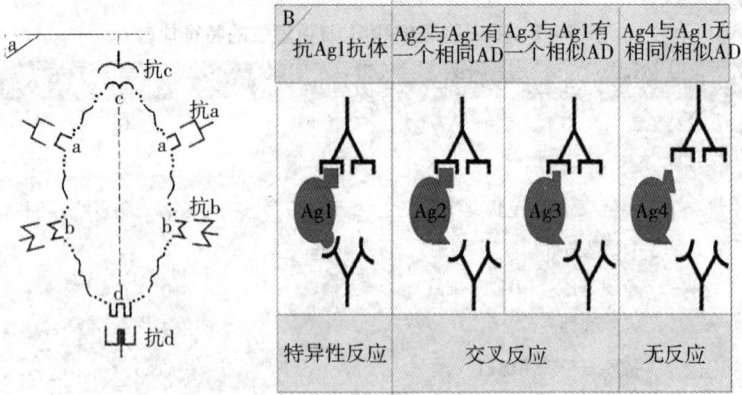

图9-4 抗原的特异性反应与交叉反应

第二节 抗原的分类

一、抗原分类

抗原物质种类繁多，目前一般用以下几种抗原分类法。

（一）根据抗体产生时是否依赖 T 细胞的辅助分类

根据刺激 B 细胞产生抗体时是否需 T 细胞辅助，可将抗原分为胸腺依赖性抗原（thymus dependent antigen，TD-Ag）和非胸腺依赖性抗原（thymus independent antigen，TI-Ag）两类。

TD-Ag 是既含 T 细胞表位、又含 B 细胞表位，需要 T 细胞辅助才能激活 B 细胞产生抗体的抗原。由于 T 细胞被称为胸腺依赖淋巴细胞，故这类抗原称胸腺依赖抗原。绝大多数天然蛋白质抗原均为 TD-Ag，如各种组织细胞、病原微生物及血清蛋白成分等。这类抗原的特点是由蛋白质组成、分子量大、表面决定簇种类多，但每种决定簇的数量不多，且分布不均匀，因此虽然能与 B 细胞结合，但单独不能激活 B 细胞。TD-Ag 可诱导细胞免疫和体液免疫，并可引起再次应答；产生的免疫球蛋白主要为 IgG。

TI-Ag 只含 B 细胞表位，不含 T 细胞表位，不需要 T 细胞辅助而直接激活 B 细胞，产生 IgM 类抗体，故只能够诱导体液免疫应答，而不能诱导细胞免疫，也不能引起回忆性免疫应答。TI-Ag 在自然界中较少，常见的有细菌脂多糖（LPS）、夹膜多糖和聚合鞭毛素等。TI-Ag 的特点是它们是高分子量三维结构的物质，表面具有许多相同的抗原决定簇，这些相同的抗原决定簇呈线型（或链状）排列，故能与 B 细胞上受体牢固结合，并引起受体的小量交联和位置移动，从而 B 细胞被活化。

（二）根据与机体的亲缘关系分类

1. 异种抗原 异种抗原（xenogenic antigen）是指相对于宿主来源的另一物种的抗原性物质称为异种抗原。对人而言，各种动物血清、组织，各种病原微生物及其代谢产物都是异种抗原。

2. 同种异型抗原 同种异型抗原（allogenic Ag）是指同一种属不同个体之间存在的抗原。人类最主要的同种异型抗原有 ABO 血型抗原、Rh 血型抗原和人类白细胞分化抗原。

3. 自身抗原 自身抗原（autoantigen）是指能引起自身免疫应答的自身成分。正常情况下，机体免疫系统对自身组织细胞不产生免疫应答而处于耐受状态。当隔离组织释放，或自身成分发生改变及被修饰均可构成抗原，引起自身免疫应答。

4. 异嗜性抗原 异嗜性抗原（heterophilic antigen）为一类与种属无关，存在于人、动物及微生物之间的共同抗原。异嗜性抗原由 Forssman 发现，故又称 Forssman 抗原，它具有广泛的交叉反应性。例如，溶血性链球菌的表面成分与人肾小球基底膜及心肌组织具有共同抗原存在，故在链球菌感染后，其刺激机体产生的抗体可与具有共同抗原的心、肾组织发生交叉反应，导致肾小球肾炎或心肌炎；大肠杆菌 O14 型脂多糖与人结肠黏膜有共同抗原存在，有可能导致溃疡性结肠炎的发生。

（三）其他分类

根据抗原产生方式的不同，可将抗原分为天然抗原和人工抗原；根据其物理性状的不同，分为颗粒性抗原和可溶性抗原；根据抗原的化学性质不同，分为蛋白质抗原、多糖抗原及多肽抗原等；根据抗原诱导的免疫应答，可分为移植抗原、肿瘤抗原、变应原及耐受原等。

二、医学上重要的抗原

（一）病原微生物及其代谢产物

细菌、病毒、螺旋体及立克次体等微生物都是良好的抗原。如细菌，虽然结构简单，但化学组成很复杂，其表面抗原、鞭毛抗原、菌毛抗原、菌体抗原等均能刺激机体免疫系统产生免疫应答、而诱导相应抗体的产生。这些抗原在微生物的鉴定、分型、致病作用及临床诊断上均有很大意义。

细菌的代谢产物多数有良好的抗原性，甚至有些免疫原性特别强（例如外毒素）。在医学实践中，用 0.3% ~0.4% 甲醛可以使外毒素脱毒成为类毒素，如白喉类毒素和破伤风类毒素。脱毒作用既改变了外毒素与细胞结合的能力，又消除了它强大的毒性作用，但保留了其免疫原性，可刺激机体产生特异性抗外毒素的抗体，因此可用于人工免疫预防和治疗。

在病原微生物的多种成分中，能使机体产生保护性免疫力的只是其中一小部分，其他成分不能刺激机体免疫系统产生有效的保护作用，有时还可能引起不良反应。因此在制备微生物疫苗时，应选择保护性抗原。

（二）同种异型抗原

在同一种属不同个体之间所存在的抗原，称为同种异型抗原（allogenic antigen）。常见的人类同种异型抗原有 ABO 血型系统、Rh 血型系统及 HLA。这些同种异型抗原与免疫应答、输血反应、移植排斥反应和某些超敏反应性疾病的发生密切相关。

（三）自身抗原

能引起自体发生免疫应答的自身成分称为自身抗原。在正常情况下，机体对自身组织细胞不产生免疫应答，即自身耐受。但在感染、外伤、服用某些药物等影响下，使隔离抗原释放，或改变和修饰了自身组织的抗原结构而成为自身抗原，而发生自身免疫性疾病。

(四) 肿瘤抗原

肿瘤抗原有肿瘤特异性抗原 (tumor specific antigen, TSA) 和肿瘤相关抗原 (tumor associated antigen, TAA) 两类。肿瘤特异性抗原只存在于某种癌变细胞表面；而肿瘤相关抗原并非肿瘤细胞所特有，在正常细胞上也可存在，但在细胞癌变时，含量明显增加。肿瘤抗原可用于某些肿瘤的辅助诊断。

(五) 药物等其他变应原

某些药物如青霉素、磺胺以及油漆、燃料、塑料等化学物质可作为半抗原，进入机体与蛋白质结合成为完全抗原，可刺激机体发生超敏反应。植物花粉、某些中药也是重要的抗原，可引起超敏反应。

第三节 免疫佐剂

一、佐剂的概念及生物学作用

佐剂 (adjuvant) 是一类与抗原同时注射或预先注入机体后，能非特异性增强机体对抗原的免疫应答或改变免疫应答类型的物质。

佐剂的免疫生物学作用如下。

(1) 增强抗原的免疫原性，使无免疫原性或免疫原性很弱的物质成为良好的免疫原。如将无免疫原性的合成多肽与弗氏佐剂混用，可使其获得较强的免疫原性。

(2) 增强机体对抗原刺激的反应能力，提高机体初次应答和再次应答的抗体滴度。

(3) 改变抗体类型，使由产生 IgM 转变为产生 IgG。

(4) 产生或增强迟发型超敏反应。

二、常见佐剂的种类

佐剂的种类很多，常用的佐剂有以下几类。

(一) 油性佐剂

最具有代表性的油性佐剂是弗氏佐剂 (Freund's adjuvant)，可分为弗氏完全佐剂和弗氏不完全佐剂。弗氏完全佐剂是由矿物油、死分枝杆菌、抗原的盐溶液加上乳化剂混合而成的一种油包水溶剂；不含分枝杆菌的弗氏佐剂，即为弗氏不完全佐剂。

(二) 无机化合物佐剂

如氢氧化铝 [Al (OH)$_3$]、明矾等。

(三) 合成佐剂

如聚肌胞 (polyI：C)、多聚腺苷酸、脂质体等。

(四) 生物性佐剂

卡介苗 (BCG)、短小棒状杆菌 (CP)、脂多糖 (LPS)、细胞因子 (如 GM - CSF) 等。

三、佐剂的作用机制

佐剂增强免疫应答的机制尚未完全了解，不同佐剂的作用也不尽相同，其作用机制可能是：①佐剂与抗原物质一起注入机体后，可改变抗原的物理形状，形成抗原储存库，使抗原缓慢释放，延长抗原在体内的停留时间；②刺激单核巨噬细胞，使之迁移至抗原注射部位，增强这些细胞对抗原的处理和提呈能力；③刺激淋巴细胞增殖分化，从而增强和扩大免疫应答的作用。由于佐剂是非特异性免疫增强剂，故已日益广泛地用于基础研究和临床疾病的防治研究。

（赵明才）

第十章 免疫系统

免疫系统（immune system）是机体执行免疫功能的物质基础，可以从免疫器官、组织、免疫细胞和免疫分子三个层次来理解免疫系统。

第一节 免疫器官、组织

免疫器官、组织主要由淋巴细胞构成，是淋巴细胞发育、成熟或定居、接触抗原发挥免疫功能的场所。免疫器官、组织根据是否为淋巴细胞发育成熟场所，可分为中枢免疫器官和周围免疫器官，二者通过淋巴循环或血液循环相互联系（图 10 - 1）。

一、中枢免疫器官

中枢免疫器官（central immune organ）或称初级淋巴器官（primary lymphoid organ），为淋巴细胞发生、分化、成熟的场所。人或其他哺乳动物中枢免疫器官是骨髓和胸腺。鸟类的中枢免疫器官包括胸腺和腔上囊（法氏囊，bursa of Fabricius，功能相当于骨髓）。

（一）骨髓

骨髓（bone marrow）位于骨髓腔中，分为红骨髓和黄骨髓，是 B 淋巴细胞的发生、分化、成熟的场所，也是各类血细胞和免疫细胞发生和成熟的场所。骨髓中含有分化能力极强的多能造血干细胞（hematopoietic stem cell，HSC）。多能造血干细胞表达 CD34 和干细胞抗原 - 1（SCA - 1）等干细胞分子，在骨髓的造血微环境中分化为髓系干细胞和淋巴系干细胞。前者发育成红细胞系、粒细胞系、单核细胞系和巨核细胞系，最终分化成熟为红细胞、粒细胞、单核巨噬细胞、血小板等血细胞。后者进一步发育成前 T 细胞、前 B 细胞、非 T 非 B 淋巴细胞前体。最终前 T 细胞进入胸腺，最终分化成熟为 T 淋巴细胞；前 B 细胞、非 T 非 B 淋巴细胞前体均留在骨髓中最终发育成熟为 B 淋巴细胞、天然杀手细胞（natural killer cell，NK）。

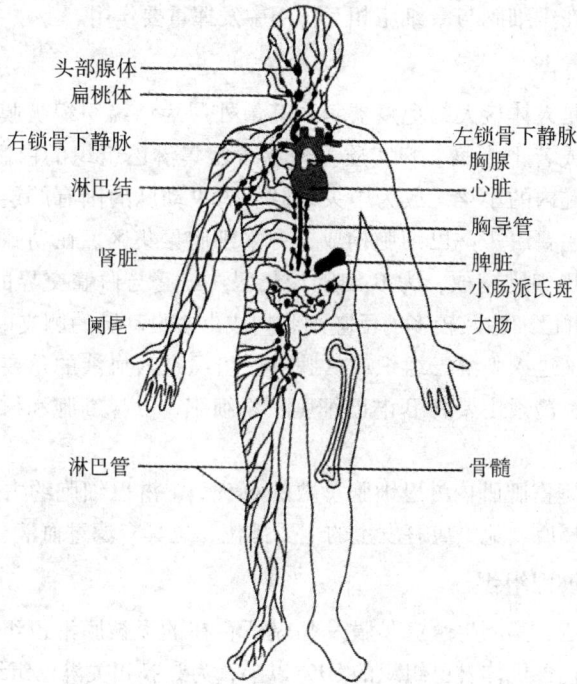

头部腺体
扁桃体
右锁骨下静脉
淋巴结
肾脏
阑尾
淋巴管

左锁骨下静脉
胸腺
心脏
胸导管
脾脏
小肠派氏斑
大肠
骨髓

图 10 - 1 人体免疫器官和组织

（二）胸腺

胸腺（thymus）位于胸骨后面，心脏上方，是 T 淋巴细胞分化、发育、成熟的场所。胸腺分为左右两叶，表面覆盖有结缔组织被膜，被膜深入胸腺实质，将实质分隔成若干胸腺小叶。胸腺小叶外层为皮质，内层为髓质，皮质和髓质交界处含大量血管。人胸腺的大小和结构随年龄不同而有明显差异，在胚胎第 20 周时胸腺发育成熟。新生期胸腺重 15 ~ 20g，以后逐渐增大，至青春期时达到最大，重 30 ~ 40g，以后随年龄增长而逐渐萎缩退化。从骨髓来的前 T 细胞经血液循环进入胸腺，在胸腺微环境中，经历阳性选择和阴性选择，最终分化成熟为 T 细胞。

二、外周免疫器官

外周免疫器官（peripheral immune organ）或称次级免疫器官（secondary lymphoid organ），是成熟淋巴细胞定居场所、也是对外来抗原产生免疫应答的主要部位。包括淋巴结、脾脏和黏膜相关淋巴组织。

（一）淋巴结

淋巴结（lymph node）广泛分布于机体非黏膜部位的淋巴管道上，是结构最完备的外周免疫器官。其基本结构包括表面覆盖的结缔组织被膜和被膜下的实质。淋巴结实质又分为皮质和髓质。皮质位于被膜下方，包括靠近被膜的浅皮质区和浅皮质区内侧的深皮质区。浅皮质区主要为 B 淋巴细胞居留场所。在该区内，大量 B 淋巴细胞与巨噬细胞、滤泡树突状细胞聚集形成初级淋巴滤泡，或称淋巴小结，主要含静止的初始 B 淋巴细胞；受抗原刺激后，B 淋巴细胞增殖分化为 B 淋巴母细胞，形成生化中心，即次级淋巴滤泡。B 淋巴母细胞可向内转移到髓质，分化为浆细胞并产生抗体。深皮质区为 T 淋巴细胞居留场所，此外尚含有树突状细胞、巨噬细胞等，在 T 细胞与 B 细胞相互作用中发挥重要作用。

(二) 脾脏

位于左上腹部，是人体最大的免疫器官。其最外层为结缔组织被膜，包被脾实质。结缔组织被膜向内伸展形成若干小梁。脾实质可分为含密集淋巴组织的白髓和充满血液的红髓。脾的动脉分支贯穿白髓内的小梁，成为中央动脉。中央动脉周围有厚层的弥散淋巴组织，称为动脉周围淋巴鞘，主要由 T 淋巴细胞构成，为 T 细胞聚集区。在动脉周围淋巴鞘旁侧有淋巴小结，主要由 B 淋巴细胞构成，为 B 细胞聚集区。红髓与白髓交界的狭窄区域为边缘区，内有 T 淋巴细胞、B 淋巴细胞及较多的巨噬细胞构成。中央动脉的侧支末端在此膨大形成边缘窦，是淋巴细胞从血液进入脾淋巴组织或从脾淋巴组织进入血液的重要通道。红髓有索条状的髓索和脾血窦组成，髓索主要含 B 淋巴细胞、浆细胞、巨噬细胞和树突状细胞构成，髓窦内含丰富巨噬细胞。

脾脏中 B 淋巴细胞占脾脏内淋巴细胞总数的 60%，T 淋巴细胞约占 40%。脾脏不仅是各类成熟淋巴细胞定居场所、免疫应答发生的主要部位，也具有滤过血液和淋巴液的作用。

(三) 黏膜相关淋巴组织

在呼吸道、消化道、泌尿生殖道黏膜及黏膜下存在的无被膜淋巴组织，为局部适应性免疫应答的主要部位，包含机体淋巴组织的 50% 以上，为黏膜相关淋巴组织 (mucosal - associated lymphoid tissue，MALT) 或黏膜免疫系统 (mucosal immune system，MIS)。主要有扁桃体、小肠的皮氏小体 (Peyer's patches) 和阑尾等。这些淋巴组织能产生分泌型 IgA (sIgA)，在局部黏膜免疫中起重要作用

第二节 免疫细胞

机体中许多细胞直接参与了免疫应答或与免疫应答有关。免疫细胞泛指这些参与了免疫应答或与免疫应答有关细胞及其前体细胞 (图 10 - 2)。免疫细胞种类繁多、分布广泛，包括造血干细胞、外周血中的有形成分、组织中的肥大细胞、树突状细胞、巨噬细胞、NKT 细胞、γδT 细胞等，其中淋巴细胞为重要的免疫细胞。

一、淋巴细胞

淋巴细胞 (lymphocyte) 来源于淋巴样干细胞，在免疫应答过程起核心作用的白细胞。包括 T 淋巴细胞、B 淋巴细胞及 NK 细胞。

(一) T 淋巴细胞

T 淋巴细胞 (T lymphocyte) 又称 T 细胞或胸腺依赖性淋巴细胞 (thymus - dependent lymphocyte)，由于来源于骨髓中淋巴样干细胞，在胸腺 (thymus) 中发育成熟，因此取其英文字头命名。成熟的 T 淋巴细胞主要存在于外周血及外周免疫器官的胸腺依赖区，并依淋巴细胞再循环游走于外周血、淋巴液、外周免疫器官及组织，发挥其特异性细胞免疫功能。T 细胞约占外周血淋巴细胞总数的 70% ~ 75%。

1. T 细胞的主要膜分子 T 细胞表面存在多种膜蛋白分子 (图 10 - 3A)，这些膜蛋白分子也是 T 细胞表面标志，是 T 细胞识别抗原、与其他细胞相互作用、接受信号刺激并产生免疫

淋巴细胞(T、B细胞)　　树突状细胞

NK细胞　　单核细胞/巨噬细胞　　中性粒细胞

嗜酸粒细胞　　嗜碱粒细胞　　肥大细胞　　红细胞　　血小板

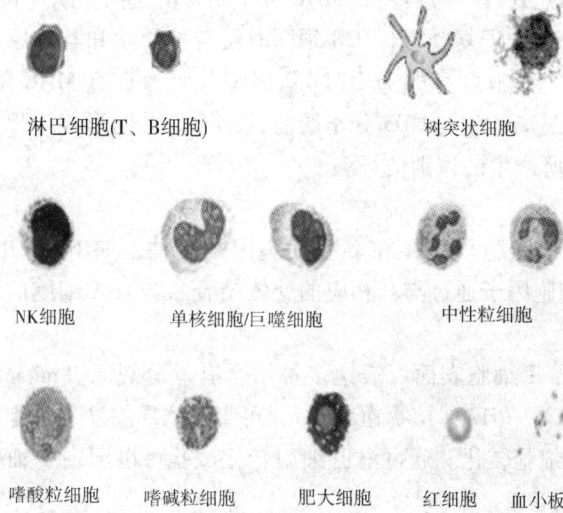

图 10 - 2　免疫细胞

应答的物质基础，也是鉴别或分离 T 淋巴细胞的重要依据。这些分子归纳起来包括 T 细胞表面受体（TCR、细胞因子受体、丝裂原受体等）和表面抗原（MHC 分子，CD3、CD4 或 CD8、CD28 等）。

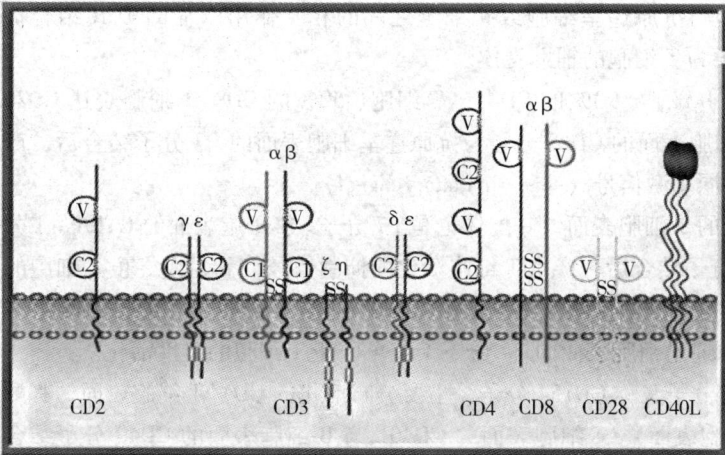

图 10 - 3A　T 细胞的主要膜蛋白分子　　图 10 - 3B　TCR - CD3 复合物

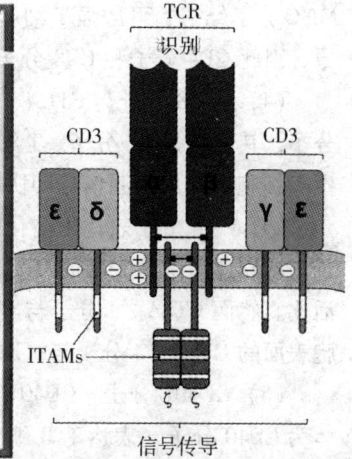

（1）体细胞抗原受体　体细胞抗原受体（T cell receptor，TCR）为 T 细胞表面特异性识别和结合抗原表位的受体，也是 T 细胞的特征性表面标志，表达于所有成熟 T 细胞表面，与 CD3 分子以非共价键结合，共同组成 TCR - CD3 复合物（图 10 - 3B），完成对抗原的特异性识别并传导识别信号。

TCR 是由两条跨膜肽链以二硫键连接组成的异二聚体，其跨膜肽链为 α 链/γ 链和 β 链/δ 链，组成两种结构类型的 TCR：TCRαβ 型和 TCRγδ 型。外周血绝大多数 T 细胞的 TCR 为 TCRαβ 型。组成 TCR 的两条链的膜外区类似于免疫球蛋白，也由可变区（V 区）和恒定区（C 区）组成，可变区是与抗原表位结合的部位。与免疫球蛋白结合抗原不同的是，TCR 不能直接结合天然或游离的蛋白质抗原分子，只能结合或识别经抗原递呈细胞（antigen presenting cell，APC）或靶细胞预先处理并与其表面 MHC 分子结合的蛋白多肽（抗原肽），即 TCR 结合细胞表面的抗原肽 – MHC 分子复合物。TCR 须同时结合抗原肽和与抗原肽结合的 MHC 分子，一般要求 MHC 分子与 T 细胞自身的 MHC 同基因型，此为自身 MHC 限制性（MHC restriction）。TCR 的跨膜区通过离子键与 CD3 分子跨膜区结合，共同形成 TCR – CD3 复合物，产生并传导特异性识别抗原所产生的识别信号。

（2）其他受体

①细胞因子受体：T 细胞表面存在多种细胞因子受体，如 IL – 1R、IL – 2R、IL – 4R、IL – 7R、IL – 7R 等。细胞因子通过与其相应的受体结合参与对 T 细胞的活化、增殖及分化的调节。

②有丝分裂原受体：T 细胞表面可表达多种结合有丝分裂原（mitogen）的受体。有丝分裂原如 ConA（刀豆素 A）、PHA（植物血凝素），可直接诱导静息 T 细胞活化，使 T 细胞进入有丝分裂，此为 T 淋巴细胞转化。通过淋巴细胞转化试验可以测定 T 细胞的转化率以反映机体的细胞免疫功能状态。

病毒受体 CD4$^+$T 细胞表面的 CD4 分子为 HIV 病毒的受体。HIV 病毒可通过与 CD4 分子的结合而感染进而破坏 T 细胞，造成机体获得性免疫功能缺陷，即 AIDS。

（3）CD4 分子和 CD8 分子　成熟 T 细胞一般仅表达 CD4 分子或 CD8 分子，据此可将成熟 T 细胞分为 CD4$^+$T 血细胞和 CD8$^+$T 细胞。CD4 分子与 MHC Ⅱ类分子的非多肽区结合，CD8 分子与 MHC Ⅰ类分子的非多肽区结合；CD4 分子或 CD8 分子与抗原递呈细胞或靶细胞表面的 MHC 分子结合，可增强 T 细胞与抗原递呈细胞或靶细胞之间的相互作用以辅助 TCR 结合抗原，因此 CD4 分子和 CD8 分子为 T 细胞的辅助受体。

（4）CD28 分子与 CTLA – 4 分子　90% 的 CD4$^+$ T 细胞、50% 的 CD8$^+$T 细胞表达 CD28 分子，其配体是 B7 分子。T 细胞表面的 CD28 分子与抗原递呈细胞表面的 B7 分子结合后，产生 T 细胞活化的刺激信号即协同刺激信号（co – stimulatory signal）。

CTLA – 4 分子表达于活化的 T 细胞表面，其配体也是 B7 分子。T 细胞表面的 CTLA – 4 分子与抗原递呈细胞表面的 B7 分子结合后，产生 T 细胞活化的抑制信号，下调或终止 T 细胞的活化。然而 CTLA – 4 分子与 B7 分子的亲和力显著强于 CD28 与 B7 分子的亲和力，因此 T 细胞表面的 CTLA – 4 分子与抗原递呈细胞表面的 B7 分子结合可防止 T 细胞的过度活化。

（5）CD40L 分子　CD40L 分子又称 CD154 分子，主要分布活化的 CD4$^+$T 细胞表面，其配体为 CD40 分子（表达于 B 细胞表面）。T 细胞表面的 CD40L 与 B 细胞表面的 CD40 分子结合可产生提供了 B 细胞活化的刺激信号即协同刺激信号。

（6）CD2 分子　CD2 分子即淋巴细胞功能抗原 2（LFA – 2），又称绵羊红细胞受体。人的 CD2 分子表达于绝大多数成熟 T 细胞表面，能与绵羊红细胞结合，可形成玫瑰花结（E 花环）。该玫瑰花结试验可应用于检测外周血 T 细胞的数量。

2. 淋巴细胞亚群　T 细胞为不均一的细胞群体，根据其表面标志或功能，可分为不同 T 细胞亚群。如根据 TCR 肽链的组成，可分成 TCRαβT 细胞和 TCRγδT 细胞；根据是否表达 CD4 分子或 CD8 分子，可分成 CD4$^+$T 细胞和 CD8$^+$T 细胞；根据免疫功能状态，可分成辅助性 T 细胞（Th）、细胞毒 T 细胞（Tc）和调节性 T 细胞（Treg）；根据 T 细胞的活化阶段，可分成初始 T 细胞（naive T cell）、效应 T 细胞（effector T cell）和记忆 T 细胞（memory T cell）。

（1）CD4$^+$T 细胞　CD4$^+$T 细胞为 CD4 分子表达阳性而 CD8 表达阴性的 T 细胞。这类细胞约占外周血 T 细胞总数的 65%，识别抗原为抗原肽 – MHC Ⅱ分子复合物，因此其抗原识别受 MHC Ⅱ 类分子限制。CD4$^+$T 细胞主要通过分泌细胞因子来辅助其他细胞发挥作用，因此多为辅助性 T 细胞（Th）

（2）CD8$^+$T 细胞　CD8$^+$T 细胞为 CD8 分子表达阳性而 CD4 表达阴性的 T 细胞。这类细胞约占外周血 T 细胞总数的 35%。识别的抗原为抗原肽 – MHC Ⅰ 分子复合物，因此其抗原识别受 MHC Ⅰ 类分子限制；多为细胞毒 T 细胞（CTL 或 Tc），能直接杀伤靶细胞。

（3）辅助性 T 细胞　辅助性 T 细胞（helper T lymphocyte，Th）通过分泌细胞因子，发挥不同免疫效应。多为 CD4$^+$T 细胞，包括 Th1 细胞（主要分泌 IL – 2、IFN – γ 等，参与细胞免疫及迟发型超敏反应）和 Th2 细胞（主要分泌 IL – 4、IL – 5、IL – 13 等，参与体液免疫）等。

（4）细胞毒 T 细胞　细胞毒 T 细胞（cytotoxic T lymphocyte，Tc 或 CTL）能直接特异性杀伤靶细胞，具有 MHC 限制性，多为 CD8$^+$T 细胞。

（5）调节性 T 细胞　调节性 T 细胞（regulatory T cell，Treg）表达 CD25 分子和 Foxp3 转录因子，主要通过细胞接触和表达 TGF – β 等来抑制免疫应答，在免疫应答的负调节和免疫耐受中起重要作用。

3. T 细胞的分化发育　淋巴样干细胞进入胸腺，在胸腺微环境中逐渐分化为成熟 T 细胞的过程，即 T 细胞的分化发育过程。在此期间进入胸腺的淋巴样干细胞不表达 CD3、CD4 和 CD8 分子即三阴性细胞，进而分化为不表达 CD4 和 CD8 分子的双阴性细胞（double negative cell，DN），再进一步分化为同时表达 CD4 和 CD8 分子的双阳性细胞（double positive cell，DP）。双阳性细胞开始表达功能性的 TCR，能识别细胞表面抗原肽 – MHC 分子复合物。双阳性细胞经过阳性选择和阴性选择，最终形成具有 MHC 限制性识别能力和自身耐受性的单阳性细胞（single positive cell，SP）即成熟 T 细胞，进入外周 T 细胞库。

阳性选择：在胸腺皮质中，双阳性细胞以其 TCR 同胸腺上皮细胞表面的抗原肽 – MHC 分子复合物如果以适当亲和力结合则能继续分化为单阳性细胞，其中与 MHC – Ⅰ 类分子结合的 DP 细胞 CD8 分子表达水平增高，CD4 表达则消失，即形成 CD8$^+$T 细胞；与 MHC – Ⅱ 类分子结合的 DP 细胞 CD4 分子表达水平增高，CD8 表达则消失，即形成 CD4$^+$T 细胞。阳性选择过程赋予成熟 T 细胞具有 MHC 限制性的识别能力。

阴性选择：经历阳性选择的单阳性细胞向胸腺皮质与髓质交接处迁移，与高表达自身肽 – MHC 分子复合物的树突状细胞或巨噬细胞接触。如与自身肽 – MHC 分子复合物以高亲和力结合，单阳性细胞即被诱导凋亡或失能（anergy），反之则继续分化、发育成仅识别外来抗原的的 T 细胞，由此 T 细胞通过阴性选择获得了对自身抗原的耐受性。

（二）B 淋巴细胞

B 淋巴细胞简称 B 细胞，来源于淋巴样干细胞，在哺乳动物的骨髓（bone marrow）或鸟类法氏囊（bursa of Fabricius）中发育成熟，因此又称骨髓依赖性淋巴细胞（bone marrow – dependentlymphocyte）或法氏囊依赖性淋巴细胞（bursa of Fabricius – dependentlymphocyte），取其英文字头命名。成熟的 B 淋巴细胞主要定居于淋巴结、脾脏等及外周免疫器官的淋巴小结（淋巴滤泡）内，在外周血约占外周血淋巴细胞总数的 15% ~ 20%。B 细胞在抗原刺激下分化成浆细胞并分泌特异性抗体，发挥其特异性体液免疫功能。

1. B 细胞的主要膜分子　B 细胞表面存在多种膜蛋白分子（图 10 – 4）。这些膜蛋白分子是 B 细胞表面标志，是 B 细胞识别抗原、与其他细胞相互作用、接受信号刺激并产生免疫应答的物质基础，也是鉴别或分离 B 细胞的重要依据。这些分子可归纳为 B 细胞表面受体（BCR、细胞因子受体、丝裂原受体等）和表面抗原（MHC 分子，CD19、CD20、CD21、

CD40、B7 分子等）两大类。

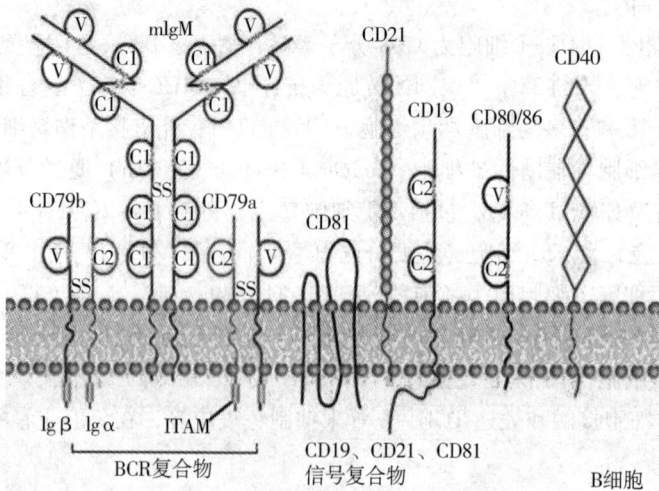

图 10 - 4　B 细胞的主要膜蛋白分子

（1）B 细胞抗原受体　B 细胞抗原受体（B cell receptor，BCR）为嵌入 B 细胞膜的免疫球蛋白（membrane Ig，mIg），结构类似于 Ig，但包含跨膜区和胞浆区，由二硫键连接的四条肽链构成，包括两条重链和两条轻链，每条链也分成可变区（V 区）和恒定区（C 区）。BCR 也是 B 细胞的特征性表面标志，表达于所有成熟 B 细胞表面，与膜上另一异源二聚体蛋白 Igα/Igβ 以非共价键结合，共同组成 BCR - Igα/Igβ 分子复合物（图 10 - 5），完成对抗原的特异性识别并传导识别信号。BCR 一般为 IgM（mIgM）和 IgD（mIgD），其类别表达随 B 细胞的发育阶段而异：未成熟 B 细胞仅表达 mIgM；成熟 B 细胞同时表达 mIgM 和 mIgD；接受抗原刺激后，mIgD 很快消失；记忆 B 细胞不表达 mIgD。

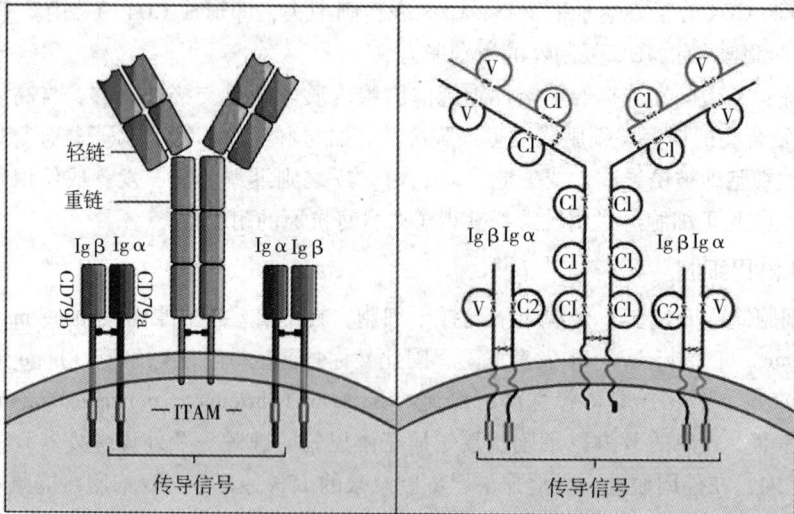

mIgM结构示意图

图 10 - 5　B 细胞表面 BCR - Igα/Igβ 分子复合物

（2）其他受体

细胞因子受体：与 T 细胞类似，B 细胞表面存在多种细胞因子受体，如 IL-1R、IL-2R、IL-4R、IL-5R、IL-6R 等。细胞因子通过与这些受体的结合参与对 T 细胞的活化、增殖及分化的调节。

Fc 受体：大多数 B 细胞可表达 IgG Fc 受体（Fcγ Ⅱ，CD32）。IgG Fc 受体能与免疫复合物中的 IgG 抗体的 Fc 段结合，有利于 B 细胞对抗原的捕获和结合。

补体受体：多数 B 细胞可表达补体受体（complement receptor，CR），CR 与相应补体片段结合后可促进 B 细胞活化。其中 CR1 可结合 C3b 补体片段，CR2 可结合 C3d，也为 EB 病毒受体。

有丝分裂原受体：与 T 细胞不同，B 细胞可表达丝裂原如葡萄球菌 A 蛋白（SPA）和脂多糖（LPS）等的受体。丝裂原与 B 细胞表面受体结合后，可直接诱导静息 B 细胞活化，使 B 细胞进入有丝分裂，此为 B 淋巴细胞转化。通过测定 B 细胞的转化率可以评价机体的 B 细胞的功能状态。

（3）MHC 分子　B 细胞既可表达 MHC-Ⅰ类抗原，也可表达 MHC-Ⅱ类抗原。MHC-Ⅱ类抗原是 B 细胞递呈外源性抗原过程中的关键性递呈分子。

（4）B7 分子　B7 分子有两种亚型即 B7-1（CD80）和 B7-2（CD86）。B7 分子在 B 细胞活化后表达增强，与 T 细胞膜表面 CD28 或 CTLA-4 结合，提供 T 细胞活化的第二信号或抑制 T 细胞的活化。

（5）CD40 分子　CD40 分子组成性地表达于成熟 B 细胞表面，其配体为 CD40L 分子（表达于活化 T 细胞表面）。B 细胞表面的 CD40 与活化 T 细胞表面的 CD40L 分子结合可产生 B 细胞活化的第二刺激信号即协同刺激信号。CD40 是 B 细胞活化所须的最重要协同刺激分子（co-stimulatory molecule）。

2. B 淋巴细胞亚群及功能　根据细胞表面是否表达 CD5 分子，B 细胞可分为 B1 细胞和 B2 细胞两个亚群。B1 细胞表达 CD5，约占 B 细胞总数的 5%~10%，在机体内出现较早，其发生不依赖于骨髓，具有自我更新能力，存在于腹腔、肠道固有层等；B1 主要识别多糖等抗原，参与固有免疫。B2 细胞不表达 CD5 分子，在哺乳动物的骨髓（bone marrow）或鸟类法氏囊（bursa of Fabricius）中发育成熟，是机体特异性体液免疫的主要细胞，为通常所称的 B 细胞。

B 细胞除通过分泌特异性抗体介导体液免疫应答外，还是机体三大职业性抗原递呈细胞之一，递呈可溶性外源性抗原给 T 细胞。

3. B 细胞的分化发育　从淋巴样干细胞发育成熟，到形成分泌抗体的浆细胞或长寿命的记忆 B 细胞，是 B 细胞的分化发育过程。整个阶段是在骨髓和外周免疫器官进行，可分成抗原非依赖期和抗原依赖期两个阶段。抗原非依赖期是指在骨髓中发育为成熟 B 细胞的阶段。此期的分化发育不依赖抗原的刺激，B 细胞的 Ig 胚系基因发生随机基因重排，形成功能性 BCR。针对自身抗原的未成熟 B 细胞识别骨髓中出现的自身抗原后，不仅不活化，相反发生细胞凋亡，从而建立起 B 细胞对自身抗原的免疫耐受，此为中枢免疫耐受，又称为 B 细胞克隆的阴性选择。抗原依赖期是指成熟 B 细胞在外周免疫器官或组织接受抗原刺激，最终形成分泌抗体的浆细胞或长寿命的记忆 B 细胞的阶段。此期成熟 B 细胞接受抗原刺激后可发生 Ig 的可变区基因的高频率点突变（即体细胞高频突变），经过抗原的筛选作用，仅留下表达高亲和力 BCR 的 B 细胞克隆，分泌高亲和力 Ig，此为 Ig 亲和力成熟，抗原的筛选作用称为 B 细胞克隆的阳性选择。此外在该期还可以发生 Ig 重链类别转换。

（三）自然杀伤细胞

自然杀伤细胞（natural killer cell，NK 细胞）来源于骨髓淋巴样干细胞，其分化、发育依赖于骨髓或胸腺微环境，它不表达 T 细胞或 B 细胞特异性抗原识别受体，即无 TCR 或 BCR，不能特异性识别抗原，因此是不同于 T、B 淋巴细胞的第三类淋巴细胞。其胞质内有许多嗜苯胺染料的颗粒，因此又称大颗粒淋巴细胞。NK 细胞主要分布于外周血和脾脏，通常将 TCR⁻、mIg⁻、CD56⁺、CD16⁺ 的淋巴样细胞鉴定为 NK 细胞。

NK 细胞具有细胞毒作用，然而无抗原特异性和 MHC 限制性。NK 细胞无需抗原预先致敏即可直接杀伤病毒感染细胞及肿瘤细胞，而对正常组织细胞一般无细胞毒作用，即具有识别正常自身组织细胞和体内异常组织细胞的能力（选择性杀伤效应），在机体抗肿瘤和早期抗病毒或胞内菌感染中起重要作用。其机制（图 10 - 6）在于 NK 细胞表面同时存在识别靶细胞的两种功能性受体：杀伤细胞活化受体（killer activation receptor，KAR）和杀伤细胞抑制受体（killer inhibitory receptor，KIR）。KAR 与相应配体结合后，产生激发 NK 细胞杀伤作用的信号（杀伤活化信号）。KAR 的配体为糖类物质，广泛分布于正常细胞和病变细胞表面。KIR 与相应配体结合后，产生抑制 NK 细胞杀伤作用的信号（杀伤抑制信号），其配体为自身细胞表面 MHC I 类分子。当 NK 细胞与正常细胞接触时，KAR 与细胞表面糖类配体结合，产生杀伤活化信号，与此同时 KIR 与细胞表面的自身 MHC I 类分子结合，产生杀伤抑制信号，阻断了 KAR 介导的杀伤活化信号的传递，使自身正常组织细胞不被破坏。而肿瘤细胞、病毒等感染细胞表面自身 MHC I 类分子表达降低或缺失，不能为 NK 细胞的 KIR 提供配体，因此不能产生杀伤抑制信号，仅有杀伤活化信号，NK 细胞即被活化，表现为靶细胞被破坏或发生细胞凋亡。此外 NK 细胞表面还表达与 IgG 的 Fc 段结合的受体（FcγⅢ，CD16），也可借助 ADCC 作用杀伤被特异性抗体包被的靶细胞。

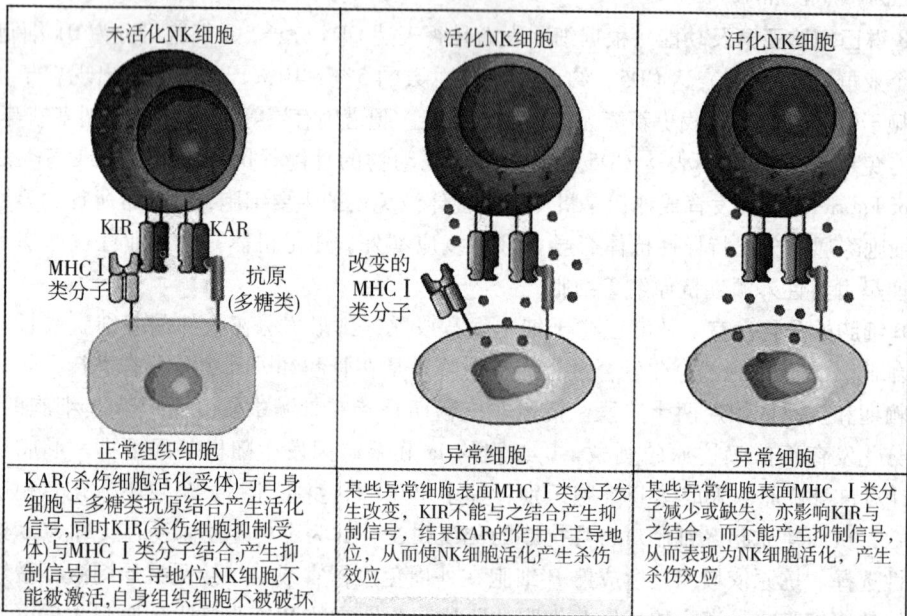

未活化NK细胞	活化NK细胞	活化NK细胞
正常组织细胞	异常细胞	异常细胞
KAR(杀伤细胞活化受体)与自身细胞上多糖类抗原结合产生活化信号,同时KIR(杀伤细胞抑制受体)与MHC I 类分子结合,产生抑制信号且占主导地位,NK细胞不能被激活,自身组织细胞不被破坏	某些异常细胞表面MHC I 类分子发生改变,KIR不能与之结合产生抑制信号,结果KAR的作用占主导地位,从而使NK细胞活化产生杀伤效应	某些异常细胞表面MHC I 类分子减少或缺失,亦影响KIR与之结合,而不能产生抑制信号,从而表现为NK细胞活化,产生杀伤效应

图 10 - 6　NK 细胞的细胞毒机制

二、抗原呈递细胞

与 B 细胞的 BCR 可以直接识别天然游离的抗原不同，T 细胞的 TCR 只能识别位于细胞表面与自身 MHC 分子结合的蛋白抗原多肽，即识别抗原肽 - MHC 分子复合物。抗原肽 - MHC

分子复合物的产生一般需要蛋白抗原在细胞内被加工处理成一定大小的多肽片段，多肽片段与自身 MHC 分子结合形成抗原肽 - MHC 分子复合物，然后被转运至细胞表面供 T 细胞的 TCR 结合，此过程称为抗原呈递（antigen presenting）（图 10 - 7）。能将抗原加工处理形成抗原肽 - MHC 分子复合物，并将该复合物表达在细胞表面供 T 细胞的 TCR 识别的细胞，称为抗原呈递细胞（antigen presenting cell，APC）。MHC Ⅰ 分子或 MHC Ⅱ 分子参与了抗原递呈过程，并在其中起关键作用，为抗原呈递分子。几乎所有细胞均能表达 MHC Ⅰ 分子，能将细胞内合成的蛋白抗原（内源性抗原）形成抗原肽 - MHC Ⅰ 分子复合物呈递给 T 细胞（CD8$^+$T 细胞），而少数细胞还能表

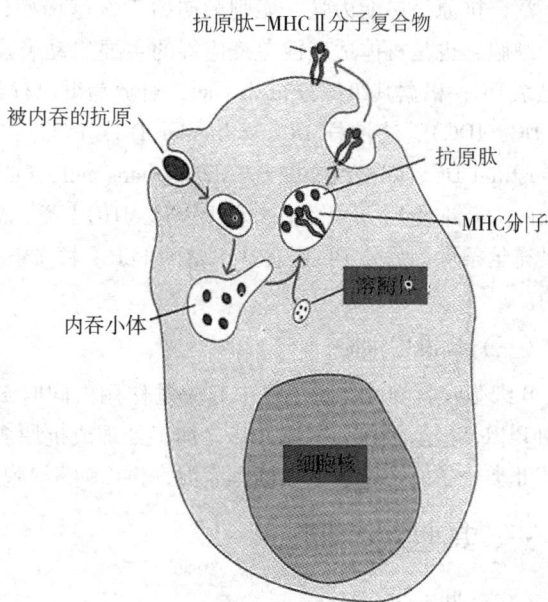

图 10 - 7　抗原递呈过程

达 MHC Ⅱ 分子，能将细胞外摄取的蛋白抗原（外源性抗原）加工处理，形成抗原肽 - MHC Ⅱ 分子复合物呈递给 T 细胞（CD4$^+$T 细胞），这些能表达 MHC Ⅱ 类分子的细胞为职业性 APC（professional APC），包括单核细胞/巨噬细胞、树突状细胞、B 细胞等（图 10 - 8）。

（一）单核 - 巨噬细胞

单核 - 巨噬细胞包括外周血中的单核细胞（monocyte）和组织内的巨噬细胞（macrophage，MΦ）。单核细胞来源于骨髓中的前单核细胞，从外周血进入组织内即成为巨噬细胞。单核 - 巨噬细胞体积较大，表面皱褶多，内含较多溶酶体，具有强大吞噬能力，并且将内吞的病原体等异物消化、降解，从而杀灭病原体。单核 - 巨噬细胞能表达 MHC Ⅰ 类和 MHC Ⅱ 类分子，是职业性抗原递呈细胞；能表达多种趋化因子受体，可在相应趋化因子作用下，呈阿米巴样定向运动，到达炎症部位，发挥生物学功能。

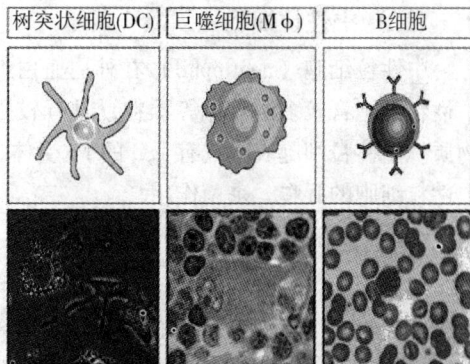

图 10 - 8　职业性抗原递呈细胞

单核 - 巨噬细胞还能表达补体受体（CR）、Fc 受体（FcR），具有补体或抗体介导的调理吞噬作用；能表达模式识别受体，清道夫受体等，从而有效地吞噬病原微生物。单核 - 巨噬细胞具有活跃的分泌能力，能产生多种酶（各种溶酶体酶、溶菌酶等）、细胞因子、补体成分、凝血因子、反应性氧中介物、反应性氮中介物、其他生物活性物质（PEG、ACTH 等），在炎症发生、发展中起重要作用。

（二）树突状细胞

树突状细胞（dendritic cell，DC）是美国学者 Steinman 于 1973 年发现，因其具有许多树状分枝而得名。树突状细胞在体内数量较少，人外周血 DC 仅占单个核细胞的 1% 以下，但分

布广泛, 抗原呈递能力强, 能刺激初始 T 细胞增殖, 是目前已知的抗原呈递能力最强的抗原递呈细胞, 也是机体适应性免疫应答的主要启动者。DC 细胞根据其来源, 可分为髓系 DC 和淋巴系 DC; 根据其组织分布的不同, 可分为淋巴样组织中的 DC, 包括并指状 DC (interdigitating DC, IDC)、滤泡样 DC (follicular DC, FDC); 非淋巴样组织中的 DC, 包括间质性 DC (interstitial DC、郎格汉斯细胞 (Langerhans cell, LC) 和循环体液中的 DC (血液中 DC、淋巴液中的隐蔽细胞)。DC 细胞高水平表达 MHC I 类、MHC II 类分子、B7 分子, 为 T 细胞的活化提供充足条件。另外 DC 还表达丰富的 FcR、甘露糖受体, 具有极强的抗原摄取、加工和处理能力。

(三) B 淋巴细胞

B 细胞在特异性体液免疫中起关键作用, 同时 B 细胞也一种重要专职 APC, 通过其膜表面的 BCR, 摄取蛋白质抗原并将之加工处理成抗原多肽, 与 MHC II 类分子结合形成抗原肽 - MHC II 类分子复合物表达在细胞表面, 供 CD4$^+$细胞的识别。

三、其他免疫细胞

(一) 造血干细胞

造血干细胞存在于骨髓中, 是一切免疫细胞的最初来源, 它具有自我更新和分化的潜能, 其主要表面标志为 CD34 分子、CD117 (c - kit) 分子。造血干细胞最初分化为定向干细胞, 包括淋巴系干细胞和髓系干细胞。淋巴系干细胞继续分化为 T 细胞、B 细胞、NK 细胞和一部分 DC 细胞, 髓系干细胞最终分化为红细胞、血小板、粒细胞、单核 - 巨噬细胞、肥大细胞及一部分 DC 细胞。

(二) 中性粒细胞

中性粒细胞 (neutrophil) 在外周血白细胞中数量最多, 占血液白细胞总数的 60% ~70%。中性粒细胞含较多溶酶体等颗粒, 具有较强的趋化作用和吞噬功能, 能吞噬小颗粒和小分子物质。中性粒细胞表面具有 IgG 的 Fc 受体、补体片段受体, 可通过调理吞噬作用促进和增强中性粒细胞的吞噬、杀菌作用。

(三) 肥大细胞

肥大细胞 (mast cell) 主要分布于皮肤、呼吸道、消化道黏膜下结缔组织中, 胞浆含较多嗜碱性颗粒, 嗜碱性颗粒内含肝素和组胺等活性物质。肥大细胞表面具有过敏毒素 C3a/C5a 受体和 IgE 的 Fc 受体, 这些受体与相应配体结合而使肥大细胞被激活或处于致敏状态。致敏的肥大细胞脱颗粒可释放或合成一系列炎症介质或促炎细胞因子引发炎症反应。

(四) 红细胞

在外周血液中红细胞 (erythrocyte) 数量最多, 表面含 C3b 受体, 并借此与抗原 - 抗体 - C3b 复合物结合, 此即免疫黏附作用。黏附有抗原 - 抗体 - C3b 复合物的红细胞经过肝脏和脾脏, 将抗原 - 抗体 - C3b 复合物递交给肝脏、脾脏中的吞噬细胞, 因此参与了免疫复合物的清除作用。

第三节 免疫分子

免疫分子主要有免疫球蛋白、补体、细胞因子、白细胞分化抗原和黏附分子、主要组织相容性抗原等, 它们在正常机体的免疫应答及其调控, 免疫性疾病如变态反应、免疫缺陷病和自身免疫疾病中起重要作用。

一、免疫球蛋白

抗体（antibody，Ab）是抗原刺激机体后由浆细胞产生的并能与抗原在体内或体外发生特异性结合的糖蛋白分子，是体液免疫的重要效应分子。抗体主要存在于血清中，故习惯上将抗体称为抗血清或免疫血清。具有抗体活性或化学结构与抗体相似的球蛋白统称为免疫球蛋白（immunoglobulin，Ig）。Ig 包括正常抗体球蛋白和某些病人血清中的异常球蛋白，例如，多发性骨髓瘤浆细胞恶性增生时所产生的大量 Ig 没有抗体活性，故不能称其为抗体。所以，所有的抗体都是 Ig，但 Ig 不一定都是抗体。体内的 Ig 有两种存在方式：分泌型 Ig 存在于血液和组织液中，膜型 Ig 构成 B 细胞表面受体（BCR）。

（一）免疫球蛋白的基本结构

1. Ig 分子的基本单位 Ig 分子的基本单位（即单位）是由一对较长的多肽链和一对较短的多肽链组成的四肽结构。两条相同的、每条链约含 450 个氨基酸组成的长链称为重链（heavy chain，H 链）。两条相同的，每条链约有 214 个氨基酸组成的短链称为轻链（light chain，L 链）。各链之间通过二硫键连接呈"Y"形（图 10-9）。

每条肽链有两端：一端为氨基（N）端，另一端为羧基（C）端。每条肽链分两个区：肽链的 N 端（L 链的 1/2 与 H 链的 1/4）氨基酸排列顺序随相应的抗原决定簇构型不同而有所变化，称为可变区（variable region，V 区）；肽链的 C 端（L 链的 1/2 与 H 链的 3/4）氨基酸排列顺序较稳定，称为恒定区（constant region，C 区）。两条 H 链之间、两条 L 链与 H 链之间借二硫键相互连接，故 Ig 是对称的高分子物质。

2. Ig 的功能区 Ig 分子各肽链内由二硫键结成的球形结构，具有各自的功能，称为功能区（domain）（图 10-10）。

重链有 4~5 个功能区。从 N 端起依次为 VH、CH_1、CH_2、CH_3（IgG、IgA 和 IgD 具有），IgM 和 IgE 的重链有五个功能区，除上述以外，还有 CH_4 功能区。各类 Ig 的轻链每条只有 VL 和 CL 两个功能区。VL 与 VH 共同组成抗原结合部位，CL 和 CH_1 是遗传标记所在的部位，同种异体的 Ig 的抗原差异性就在于此区抗原决定簇的不同。CH_2 上有补

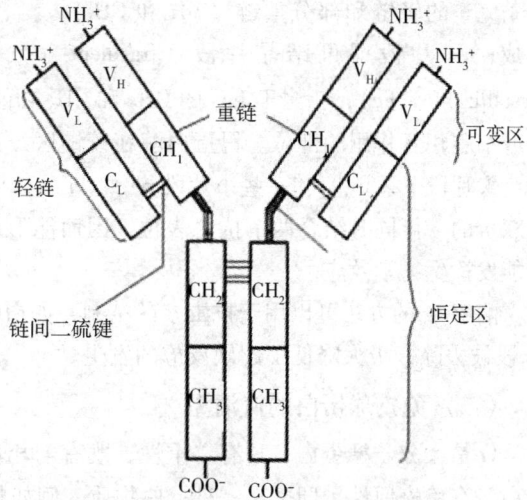

图 10-9 Ig 分子的基本结构模式图

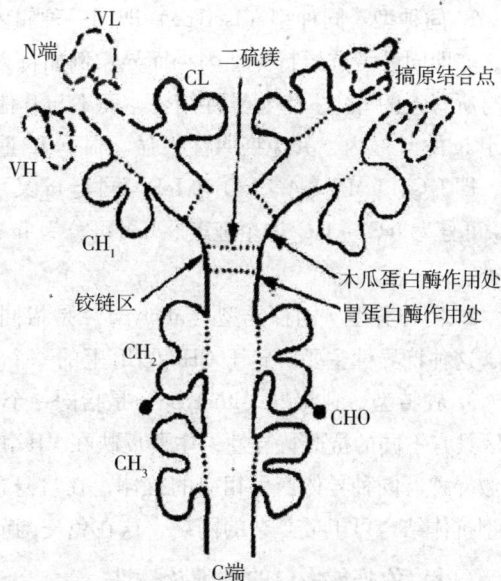

图 10-10 IgG 的功能区模式图

体结合点，参与补体的活化。CH_3能固定于组织细胞。

3. Ig 的水解片段 Ig 分子可被许多蛋白酶水解，产生不同的片段（图 10-11）。免疫学研究中常用的酶是木瓜蛋白酶（papain）和胃蛋白酶（pepsin）。木瓜蛋白酶可在重链之间的二硫键近 N 端切断重链，将 Ig 裂解为三个片段：两个完全相同的 Fab 段和一个 Fc 段。Fab 段即抗原结合片段（fragment of antigen binding，Fab），由一条完整的轻链和部分重链（VH 和 CH_1）组成；Fc 片段即可结晶片段（fragment

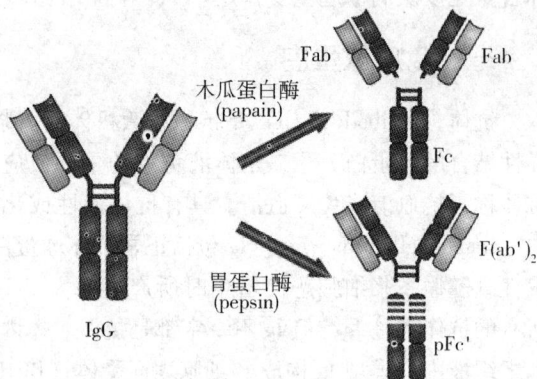

图 10-11 Ig 的水解片段

crystallizable，Fc），相当于 IgG 的 CH_2 和 CH_3 功能区，无抗原结合活性，是抗体分子与效应分子或细胞相互作用的部位。胃蛋白酶在绞链区二硫键连接的两条重链的近 C 端水解 Ig，产生一个大片段 F (ab')$_2$ 和一些小片段 pFc'。F (ab')$_2$ 与 Fab 不同，是由两个 Fab 及绞链区组成，是双价的，可同时结合两个抗原表位，因而能形成凝集反应或沉淀反应。pFc' 最终被降解，不能发挥生物学效应。

酶解 Ig 的方法可以用于抗毒素的精制，如白喉抗毒素经胃蛋白酶作用后，Ig 重链部分的 Fc 段被去除，极大降低了超敏反应的发生。

（二）免疫球蛋白的血清型

Ig 是大分子糖蛋白，具有二重性，既有与相应抗原结合的抗体活性，其本身若作为异种蛋白又有免疫原性，即又是一种抗原物质。例如将人类 Ig 注射于家兔，可使家兔产生抗人 Ig 的抗体。测定与分析 Ig 的免疫原性可用血清学方法进行，故将 Ig 的抗原结构称为血清型，它包括同种型、同种异型和独特型。用血清学方法可以测定与分析 Ig 的免疫原性。

1. 同种型 同种型（isotype）即同一种属内所有个体，其 Ig 分子上具有相同的抗原特异性，亦即同种型抗原特异性因种而异。例如将人的 IgG 免疫家兔，获得的兔抗人 IgG 的抗血清可与所有人的 IgG 发生特异性结合，而不与其他动物的 IgG 发生结合，同种型的抗原性主要存在于 Ig 的 C 区内，其免疫原性很强。根据 Ig 重链 C 区抗原特异性的差异，可将人 Ig 分为五类，即 IgG、IgM、IgA、IgD 和 IgE。同类 Ig 又可根据该区结构的细小差异分为若干亚类，如 IgG 可分为 IgG$_1$~IgG$_4$ 四个亚类，IgA 可分为 IgA$_1$、IgA$_2$ 两个亚类，IgM 可分为 IgM$_1$、IgM$_2$ 两个亚类。

2. 同种异型 同种异型（allotype）是指同一种属不同个体间的 Ig 具有不同的抗原特异性，这种特异性主要决定于 CH 和 CL 上的一个或数个氨基酸的差异。

3. 独特型 独特型（idiotype）是指同一个体内，不同抗体形成细胞克隆所产生的 Ig，其 V 区具有不同的抗原特异性，主要反映在 VH 和 VL 的超变区氨基酸序列不同。独特型不仅能刺激异种、同种异体产生相应的抗体，在自身也可诱生抗独特型抗体。体内的独特型与抗独特型抗体结合可组成复杂的网络，这在免疫调节中起重要作用。

（三）免疫球蛋白的种类及特性

人类的各类 Ig 中，IgG、IgD、IgE 及血清型 IgA 都是由四肽链构成的单体，分泌型 IgA

（SIgA）为二聚体、IgM 为五聚体（图 10 – 12）。

1. IgG IgG 体内分布广、含量高、合成快、作用强、半衰期长，是惟一能通过胎盘的抗体，故对新生儿抗感染免疫起很大作用。IgG 是体内最主要的抗体，体内的抗菌性、抗毒素性和抗病毒性抗体大多数属于 IgG。此外，IgG 可参与 Ⅱ、Ⅲ 型变态反应。

2. IgA IgA 有血清型和分泌型两种。血清型 IgA 以单体为主，存在于血清中；分泌型 IgA（secretory IgA，SIgA）为双聚体，存在于唾液、初乳、呼吸道黏液、眼泪等分泌物中。SIgA 的

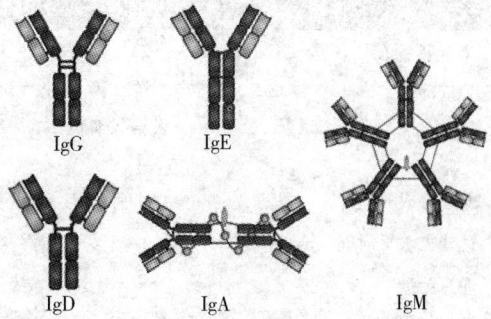

图 10 – 12　五类免疫球蛋白结构示意图

合成是由抗原刺激后，黏膜下层的浆细胞合成单体 IgA 和 J 链（joining chain，连接链），其中部分 IgA 通过 J 链连接形成完整的 SIgA。另一部分单体 IgA 则分泌至血清中。

SIgA 是黏膜局部抗感染的重要成分，有 IgA 缺陷的人易发生黏膜感染。流感活疫苗气雾免疫和口服脊髓灰质炎活疫苗的效果均与局部粘膜 SIgA 有关。

3. IgM IgM 是由五个单体聚合而成的的五聚体巨球蛋白，分子量 90 万，为最大的 Ig。IgM 不能通过胎盘和血管壁，只存在于血清中，它含量低、出现早、消失快、半衰期短、杀菌作用强，是一种多能高效抗体。IgM 是抗革兰阴性细菌的主要抗体，对革兰阳性菌、毒素和病毒也有作用。IgM 在凝集细菌和红细胞的过程中起主要作用。并参与 Ⅱ、Ⅲ 型变态反应。

4. IgD IgD 为单体结构，性质不稳定，免疫功能不清，可能与某些变态反应有关。

5. IgE IgE 为单体结构，主要由呼吸道、消化道黏膜固有层及局部淋巴结的浆细胞产生。IgE 有亲细胞特性，与血液中的嗜碱粒细胞、组织中的肥大细胞膜受体结合，与产生 I 型超敏反应有关，故又称为过敏性抗体。人各类 Ig 的主要特性与作用见表 10 – 1。

表 10 –1　人各类免疫球蛋白主要的理化特性和生物学功能比较

性质	IgG	IgA	IgM	IgD	IgE
重链名称	γ	α	μ	δ	ε
重链功能区数目	4	4	5	4	5
主要存在形式	单体	单体、二聚体体	五聚体	单体	单体
分子量（kd）	146 ~ 170	160，400	970	175	188
平均含碳水化合物（%）	4	10	12	18	12
成人血清浓度 mg/dl ± SD)	1150 ± 300	210 ± 50	150	0.3 ~ 4	0.002
占血清总 Ig%	75	10	5 ~ 10	< 1	< 0.001
存在于外分泌液中	–	+	+	–	–
经典途径活化补体	+	–	+	–	–
替代途径活化补体 *	+	+	?	+	+
结合吞噬细胞	+	+	–	–	+ （嗜酸粒细胞）
结合肥大细胞和嗜碱粒细胞	–	–	–	–	+
结合 SPA	+	±	±		

续表

性质	IgG	IgA	IgM	IgD	IgE
半衰期（天）	23	5.8	5.1	2.8	2.5
合成部位	脾、淋巴结点结浆细胞	黏膜相关淋巴样组织	脾、淋巴结、浆细胞	扁桃体、脾浆细胞	黏膜固有层浆细胞
开始合成时间	生后3月	4~6月	胚胎后期	较晚	较晚
达成人水平时间	3~5岁	4~12岁	6月~1岁	较晚	较晚
通过胎盘	+	−	−	−	−
免疫作用	抗菌、抗病毒、抗毒素，自身抗体	黏膜局部免疫作用，抗菌、抗病毒，免疫排除功能	早期防御作用，溶菌，溶血，SmIgM，天然血型抗体，类风湿因子	SmIgM + SmIgD +；正应答	抗寄生虫感染 I 型超敏反应

（四）免疫球蛋白的生物学活性

1. 能与抗原特异性结合 抗体 Ig 能与相应抗原发生特异性结合，这一特性是抗体作为 Ig 分子与其他 Ig 分子的区别所在。由于 Ig 的抗原结合部位与相应的抗原决定簇在构型上呈互补关系，所以，一种抗体 Ig 只能与相应的抗原发生特异性结合。正是由于这一活性，使 Ig 在体内可导致生理或病理效应，在体外产生各种抗原抗体反应。

2. 激活补体 抗体与抗原结合形成复合物后才能与补体结合，使之活化。其原因是未与抗原结合的 IgG 分子呈"T"型，与抗原结合后使构型变化，变为"Y"型，使 CH_2 上原来被掩盖的补体结合点得以暴露，从而活化 C1 并依次激活其他补体成分。

3. 结合细胞 Ig 能通过其 Fc 受体结合，不同类型的 Ig 可与不同的细胞结合，产生不同的结果。IgE 的 Fc 段可与肥大细胞、嗜碱粒细胞表面的 Fc 受体结合，当同样抗原再次进入机体后，致使这些细胞脱颗粒并释放组胺活性物质，引起 I 型变态反应。IgM 和 IgG 的 Fc 段可与吞噬细胞的 Fc 受体结合。这些 Ig 如已与细菌结合，则可通过其 Fc 段与吞噬细胞连接起来，起到免疫调理作用，促进吞噬细菌的效果。IgM 和 IgG 与靶细胞结合后，其 Fc 段还可与 NK 细胞等结合，发生抗体依赖性细胞介导的细胞毒作用（antibody dependent cell – mediated cytotoxcity，ADCC）。

4. 通过胎盘和黏膜 IgG 能借助 Fc 段主动经过胎盘进入胎儿血流中，形成婴儿的自然被动免疫。SIgA 可通过消化道和呼吸道黏膜，是局部抗感染免疫的重要因素。

5. 结合葡萄球菌 A 蛋白 IgG 的 Fc 段可与金黄色葡萄球菌 A 蛋白（SPA）结合，这一特点与应用于免疫学诊断。

6. 具有免疫原性 Ig 是具有抗体活性的蛋白质，但它本身也是一种抗原物质，在异种、同种异体和自体中均能激发抗 Ig 的抗体产生。Ig 的不同结构各有其特异的免疫原性。

（五）人工制备的抗体类型

1. 多克隆抗体 抗原物质通常带有多种抗原决定簇，这种抗原免疫动物后，每种抗原决定簇可选择并刺激具有相应抗原受体的不同淋巴细胞无性繁殖系（即克隆，clone），因此所产生的抗血清含有针对多种抗原决定簇的混合抗体，即多克隆抗体（ployclonal antibody）。

2. 单克隆抗体 1975 年 Köhler 和 Milstein 首创了杂交瘤技术（hybridoma technique），其基本原理是：小鼠骨髓瘤细胞能在体内、外无限制增殖，而免疫小鼠的脾细胞（富含 B 细胞）具有产生抗体的能力，但不能在体外无限制地增殖传代。利用融合剂（如聚乙二醇）可将这两种细胞融合而成为杂交瘤细胞，并可利用选择培养基进行选择培养。这种杂交瘤细胞具有亲代细胞双方的特性：既有骨髓瘤细胞无限增殖的能力，又具有免疫细胞产生特异性抗体的能力。由于每一个 B 细胞克隆只针对一个抗原决定簇产生相应得抗体，因此，可以通过有限稀释法选育单个杂交瘤细胞，使之增殖成克隆。这种由单个细胞增殖而成的细胞克隆只产生完全均一的单一特异性抗体，即单克隆抗体（monoclonal antibody，McAb），单克隆抗体产生示意见图 10 – 13。

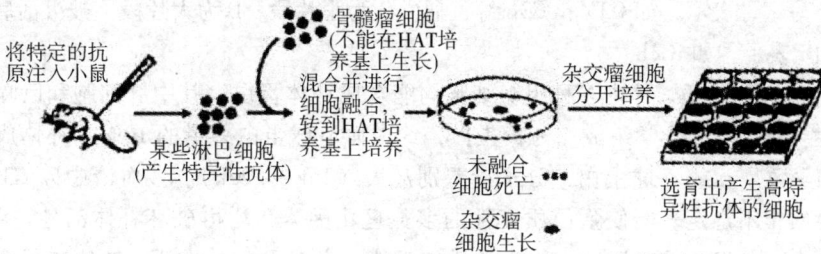

图 10 – 13 单克隆抗体制备过程

单克隆抗体具有许多显著地优点：①高度特异性；②高度均一性；③可大量制备；④可长期保存。将杂交瘤细胞低温冻存，需要时复苏就可获得同一抗体。因此，单克隆抗体已在临床诊断、治疗及临床实验中广泛应用。如目前已生产多种单克隆抗体诊断试剂盒用于微生物学、肿瘤的诊断和激素水平的检测等。在治疗上已用 McAb 治疗白血病和淋巴瘤等。

3. 基因工程抗体 用基因工程方法生产的抗体称为基因工程抗体（genetic engineering antibody）。随着 DNA 重组技术的发展，人们已开始在基因水平上对抗体进行改造，以生产新一代抗体。例如，用昆虫杆状病毒表达系统与 Ig 基因重组，感染昆虫后，在昆虫单层细胞培养液中已成功地获得了高浓度的完整的 Ig。又如将 Ig 的 V 区基因与编码毒素的 DNA 重组，可制造出新一代的"生物导弹"——基因工程免疫毒素，用于肿瘤的治疗。若将 IgV 区基因与编码酶的基因重组，可产生酶联 Ig 用于免疫化学分析。

二、补体系统

19 世纪末，在发现抗体后不久，即证明人和动物新鲜血清中存在一种不耐热的成分，可辅助特异性抗体使细菌溶解，当时称此血清成分为补体（complement，C）。补体并非单一成分，是存在于人和脊椎动物血清与组织液中一组与免疫有关、经活化后具有酶活性的蛋白质，由 30 多种可溶性蛋白与膜结合蛋白组成，故称为补体系统。补体系统辅助抗体或单独在机体抗病原微生物的防御反应、免疫调节起重要作用，也可介导免疫病理损伤性反应。

（一）补体的组成与命名与理化性质

1. 补体的组成 根据功能，可将补体系统分为三类。

（1）补体的固有成分 存在体液中，参与补体激活级联反应。包括：①经典激活途径成分；②甘露聚糖结合凝集素（mannan – binding lectin，MBL）激活途径的成分；③旁路激活途径成分。

（2）补体调节蛋白 以可溶性或膜结合形式存在，有多种，在补体系统激活中起增强或抑制作用。

（3）补体受体 补体受体（complement receptor，CR）存在细胞膜上，介导补体活性片段或调节蛋白生物学效应。

2. 补体的命名 将参与经典激活途径的补体成分以符号"C"表示，按被发现的先后顺序命名为 C1、C2……C9。其中 C1 又含有三个亚单位，分别称为 C1q、C1r、C1s。补体系统其他成分以英文大写字母表示，如 B 因子、D 因子、H 因子等。

补体调节蛋白多以功能命名，如 C1 抑制物，C4 结合蛋白（C4bp），促衰变因子（DAF）等。

补体成分被激活时，则在数字或代号上方加一短线表示，如 $\overline{C1}$、$\overline{C2}$ 等；其裂解片段则另加英文小写字母表示，如 C3a、C3b 等，通常 a 为小片段，b 为大片段。被灭活后的成分在其符号前加 i 表示，如 iC3b。

3. 补体的理化性质 体内多种组织细胞均能合成补体蛋白，其中肝细胞和巨噬细胞是产生补体的主要细胞。其化学组成均为糖蛋白，约占血清球蛋白总量的 10%。补体成分大多是 β 球蛋白，少数是 α 或 γ 球蛋白，分子量差别甚大（25k~590k）。在血清中以 C3 含量为最高。补体性质很不稳定，能使蛋白质变性的多数理化因素，均可破坏补体活性。56℃ 30min 可使补体中大部分组分丧失活性，称为灭活或灭能。室温下也易失活，补体应保存在 –20℃ 以下。

（二）补体系统的激活与调节

1. 补体系统的激活 血清中的各种补体成分，通常以类似于酶原的非活性状态存在，只有在某些活化物的作用下，或在某些特定的固相物质表面上，补体各成分才依次被激活。当前一成分被激活，即具备了裂解下一成分的活性，使补体分子以连锁反应的方式依次激活（称级联反应）而产生各种生物学效应。补体的激活过程可分为三条途径，即经典途径、MBL 途径和旁路途径。

（1）经典激活途径（classical pathway） IgG（IgG1、IgG2、IgG3）或 IgM 类抗体与相应抗原结合形成的复合物是经典激活途径的主要激活剂，此复合物启动 C1，使补体系统 C2~C9 发生连锁反应。整个激活过程可人为的分为识别、活化和膜攻击三个阶段。

识别阶段是 C1 识别免疫复合物形成活化的 C1s 酯酶阶段。C1 是由 1 分子 C1q、2 分子 C1r、2 分子 C1s 三种亚单位组成的复合物，Ca^{2+} 维持着他们的结合。其中 C1q 分子量最大，由 6 个相同亚单位组成，每个亚单位羧基末端盘卷成球状（图 10–14）。当抗体与抗原结合后，抗体发生变构，位于 Fc 段上的补体结合点（IgG 为 CH2，IgM 为 CH3）暴露，C1q 球形状结构即能识别并与之结合，导致 C1q 构象改变，进而使 C1r 裂解，裂解的小片段，即为激活的 C1r，表现酶的活性，C1r 又使 C1s 裂解成大小两个片段，小片段 C1s 具有酯酶活性，其作用的天然底物是 C4 和 C2。

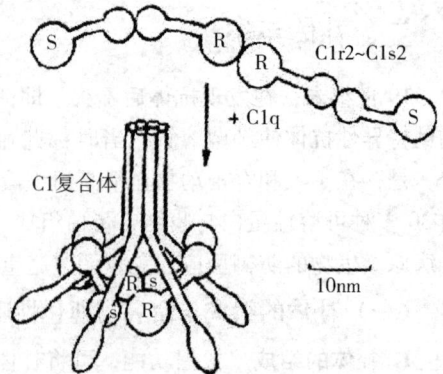

图 10–14 C1 分子结构模式图

必须指出，1 个 C1q 分子 6 个球形结构当中必须有两个以上的球形结构与免疫球蛋白的 Fc 段结合（桥联）才能使 C1 活化。IgG 为单体，只有当两个以上的 IgG 分子相互靠拢并与抗原结合时，才能提供两个以上相临近的补体结合点。IgM 为五聚体，仅一个分子与抗原结合即能激活补体，故 IgM 对补体的激活能力大于 IgG。也可以说免疫复合物中的抗原应是多价抗原。半抗原与抗体虽能结合，但是不能激活补体。

活化阶段形成 C3 转化酶（$\overline{C4b2b}$）和 C5 转化酶（$\overline{C4b2b3b}$）阶段。C1s 使 C4 裂解成 C4a 和 C4b 两个片段，C4b 与抗原抗体复合物所在的靶细胞膜结合。在 Mg^{2+} 存在时，C2 可与 C4b 结合，被 $\overline{C1s}$ 裂解为 C2b 和 C2a。C2b 与 C4b 结合形成 $\overline{C4b2b}$ 复合物，即 C3 转化酶。$\overline{C4b2b}$ 中的 C4b 可与 C3 结合，C2b 是酶的活性部位，可将 C3 裂解为 C3a 和 C3b。C3b 与细胞膜上 $\overline{C4b2b}$ 结合，形成 $\overline{C4b2b3b}$ 三分子复合物，即 C5 转化酶，C5 是此酶的天然底物。补体裂解过程中生成的小分子 C4a、C2a、C3a 释放到液相中，发挥各自的生物学活性。

膜攻击阶段形成膜攻击复合物（membrane attack complex，MAC），使靶细胞裂解。C5 转化酶裂解 C5 形成 C5a 和 C5b 两个片段，C5a 释放到液相中，发挥生物学活性。C5b 与细胞膜结合，继而结合 C6 和 C7 形成 $\overline{C5b67}$ 三分子聚合物。$\overline{C5b678}$ 是使细胞膜受损伤的关键组分。$\overline{C5b67}$ 分子排列方式有利于吸附 C8 形成 $\overline{C5b678}$，C8 是 C9 的结合部位，通常与 12~15 个 C9 分子结合，共同组成 C5b~9 膜攻击复合物，并催化 C9 聚合成内壁亲水的管状跨膜通道，在细胞膜上形成一个小孔，使电解质从细胞内逸出，水分子大量进入，导致细胞膨胀破裂。此外，MAC 插入细胞膜使致死量的钙离子也可以被动的向细胞内弥散，导致细胞死亡（图 10-15）。

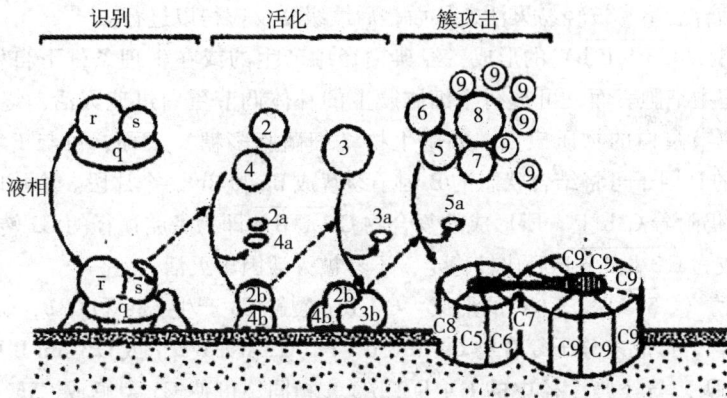

图 10-15 补体经典激活示意图

（2）MBL 途径 补体活化的 MBL 途径（MBL pathway）的激活起始于炎症期产生的蛋白与病原体结合之后。在病原微生物感染的急性期，由肝细胞合成与分泌的一种急性期蛋白即甘露糖结合凝集素（mannose-binding lectin，MBL）和 C 反应蛋白。MBL 是一种糖蛋白，属于凝集素家族，正常血清中含量极低，在感染急性期水平升高。MBL 可与细菌的甘露糖残疾结合，再与丝氨酸蛋白酶结合，形成 MBL 相关的丝氨酸蛋白酶，（MBL-associated serine protease，MASP-1、MASP-2）。该酶具有与活化 C1q 相同的活性，可水解 C4 和 C2，形成 C3 转化酶，之后的反应与经典途径相同。C-反应蛋白（CRP）也可与 C1q 结合使之活化，依次激活补体其他成分（图 10-16）。

MBL丝氨酸蛋白酶 C4 —→ C4a+C4b

\+

病原体甘露糖残基 —→ MASP C4b2b

C3转化酶

C2 —→ C2a+C2b

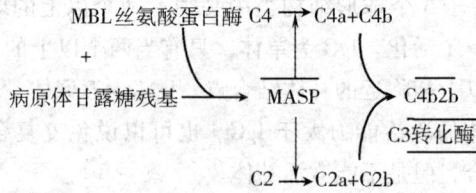

图 10 – 16 补体 MBL 途径激活示意图

（3）旁路激活途径 旁路激活途径（alternative pathway）不需 C1、C4、C2 参加，C3 首先被活化，然后完成 C5 ~ C9 活化的级联反应，亦称为 C3 途径。参与的补体成分还包括 B 因子、D 因子和 P 因子（图 10 – 17）。

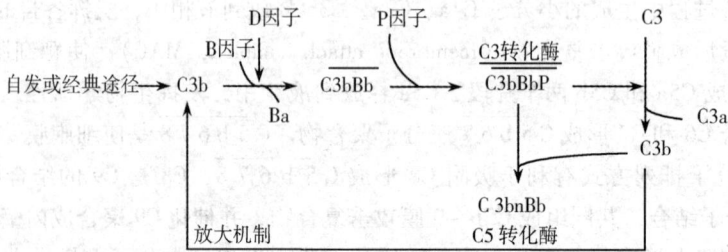

D因子 P因子 C3

B因子 C3转化酶

自发或经典途径—→ C3b → C3bBb → C3bBbP

Ba C3a

C3b

C 3bnBb

放大机制 C5 转化酶

图 10 – 17 补体旁路途径激活示意图

本途径激活物质主要是脂多糖、酵母多糖、葡聚糖、凝集的 IgA 和 IgG4 等物质。C3b 与此等物质表面结合后不易被轻易灭活，从而是后续级联反应得以进行。

①C3 转化酶（C3bBb）的形成：经典途径中产生的或在生理条件下自发产生的 C3b，若沉积于正常宿主细胞表面，可被宿主细胞膜上的补体调节蛋白迅速灭活，终止反应。若沉积在缺乏补体调节蛋白的物质表面，如微生物（细菌脂多糖）表面，可与 B 因子结合形成 C3bB。血清中的 D 因子可将结合状态的 B 因子裂解成 Ba 和 Bb 两个片段。小片段 Ba 游离于液相，大片段 Bb 仍附着 C3b 上，所形成的复合物 C3bBb 即为旁路途径的 C3 转化酶，与血清中 P 因子结合成为 C3bBbP 后比较稳定，不易被灭活因子灭活。

②C5 转化酶（C3bBb3b）的形成：C3bp 裂解 C3 产生 C3a 和 C3b，C3b 与颗粒表面上 C3bBb 结合，形成多分子复合物 C3bBb3b（C3nBb）或 C3nBbP，此即旁路途径的 C5 转化酶，与经典途径中的 C4b2b3b 相同，可使 C5 裂解成 C5a、C5b。后续的 C6 ~ C9 各成分活化过程与经典途径相同，形成 MAC，导致靶细胞溶解。

③C3b 正反馈途径：旁路途径活化过程是补体系统重要的放大机制，补体活化中形成的稳定的 C3bBb 可使更多的 C3 裂解，产生的 C3b 再沉积于颗粒物质表面，形成更多的 C3 转化酶，可放大起初的激活作用。故 C3b 既是 C3 转化酶作用生产的产物，又是 C3 转化酶的组成部分。此过程形成了旁路途径的正反馈放大机制。

旁路途径和 MBL 途径的活化不需要抗原抗体复合物参与，故在病原微生物感染时补体发挥作用顺序依次是旁路途径，MBL 途径，最后是经典途径。然而当经典途径和 MBL 途径活化时，通过 C3 放大途径也可以活化旁路途径，可见三者以 C3 活化为中心是密切相连的。补体三条途径全过程示意图见图 10 – 18。三条激活途径比较见表 10 – 2。

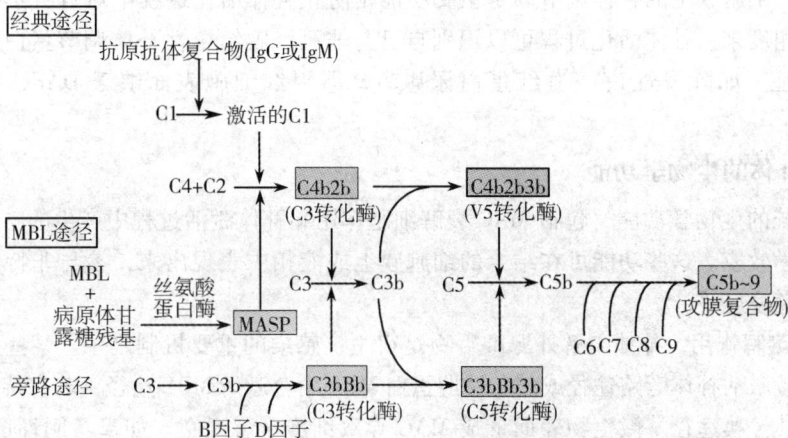

图 10 - 18　补体三条激活途径全过程示意图

表 10 - 2　三条补体激活途径的比较

比较项目	经典途径	凝集素途径	旁路途径
激活物质	抗原 – 抗体（IgM、IgG1 ～ 3）	MBL 和 C – 反应蛋白	细菌脂多糖、复合物酵母多糖等
参与补体成分	C1 ～ C9	C2 ～ C9	C3、C5 ～ C9、B、D、P 因子
C3 转化酶	C4b2b	C4b2b	C3bBb
C5 转化酶	C4b2b3b	C4b2b3b	C3bBb3b
抗感染作用	抗体产生后	感染早期	感染早期

2. 补体激活的调节　正常情况下体内有一系列调节机制控制补体的激活，防止补体成分过度消耗和对自身组织的损伤。这种调控可通过补体成分自身衰变，以及血清中和细胞膜上存在的各种调节因子来实现。

（1）自身衰变调节　某些激活的补体成分极不稳定，易于衰变失活，这是补体激活过程中的一种重要调节机制。如液相中的 C4b、C3b 及 C5b，很快失去活性；与细胞膜结合的 C4b、C3b 及 C5b 也易衰变。不同途径激活的 C3 转化酶和 C5 转化酶均易衰变失活，从而限制了后续补体成分的连锁反应。

（2）调节因子的作用　体液中或细胞膜上存在多种调控不提活化的因子，它们主要是抑制补体激活途径的中心环节 C3 转化酶形成或抑制膜攻击物（MAC）的形成。①体液调节因子 C1 抑制分子（C1 inhibitor, C1 INH）可使 C$\overline{1}$r、C$\overline{1}$s 失去酶活性而不能裂解 C4 和 C2，即不能形成经典途径的 C3 转化酶。I 因子和 H 因子协同作用破坏游离的或细胞膜上的 C3b；I 因子亦能裂解 C4b，由此抑制补体各激活途径。C4 结合蛋白（C4b binding protein, C4bp）抑制 C4b 与 C2 结合，辅助 I 因子裂解 C4b。当这些因子缺陷时可出现临床相应疾病。如遗传性 C1 抑制分子缺乏可发生遗传性血管神经性水肿；②细胞膜上的调节因子 CR1（C3b 受体）抑制 C3 转化酶组装并加速其裂解，协助 I 因子裂解 C3b 和 C4b。膜辅助蛋白（MCP）辅助 I 因子裂解 C3b 和 C4b。衰变加速因子（DAF）与 C4b 结合，抑制 C3 转化酶形成并促进其裂解。同源限制因子（HRF）又称 C8 结合蛋白（C8bp），能与 C8 结合，阻碍 C8 与 C9 结合。膜反应性溶解抑制物（MIRL）阻碍 C7、C8 与 C5b6 结合，从而防止 MAC 形成及其对宿主正常细胞的溶解作用。细胞膜上的补体调节因子主要功能是防止补体活化过程中对自身正常细胞的损伤,从这一角度来说补体活化过程可以识别自己与非己。膜结合性补体调节蛋白缺乏时,会引起临床病症。如阵发性夜间血红蛋白尿患者,即因红细胞表面缺乏 DAF、HRF、MIRL 所致。

(三) 补体的生物学功能

补体系统的生物学功能,包括 MAC 裂解细胞作用和补体激活过程中产生的各种水解片段介导的生物学效应。这些功能可在结合的细胞膜上或液相中表现出来,参与非特异性防御反应和特异性免疫应答。

1. 细胞溶解作用　补体裂解外源微生物是宿主抗感染的重要机制之一。某些微生物表面成分可以直接激活补体旁路途径或与急性期蛋白 MBL 结合激活 MBL 途径,若有特异性抗体产生则激活补体经典途径。微生物表面形成 MAC 导致细胞裂解死亡。如革兰阴性菌、支原体、含脂蛋白包膜的病毒以及异体红细胞和血小板等对补体都敏感。革兰阳性菌则不敏感。在病理情况下,自身抗体在自身组织细胞上可以通过经典途径活化补体,出现补体参与的组织细胞破坏等病理现象。

2. 调理作用　C3b、C4b 称为调理素,它们与细菌及其他颗粒性物质结合,可促进吞噬细胞的吞噬,称为补体的调理作用。C3b、C4b 氨基端与靶细胞(或免疫复合物)结合,羧基端与带有相应受体的吞噬细胞(中性粒细胞、巨噬细胞等)结合,在靶细胞和吞噬细胞之间起桥梁作用,促进微生物与吞噬细胞黏附及被吞噬。这种调理作用在机体抗感染免疫尤为重要。

3. 清除免疫复合物　抗原抗体在体内结合形成的循环免疫复合物如未被及时清除沉积于组织中,则可活化补体,造成组织损伤。而补体成分的存在,可减少免疫复合物的产生,溶解已生成的复合物。C3 和 C4 可共价结合到免疫复合物上,阻碍免疫复合物相互结合形成大网格在组织中沉淀。补体激活途径产生的 C3b,嵌入到抗原抗体的网格中,与抗体结合,使抗体与抗原分子亲和力下降,部分抗原抗体分离,导致复合物变小,易于排出或降解。补体还可以通过 C3b 或 C4b 使免疫复合物黏附到具有 CR1 和 CR3 的血细胞表面,形成较大的复合物,在肝脏中被巨噬细胞清除。此成为免疫黏附作用。循环中的红细胞数量大、CR1 丰富,因此在清除免疫复合物中起主要作用。

4. 介导炎症反应　C3a、C4a 和 C5a 亦称为过敏素,具有炎症介导作用,可与肥大细胞、嗜碱粒细胞表面上相应受体结合,促使其脱颗粒,释放组胺等血管活性介质,引起血管扩张,毛细血管通透性增加及平滑肌收缩等炎症反应。过敏毒素也可直接与平滑肌上的受体结合刺激其收缩。C5a 作用最强。C5a 又称中性粒细胞趋化因子,能吸引中性粒细胞,使其向组织炎症部位聚集,加强对病原微生物吞噬,同时增强炎症反应。C2a 具有激肽样作用,能增加血管通透性,引起炎性充血。

5. 免疫调节作用　有些补体成分如 C3、C3b、CR1、CR2 等对 APC 处理提呈抗原、B 细胞的活化、增殖分化及杀伤细胞效应功能等有一定的调节作用。补体各成分及其片段的生物学功能见表 10 - 3。

表 10 - 3　补体的主要生物学作用

补体成分	主要作用	作用机制
C1 ~ C9	溶菌、溶细胞	通过激活补体各途径，形成 MAC
C3b、C4b、iC3b	调理作用	抗原 - 抗体复合物，通过 C3b、C4b 和 iC3b 结合于吞噬细胞的相应受体上，促进吞噬细胞吞噬抗原
C3b	免疫黏附作用	抗原 - 抗体复合物，经 C3b 粘附于具有相应受体的红细胞或血小板上，形成较大聚合物，使之易被吞噬
C3a、C4a、C5a	过敏毒素作用	过敏毒素与细胞表面相应受体结合，促进肥大细胞、嗜碱粒细胞释放组胺等活性介质。
C5a	趋化作用	吸引吞噬细胞到 C5a 存在的局部，利于吞噬清除抗原。

三、细胞因子

（一）细胞因子的概念及其来源

细胞因子（cytokine，CK）是由多种细胞，特别是活化的免疫细胞合成并分泌的一类具有多种生物学活性的小分子多肽或糖蛋白。细胞因子与其相应受体相互作用，在免疫细胞的分化发育、免疫应答及其调节、炎症反应、造血过程中发挥重要作用，细胞因子还参与某些疾病的病理过程。细胞因子可作为新型的生物制剂具有广阔的应用前景。

细胞因子的来源具有多源性，即体内多种细胞可产生细胞因子，归纳为三类：①活化的免疫细胞：T、B 淋巴细胞、NK 细胞、单核吞噬细胞、粒细胞、肥大细胞等。②基质细胞：血管内皮细胞、成纤维细胞、上皮细胞和中枢神经系统的小胶质细胞等。③某些肿瘤细胞：如骨髓瘤细胞、宫颈癌细胞和白血病细胞系等。

（二）细胞因子的共同特点

（1）均为低分子量（< 60 000）的多肽或糖蛋白。多以单体形式存在，少数如 IL - 5、IL - 12、M - CSF 等为二聚体，TNF - α 为三聚体。

（2）大多是细胞受抗原或丝裂原等刺激活化后产生，以自分泌（autocrine，即分泌细胞是靶细胞自身或同类细胞）或旁分泌（paracrine，即分泌细胞与靶细胞属不同类细胞）形式，使细胞因子在局部发挥短暂作用。

（3）一种细胞因子可由多种细胞产生，同一种细胞可产生多种细胞因子。

（4）需通过与靶细胞表面相应受体结合后发挥其生物学效应。细胞因子发挥广泛多样的生物学功能是通过与靶细胞膜表面的受体相结合并将信号传递到细胞内部。细胞因子受体都是跨膜蛋白，由胞膜外区、跨膜区和胞浆区组成。根据细胞因子受体胞外段结构特点，可分为免疫球蛋白基因超家族等五个家族。

（5）具有高效性、多效性和网络性。微量浓度（pg/ml 或 10^{-10} ~ 10^{-12} mol/L）即可产生效应。一种细胞因子可作用于多种细胞发挥多种生物学效应，多种细胞因子也可有相同或相似的生物学活性。细胞因子相互诱生、相互调节、相互间的叠加、协同或拮抗作用，构成复杂的细胞因子网络（cytokine network）。

（三）细胞因子的分类及其生物学作用

目前已经发现的人细胞因子有 200 多种，常根据其结构和功能进行分类。

1. 白细胞介素　白细胞介素（interleukin，IL）最初是指由白细胞产生又在白细胞间发挥作用的细胞因子。虽然后来发现其他细胞也可分泌白细胞介素，并且白细胞介素也可作用于其他细胞，但该名称一直沿用至今。目前报道的白细胞介素已有 30 余种，分别以 IL－1～IL－15 命名，其主要作用是调节细胞生长分化、参与免疫应答和介导炎症反应。、

2. 干扰素　干扰素（interferon，INF）是最早发现的细胞因子。根据干扰素的来源和理化特性的不同可分为 α、β、γ 三种类型。IFN－α、β 主要由白细胞、成纤维细胞和病毒感染细胞产生，以抗病毒、抗肿瘤作用为主，也称 I 型干扰素。IFN－γ 主要由活化 T 淋巴细胞和 NK 细胞产生，以免疫调节作用为主，也称为 II 型干扰素。

3. 肿瘤坏死因子　肿瘤坏死因子（tumor necrosis factor，TNF）是在 1975 年发现的一种能使肿瘤发生出血坏死的物质。TNF 根据来源和结构可分为两种：TNF－α 和 TNF－β。前者主要由脂多糖或卡介苗活化的单核吞噬细胞产生；后者主要由抗原或有丝分裂原激活的 T 细胞产生。两者均有抗肿瘤、引起炎症反应和免疫调节作用。

4. 集落刺激因子　集落刺激因子（colony stimulating factor，CSF）是由活化 T 细胞、单核吞噬细胞、血管内皮细胞和成纤维细胞等产生的可刺激多能造血干细胞和不同发育分化阶段的造血干细胞增殖分化、并可在体外半固体培养基中形成相应细胞集落的细胞因子。根据作用不同，集落刺激因子又分为粒细胞集落刺激因子（G－CSF）、巨噬细胞集落刺激因子（M－CSF）、粒细胞－巨噬细胞集落刺激因子（GM－CSF）、红细胞生成素（EPO）、干细胞生成因子（SCF）、多能集落刺激因子（multi－CSF）等。

5. 生长因子　生长因子（growth factor，GF）是一类可调节、促进细胞生长的细胞因子，主要包括转化生长因子－β（TGF－β）、表皮生长因子（EGF）、血管内皮生长因子（VEGF）、成纤维细胞生长因子（FGF）、神经生长因子（NGF）、血小板衍生的生长因子（PDGF）、肝细胞生长因子（HGF）。

6. 趋化因子家族　趋化因子家族（chemokine family）是一类对不同靶细胞具有趋化作用的细胞因子。可由白细胞和某些组织细胞分泌，包括 60 多个成员，分子量大多小于 10 000。根据大多数趋化因子家族成员含有 4 个保守的半胱氨酸残基在氨基端的排列方式，分为 CXC、CC、C 和 CX3C 等 4 个亚家族，其生物学作用各异。

（四）细胞因子的主要生物学作用

1. 免疫调节作用　免疫细胞间存在错综复杂的调节关系，细胞因子是传递这种调节信号必不可少的信息分子。如在免疫应答过程中 T、B 淋巴细胞的活性、增生、分化离不开巨噬细胞及 Th 细胞产生的 IL－1、IL－2、IL－4 及 IL－6 等细胞因子的作用。细胞因子可以通过细胞因子网络对免疫应答发挥双向调节作用。

2. 抗感染抗肿瘤作用　具有抗感染、抗肿瘤作用的细胞因子主要由 IL－1、IL－12、TNF 及 IFN 等。他们有些可以直接作用于组织或肿瘤细胞产生效应，亦可通过激活效应细胞间接发挥作用。

3. 刺激造血功能　从造血干细胞到成熟的血细胞的分化发育过程中，每一阶段都要有细胞因子参与，其中其主要作用的是各类集落刺激因子。他们通过促进造血功能，参与调节机体的生理或病理过程。

4. 参与炎症反应　IL－1、IL－8、INF－γ 及 TNF－α 等细胞因子能够促进单核吞噬细胞和中性粒细胞等炎性细胞的聚集，并可激活这些炎性细胞和血管内皮细胞使之表达黏附分子和释放炎症介质，引起或加重炎症反应。此外 IL－1 和 TNF－α 还可直接作用于下丘脑体温调节中枢引起体温升高。

此外，细胞因子还具有刺激造血、调节细胞凋亡、促进创伤修复及参与神经－内分泌－免疫网络调节等多种作用。因此，细胞因子或其拮抗剂治疗疾病已成为日渐受到人们的关注，目前，利用基因工程等技术研制开发的重组细胞因子、细胞因子抗体和细胞因子受体拮抗剂等蛋白生物制品已获得临床应用于某些炎症性疾病、恶性肿瘤及感染性疾病的辅助治疗。

四、其他免疫分子

（一）白细胞分化抗原和黏附分子

白细胞分化抗原和黏附分子都是免疫细胞表面功能分子，许多白细胞分化抗原都以 CD 命名。CD（cluster of differentiation）采用以单克隆抗体为主的聚类分析法，将来自不同实验室的单克隆抗体所识别的同一白细胞分化抗原归为一个分化群，简称 CD。CD 分子目前发现的有大约 250 种，参与免疫应答功能各异。如 CD1 起抗原呈递作用，CD4 和 CD8 是 T 细胞表面重要抗原，CD11 树突细胞表面重要抗原，CD19、CD20、CD21 为 B 细胞表面共刺激分子，CD80 和 CD86 是抗原呈递第二信号来源分子等。黏附分子根据其结构特征可分为整合素家族、选择素家族、钙黏蛋白家族和 IgSF 等，广泛参与免疫应答、炎症发生、淋巴细胞归巢等生理和病理过程。

（二）主要组织相容性复合体

主要组织相容性复合体（major histocompatibility complex，MHC）是表达于脊椎动物有核细胞表面的一类具有高度多态性、含有多个基因座位，并紧密连锁的基因群。这些基因表达的蛋白就是主要组织相容性抗原即 MHC 分子或 MHC 抗原。MHC 最初是从小鼠中发现织移植引起的排斥现象时发现的，证实机体识别某一移植物是自身的还是非自身的现象是有其遗传基础的。人的 MHC 又称 HLA 基因，位于第六号染色体短臂上，长约 4000kb；小鼠的一个遗传区域能导致快速排斥，是编码一种称为多态性血型抗原 II 的基因，也被称作主要组织相容性－2 基因，简称 H－2。

MHC 分子包括 MHC－I 类分子和 MHC－II 类分子（表 10－4）。MHC－I 类分子广泛分布在所有有核细胞表面。如血小板、网织红细胞等，其中淋巴细胞含量最高；MHC－II 类分子主要分布于单核/巨噬细胞、树突状细胞和 B 细胞等 APC 表面；抗原激活后表达量明显增多。在一定情况下，活化的 T 细胞、胸腺上皮细胞、血管内皮细胞等也表达 MHC II 类分子。

表 10－4 MHC I 类与 II 类分子的特征

特征	MHC I 类分子	MHC II 类分子
多肽链	a 链（44k～47）	a 链（32k～34kD）
	$\beta 2m$ 链（12）	β 链（29k～32kD）
多肽残基位置	a1 和 a2 结构域	a1 和 $\beta 1$ 结构域
与 T 细胞共受体		
结合	a3 区结合 CD8	$\beta 2$ 区结合 CD4
肽结合槽	容纳 8～12 残基的肽	容纳 10～30 残基的肽
经典成分	HLA－A、B、C	HLA－DP、DQ、DR

MHC 分子是抗原呈递分子；参与 T 细胞分化及中枢性免疫耐受的建立；在免疫应答的过程中，只有当相互作用细胞双方的 MHC 分子一致时，免疫应答才能发生，这一现象称为 MHC 限制性。如：T 细胞与 APC。此外 HLA 与疾病、器官移植、输血反应、母胎关系、法医学等也密切相关。

（陈宏远　刘晓波）

第十一章 适应性免疫应答

第一节 适应性免疫应答的概述

免疫应答（immune response）是免疫系统识别和清除抗原的整个过程。根据免疫应答识别的特点、获得形式及效应机制，免疫应答分为固有免疫应答和适应性免疫应答。固有免疫应答（innate immuity）又称非特异性免疫应答，是生物在长期进化过程中形成，是机体抵御病原体入侵的第一道防线。参与固有免疫应答的主要成分有：皮肤、黏膜及其分泌的杀菌或抑菌物质；体内多种非特异性免疫细胞和免疫分子等（详见免疫学概述）。本章主要介绍适应性免疫应答。

一、适应性免疫应答的概念及种类

适应性免疫应答（adaptive immunity）又称特异性免疫应答或获得性免疫应答，是指机体受抗原刺激后，抗原特异性淋巴细胞对抗原进行特异性识别，继而活化、增殖、分化或失能、凋亡，并最终对非己成分进行清除和排斥，对自己成分产生耐受的全过程。

适应性免疫应答的类型与抗原的性质、数量以及机体的免疫功能状态有关。

（一）根据免疫应答产生的效应分类

1. 正免疫应答 正免疫应答指 T 细胞或 B 细胞接受抗原刺激后，活化、增殖、分化为效应细胞及记忆细胞，产生效应分子，完成清除破坏抗原的免疫效应的过程。典型的例子是机体对病原微生物的抗感染免疫。

2. 负免疫应答 负免疫应答是指受到抗原刺激的 T、B 细胞被克隆清除或停止在活化的某一阶段，不发生增殖、分化，不产生效应细胞或效应分子的过程，也称外周耐受。典型的例子是机体正常生理状态下对自身成分的耐受。

（二）根据免疫应答对机体的影响分类

1. 生理性免疫应答 又称正常免疫应答，指免疫系统接受抗原刺激后，对非己抗原进行清除和排斥，对自己成分产生耐受的过程，生理性免疫应答通常强度适中，对机体的影响以保护作用为主，不产生严重的病理性损伤。

2. 病理性免疫应答 又称异常免疫应答，指机体免疫应答过强、过弱或对自身成分产生正应答。病理性免疫应答往往不能对机体起有效的保护作用，甚至会对机体产生严重的病理性损伤。如对某些微生物抗原应答过强，可导致超敏反应；过弱可导致严重或持续的感染。而对自身成分的异常正应答可导致自身免疫病的发生。

（三）根据参与的免疫细胞及效应成分的不同分类

1. 适应性细胞免疫 适应性细胞免疫即 T 淋巴细胞介导的免疫应答，指 T 细胞接受抗原刺激后，经过活化、增殖与分化，最终产生效应性 T 淋巴细胞，清除和破坏抗原成分。

2. 适应性体液免疫 适应性体液免疫即 B 淋巴细胞介导的免疫应答，指 B 淋巴细胞接受抗原刺激后活化、增殖分化为浆细胞。浆细胞合成分泌特异性抗体分子，并由抗体分子结合、清除和破坏抗原。由于抗体分子存在于体液之中，故 B 细胞介导的免疫应答又称体液免疫应答。

二、适应性免疫应答的基本过程

适应性免疫应答是一个十分复杂的过程，受机体的严密控制和精细的调节，是抗原成分与多种免疫细胞和免疫分子相互作用的结果。适应性免疫应答过程本身是一个密切相关、不可分割的统一整体，为便于理解和学习，通常人为的将其分为三个阶段（图 11 - 1）。

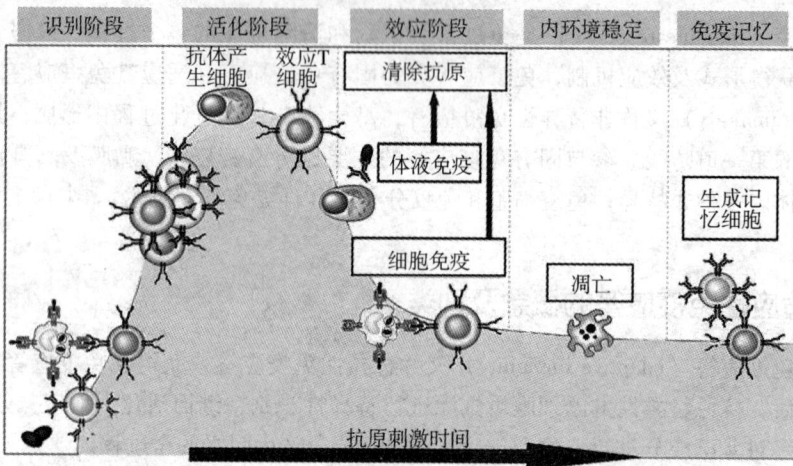

图 11 - 1 适应性免疫应答的过程

（一）识别阶段

识别阶段是从免疫细胞接触抗原开始，包括抗原提呈细胞对抗原的摄取、处理、加工和提呈，以及 T、B 淋巴细胞对抗原或抗原肽的识别，是适应性免疫应答的启动阶段。

（二）活化、增殖、分化阶段

在此阶段，T、B 淋巴细胞通过其抗原受体（TCR、BCR）识别来自抗原的第一信号，同时通过其协同刺激分子受体（costimulatory signal receptor，CMR）接受来自协同刺激分子的第二信号。在双信号以及某些细胞因子的共同作用下，特异性 T、B 淋巴细胞活化、增殖和分化，最终形成效应性 T 细胞或浆细胞以及免疫记忆细胞，并合成分泌免疫效应分子。

（三）效应阶段

此阶段是通过特异性效应细胞（Th、CTL）和免疫分子（抗体）发挥作用，以直接或间接的方式清除抗原物质。在效应阶段，往往有固有免疫细胞（如巨噬细胞、NK细胞等）及分子（如补体、细胞因子等）参与，它们与特异性免疫细胞及分子相互促进、协同作用。

三、适应性免疫应答的特点

机体通过适应性免疫和固有免疫共同组成机体的免疫系统，完成免疫防御、免疫自稳和免疫监视三大功能。固有免疫是个体出生时就具备的、并非针对某一特定抗原的防御机制，是机体抵抗病原体侵袭、清除体内抗原性异物的第一道防线。而适应性免疫则是机体接受抗原刺激后，获得的针对此抗原的特异性的防御机制。适应性免疫具有特异性、记忆性和可转移性等特征。

（一）特异性

适应性免疫应答具有高度的选择性，免疫应答的效应物质只针对引起应答的特定抗原发挥作用，这种高度的选择性或针对性即为适应性免疫的特异性。这种特异性是通过T、B淋巴细胞表面的抗原识别受体（TCR或BCR）来实现的。抗原进入机体后，通过与TCR或BCR特异性识别与结合，选择相应的T、B细胞克隆并使之活化、增殖、分化，最终产生特异的效应性细胞或效应分子。

（二）记忆性

免疫记忆是指免疫系统在初次接触某种抗原后，活化的T、B细胞除可分化为效应细胞外，其中部分细胞还可分化为记忆细胞，在体内较长期的存活。记忆细胞再次与相同的抗原作用时可诱导产生更快速、更强烈、更高效的免疫应答，从而更加快捷、有效的清除和破坏抗原性异物。免疫记忆现象是人类对某些病原体感染引起的疾病具有较长期甚至终生的免疫力的根本原因，也是我们制备疫苗用于预防某些疾病的理论基础。

（三）可转移性

特异性免疫可以通过转输免疫活性细胞即T、B淋巴细胞或抗体，在不同的个体中转移。将已致敏的免疫活性细胞或抗体输入无免疫力的个体，可使这些个体获得对特异性抗原的免疫力。特异性免疫的此种特点已被广泛用于临床多种疾病的治疗和预防。

第二节 T细胞介导的细胞免疫应答

T细胞在抗原刺激和其他辅助因素的作用下，发生活化、增殖、分化为效应性T细胞并发挥免疫效应的过程称为T细胞介导的免疫应答（T cell mediated immune response），或称为适应性细胞免疫。

适应性免疫应答可分为适应性体液免疫和适应性细胞免疫。适应性体液免疫的效应物质为抗体，抗体分子可识别存在于细胞外的病原微生物，故可以在宿主防御机制中，清除或者中和胞外微生物或毒素类物质。但抗体分子不能识别存在于细胞内的抗原，故对存在于细胞内的病原微生物往往不能有效的杀伤和清除。

适应性性细胞免疫的效应物质是效应性T淋巴细胞，效应性T淋巴细胞可通过识别感染细胞表面表达的抗原肽－MHC分子复合物，从而可针对胞内微生物产生有效的细胞免疫应答，清除和杀灭存在于胞内的微生物。

　　巨噬细胞是机体重要的固有免疫细胞，可以吞噬杀灭多种病原微生物，但有些病原微生物发展出在巨噬细胞的溶酶体内存活和复制的能力。因此，仅依靠固有免疫不能有效杀灭这些胞内寄生菌。而 CD4$^+$Th1 细胞可以增强巨噬细胞的杀灭病原菌的能力，使之能更有效的杀灭这些胞内寄生的病原菌。而当微生物感染的是非吞噬细胞时，这些细胞本身没有杀灭微生物的机制；或者是病原微生物从溶酶体逸出到胞浆中，在此情况下，就需要 CD8$^+$Tc 细胞在摧毁自身被感染的细胞的同时，破坏和杀灭病原微生物。故针对不同性质的病原微生物，CD4$^+$Th1 细胞介导的细胞免疫及 CD8$^+$Tc 细胞介导的细胞毒作用是两类重要的适应性细胞免疫类型。

　　适应性细胞免疫在移植排斥反应及机体抗肿瘤免疫中也发挥重要的作用。

一、CD4$^+$Th1 细胞介导的细胞免疫应答

　　CD4$^+$Th1 细胞介导的细胞免疫，其过程同样大致可分为三个阶段：①识别阶段；②活化、增殖、分化阶段；③效应阶段。

（一）CD4$^+$Th1 细胞对抗原的识别

　　T 细胞通过其表面的抗原识别受体（TCR）与抗原提呈细胞表面的抗原肽 - MHC 分子复合物特异性结合的过程，即称为抗原识别（antigen recognition）。抗原识别具有特异性，其过程包括 APC 对抗原的提呈和 T 细胞与 APC 相互作用。

　　1. APC 对抗原的摄取、加工处理与提呈　　CD4$^+$Th 细胞不能直接识别天然抗原，只能通过其 TCR 识别与 MHC Ⅱ 分子结合并表达于 APC 表面的抗原肽片段。激活初始 CD4$^+$Th 细胞的 APC 主要是树突状细胞。树突状细胞通过外源性抗原提呈途径即溶酶体途径提呈抗原肽给 CD4$^+$Th 细胞识别（图 11 - 2）。摄取了抗原的树突状细胞移行至外周淋巴器官。

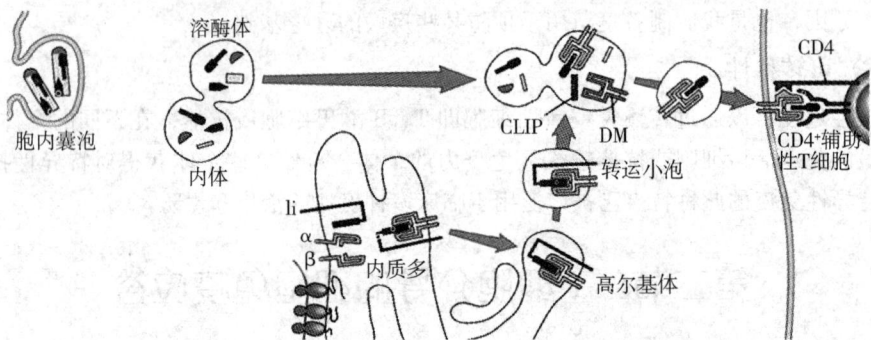

图 11 - 2　外源性抗原的提呈途径

　　2. APC 与 CD4$^+$Th 细胞的相互作用　　在胸腺中发育成熟的初始 T 细胞随血液循环到达外周淋巴器官，定居在 T 细胞区并参与周而复始的淋巴细胞再循环。当初始 T 细胞进入外周淋巴器官相应区域（如淋巴结的深皮质区），与移行至该处的树突状细胞相遇，开始两者之间的相互作用。最初的接触与结合主要由 T 细胞表面的黏附分子和 APC 表面的相应配体介导，这种结合是短暂和不稳定的，如果结合的 T 细胞不能识别 APC 细胞上的 MHC - 抗原肽，T 细胞就会与 APC 细胞分离，离开外周淋巴组织，继续淋巴细胞再循环。如果 T 细胞的 TCR 能够识别 APC 细胞上的抗原肽 - MHC 分子复合物，两者之间的粘附分子的亲和力将上升，细胞之间

可以更加紧密和稳固的结合。

　　T 细胞与 APC 细胞相互作用过程中，在细胞相互接触部位形成了一个特殊的结构，称为 T 细胞突触（T cell synapse），也称为免疫突触（immunological synapse）。TCR – CD3 分子、CD4 或 CD8 共受体分子、协同刺激分子（如 CD28 分子）及一些与信号转导相关的分子占据突触的中央，形成中央超分子活化簇（c – SMAC）。大量黏附分子则环形分布于外周，形成外周超分子活化簇（p – SMAC）。

　　免疫突触具有以下重要的功能：①稳定 T 细胞与 APC 的结合，从而促进 TCR 与 MHC – 抗原肽的识别；②促进 T 细胞信号转导相关分子的聚集和相互作用；③促进 T 细胞效应功能的发挥（图 11 – 3）。

　　T 细胞在识别抗原肽 – MHC 分子复合物时，由 TCR 的 Vα 和 Vβ 负责识别，其中 CDR1 区和 CDR2 区识别 MHC 分子多态性残基，CDR3 区识别抗原肽。这种 TCR 在识别抗原肽的同时必须识别自身的 MHC 分子的现象，称为 TCR 的双识别（dual recognition）。

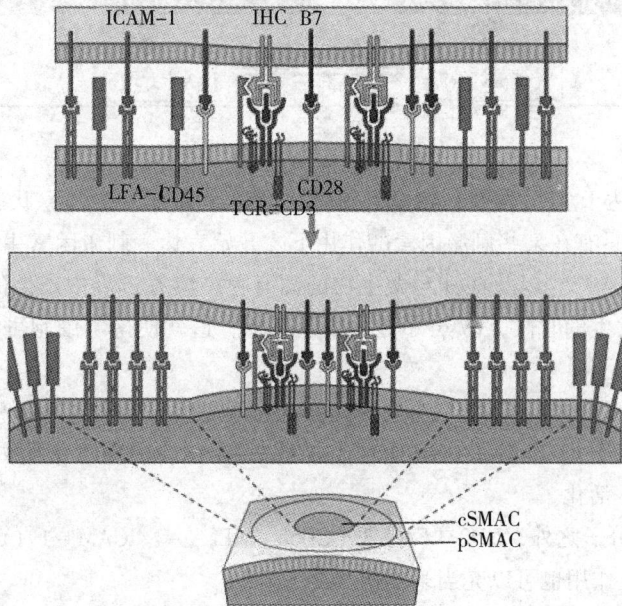

图 11 – 3　免疫突触的形成

（二）CD4⁺Th 细胞的活化、增殖与分化

1. CD4⁺Th 细胞的活化　　T 细胞的活化需要来自抗原的第一信号、来自协同刺激分子的第二信号及细胞因子的共同作用。

　　（1）T 细胞活化的第一信号　　T 细胞通过 TCR 特异性识别 APC 提呈的抗原肽 – MHC 分子复合物产生 T 细胞活化的第一信号，该信号通过 CD3 分子向 T 细胞内传入，最终进入细胞核，启动相关基因表达。第一信号确保了免疫应答的特异性。

　　（2）T 细胞活化的第二信号　　T 细胞活化的第二活化信号也称协同刺激信号（costimulatory signal），是由 APC 细胞上的协同刺激分子与 T 细胞膜上的协同刺激分子受体相互作用而产生。

　　T 细胞的活化必须同时接受双信号的作用，如果只有第一信号的作用而没有第二信号的作用，则 T 细胞不能被活化，往往被诱导进入无能状态或进入凋亡。

　　B7 – 1（CD80）和 B7 – 2（CD86）是 APC 膜上最重要的协同刺激分子，它们的受体是表达在 T 细胞上的 CD28 分子。B7 与 CD28 分子相互作用传入的活化信号，可增强 IL－2 基因转录及其 mRNA 的稳定性，从而使 T 细胞增殖；同时可增强抗凋亡基因 bcl－XL 的表达，保护 T 细胞免于凋亡（图 11－4）。

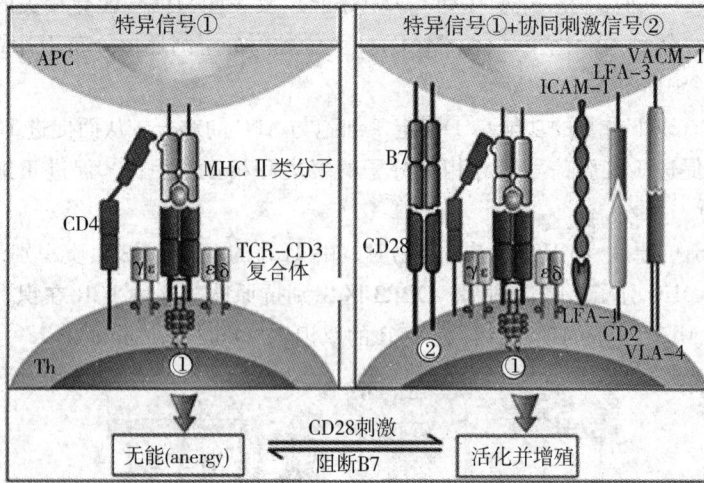

图 11－4　T 细胞活化的双信号

B7 分子主要表达于 APC 表面，如 DC、巨噬细胞、B 细胞。但静息状态下的 APC 不表达或低表达 B7 分子，只有在某些刺激因素的作用下才开始表达。刺激因素主要包括一些能结合 Toll 样受体的微生物产物，以及在针对微生物的固有免疫应答过程中产生的 IFN－γ。当病原微生物入侵或炎症发生的时候，B7 分子才会表达增加，这就使得 T 细胞可以在正确的时间和地点活化。

CD28 家族的另一个成员 CTLA－4 也表达在 T 细胞表面，它与 CD28 高度同源，且与 B7 分子的亲和力远远高于 CD28 分子。B7 分子与 CTLA－4 结合后向 T 细胞内传入抑制性信号，可抑制 T 细胞的过度活化。

除了 B7/CD28 分子之外，CD2/LFA－3（CD58）、LFA－1/ICAM－1（CD54）或 ICAM－3（CD50）之间的相互作用也可以充当第二信号。

活化后的 CD4$^+$T 细胞表达 IL－2Rα 链，与原先表达于 T 细胞膜上的 βγ 链组成高亲和力受体，同时分泌 IL－2；活化的 CD4$^+$T 细胞表达 CD40L（CD154）及 CTLA－4 分子及某些趋化因子的受体。CD40L 与 APC 表面的 CD40 作用，可进一步增强 APC 的抗原提呈能力。

2. CD4$^+$Th 细胞的增殖与分化　初始 CD4$^+$T 细胞接受双信号刺激活化后，进入快速的克隆扩增。针对抗原的特异性 T 细胞数量可在数天内增加 1000 倍以上。

这种快速的克隆扩增主要由 IL－2 介导，活化的 T 细胞表达高亲和力的 IL－2 受体，并且自身合成 IL－2，通过 IL－2 的自分泌作用导致 T 细胞克隆的扩增。

初始 CD4$^+$T 细胞在增殖的同时开始向不同的亚群分化，这种分化受细胞因子的作用，而这些细胞因子可来自 APC（主要是 DC 或巨噬细胞）或免疫应答发生部位的其他免疫细胞（如 NK 细胞、嗜碱粒细胞、肥大细胞）。IL－12、IFN－γ 可促使初始 CD4$^+$T 细胞向 Th1 细胞分化；IL－4 可促使初始 CD4$^+$T 细胞向 Th2 细胞分化；IL－6、IL－1 和 IL－23 可促使初始 CD4$^+$T 细胞向 Th17 细胞分化。

部分 CD4$^+$T 细胞分化为记忆性 T 细胞，在体内较长期的存活。

（三）效应 Th1 细胞的免疫效应

效应 Th1 细胞介导的细胞免疫主要清除被吞噬细胞吞噬的胞内感染病原菌。效应 Th1 细胞活化的部位是在外周淋巴组织内，而其发挥效应的部位通常是在非淋巴组织内，故效应 Th1 细胞必须从淋巴组织转移到病原微生物感染的部位。

活化后的 Th1 细胞 L - 选择素（L - selectin）和 CCR7 表达下降，所以不再进入外周淋巴组织再循环，而是进入外周血液循环中。血液循环中的效应 Th1 细胞在黏附分子及趋化因子的作用下可以穿过血管内皮，到达全身各发生炎症反应的组织部位。

通常 Th1 细胞不是直接作用于靶细胞，而是通过募集和激活巨噬细胞间接杀伤细胞内感染病原体，所以巨噬细胞是 Th1 细胞的效应细胞。

1. Th1 细胞对巨噬细胞的激活 病原菌感染后，作为固有免疫的一部分，单核细胞从血液进入感染组织部位，成熟为巨噬细胞，吞噬病原菌，并且将病原菌的抗原肽以抗原肽 - MHC II 分子复合体的形式表达在细胞表面。某些病原菌进化出在巨噬细胞溶酶体内存活的能力，如此，巨噬细胞就不能有效杀灭这些胞内寄生菌。与此同时，入侵的病原菌或其产物被 DC 细胞摄取、加工处理后，DC 细胞在外周淋巴组织中活化初始 Th1 细胞。活化的效应 Th1 细胞进入血液循环，穿过血管壁后，到达感染部位，识别巨噬细胞表面的抗原肽 - MHC II 分子后，与巨噬细胞相互作用，激活巨噬细胞。

效应 Th1 细胞对巨噬细胞的激活主要通过两种方式：一种是通过分泌细胞因子 IFN - γ 作用于巨噬细胞；另外一种方式就是通过 Th1 细胞表面表达的 CD40L 分子与巨噬细胞表面的 CD40 分子直接作用，从而活化巨噬细胞。活化的巨噬细胞吞噬能力增强，各种杀伤病原体的因子，如溶酶体酶、反应性氧中间产物、过氧化物、NO 等产生增加，故能更加有效的杀灭溶酶体内的病原微生物（图 11 - 5）。

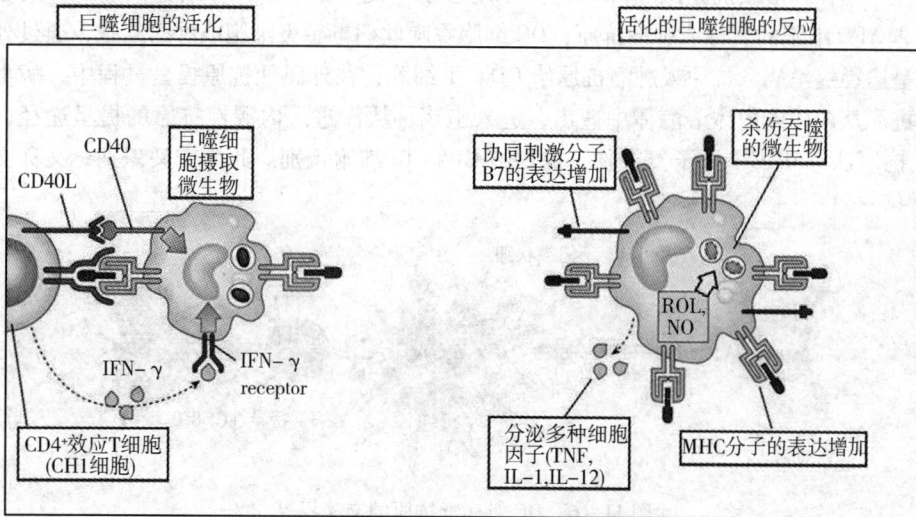

图 11 - 5 CD4$^+$ Th1 细胞对巨噬细胞的活化作用

2. Th1 细胞对单核细胞的募集与诱生作用 效应性 Th1 细胞除了分泌细胞因子 IFN - γ 激活感染部位的巨噬细胞外，还可以分泌其他细胞因子，进一步动员和募集更多的单核细胞进入炎症反应部位。

分泌 GM - CSF 和 IL - 3 可促进骨髓干细胞分化为单核细胞；而 TNF 和 MCP - 1 可促使血

管内皮细胞高表达黏附分子，使单核细胞黏附于血管内皮细胞，进而穿过内皮进入组织，成为巨噬细胞。使更多的巨噬细胞加入杀灭病原体的行列，有效增强了机体杀灭病原体的能力。

在 Th1 细胞介导的细胞免疫过程中，巨噬细胞释放的酶、NO 及某些细胞因子可以造成组织损伤，产生迟发超敏反应。其中包括接触性皮炎、慢性结核和麻风病中的肉芽肿改变和对移植物的排斥反应等。

二、CD8⁺Tc 细胞介导的细胞免疫应答

CD8⁺T 细胞在胸腺内成熟后进入外周淋巴组织，此时的 CD8⁺T 细胞不具备杀伤靶细胞的功能，称为 CTL 前体细胞（CTL precursor，CTLp）。CTLp 需经抗原刺激，活化、增殖、分化后转变成有杀伤活性的 CTL，继而发挥杀伤靶细胞的功能。CTL 活化同样需要双信号及细胞因子的作用。

（一）CD8⁺Tc 细胞对抗原的识别及活化、增殖分化

在 CD8⁺Tc 细胞活化过程中，树突状细胞是主要的抗原提呈细胞。因为只有 DC 细胞才能表达协同刺激分子，为 CD8⁺Tc 细胞的活化提供第二活化信号。但 DC 细胞提呈抗原给 CD8⁺Tc 细胞的过程与其提呈抗原给 CD4⁺T 细胞的过程有所差异。

DC 细胞提呈抗原肽 – MHC I 分子复合物给 CD8⁺Tc 细胞识别可以分为以下几种情况：①抗原是病毒，直接感染了 DC 细胞，病毒蛋白在 DC 细胞的胞浆内合成，DC 细胞通过内源性抗原提呈途径提呈病毒抗原，形成抗原肽 – MHC I 分子复合物，表达在 DC 表面，被 CD8⁺T 细胞识别；②抗原是某种病原菌，被 DC 细胞从细胞外摄取，通过外源性抗原提呈途径提呈，形成抗原肽 – MHC II 分子复合物，提呈给 CD4⁺Th 细胞识别；同时，在此外源性抗原提呈过程中，病原菌或其产物从内体（endosome）或内体溶酶体中逸出并进入胞浆，从而进入内源性抗原提呈途径，形成抗原肽 – MHC I 分子复合物，提呈给 CD8⁺Tc 细胞识别；③抗原是感染其他非 APC 细胞的病毒或肿瘤抗原，DC 细胞吞噬此病毒感染细胞或肿瘤细胞，通过外源性抗原提呈途径提呈病毒抗原或肿瘤抗原给 CD4⁺T 细胞；在外源性抗原提呈过程中，病毒抗原或肿瘤抗原从内体或内体溶酶体中逸出，进入胞浆，从而进入内源性抗原的提呈途径，最终形成 M 抗原肽 – MHC I 分子复合物，提供给 CD8⁺Tc 细胞识别。此为交叉识别，又称交叉致敏（图 11 – 6）。

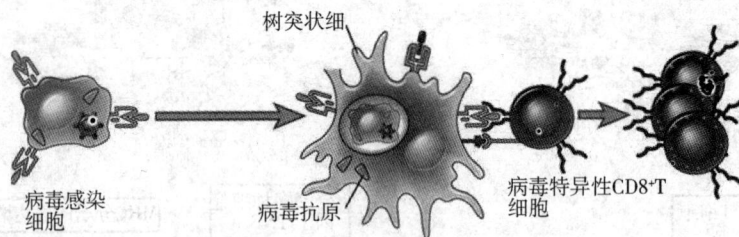

图 11 – 6　DC 对病毒抗原的交叉提呈

CD8⁺Tc 细胞的活化通常还需要 CD4⁺Th 细胞的辅助，CD4⁺Th 细胞通过分泌细胞因子作用于 DC 细胞，也可以通过其膜上表达的 CD40L 分子与 DC 细胞膜上表达的 CD40 分子相互作用，增强 DC 分子对抗原的提呈能力，使之更有效的活化 CD8⁺Tc 细胞。此外，CD4⁺Th 细胞还可以分泌细胞因子直接作用于 CD8⁺Tc 细胞，促进 CD8⁺Tc 细胞的活化（图 11 – 7）。

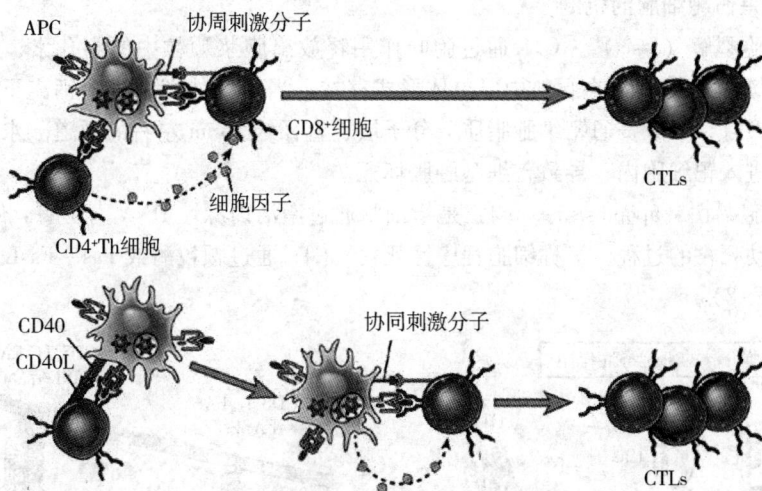

图 11-7 CD4$^+$Th 对 CTL 活化的辅助作用

活化后的 CD8$^+$Tc 细胞增殖分化为效应性 CTL 细胞，效应性 CTL 细胞最典型的特征就是在其胞浆内出现了膜性颗粒性物质。颗粒中含有穿孔素（perforin）和颗粒酶（granzyme），藉此，可以特异性杀伤靶细胞；此外，效应性 CTL 可以分泌多种细胞因子，其中最主要的是 IFN-γ，可以增强吞噬细胞的吞噬功能。

部分 CD8$^+$Tc 细胞转变成记忆性 CD8$^+$Tc 细胞，在体内较长期的存活。

（二）CTL 的免疫效应

CTL 通过细胞毒作用和诱导靶细胞凋亡的方式特异性杀伤携带抗原肽-MHC I 分子复合物的自身细胞。

1. CTL 杀伤靶细胞的过程 CTL 对靶细胞的杀伤具有抗原特异性，效应性 CTL 通过其 TCR 分子识别携带抗原肽-MHC I 分子复合物的靶细胞，并对其进行杀伤，在此过程中不需要协同刺激分子的参与。靶细胞上携带的抗原肽-MHC I 分子复合物必须与活化初始 Tc 细胞的 DC 细胞上所携带的抗原肽-MHC I 分子复合物一致。

在 CTL 杀伤靶细胞时，必须与靶细胞直接接触，当靶细胞被破坏，甚至在靶细胞被破坏之前，CTL 就可与之解离，并去杀伤下一个靶细胞。因此，CTL 可连续杀伤多个靶细胞，在 CTL 连续杀伤靶细胞的过程中其本身不受损伤。此过程可大致分成三个时相。

（1）接触相 即效-靶细胞结合阶段。CTLp 细胞在外周淋巴组织中活化、增殖分化为效应 CTL 细胞后，离开淋巴组织向感染或肿瘤部位聚集。CTL 高表达黏附分子如 LFA-1 和 CD2 等，能与表达相应受体 ICAM-1、LFA-3 的靶细胞结合。如果 CTL 的 TCR 分子在靶细胞表面识别到相应的抗原肽-MHC I 分子肽复合物，它们之间的黏附分子的亲和力将上升，TCL 将与靶细胞紧密的结合；反之，CTL 与靶细胞黏附分子的亲和力下降，细胞解离。紧密的接触相便于 CTL 将分泌的细胞毒物质集中、高浓度的作用于彼此接触的紧密、狭小的空间。使 CTL 可以选择性的攻击靶细胞而不至于伤害到临近的其他细胞。

（2）分泌相 即 CTL 极化阶段。在此阶段，CTL 细胞骨架系统、高尔基体及胞浆颗粒等向效-靶结合部位分布排列，通过胞吐作用使胞浆颗粒向效-靶细胞间的狭小空间释放。

（3）裂解相 即致死性打击阶段。此阶段可观察到靶细胞膜上出现大量小孔，水分子和钙离子通过小孔进入胞浆，靶细胞肿胀坏死，或在 CTL 的作用下发生凋亡。

2. CTL 杀伤靶细胞的机制

（1）细胞裂解（lysis）　　CTL 通过胞吐作用释放出胞浆颗粒中的穿孔素，穿孔素与补体 C9 分子有同源性。穿孔素在颗粒中以单体形式存在，当与胞外高浓度的钙离子接触后，可在靶细胞膜上聚合，形成贯通靶细胞脂质双分子层、直径约 16nm 左右的通道。水分子及钙离子可通过通道进入靶细胞内，导致靶细胞肿胀坏死。

（2）细胞凋亡（apoptosis）　　凋亡是指细胞通过激活内源性 DNA 内切酶，使 DNA 被切断并致细胞主动死亡的过程，又称细胞程序性死亡。CTL 通过颗粒酶或 Fas – FasL 途径诱导细胞凋亡（图 11 – 8）。

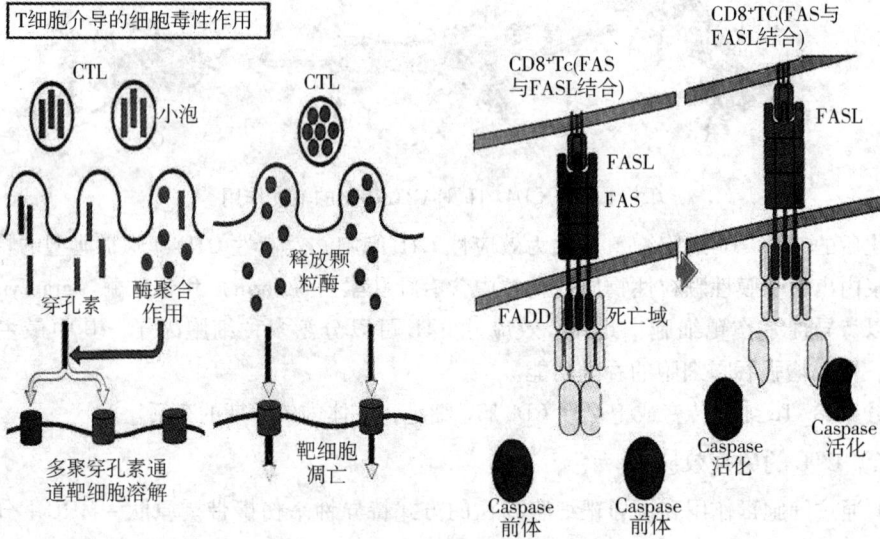

图 11 – 8　CTL 杀伤靶细胞的机制

在两种情况下，机体细胞本身不能清除感染其内的病原体，一种是病毒感染非吞噬细胞如组织细胞并在细胞内存活并复制（如感染肝细胞的肝炎病毒）；另一种是病原体虽然被吞噬细胞吞噬，但病原体从吞噬体内逸出，进入了胞浆，吞噬细胞对病原体的杀灭机制通常限制在吞噬体内（如溶酶体），对进入胞浆的病原体往往不能有效杀灭。在这两种情况下，需要 CTL 通过摧毁自身细胞来清除感染。当 CTL 以诱导靶细胞凋亡的方式裂解靶细胞 DNA 的同时，也可以降解靶细胞内感染的病原体的核酸分子，故能更加彻底的破坏病原体，清除潜在的感染因素。

CTL 对靶细胞的杀伤在某些疾病中可造成组织损伤。如在乙型或丙型肝炎中，肝炎病毒本身对肝细胞没有损伤作用，是宿主的 CTL（还有 NK 细胞）杀伤了肝细胞，造成了组织的损伤。

第三节　B 细胞介导的体液免疫应答

成熟初始 B 细胞在外周淋巴组织接受特异性抗原刺激后，活化、增殖并分化为浆细胞，合成并分泌抗体，通过抗体分子发挥清除抗原作用。由于 B 细胞应答的效应分子抗体存在于体液之中，故将此类应答称为体液免疫（humoral immunity）。

活化 B 细胞的抗原可分为 TD 抗原和 TI 两种，前者通常为蛋白质类抗原，在激活 B 细胞的过程中需要 Th 细胞的辅助；后者通常为非蛋白质类抗原，在激活 B 细胞的过程中不需要 Th 细胞的辅助。

一、TD 抗原诱导的体液免疫应答

大多数蛋白质类的抗原属于 TD 抗原，活化 B 细胞的过程中需要 Th 细胞的辅助，其引发的体液免疫应答的过程也可以分为三个阶段。①识别阶段：包括 B 细胞对抗原的识别，及 DC 细胞提呈抗原给 Th 细胞的过程。②活化、增殖分化阶段：其中包括了初始 Th 的活化及 B 细胞在 Th 细胞的辅助下活化、增殖与分化的过程。在此过程中涉及到 Th 细胞与 B 细胞的相互作用，B 细胞在生发中心内发生的类别转换、亲和力成熟及记忆 B 细胞的形成。③效应阶段：B 细胞转变成浆细胞，合成分泌抗体分子，并由抗体分子介导一系列效应功能。

（一）B 细胞对 TD 抗原的识别

参与针对 TD 抗原（通常为蛋白质抗原）应答的初始 B 细胞是定居在外周淋巴组织滤泡中的 B 淋巴细胞，抗原通过淋巴引流或被其他细胞捕获后输送到初始 B 细胞定居的部位，被 B 细胞膜上的抗原受体 BCR 识别。BCR 识别完整的游离状态的抗原分子表面的 B 细胞表位，通过 Igα、Igβ 分子向胞内传入第一活化信号。B 细胞表面的辅助受体复合物 CD19/CD21/CD81，通过其补体受体 CD21（CR2）分子与抗原或抗原体复合物上的 C3d 结合，从而与 BCR 发生交联，再通过 CD19 分子传入活化信号，如此可大大促进 B 细胞的活化（图 11-9）。

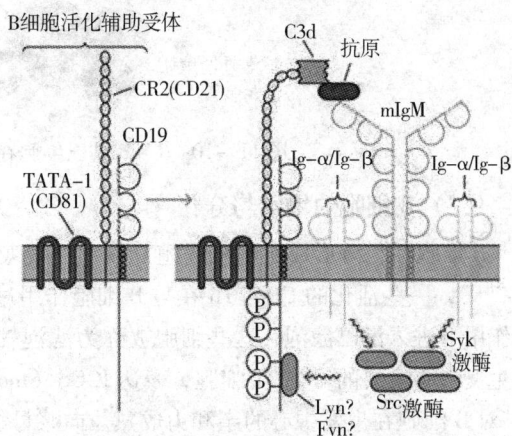

图 11-9　B 细胞活化的辅助受体

B 细胞的 BCR 结合抗原后，进一步通过受体介导的内吞作用将抗原摄入，并经过外源性抗原提呈途径将抗原肽与 MHC II 类分子结合，以抗原肽 - MHC II 分子复合物的形式表达在 B 细胞的表面，此处提呈的是蛋白抗原的 T 细胞表位。

初始 B 细胞获得的第一信号，并不能使其完全活化并进一步发生增殖和分化，但 BCR 分子与抗原的结合导致 BCR 的交联，使 B 细胞有了初步的活化。初步活化的 B 细胞向外周淋巴组织的 T 细胞区迁移。

与此同时，相同的抗原被 DC 细胞摄取，DC 细胞经过外源性抗原提呈途径将抗原肽 - MHC II 分子呈递给初始 CD4$^+$Th 细胞识别（此处 DC 细胞提呈的抗原肽与前述 B 细胞提呈的抗原肽是一致的），在双信号及细胞因子的作用下，CD4$^+$Th 细胞活化（此过程可参考细胞免疫的相关描述）。活化的 Th 细胞进一步增殖、分化转变成效应性 CD4$^+$Th 细胞。效应性 CD4$^+$Th 细胞在细胞膜上表达 CD40L 分子，并分泌细胞因子，其细胞膜表面的趋化因子受体的表达也发生改变，CCR7 表达下调而 CXCR5 表达上调。CXCR5 的配体是 CXCL13，由滤泡树突状细胞及滤泡基质细胞分泌，在此趋化因子的作用下，活化的 CD4$^+$Th 细胞向滤泡移行。

相对迁移的效应 CD4$^+$Th 细胞与初步活化的 B 细胞在 T 细胞区与滤泡的交界处相遇，Th 细胞通过 TCR 识别 B 细胞表面的抗原肽 - MHC II 分子复合物后，效应 CD4$^+$Th 细胞膜上表达的 CD40L 分子与 B 细胞表面组成性表达的 CD40 分子相互作用，为 B 细胞的活化提供了第二信号。在双信号以及 Th 细胞提供的细胞因子的作用下，B 细胞活化、增殖，在滤泡外形成增殖灶，每个滤泡外增殖灶可以产生 100~200 个抗体分泌浆细胞，分泌产生抗体，但这些浆细胞生存时间较短（图 11-10）。

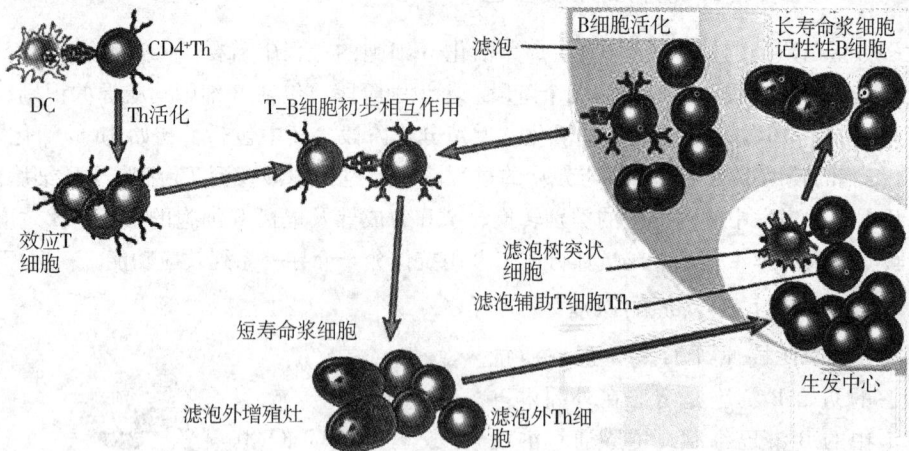

图 11-10 T-B 淋巴细胞在外周淋巴组织的相互作用

（二）B 细胞的增殖与分化

B 细胞活化后形成滤泡外增殖灶发生于免疫应答较早期。几天后，大约在抗原暴露后的 4~7 天，一些活化的 CD4$^+$Th 在与 B 细胞作用过程中，其 CXCR5 表达进一步增高，在其配体的作用下进入淋巴滤泡，这些细胞被称为滤泡辅助 T 细胞（follicular helper T cell, Tfh）。Tfh 是生发中心主要的 CD4$^+$T 细胞，表达 ICOS（inducible costimulator）、IL-21 及转录因子 Bcl-6，对 B 细胞在生发中心的亲和力成熟及向浆母细胞分化有重要作用。与此同时，少量活化的 B 细胞（通常只有 1~2 个 B 细胞）返回淋巴滤泡，在滤泡内快速增殖，形成生发中心。生发中心发生快速分裂的 B 细胞，也称中心母细胞（centroblast），它们每 6~12h 分裂一次，5 天之内，一个 B 细胞就能产生大约 5000 个子代细胞。这些子代细胞是小细胞，被称为中心细胞（centrocyte）。中心细胞在生发中心经历类别转换、亲和力成熟，最终转变成抗体形成细胞（浆细胞）或记忆性 B 细胞（图 11-10）。

1. 体细胞高频突变及亲和力选择 生发中心母细胞每次分裂，其免疫球蛋白基因大约每 1000bp 中就有一个发生突变，其频率大约是哺乳动物其他基因自发突变频率的一千倍，发生突变的区域主要分布于编码 IgV 高变区的基因片段，故称 IgV 基因的体细胞高频突变（somatic hypermutation）。根据推算，中心母细胞每次分裂所产生的子代细胞中都可能会出现一个氨基酸的改变，由于这些改变的氨基酸多分布在 Ig 的 CDR 区，突变的累积可导致子代 B 细胞的 BCR 与抗原结合的亲和力的改变，使得有些子代细胞的亲和力增高，有些不变或下降。

经历 IgV 基因高频突变的子代 B 细胞（中心细胞）经过选择，只有那些表达高亲和力的细胞才能存活下来，最终成为抗体分泌细胞或者记忆细胞。

生发中心内的滤泡树突状细胞（FDC）和 Tfh 细胞参与了对 B 细胞的亲和力选择。FDC 是滤泡内特有的一种树突状细胞，它不能摄取抗原，也不能把抗原加工处理后将抗原肽与 MHC 分子结合，表达在细胞膜上。但它可以将完整的抗原分子或抗原抗体复合物结合在细胞表面，B 细胞可以通过 BCR 去识别。带高亲和力受体的 B 细胞可以优先与 FDC 表面的抗原结合，抗原识别的本身就可以诱导 B 细胞表达抗凋亡蛋白；B 细胞识别抗原、提呈抗原后，Tfh 的 TCR

识别 B 细胞表面提呈的抗原，再通过 CD40L – CD40 的作用，为 B 细胞提供生存信号，B 细胞存活下来，而那些不能竞争结合 FDC 上抗原的 B 细胞则发生凋亡。

随着免疫应答进行，抗原被不断清除，FDC 上结合的抗原越来越少，只有表达更高亲和力 BCR 的 B 细胞才能存活。

2. 免疫球蛋白类别转换 经历了亲和力选择的中心细胞，可进一步发生 Ig 重链的类别转换，从表达 $\mu\delta$ 链转变为表达 $\gamma\epsilon\alpha$ 链。这种转换发生在基因水平，编码可变区的基因不变，而编码 C 区的基因发生了变化，所以转换后的 Ig，其与抗原结合的特异性没有变化。

Tfh 细胞通过分泌细胞因子，以及通过 CD40L – CD40 相互作用，调控 B 细胞的类别转换。如在小鼠中 IFN – γ 可诱导 IgG2a 和 IgG3 亚类生成；TGF – β 可诱导 IgA 生成；而 IL – 4 可诱导 IgE 的生成。如果将 CD40L 或 CD40 分子基因敲除，那就只能产生 IgM，说明 CD40L – CD40 的相互作用是 Ig 类别转换所必需的（图 11 – 11）。

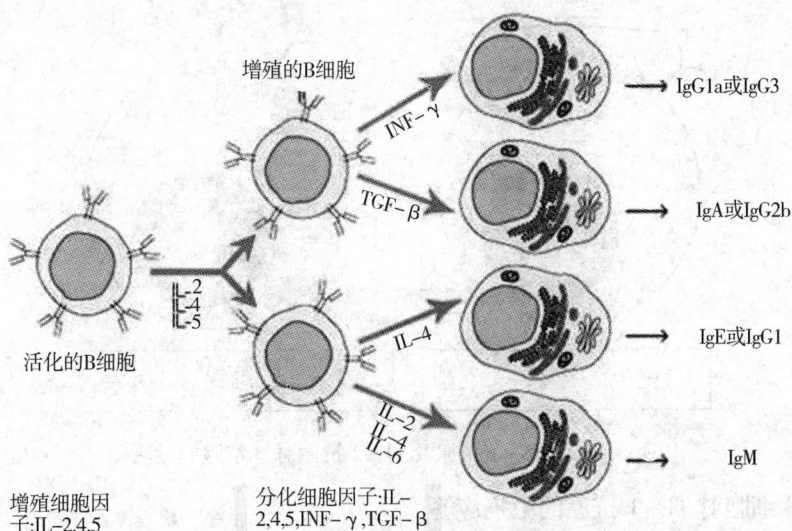

图 11 – 11　细胞因子对免疫类别转换的调节

3. 抗体分泌细胞与记忆性 B 细胞的形成 在生发中心经历了亲和力选择及类别转换而存活下来的 B 细胞，大部分分化为浆细胞，这些抗体分泌细胞有的分布到脾或淋巴结的髓索；而大部分迁移到骨髓，在骨髓部位持续合成、分泌抗体，成为长时间提供高亲和力抗体的来源。而另外一些 B 细胞分化为记忆性 B 细胞，重新回复到静息状态，当再次遇到同一抗原时，可迅速活化、增殖和分化，短期内产生大量高亲和力的特异性抗体。

（三）抗体的免疫效应

1. 抗感染作用 特异性抗体可以通过以下机制发挥免疫防御机制。

（1）通过与病毒、毒素的直接结合起到中和病毒或毒素，阻断病毒或毒素对宿主靶细胞的侵袭。

（2）抑制某些细菌对靶细胞的黏附，阻止细菌感染。

（3）发挥调理作用，促进吞噬细胞吞噬杀伤病原体或被病原体感染的细胞。

（4）通过 ADCC 作用，杀伤被病原体感染的自身细胞。

（5）激活补体，直接或间接杀伤某些病原体或被病原体感染的细胞。

2. 抗肿瘤作用 特异性抗体可通过 ADCC 作用、调理作用及活化补体等方式杀伤体内的肿瘤细胞，达到抗肿瘤的目的。

3. 保护胎儿和新生儿 母体内的 IgG 可通过胎盘进入胎儿体内，SIgA 可通过母乳进入新生儿和婴儿体内，为期提供免疫保护，防止感染。

4. 介导超敏反应、参与某些自身免疫性疾病的致病机制。

二、TI 抗原诱导的体液免疫应答

某些抗原（通常为非蛋白类的抗原如多糖、糖脂或核酸类抗原），能直接刺激 B1 细胞或边缘区 B 细胞产生抗体，而无需 Th 细胞的辅助，这类抗原称为胸腺非依赖抗原（TI 抗原）。TI 抗原可分为 TI－1 和 TI－2 两类，它们激活 B 细胞的机制不同（图 11－12）。

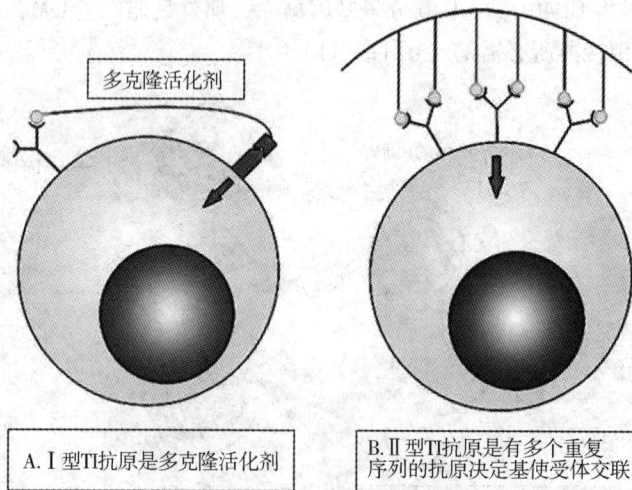

A. I 型 TI 抗原是多克隆活化剂　　　B. II 型 TI 抗原是有多个重复序列的抗原决定基使受体交联

图 11－12　TI－1 抗原及 TI－2 抗原对 B 细胞的激活

（一）B 细胞对 TI－1 抗原的免疫应答

TI－1 抗原常被称为 B 细胞有丝分裂原，如细菌的脂多糖，在高浓度时它是 B 细胞的多克隆活化剂，可激活多个 B 细胞克隆，产生非特异性的抗体；在低浓度时，其抗原决定基与 B 细胞的抗原受体结合，为 B 细胞活化提供第一信号，而其有丝分裂原结构与 B 细胞的有丝分裂原受体结合，提供第二信号，B 细胞活化、分化转变成浆细胞后分泌特异性抗体。

（二）B 细胞对 TI－2 抗原的免疫应答

TI－2 抗原的结构特点是具有多个重复出现的呈线性排列的抗原表位，如肺炎球菌的荚膜多糖。这种抗原能与多个 BCR 分子结合，使 BCR 出现交联而活化 B 细胞。

TI 抗原诱导 B 细胞活化过程中没有 Th 细胞的参与，产生的抗体多以 IgM 类抗体为主，没有抗体亲和力成熟的现象。但也发现一些 TI 抗原在诱导体液免疫的过程中可诱导类别转换。

三、抗体产生的一般规律

抗体产生的一般规律是指抗体产生随时间的变化规律。在抗原的诱导下 B 细胞活化、分化为浆细胞，合成并分泌抗原特异性抗体。抗体浓度随时间变化的过程可分为潜伏期、对数增长期、平台期和下降期四个阶段。机体初次接触抗原和再次接触该抗原时这四个阶段的特点并不相同，由此将其分别称为初次应答和再次应答（图 11－13）。

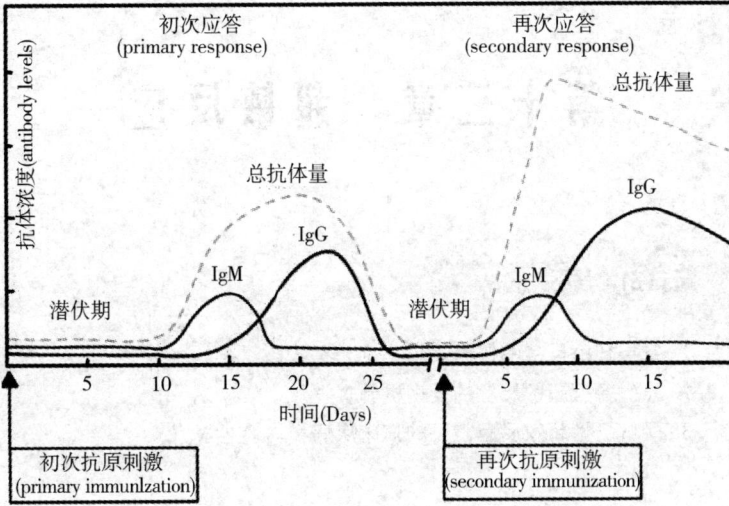

图 11 - 13 初次应答与再次应答的特点

（一）初次应答

抗原第一次进入机体，刺激机体产生的免疫应答，称为初次应答（primary response）。在初次应答中，抗原进入机体后，要经过大约 1~2 周的潜伏期，才在血液中出现抗体。它的特点就是潜伏期长，平台期抗体的效价低，抗体的类型以 IgM 为主，稍后才出现 IgG 或 IgA，抗体维持时间短，亲和力及特异性较低。

（二）再次应答

相同的抗原再次进入机体，引起机体的免疫应答称为再次应答（secondary response）。再次应答的特点与初次应答有很大的不同，其潜伏期短（约 2~3 天），抗体浓度迅速上升，到达平台期的抗体浓度高，平台期维持时间久，抗体以 IgG 为主，其亲和力高、特异性强。

再次应答与初次应答之所以表现不同，是因为在初次应答过程中产生了记忆性的 T、B 淋巴细胞，记忆性 T、B 淋巴细胞可以在体内较长期的生存。当其再次遭遇相同的抗原刺激后，可以快速的反应，产生更强、更有适应性的免疫应答。

（黎　光）

第十二章 超敏反应

超敏反应（hypersensitivity reaction）又称变态反应（allergy），是指机体对某些抗原初次应答后，再次接触相同抗原刺激时，发生的以机体生理功能紊乱和/（或）组织损伤为主的特异性应答反应，俗称过敏反应（anaphylaxis）。其本质与免疫应答相同，但效应结果不同，前者表现为异常或病理性免疫应答，后者表现为保护性或生理性免疫应答。引起超敏反应的抗原物质可以是完全抗原，如异种动物血清、各种微生物、寄生虫及其代谢产物等；也可以是半抗原，如青霉素等药物以及多糖类物质。此外，受生物和理化因素影响而发生改变的自身组织抗原也可以引起超敏反应的发生。

1963 年 Gell 和 Coombs 根据超敏反应发生的速度、机制和临床特点等，将超敏反应划分为Ⅰ型、Ⅱ型、Ⅲ型和Ⅳ型（图 12－1）。Ⅰ~Ⅲ型超敏反应由抗体介导，而Ⅳ型超敏反应由 T 细胞介导。

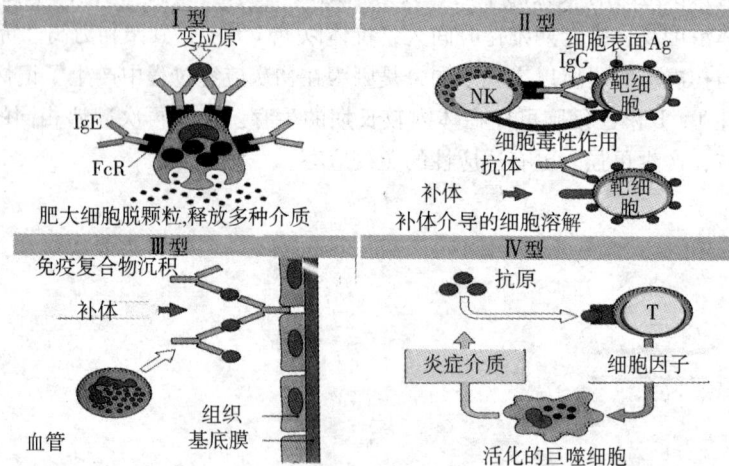

图 12－1 各型超敏反应的主要特点

第一节 Ⅰ型超敏反应

Ⅰ型超敏反应是发生速度最快的超敏反应，故又称速发型超敏反应（immediate hypersensitivity)，习惯上将速发型超敏反应称为过敏反应（anaphylaxis），引起速发型超敏反应的抗原称为变应原或过敏原。I型超敏反应的主要特点有：①大多发生快，消退快；②一般以生理功能紊乱为主要病理生理改变，较少发生严重的组织细胞损伤；③由 IgE 型抗体介导，无补体参与；④有明显的个体差异和遗传背景。对相应抗原易产生 IgE 型抗体的患者称为特应性（atopy）素质个体或过敏体质个体。

I型超敏反应是临床上最常见的超敏反应，在欧洲人群中的发病率为25%～35%，我国北京地区发病率高达37.7%。它涉及临床各个学科，特别是耳鼻喉科、皮肤科、内科和儿科。随着社会生产的发展及人们生活环境和生活方式的改变，新的过敏原不断出现，由石油、橡胶、化纤、塑料、人造革制品、药物所致的超敏反应日渐增多。

一、发生机制

I型超敏反应的发生可经历致敏阶段、发敏阶段和效应阶段三个阶段（图 12 - 2）。

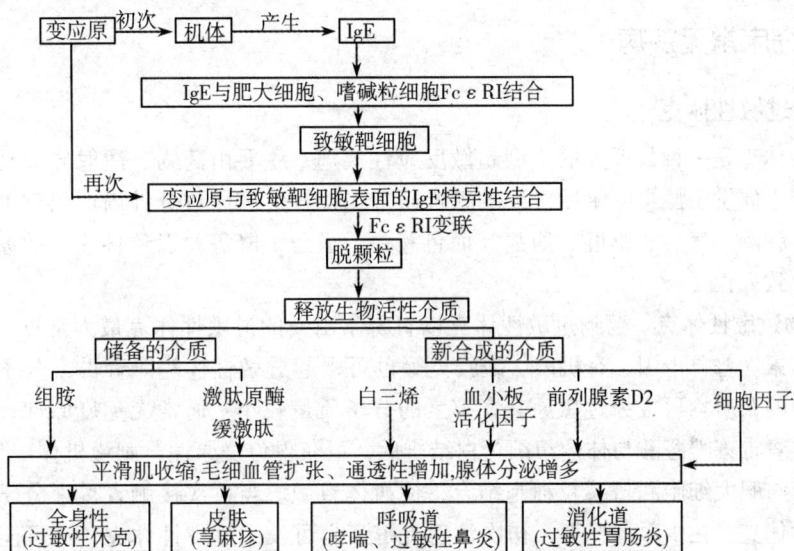

图 12 - 2　I型超敏反应的发生过程与机制

（一）致敏阶段

过敏原进入机体后，可选择性地诱导特异性 B 细胞产生 IgE，后者以其 Fc 段与肥大细胞和嗜碱性粒细胞表面的 FcεR I 结合，使机体处于对该过敏原的致敏状态，而表面结合有特异性 IgE 的肥大细胞和嗜碱性粒细胞称为致敏靶细胞。通常机体受过敏原刺激后 2 周即可致敏，靶细胞的致敏状态可维持数月甚至更长，如长期不接触相同过敏原，致敏状态可逐渐消失。

（二）发敏阶段

发敏阶段也称介质释放阶段，指当相同变应原再次进入机体，与已经结合在致敏靶细胞上的 IgE 桥联结合，即二价或多价抗原与致敏靶细胞表面 2 个以上相邻的 IgE 分子结合，可使细胞膜表面的 FcεR I 移位、聚集、变构，致靶细胞活化、脱颗粒、合成和释放生物活性介质。释放的活性介质可以是预先形成的储备介质和细胞内新合成的介质。

1. 颗粒内预先形成的储备介质　预先形成的储备介质通常以复合物的形式存在于颗粒内，包括组胺、激肽释放酶和嗜酸粒细胞趋化因子。前两者的作用是使平滑肌收缩、小血管和毛细血管扩张、血管通透性增加、血压下降、腺体分泌增加等作用，后者对嗜酸粒细胞有趋化作用。

2. 细胞内新合成的介质　细胞内新合成的介质主要有：①白三烯（LT），是花生四烯酸经脂氧酶代谢的产物，可使支气管平滑肌强烈而持久地收缩，是引起支气管哮喘的主要介质；②前列腺素（PG），包括 PGD2、PGE2、PGF2a 等，生物学活性各不相同，可能对过敏反应有调节作用；③血小板活化因子（PAF），是由多种细胞合成和分泌的一种磷脂类物质，与血小板膜上的 PAF 受体结合，引起血小板聚集、活化，进而释放介质，导致支气管收缩。此外，PAF 对中粒细胞、单核-巨噬细胞及嗜酸性粒细胞有明显的趋化和活化作用。

（三）效应阶段

指介质与靶器官或靶组织（毛细血管、平滑肌、腺体）结合后，导致局部或全身过敏症的阶段。主要引起四大病理作用：①血管扩张；②毛细血管通透性增加；③平滑肌痉挛；④腺体分泌增加。

二、临床常见疾病

（一）过敏性休克

过敏性休克是一种最严重的 Ⅰ 型超敏反应性疾病，主要由药物、注射异种动物血清或摄入食物引起，偶发于昆虫叮蜇后。致敏患者通常在接触过敏原数分钟内即出现症状，表现为烦躁不安、胸闷、气急、呕吐、腹痛、面色苍白、血压下降等，以致昏迷、抽搐，若抢救不及时，可导致死亡。

1. 药物过敏性休克　药物过敏性休克以青霉素引发的过敏性休克最为常见。此外，头孢菌素、链霉素、普鲁卡因、有机碘、磺胺类等也可引起过敏性休克。青霉素分子、其降解产物或制剂中的杂质均可成为过敏原。青霉素的分子质量较小，通常无免疫原性，其降解产物青霉烯酸或青霉噻唑醛酸与体内组织蛋白结合后，可获得免疫原性，刺激机体产生特异性 IgE 抗体，后者与肥大细胞和嗜碱粒细胞结合，使机体致敏。当再次接触青霉素分子时，即可能发生过敏性休克。在少数情况下，初次注射青霉素也可发生过敏性休克，这可能与患者曾经接触过青霉素或青霉素样物质有关：①曾使用过青霉素污染的注射器或其他医疗器材；②从空气中吸入青霉素降解产物或青霉菌孢子等；③皮肤、黏膜接触过青霉素降解产物。青霉素过敏与过敏体质有密切关系，据统计约 30% 青霉素过敏患者曾有其他过敏史，如哮喘、过敏性鼻炎等。

2. 血清过敏性休克　血清过敏性休克也称为血清过敏症。临床上应用动物免疫血清（如破伤风抗毒素和白喉抗毒素）进行治疗或紧急预防破伤风和白喉时，有些患者可因曾经注射过同种动物的血清制剂而发生过敏性休克。这是因为动物免疫血清相对于人体是异种物质，能使少数过敏体质者产生抗异种蛋白的特异性 IgE 抗体，当再次注射同种动物免疫血清时，即可出现过敏性休克。近年来由于免疫血清的纯化，血清过敏症的发生率已大大降低。

（二）皮肤过敏反应

皮肤超敏反应可由药物、食物、羽毛、花粉、油漆、肠道寄生虫或冷热刺激等引起。主要表现为皮肤荨麻疹、湿疹和血管性水肿、特应性皮炎。大多数人有家族史，对理化刺激特别敏感，病变以皮疹为主，特点是剧烈搔痒。

（三）呼吸道过敏反应

呼吸道超敏反应可因吸入花粉、细菌、动物皮毛和尘螨等抗原物质后引起。主要表现为支气管哮喘和过敏性鼻炎。支气管哮喘是由于支气管平滑肌痉挛而引起的哮喘和呼吸困难。过敏性鼻炎主要因吸入植物花粉引起，也叫花粉症或枯草热，具有明显的地区性和季节性，是人群中最常见的超敏反应之一，主要表现为喷嚏、鼻痒、鼻塞、流鼻涕等。

（四）消化道过敏反应

有些人进食鱼、虾、蟹、蛋、奶等食物或服用某些药物后，可发生过敏性胃肠炎，主要表现为进食数分钟至 1h 后出现恶心、呕吐、腹泻、腹痛等症状，严重者也可发生过敏性休克。研究发现，易患过敏性胃肠炎者其胃肠道 SIgA 含量明显减少，并大多伴有蛋白水解酶缺乏，故患者肠黏膜防御作用减弱，肠壁易受损，肠内某些食物蛋白尚未完全分解即通过黏膜而被吸收，从而作为过敏原诱发消化道超敏反应。

第二节　Ⅱ型超敏反应

Ⅱ型超敏反应又称细胞溶解型（cytolytic type）或细胞毒型（cytotoxic type）超敏反应，是由靶细胞表面的抗原与相应抗体结合后，在补体、巨噬细胞和 NK 细胞的作用下引起的以细胞溶解为主的病理性免疫应答。

一、发生机制

（一）抗原诱导机体产生特异性抗体

引起Ⅱ型超敏反应的抗原主要有以下几类：同种异型抗原、某些共同抗原、自身抗原、外来抗原或半抗原。以上抗原诱导机体产生特异性免疫应答，主要分泌 IgG 和 IgM 类抗体。

（二）抗体介导靶细胞破坏的机制

抗体与靶细胞膜上的相应抗原结合后，可通过三条途径杀伤靶细胞（图 12 - 3、12 - 4）

1. 补体的作用　激活补体经典途径，使靶细胞发生不可逆的破坏或溶解；也可通过 C3b 等补体的裂解产物介导的调理作用，使靶细胞溶解破坏；局部补体活化后产生的过敏毒素（如 C3a、C5a），对中性粒细胞和单核细胞有趋化作用，活化的中性粒细胞和单核细胞产生水解酶和细胞因子等，引起组织细胞的损伤。

2. 抗体的调理作用和 ADCC 作用　NK 细胞、巨噬细胞或中性粒细胞上的 Fc 受体与膜抗原 - 抗体复合物上的 Fc 结合，发挥 ADCC、调理作用，从而杀伤或吞噬靶细胞。

3. 抗体对靶细胞的刺激或阻断作用　抗细胞表面受体的自身抗体与相应受体结合后，可导致细胞功能的紊乱，表现为受体介导的对靶细胞的刺激或抑制作用。

二、临床常见疾病

（一）溶血性输血反应

输血反应通常发生于 ABO 血型不符的输血。ABO 血型抗原是人红细胞上最主要的血型抗原系统，红细胞凝集素（即抗 A 或抗 B 抗体）一般为 IgM，激活补体的能力强。如将 A 型供血者的血误输给 B 型受血者，由于 A 型血的红细胞上有 A 抗原，B 型血的血清中有抗 A 抗体，两者结合后，激活补体，使红细胞溶解破坏，引起溶血、血红蛋白尿等。因此在输血的供者

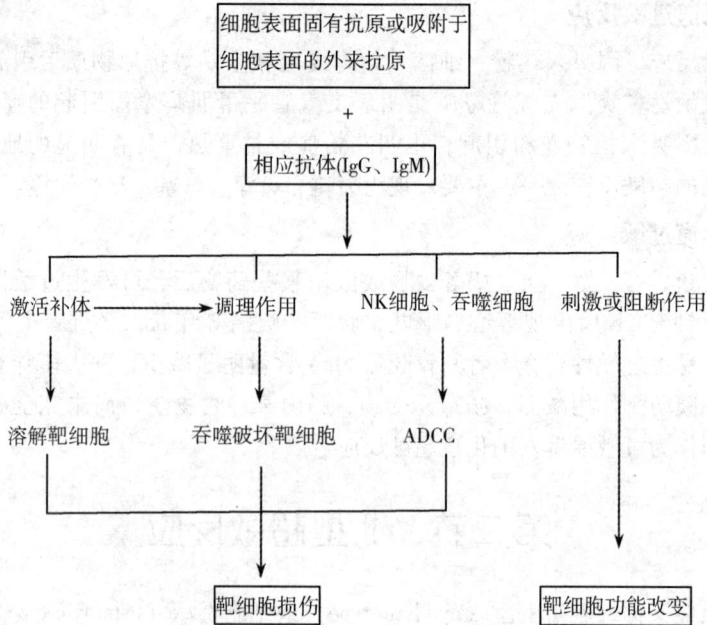

图 12 - 3   Ⅱ型超敏反应的发生过程

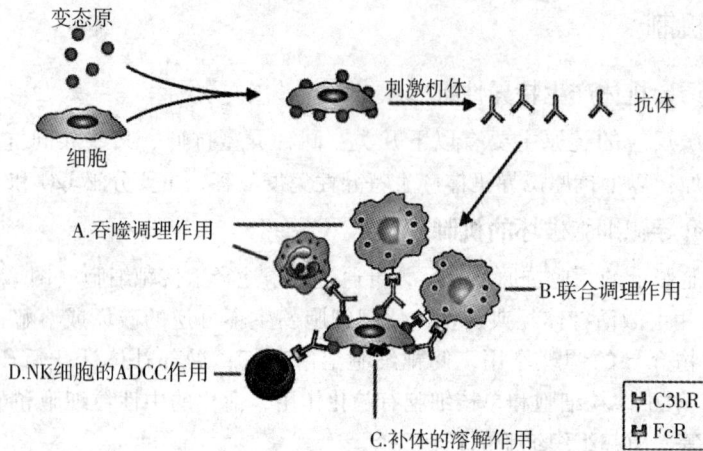

图 12 - 4   Ⅱ型超敏反应致细胞损伤的机制

和受者之间作血型鉴定和配血试验十分重要。由于临床上大多数情况已能做到准确配型,故输血反应已少见。有时也可因反复输入异型 HLA 的血液,在受者体内诱发抗白细胞或抗血小板抗体,导致白细胞和血小板的破坏,可出现脸红、心动过速、胸闷、寒战、发热等白细胞输血反应。

(二)新生儿溶血症

多见于母子 Rh 血型不合。大多数人为 Rh 阳性(RhD$^+$),人类血清中不存在天然的 Rh 血型抗体,经免疫刺激产生的 Rh 抗体属 IgG。新生儿溶血症多发生于母亲为 Rh$^-$而胎儿为 Rh$^+$的情况。当第一胎分娩或流产时,可因产道损伤或胎盘早剥,胎儿 Rh$^+$红细胞进入 Rh$^-$的母体内,刺激母体产生抗 Rh 抗体,也可由于 Rh$^-$女性输入了 Rh$^+$血液而获得了抗 Rh 抗体;

当该母体第二次妊娠而胎儿仍为 Rh$^+$ 血型时，则母亲的 IgG 类抗 Rh 抗体可通过胎盘进入胎儿体内，与胎儿的红细胞结合，激活补体，导致胎儿红细胞溶解，引起流产或新生儿溶血症。新生儿溶血症发病严重，甚至可致死，但发生率极低。在我国，由于大多数人为 Rh 阳性，故由 Rh 血型不符所致的新生儿溶血症并不多见。

新生儿溶血症尚无有效的预防方法，可于初产后 72h 内，给母体注射抗 Rh 免疫球蛋白，可与进入母亲体内的 Rh$^+$ 红细胞上的相应抗原结合，以避免使母亲致敏，对再次妊娠的胎儿有较好的预防效果。

母 – 胎 ABO 血型不符也可引起新生儿溶血症，但通常发生症状较轻，其原因有：①母亲的天然 ABO 血型抗体为 IgM，不能通过胎盘进入胎儿体内；同时，母体的天然 ABO 血型抗体可封闭进入母体内的胎儿红细胞表面的异性血型抗原，故可阻断 IgG 类血型抗体的产生。② ABO 血型抗原除存在于红细胞外，在其他组织细胞上也可表达，且血清中也有游离的血型抗原，故进入胎儿体内的 ABO 血型抗体首先与游离血型抗原结合，减少了对胎儿红细胞的影响。ABO 血型不符的新生儿溶血症目前尚无有效的预防方法。

（三）药物引起的血细胞减少症

药物作为抗原表位能与血细胞膜蛋白或血浆蛋白结合，成为完全抗原，刺激机体产生抗药物抗原决定基的抗体。这种抗体与结合有药物的红细胞、粒细胞或血小板作用，或与药物结合，形成抗原 – 抗体复合物后再与具有 Fc 受体的红细胞、粒细胞或血小板结合，分别引起溶血性贫血、粒细胞减少症和血小板减少性紫癜。引起药物过敏性血细胞减少症的常见药物有对氨基水杨酸、异烟肼、青霉素、安替比林、奎尼丁、氯霉素、磺胺、苯海拉明等。

第三节 Ⅲ型超敏反应

Ⅲ型超敏反应又称免疫复合物型或血管炎型超敏反应。其主要特点是可溶性抗原与相应抗体结合，形成中等大小可溶性免疫复合物（immune complex，IC），或称循环免疫复合物，沉积在局部或全身毛细血管基底膜，通过激活补体，并在血小板、中性粒细胞等的参与作用下，引起以充血、水肿、局部坏死、中性粒细胞浸润为主要特征的炎症反应和组织损伤。由此引起的疾病称为免疫复合物病（immune complexes disease，ICD）。

一、发生机制

Ⅲ型超敏反应的发生机制如图 12 – 5 所示。

（一）中等大小可溶性免疫复合物的形成

1. 抗原持续存在 抗原持续存在是形成循环免疫复合物的先决条件。机体受到持久反复感染时，血流中可出现大量的微生物抗原；自身免疫性疾病患者体内出现的自身抗原；肿瘤细胞释放或脱落的抗原，均可持续刺激机体生成相应的抗体。

2. 抗原的性质 可溶性抗原、单价或双价抗原形成的可溶性免疫复合物不易被清除，而细菌、细胞等颗粒性抗原、多价抗原可结合多个抗体分子，形成较大的免疫复合物，易被吞噬、清除。

3. 抗体的性质及抗原抗体的比例 高亲和力抗体并且抗原抗体比例适当时，所形成的大分子不溶性免疫复合物易被单核 – 巨噬细胞及时吞噬、清除；低亲和力抗体，抗原或抗体量

可溶性抗原 ——刺激→ 机体 ——产生→ 抗体(IgG、IgM、IgA)

```
    ┌─────────────────────┼─────────────────────┐
小分子可溶性免疫复合物    中等大小可溶性复合物    大分子不溶性免疫复合物
    │                     │                     │
肾小球滤过排出        沉积于毛细血管基底膜        吞噬细胞清除
    │                     │                     │
(促进免疫复合物          激活补体系统          (促进免疫复合物
 嵌于内皮细胞间)            │                   嵌于内皮细胞间)
    │                     │                     │
嗜碱粒细胞 ←──── C3a、C5a、C3b ────→ 血小板
和肥大细胞
    │         │          │          │
释放血管活性胺  中性粒细胞浸润  凝血系统  释放血管活性胺
    │         │          │          │
血管内皮细胞间隙增大 吞噬免疫复合物 血小板聚集 血管内皮细胞间隙增大
    │         │          │          │
血管通透性增加  释放溶酶体酶  微血栓形成  血管通透性增加
    │         │          │          │
  水肿       组织损伤   局部缺血、出血   水肿
```

局部或全身免疫复合物病

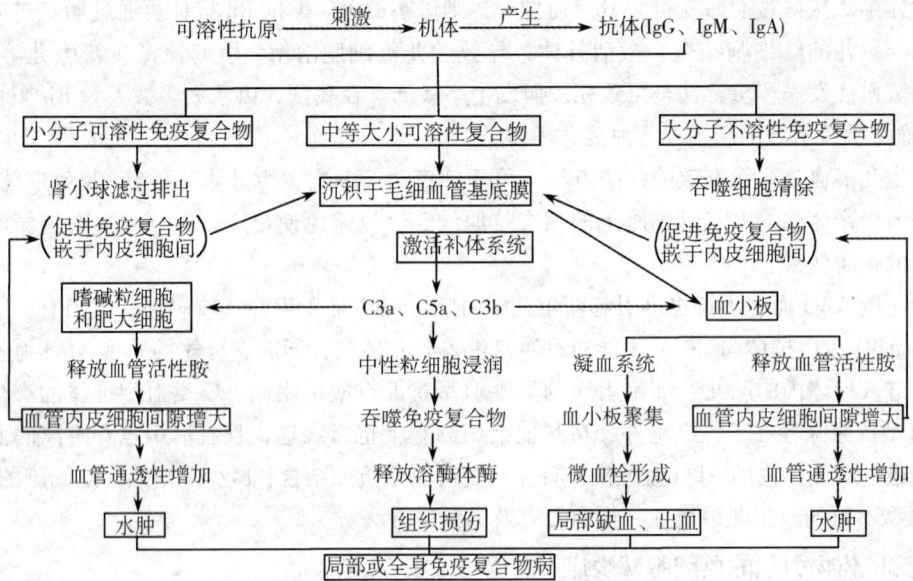

图 12 - 5　Ⅲ型超敏反应的发生机制

大大过剩时，形成小分子可溶性免疫复合物，易透过肾小球滤膜随尿排出体外，难以在血液循环中沉积；中等亲和力的抗体和稍过剩抗原，则形成中等大小（约 19S）的免疫复合物，既不易被吞噬清除，又不能通过肾脏滤过，易沉积于毛细血管壁或嵌积在肾小球基底膜上，引起 Ⅲ 型超敏反应。

（二）中等大小可溶性免疫复合物的沉积因素

免疫复合物是否引起疾病，与其能否沉积于局部有关，下列因素可影响免疫复合物的沉积：

1. 血管通透性增高　免疫复合物激活补体所产生的 C3a、C5a 和 C3b，也可使肥大细胞、嗜碱粒细胞和血小板活化，释放炎性介质，致血管通透性增高。此外，中性粒细胞释放某些碱性蛋白和细胞因子，也能增高血管壁通透性。血管壁通透性增高是免疫复合物沉积的重要条件。

2. 组织结构特点　循环免疫复合物多沉积于肾小球基底膜、关节滑膜、心肌等处的毛细血管壁。上述部位的毛细血管迂回曲折，血流缓慢，易产生涡流；且该处毛细血管内血压较高，这些因素都有利于免疫复合物的沉积。

（三）免疫复合物沉积引起的组织损伤机制

循环免疫复合物不是引起组织损伤的直接原因，而是引起组织损伤的始动因素。组织损伤机制包括以下因素。

1. 补体的作用　免疫复合物激活补体后，产生 C3a、C5a 等过敏毒素，使肥大细胞和嗜碱粒细胞脱颗粒，释放炎性介质，引起局部水肿；C5a 是中性粒细胞趋化因子，可吸引中性粒细胞聚集于免疫复合物沉积部位，通过释放蛋白水解酶、胶原酶、弹性纤维酶和碱性蛋白等，引起组织损伤。

2. 血小板的作用　免疫复合物和 C3b 可使血小板活化，产生 5 - 羟色胺等血管活性胺类物质，引起血管扩张、通透性增强，导致充血和水肿；也可以使血小板聚集，激活凝血机制，

在毛细血管内形成微血栓，造成局部组织缺血，继而出血，加重局部组织细胞的损伤。

二、临床常见疾病

（一）血清病

血清病通常发生在用抗毒素治疗破伤风或白喉患者时，由于初次注射大量抗毒素（马血清），患者出现异常反应，通常发生在注射抗毒素后 7 ~ 14 天。其临床特点为发热、皮疹、淋巴结肿大、关节肿痛和一过性蛋白尿等。血清病具有自限性，停止注射抗毒素后，症状可自行消退。注射血清的量越大，发病率越高。发病机制是：一次大量注入马血清抗毒素，当机体已产生抗马血清抗体时，注入的马血清尚未被完全清除。两者结合形成循环免疫复合物，引起沉积的相应部位组织损伤。

大量使用磺胺、青霉素等药物时，也可能引起类似反应，称为血清病样反应或药物热。

（二）链球菌感染后肾小球肾炎

感染后肾小球肾炎即免疫复合型肾炎。此病一般发生于 A 族溶血性链球菌感染后 2 ~ 3 周。80% 以上的肾小球肾炎属Ⅲ型超敏反应。免疫复合物型肾炎也可由多种其他微生物感染引起，如葡萄球菌、肺炎链球菌、伤寒沙门菌、乙型肝炎病毒、疟原虫等。

（三）Arthus 现象

家兔经皮下反复多次注射马血清，经 4 ~ 6 次注射后，注射局部出现水肿、出血和坏死等剧烈炎症反应，此现象 1903 年由 Arthus 发现，称为阿瑟反应（Arthus 反应）。其发生机制是：前几次注射的异种血清刺激机体产生大量抗体，当再次注射相同抗原时，由于抗原不断由皮下向血管内渗透，血流中相应抗体由血管壁向外弥散，两者相遇于血管壁，形成沉淀性的免疫复合物，沉积于小静脉血管壁基底膜上，导致坏死性血管炎甚至溃疡。人类 Arthus 反应常常发生在反复注射胰岛素、多次注射狂犬病疫苗或使用动物来源的抗毒素的机体，其注射局部出现红肿、出血和坏死。

（四）类风湿关节炎

对类风湿关节炎的病因尚不清楚，可能是某些细菌、病毒或支原体的持续性感染，病原体本身或其代谢产物使机体 IgG 分子发生变性，从而刺激机体产生抗 IgG 的自身抗体，以 IgM 类抗体为主，称为类风湿因子（rheumatoid factor，RF）。反复产生的类风湿因子与变性 IgG 结合形成免疫复合物，沉积于关节滑膜，引起类风湿关节炎。

（五）系统性红斑狼疮

此病是由于患者体内持续出现多种自身抗体，如抗核抗体、抗 DNA 抗体，自身抗体与自身成分形成免疫复合物，并反复沉积于肾小球、关节或其他部位血管内壁，引起肾小球肾炎、关节炎和脉管炎等。该病常反复发作，经久不愈。

第四节　Ⅳ型超敏反应

Ⅳ型超敏反应也称迟发型超敏反应（delayed hypersensitivity）。其特点：①与抗体和补体无关，是由致敏 T 淋巴细胞介导的免疫病理损伤；②局部主要表现为单个核细胞浸润和细胞变性坏死为主要特征的超敏反应，也称为细胞介导型（cell - mediated type）超敏反应；③再次接触变应原后 48 ~ 72h 发生，故称为迟发型超敏反应；④个体差异小。

一、发生机制

Ⅳ型超敏反应的发生可分为致敏 T 细胞的形成及效应两个阶段（如图 12 – 6）：

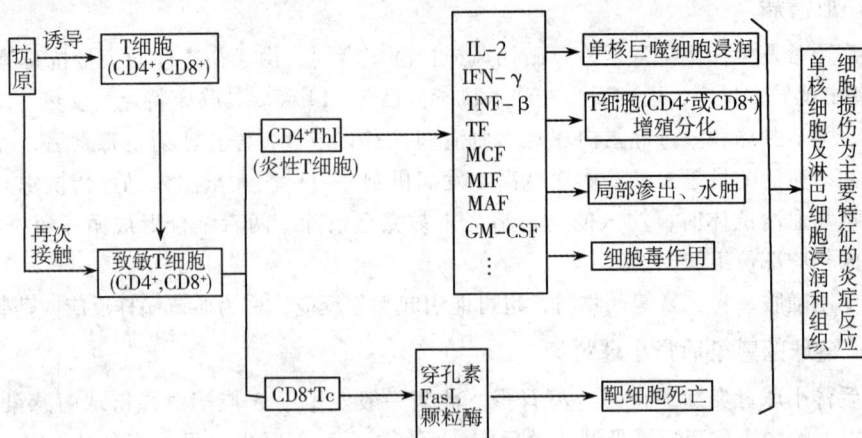

图 12 – 6　Ⅳ型超敏反应的发生机制

（一）致敏 T 细胞的形成

引起Ⅳ型超敏反应的抗原主要有胞内寄生菌、某些病毒、寄生虫和化学物质。这些抗原物质经抗原提呈细胞加工处理后，提呈给具有相应抗原受体的 $CD4^+Th$ 细胞和 $CD8^+Tc$ 细胞，使之活化，并在 IL – 2、IFN – γ 等细胞因子的作用下，$CD4^+Th$ 细胞和 $CD8^+Tc$ 细胞增殖、分化、成熟为针对某一特定抗原的致敏 T 细胞。

（二）致敏 T 细胞的效应阶段

1. $CD4^+T$ 细胞的致炎症作用　当致敏的 $CD4^+T$ 细胞再次接触靶细胞表面的相应抗原时，可被活化并释放一系列淋巴因子。淋巴因子的效应表现为：①趋化因子可吸引大量淋巴细胞、单核/巨噬细胞聚集于抗原存在的部位，致使局部形成以单个核细胞浸润为主的病理特征，导致局部小血管栓塞，血管变性坏死；②IFN – γ、IL – 2、巨噬细胞活化因子等活化单核/巨噬细胞，释放溶酶体酶等炎性介素，导致组织变性坏死；③淋巴因子活化的嗜酸性粒细胞可通过释放具高度毒性的颗粒蛋白和自由基，导致组织损伤。

2. $CD8^+Tc$ 细胞的细胞毒作用　当 $CD8^+Tc$ 细胞与靶细胞表面的相应抗原结合后，通过活化、脱颗粒释放穿孔素和颗粒酶，直接导致靶细胞的溶解死亡；也可活化后表达 FasL，与靶细胞膜上的 Fas 结合，诱导靶细胞的凋亡。

二、临床常见疾病

（一）传染性变态反应

传染性变态反应常由某些胞内寄生病原体如结核分枝杆菌、病毒、真菌、原虫及其代谢产物引起。由于此类超敏反应是在感染过程中发生的，因此称为传染性变态反应。机体感染某种病原体，使相应的 T 细胞致敏。病原体在体内长期增殖、存留，可继续与致敏 T 细胞接触，引起一系列表现为细胞免疫效应的反应，也常由于反应过强而引起组织损伤。

具有传染性超敏反应的个体往往已获得对特定病原体的细胞免疫功能。例如，结核菌素试验阳性者，通常表示已感染过结核分枝杆菌，对再次感染具有一定免疫力。

（二）接触性皮炎

接触性皮炎是一种经皮肤致敏的迟发型超敏反应，起变应原通常是青霉素、磺胺等药物、染料、油漆、化妆品、塑料、二硝基氯苯（DNCB）、二硝基氟苯（DNFB）等小分子半抗原。这类半抗原与表皮细胞角质蛋白或胶质结合，形成完全抗原，使机体致敏。当再次接触相同变应原时，可在24h后发生湿疹样皮炎，表现为局部红肿、硬结、水疱，48~96h达高峰，严重者可发生剥脱性皮炎。

（赵明才）

第十三章　免疫学的应用

随着免疫学理论和方法技术的发展与完善，免疫学在药学、医学和生命科学等各个领域的应用日趋深入和广泛，前景广阔。

第一节　免疫学防治

免疫学防治主要是应用免疫学方法，借助生物制品的作用，增强机体的免疫功能，从而达到防治疾病（传染病和一些非传染性疾病）的目的。生物制品（biologic product）是用于人工免疫和免疫诊断的生物制剂的总称，包括疫苗、类毒素、抗毒素、小分子免疫肽如转移因子、胸腺肽、细胞因子、免疫效应细胞以及用于免疫诊断的制剂如诊断菌液、诊断血清等。

一、特异性免疫的获得方式

特异性免疫可以通过自然免疫和人工免疫两种途径获得。自然免疫指机体通过自然方式获得的免疫力，包括自然自动免疫和自然被动免疫。机体受到各种病原微生物的感染后所自主产生的特异性免疫称为自然自动免疫。机体在胚胎期和婴儿期通过胎盘和母乳获得的来自母体的免疫力称为自然被动免疫。人工免疫是机体通过人工接种疫苗、类毒素或注射抗毒素、免疫效应细胞等所获得特异性免疫力的方式。人工免疫包括人工主动免疫和人工被动免疫，通常用于免疫预防和免疫治疗。

二、人工主动免疫

人工主动免疫（artificial active immunization）是将用人工方法制备的抗原物质（如疫苗、类毒素等）接种于机体后，机体产生的特异性免疫力。其特点是免疫力出现较慢，接种后需1~4周才能产生效果，但维持时间较长，可达半年至数年。常用于传染病的预防。

用细菌制成的可使机体产生免疫力的生物制品称为菌苗；用病毒、立克次体或螺旋体制成的可使机体产生免疫力的生物制品称为疫苗（vaccine）。习惯上将这两种生物制品统称为疫苗，故广义上的疫苗也包括菌苗在内。人工主动免疫常用生物制品如下。

（一）死疫苗

死疫苗是选用抗原性强的病原微生物用高温或甲醛等将其杀死后制成的，病原微生物失去毒力，但仍保留免疫原性。通常使用的死疫苗很多，如伤寒疫苗、霍乱疫苗、副伤寒疫苗、百日咳疫苗、乙型脑炎疫苗、斑疹伤寒疫苗、狂犬病疫苗等。

（二）活疫苗

活疫苗是用无毒或充分减毒，但仍保留抗原性的活的病原微生物制成的，故又称为减毒活疫苗。通常的活疫苗有卡介苗（BCG），用于预防结核病；脊髓灰质炎疫苗，用于预防脊髓灰质炎（小儿麻痹症）；麻疹活疫苗，用于预防麻疹等。死疫苗与活疫苗的比较见表 13 - 1。

表 13 - 1　死疫苗与活疫苗的比较表

区别要点	死疫苗	活疫苗
接种剂量	较大	较少
接种次数	2 次或多次	多数只需一次
不良反应	反应较大	反应较小
免疫效果	较差，维持数月～数年	较好，维持 3～5 年
疫苗保存	较易保存	不易保存

（三）类毒素

用甲醛（0.3%～0.4%）处理细菌产生的外毒素，可使其失去毒性而仍保留免疫原性，用这种方法获得的生物制品称为类毒素（toxoid）。如白喉类毒素、破伤风类毒素等。将类毒素接种机体可预防相应外毒素引起的疾病。

（四）亚单位疫苗

去除病原微生物中有害及与机体保护性免疫无关的成分，保留其抗原有效成分所制成的疫苗称亚单位疫苗。例如用流感病毒血凝素和神经氨酸酶制成的流感病毒亚单位疫苗。

（五）合成肽疫苗

根据抗原有效成分的氨基酸序列，设计和合成的多肽疫苗。由于合成肽分子小，免疫原性弱，因此常需交联载体才能诱导免疫应答。如霍乱肠毒素、大肠杆菌肠毒素多肽疫苗。

（六）基因工程疫苗

基因工程疫苗又称 DNA 重组疫苗，是用 DNA 重组技术将编码病原微生物表面某种具有保护性免疫作用的抗原的基因插入酵母菌、大肠杆菌或哺乳类动物的细胞中使之表达并经纯化制成。包括基因工程亚单位疫苗、基因工程载体疫苗、核酸疫苗、基因缺失疫苗等。如大肠杆菌肠毒素基因工程重组疫苗及 HBsAg DNA 重组乙型肝炎疫苗已广泛使用。

三、人工被动免疫

人工被动免疫（artificial passive immunization）是给机体输入抗体制剂，使机体被动获得特异性免疫力。其特点是注射后立即发挥免疫效应，作用维持时间较短，多用于传染病的特异性治疗和紧急预防。

人工被动免疫常用生物制品如下。

（一）抗毒素

抗毒素（antitoxin）是用毒素或类毒素给马多次免疫注射，使之产生大量抗毒素性抗体，然后取其血液分离血清，经提纯、浓缩、精制而成。抗毒素能中和相应外毒素的毒性，用于外毒素所致疾病的治疗和紧急预防，如白喉、破伤风、气性坏疽、肉毒中毒等。用蛇毒毒素给马免疫，能制得抗蛇毒的抗毒素，用于治疗蛇咬伤。抗毒素应尽早使用，用量要大，因为毒素一旦与靶细胞结合，则抗毒素就不能起到中和毒素的作用。此外，在使用抗毒素前应作皮肤试验，以防血清过敏症的发生。

（二）抗菌血清与抗病毒血清

这两种抗血清是用细菌或病毒免疫动物所得的免疫血清。由于抗生素和磺胺类等抗菌药物的大量应用，目前这两种免疫血清已很少应用。

目前常用的抗病毒血清有抗狂犬病病毒血清，它与狂犬病疫苗同时用于被狂犬严重咬伤的人，以防止发病。婴幼儿的腺病毒肺炎，也可用抗抗腺病毒免疫血清进行治疗。目前临床仍应用的抗菌血清有抗绿脓杆菌血清，以治疗此菌抗药菌株引起的烧伤感染。

（三）胎盘球蛋白和血浆丙种球蛋白

胎盘球蛋白是用健康产妇的胎盘血提取的丙种球蛋白制剂；血浆丙种球蛋白是从正常成人血浆中提取的丙种球蛋白制剂。由于成人大多数发生过麻疹、脊髓灰质炎和甲型肝炎等病毒的显性或隐形感染，故血清中含有相应的抗病毒抗体（主要为IgG或IgM类）。这两种制剂主要用于麻疹、脊髓灰质炎和甲型肝炎等病毒性疾病的紧急预防（主要对象为体弱婴幼儿），也可用于丙种球蛋白缺乏症的治疗。

人工主动免疫与人工被动免疫的比较见表13-2。

表13-2　人工主动免疫与人工被动免疫的比较

区别要点	人工主动免疫	人工被动免疫
输入物质	抗原	抗体等免疫效应物质
免疫力出现时间	1~4周后出现	注入后立即生效
免疫力维持时间	数月至数年	2~3周
应用	疾病的特异性预防	疾病治疗或紧急预防

四、与免疫有关的其他制剂

影响免疫功能的制剂主要有两类；免疫增强剂和免疫抑制剂。

（一）免疫增强剂

免疫增强剂是增强、促进和调节免疫功能的制剂，也称为免疫调节剂，主要起增强机体免疫功能的作用，用于肿瘤与免疫缺陷病的辅助治疗。他们大多为生物制品，如卡介苗、短小棒状杆菌菌苗、内毒素制剂等，也有一部分为人工合成的化学药物如左旋咪唑（levamisole）和替洛龙（tilorone）等。这些制剂或者是非特异性的增强T、B细胞反应，或者是促进MΦ活性和激活补体，还有一些则能诱导干扰素的产生。

近年来常用的免疫增强剂有转移因子、免疫核糖核酸、胸腺素和干扰素等，它们对正常的免疫功能并不产生影响，只增强已经低下的免疫功能。

1. 转移因子　转移因子（transfer factor，TF）是从脾脏或血液淋巴细胞中提取的一种低分子多核苷酸和多肽的混合物。生物制品中的TF，实际上是成人白细胞的透析物。有特异性和非特异性两类制剂，前者取自某种疾病康复者的人体淋巴细胞，能特异地将供者的某一特定细胞免疫力转移给受者；后者取自正常人的白细胞，能非特异地增强受者的细胞免疫功能。

TF 本身无抗原性，但有种属特异性，用于细胞免疫缺陷病、恶性肿瘤、细胞内寄生菌及病毒、真菌病等慢性感染的治疗。TF 分子量小于 5000，可重复使用，不良反应小，一般不引起变态反应。

2. 免疫核糖核酸　免疫核糖核酸（immunogenic RNA，iRNA）是用某种抗原（如自身的肿瘤细胞或与他人相同类型的肿瘤细胞、微生物等）免疫动物，然后取动物脾脏、淋巴结等分离淋巴细胞，提取核糖核酸（即 iRNA）即成。将免疫核糖核酸注入机体，可使 T 细胞转化为致敏淋巴细胞，从而提高机体的细胞免疫力。iRNA 无明显的种属特异性，故可从免疫动物中提取。现多试用与某些病毒、真菌、细菌的慢性感染性疾病和某些恶性肿瘤的治疗。iRNA 不大稳定，易被血清中的 RNA 酶降解而失活。

3. 胸腺素　胸腺素（thymosin）是从小牛（或猪、羊）的胸腺中提取的一组可溶性多肽，分子量在 1000～15000 之间，是胸腺上皮细胞合成的类似激素的物质。无明显种属特异性，能诱导前 T 细胞成熟为 T 细胞，从而增强细胞免疫的功能。胸腺素主要用于治疗细胞免疫缺陷病、某些自身免疫病、肿瘤、艾滋病（获得性细胞免疫缺陷综合症）及慢性病毒感染等。

4. 干扰素　干扰素（interferon，IFN）也是一种重要的免疫增强剂，已在第十章中详述。主要用于病毒性疾病及肿瘤的治疗。

5. 白细胞介素 - 2　白细胞介素 - 2（interleukin - 2，IL - 2）主要由活化的 T 细胞产生，具有促进 T 细胞、B 细胞、NK 细胞的增殖、分化，增强效应细胞的活性，诱导 IFN - γ 的产生及免疫调节等多种功能，用于治疗肿瘤、病毒感染、自身免疫病、艾滋病等疾患。目前已能用基因工程技术生产重组 IL - 2（recombinant IL - 2，γ - IL - 2）。用 IL - 2 诱导的淋巴因子激活的杀伤细胞（LAK 细胞）与 IL - 2 等细胞因子联合应用治疗肿瘤，有较好的疗效。

6. 中草药　近年来研究证明中草药如茯苓、黄芪、党参、人参、枸杞子、五味子、灵芝多糖、银耳多糖等均有增强机体免疫功能的作用。

（二）免疫抑制剂

免疫抑制剂（immunosuppressive preparation）是抑制或减低机体免疫应答能力的化学药物和生物制剂，用于治疗自身免疫性疾病、变态反应性疾病和防治器官移植排斥反应。

免疫抑制剂主要有下述几种。

1. 抗淋巴细胞血清和抗淋巴细胞球蛋白　抗淋巴细胞血清（antilymphocyte serum，ALS）是用人的胸腺细胞或胸导管中的淋巴细胞免疫动物（马、兔、山羊等），然后采血，分离血清制成含有抗淋巴细胞的抗体。ALS 的精制品称为抗淋巴细胞球蛋白（antilymphocyte globulin，ALG）。ALS 和 ALG 两者均能抑制 T 细胞的功能，从而抑制免疫应答，主要用于防治同种器官移植时的排斥反应和骨髓移植时的移植物抗宿主反应。由于 ALS 和 ALG 均为异种动物血清，故使用时应防止血清病的发生。

2. 抗人 T 细胞及其亚群的单克隆抗体　常用的制剂有抗全 T 细胞、抗 Th 细胞、抗 Tc 细胞的单克隆抗体。其作用是特异地抑制 T 细胞亚群。已试用于治疗急性排斥反应和 T 细胞白血病。

3. 肾上腺皮质激素　常用的肾上腺皮质激素（steroid hormone）有泼尼松、泼尼松龙、地塞米松等，主要是抑制 MΦ 对抗原的吞噬和处理，阻碍淋巴细胞 DNA 合成和有丝分裂，特别是抑制 T 细胞的增殖，高浓度时可使淋巴细胞溶解，使外周淋巴细胞明显减少，并损伤浆细胞，从而抑制细胞免疫和体液免疫反应，缓解变态反应对人体的损伤。

其他的免疫抑制剂还有细胞毒类药物（包括烷化剂如环磷酰胺、抗代谢药如硫唑嘌呤等）

和抗生素类（如环孢菌素）等。

许多中草药也有抑制免疫应答的作用。如活血化瘀类药物（甘草、当归、丹参、赤芍、川芎、红花等）能对抗体产生明显抑制作用；黄芩、黄连、黄柏、山豆根等可抑制网状内皮系统的吞噬功能并使胸腺萎缩，从而抑制免疫活性细胞的产生；而雷公藤对体液免疫和细胞免疫均有抑制作用。

第二节　免疫学诊断

免疫学诊断是指应用免疫学原理和方法对传染病、免疫性疾病等进行诊断和对免疫功能进行测定。由于免疫学检测具有高度特异性和敏感性，因此常用作临床诊断的一种重要手段。

目前常用的免疫学诊断方法有体液免疫试验（抗原抗体反应）、细胞免疫试验和皮肤试验三种。

一、体液免疫测定法

抗原与抗体不但能在体内发生特异性结合，产生杀菌、溶菌、溶血等现象，而且在体外一定条件下，也可特异性结合并出现肉眼可见的凝集、沉淀等反应，这种抗原抗体反应，由于抗体主要存在于血液等体液中，故称为体液免疫测定法，又因实验时常取患者血清作为试验材料，故又称为血清学反应（试验）。根据抗原和抗体特异性结合的原理，即可用已知抗体（诊断血清）检测未知抗原、如鉴定病原微生物及某些疾病（血清学鉴定）；也可用已知抗原（诊断抗原）检测血清中的未知抗体及其含量，以辅助诊断某些疾病，称为血清学诊断。

（一）抗原抗体反应的一般特点

1. 特异性结合　抗原与抗体的结合具有高度特异性，两者结合的基础在于抗体（免疫球蛋白）分子的可变区氨基酸的排列与抗原决定簇之间形成非常合适的互补结构。

2. 可逆性表面结合　抗原抗体的结合是依赖分子之间极弱的共价键结合的，是分子表面的可逆性结合，仍可解离，解离后的抗原抗体的性质不改变。

3. 需要一定的分子比例　由于抗原是多价的，而抗体是二价的，只有两者比例适当方能形成肉眼可见的大分子复合物。

4. 反应分两个阶段　第一个阶段为抗原抗体特异性结合阶段，需时很短；第二阶段为可见阶段，表现为凝集、沉淀、细胞溶解等。此阶段需时较长，反应现象的出现受多种因素（电解质、温度、PH 等）的影响。

（二）血清学反应的种类

1. 凝集反应　颗粒性或细胞性抗原（细菌、红细胞等）与相应抗体结合，在电解质（0.85%）存在时出现肉眼可见的凝集物，称为凝集反应（agglutination reaction）。反应中的抗原称为凝集原，抗体称为凝集素。凝集反应的基本方法有如下两种。

（1）直接凝集反应　为凝集原与相应抗体直接结合所出现的凝集现象。有玻片法与试管法两种。①玻片法（定性法）：用已知抗体的诊断血清与待检测的颗粒性抗原（细菌或未定型的红细胞）在玻片上混匀，如出现凝集现象为阳性反应。本法常用于鉴定菌种和 ABO 血型（图 13-1）。②试管法（定量法）：用已知抗原检测患者血清中相应的未知抗体及其含量，以协助诊断某些传染病或供流行病学调查研究。试验时，将待检测血清用生理盐水作对倍稀释，

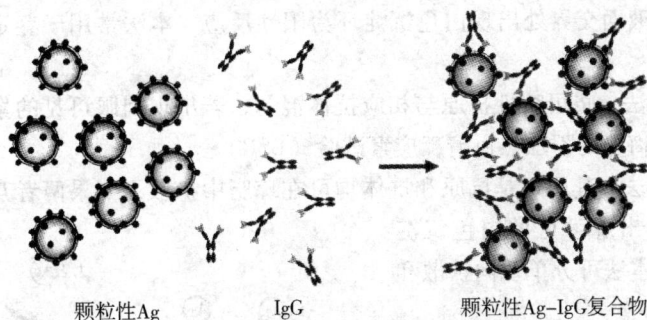

颗粒性Ag   IgG   颗粒性Ag-IgG复合物

图 13-1 直接凝集反应示意图

然后于各试管中加入等量的已知细菌悬液，以出现明显凝集的血清最高稀释度为该血清中抗体的效价（或滴度），血清效价越高，表示血清中抗体含量越多，如诊断伤寒与副伤寒的肥达反应。

（2）间接凝集反应 将可溶性抗原吸附于一种与免疫无关的载体颗粒（如聚苯乙烯乳胶颗粒，人 O 型红细胞）表面，称此为致敏颗粒，再与相应抗体结合出现的凝集现象，称为间接凝集或被动凝集反应（图 13-2）。主要用于测定细菌、病毒、钩端螺旋体和梅毒螺旋体的抗体及某些自身抗体（如抗核抗体等）。

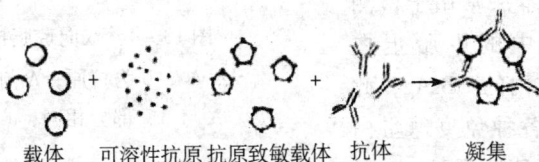

载体   可溶性抗原 抗原致敏载体   抗体   凝集

图 13-2 间凝集反应示意图

还有一种反向间接凝集试验，是将已知抗原吸附在载体颗粒上，以检测标本中有无相应的抗原。本法敏感性与特异性较高，常用于乙型肝炎表面抗原（HBsAg）及原发性肝癌（该病人血清含甲种胎儿球蛋白，AFP）的快速诊断。

（3）间接凝集抑制试验 将可溶性抗原先与相应抗体混合，然后再加入经抗原致敏的载体颗粒，由于抗体已与可溶性抗原优先结合，不能再与致敏载体颗粒上的抗原结合，因而不能出现凝集现象，此种反应称为间接凝集抑制试验，临床上常用的免疫妊娠试验即用此法以检测孕妇尿中的绒毛膜促性腺激素（HCG）用于妊娠的早期诊断。本法判断结果时，以不发生凝集（凝集被抑制）为阳性，反之为阴性（图 13-3）。

抗体 可溶性抗原   抗原致敏载体   不凝集

图 13-3 间接凝集抑制试验示意图

2. 沉淀反应 可溶性抗原（细菌浸出液、外毒素、血清等）与相应抗体混合，在电解质存在下可出现肉眼可见的沉淀物，称为沉淀反应（precipitation reaction）。该反应中的抗原称为沉淀原，抗体称为沉淀素。常用的方法如下。

（1）环状沉淀法 在小试管（或毛细管）内先加入已知抗体，然后将待测标本（抗原）

重叠于抗体上，若液面交界处出现白色沉淀环为阳性反应。本法常用于鉴定可溶性抗原，如法医鉴定血迹。

（2）絮状沉淀法　将可溶性抗原与相应抗体混匀，若出现肉眼可见的絮状沉淀物为阳性反应。如辅助诊断梅毒的不加热血清反应素试验（USR）。

（3）琼脂扩散法　其原理是抗原和抗体均可在琼脂中扩散，如果两者互相对应且浓度合适，则可在琼脂中出现可见的白色沉淀线，为阳性反应。本法可分单双向扩散和单向扩散两类。

①双向琼脂扩散法：在玻片上铺上一层融化的琼脂，待凝后，在琼脂上打孔，将抗原及抗体分别注入小孔内，使两者互相扩散，经一定时间，于两孔间出现白色沉淀线。一般一对抗原抗体系统只能出现一条沉淀线，若含有多个抗原抗体系统，则由于不同的抗原抗体在琼脂中扩散的速度不同，可在琼脂中出现多条沉淀线（图13－4）。本法常用于检测原发性肝癌病人血清中的甲胎蛋白（AFP），乙型肝炎病人体内的HBsAg，此外还可用于测定血清中各种免疫球蛋白类型。本法需时较长，敏感性不高。

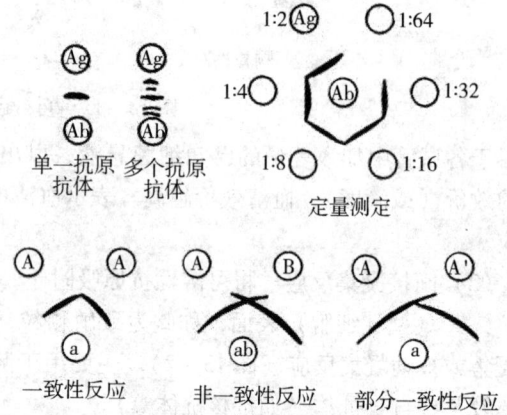

图13－4　双向琼脂扩散示意图

A，A'，B为抗原；A与B完全不同；

A与A'部分相同；a与b为抗体

②单向琼脂扩散：是一种定量试验，将抗体与琼脂混合，倾注于平皿或玻片上，凝固后，在琼脂上打孔，加入抗原，使其向四周扩散，与琼脂内的抗体结合，在二者比例合适处形成白色沉淀环（图13－5），其直径的大小与抗原的浓度成正比。如事先用不同浓度的标准抗原制备标准曲线，即可根据样品沉淀环直径大小查得抗原浓度。本法主要用于检测体液中各类免疫球蛋白和补体成分的含量。

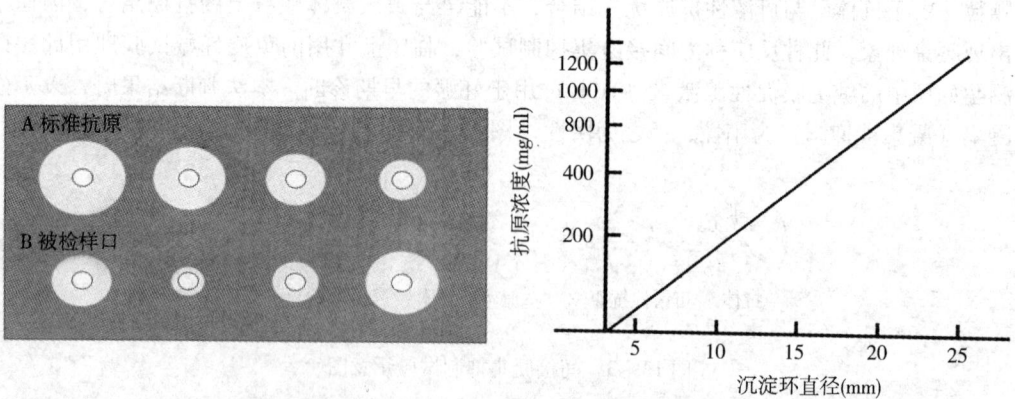

图13－5　单向琼脂扩散试验沉淀环及标准曲线示意图

（4）免疫电泳　是将凝胶电泳和双向扩散两种技术相结合的一种实验方法。方法是将抗原加入琼脂板孔中先进行电泳，使各种抗原成分按电泳迁移率的不同而分离开来。结束电泳后，在琼脂板上挖一与电泳方向平行的抗体槽，加入相应的抗体进行琼脂扩散，各抗原、抗体分别在不同位置相遇，出现多条沉淀弧。若与已知电泳图比较，即可分析标本中的抗原成分。此法常用于血清蛋白组分的分析以及研究抗体组分的变化。

（5）火箭免疫电泳　单向免疫扩散和电泳相结合的一种定量检测技术。电泳时，含在琼脂凝胶中的抗体不发生移动，而在电场的作用下促使样品孔中的抗原向正极泳动。当抗原与抗体分子达到适当比例时，形成一个状如火箭的不溶性免疫复合物沉淀峰。峰的高度与检样中的抗原浓度呈正相关。因此，当琼脂抗体浓度固定时，以不同稀释程度标准抗原泳动后形成的沉淀峰为纵坐标，抗原浓度为横坐标，绘制标准曲线。根据样品的沉淀峰长度即可计算出待测抗原的含量；反之，当琼脂中抗原浓度固定时，便可测定待检抗体的含量（即反向火箭免疫电泳）。火箭免疫电泳可定量检测血清中某一蛋白含量（如 AFP、IgG、C3、C2 裂解产物及外分泌物中 IgA 的含量等）。沉淀峰的高度与抗原含量成正比，因此可检测出标本中抗原的含量。

3. 补体结合反应　本反应包括两个系统五种成分。一为被检系统，即已知的抗体（或抗原）和被检的抗原（或抗体）；另一为指示系统，包括绵羊红细胞及相应的抗体（溶血素），此外还有参与反应的补体（新鲜豚鼠血清）等反应成分。方法是将被检系统的抗原、抗体和补体先放入试管中，使三者结合，然后再加入指示系统，观察绵羊红细胞是否溶解。如不发生溶血，即为补体结合阳性反应，表示被检系统的抗原与抗体发生特异性结合后固定了补体，所以当加入指示系统后，由于缺乏游离的补体，而不发生溶血。反之，如出现溶血，即为阴性反应，表示被检系统中的抗原与抗体不相应，或缺乏抗原（或抗体），这样未被固定的补体便参与指示系统进行反应。

本实验已知成分的用量要求严格，事前均需经过滴定，否则可引起假反应，故操作繁琐，但敏感度和特硬性较高，常用检测某些病毒病，立克次体病，梅毒病等。

4. 中和反应　毒素、酶、激素或病毒等与其相应抗体结合后，可导致其毒性或传染性等生物活性丧失，这种实验称为中和反应。

常见的中和反应有病毒中和实验和毒素中和实验。抗 O 实验是一种常用的体外毒素 – 抗毒素中和实验。试验时将病人血清与溶血素 O 混合，作用一段时间后加入人红细胞，如不出现溶血，即表明待检血清中有抗 O 抗体。抗 O 抗体含量的高低可用于风湿病的辅助诊断。病毒的中和试验常用于病毒的诊断及病毒的鉴定。中和反应视情况不同，可在易感动物体内或培养组织中进行。

5. 免疫标记技术　免疫标记技术是用荧光素、酶或放射性同位素等标记的抗体或抗原进行的抗原抗体反应。本法不仅易于观察，反应的敏感性和特异性明显提高，而且作用迅速，可以定性、定量和定位，可以观察抗原、抗体、抗原抗体复合物在细胞组织中的分布。

（1）免疫荧光技术（immuno – fluorescence technique）　荧光素与抗体结合成的荧光抗体，仍具有与抗原结合的活性。用荧光抗体浸染可能含有抗原的细胞或组织切片，如有相应抗原存在，荧光抗体即与其结合，此抗原抗体复合物在荧光显微镜下经紫外线激发即可显示出荧光。此技术将抗原抗体的特异性、荧光素的敏感性以及显微镜检测法结合在一起，扩大了应用范围，常用于病原微生物的快速检查和组织切片及培养中抗原、抗体的检测。常用的荧光素有异硫氰酸荧光素和罗丹明 B（rhodamine B200，RB200）等。

常用的免疫荧光技术有下列几种：①直接法：需使用能与待检测抗原特异性结合的荧光标记抗体。将荧光抗体滴加于待检标本片上，半小时后，用缓冲液冲洗除去未结合的荧光抗体，干后在荧光显微镜下观察，若有相应抗原存在，可见荧光物体（图 13 – 6，左）。本法特异性强，缺点为检查每一种抗原，都必须制备与之相应的特异性荧光抗体，对实际工作极为不便，已很少应用。②间接法：本法是用荧光素标记的抗球蛋白抗体（即抗抗体）检测抗原或抗体。将待检标本与已知抗体（或抗原）作用，洗去游离抗体（或抗原），再加荧光素标记的抗抗体（二抗），其余步骤同直接法（图13-6，右）。此法优点是只需制备一种荧光抗抗体，即可用于多种抗原抗体系统的检测，如荧光素标记的兔抗人球蛋白抗体，就可检测人的各种抗原的抗体。

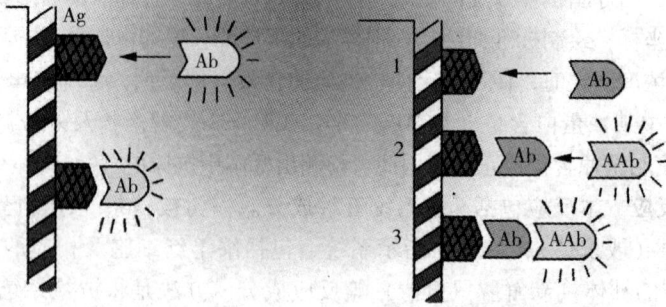

图13-6　免疫荧光直接法和间接法（AAB为二抗）

（2）免疫酶技术（immunoen-zymatic techniques）　其原理与免疫荧光技术相同，所不同的是用酶代替荧光素作为标记物。酶标抗体与抗原结合后，需用酶的底物处理标本，底物被酶分解后生成有色物质，以颜色深浅来显示待测样品中抗体或抗原的含量。通常的酶为辣根过氧化物酶（HRP），底物为邻苯二胺（OPD）或四甲基联苯胺（TMB），此底物被酶分解后生成棕褐色，可目测或比色测定。

常用的免疫酶技术是酶联免疫吸附试验（enzyme linked immunosorbent assays，ELISA），这是一种简便、快速，即可检测抗原，又可检测抗体的方法，抗原或抗体均可用酶标记。基本方法有如下。

①双抗体夹心法：用于测定待检标本中的抗原。步骤如下：将已知抗体吸附于载体上，洗涤；加入待检标本，使其中抗原与吸附的抗体结合，洗涤；加入酶标记特异性抗体，洗涤；加入酶作用底物显色；测定结果（图13-7，左列）。

②间接法：用于检测血清中的抗体。方法是将已知可溶性抗原吸附于载体（聚苯乙烯板孔壁、管壁或琼脂糖小珠）上，用缓冲液洗涤，除去未吸附的抗原；加入待检血清，若血清中有相应抗体则与吸附在载体上的抗原结合，再充分洗涤除去未结合的抗体；加入酶标记的抗球蛋白抗体，此酶标抗抗体即与载体上的抗原抗体复合物结合，再充分洗涤除去未结合的酶标记抗抗体；加入酶作用底物，底物被分解而显色；终止反应，用目测或酶标仪测定底物颜色的深浅，即可推知抗体的含量（图13-7，右列）。

ELISA的固相载体常用聚苯乙烯制成的微量反应板。试验时在微孔中进行，所需材料少，操作简便，特异性、灵敏性高，已被广泛使用。本法也可用于激素、药物半抗原的检测。

（3）放射免疫测定法（radioimmunoassay，RIA）　本法是用放射性同位素标记纯化的抗原或抗体，然后再与相应的抗体或抗原进行反应。其优点是将放射性同位素标记物的高度敏感性与抗原抗体反应的高度特异性相结合，是一种灵敏度极高的检测手段。但本法需要特殊的仪器，有一定的放射性危害，故应用不很普遍。RIA已用于激素、药物、酶、核苷酸类、cAMP、肿瘤、血液成分及病毒、细菌等抗原的测定。

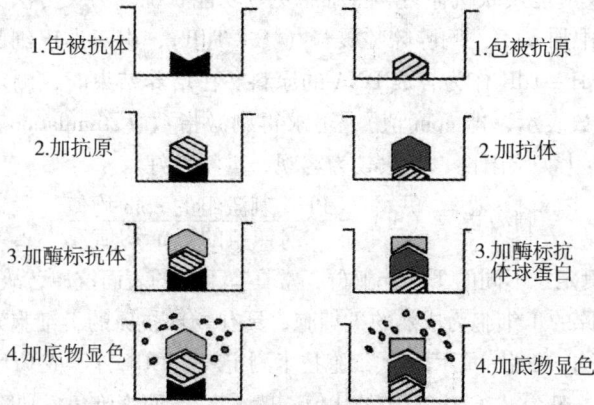

图 13 - 7　双抗体夹心法和间接法

二、细胞免疫测定法

检测细胞免疫功能的方法，可分体外、体内两大类。测定 T 细胞的数量、功能，对了解机体的细胞免疫状况、药物对免疫功能的影响以及免疫性疾病等过程中免疫功能的变化具有重要意义。

（一）体外测定法

1. E 花环试验　人的 T 细胞表面有绵羊红细胞（erythrocyte）的受体，在体外能与绵羊红细胞结合，形成以 T 细胞为中心，其外周黏附一圈绵羊红细胞的结构，形似花环，故称 E 花环试验，此 T 细胞称为 E 花环形成细胞（图 13 - 8）。试验时，将受检者的周围血中分离出的淋巴细胞，与绵羊红细胞按一定比例混合，孵育、涂片、染色，计算吸附三个以上红细胞的淋巴细胞百分率。此百分率在正常人约为 60% ~ 70%，细胞免疫功能低下者，次百分率明显降低，可作为临床诊断和治疗的参考。

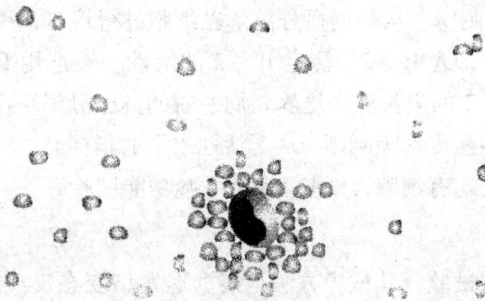

图 13 - 8　E 花环形成试验（中心为 T 细胞，外周为黏附的绵羊红细胞）

2. 淋巴细胞转化实验　T 细胞在体外培养时，受到非特异性丝裂原如植物血凝素（PHA）、刀豆蛋白 A（ConA）等或特异性抗原如结核菌素等刺激后，可转化为淋巴母细胞（胞体增大、胞浆丰富、核质疏松、核仁清晰），其转化率的高低可反映机体细胞免疫功能的水平。实验方法有两种：一为形态学方法：将 PHA（或 ConA）作为刺激物与分离的待检淋巴细胞共同于 37℃ 培养 72h 后，涂片染色，在显微镜下计数，计算 200 个淋巴细胞中转化为淋巴母细胞的百分率。正常人外周血的淋巴细胞转化率为 60% ~ 70%。用特异性抗原刺激引起的淋巴细胞转化，因只能使已被致敏的 T 细胞转化，故其转化率一般不如 PHA 刺激的高，约为 5%～30%，但此反应能反映机体特异性细胞免疫功能状况。另一方法为同位素掺入法：即在淋巴细胞培养过程中加入 ^3H - 胸腺嘧啶核苷（^3H - TdR），由于淋巴细胞转化过程中核苷酸合成增加，必将吸收 ^3H - TdR 作为合成 DNA 的原料。在培养结束时，测定掺入细胞中的同位素量（以每分钟脉冲数表示，即 cpm 值），可求得刺激指数（stimulation index，SI），SI 大于 3，可判为淋巴细胞转化实验阳性。此法较为客观，重复性好。

$$刺激指数（SI）= \frac{PHA\ 刺激组的\ cpm\ 均值}{对照组的\ cpm\ 均值}$$

3. T 细胞亚群的测定　不同的 T 细胞亚群，常具有不同的表面抗原，故可用已知的抗体进行鉴定。如具有 CD3 抗原的 T 细胞为成熟的 T 细胞；具有 CD4 抗原的 T 细胞为 Th 或 T_{DTH} 细胞；具有 CD8 抗原者为 Ts 或 Tc 细胞。可用流式细胞技术测定表达 CD4 分子或 CD8 分子的 T 细胞数量，求得 CD4/CD8 的比值，正常人 CD4/CD8 的比值一般 >1.7，而细胞免疫缺陷者，此比值常偏低。

4. NK 细胞活性测定　常用体外同位素释放法。试验时将淋巴细胞与 ^{51}Cr 标记的敏感靶细胞在 37℃ 下共孵育 4h，离心后取上清，用 r 计数器测定放射性强度，该值与 NK 细胞的活性成正比。

5. 细胞因子的测定　细胞因子主要是淋巴因子和单核因子，检测方法根据其功能特性来进行。现举例如下。

（1）移动抑制因子试验　测定致敏淋巴细胞在此接触相同抗原后所释放的移动抑制因子，可了解机体的 T 细胞功能。常用直接毛细管法，方法是用毛细管吸取受检白细胞悬液，一端封口，离心使细胞沉于管底，于细胞与液面交界处锯断毛细管，取有细胞的一段用凡士林将其黏附于培养小室底部。将含有抗原的培养液加入小室，对照组小室只加培养液，37℃ 孵育 24h。观察并测定管内细胞从毛细管开口端移出的面积，算出移动抑制百分数。由于致敏淋巴细胞与抗原后可释放淋巴因子（包括 MΦ 移动抑制因子），所以管内细胞（如 MΦ）向管口外移动受到抑制，而对照组无此因子，MΦ 的移动不被抑制。

$$移动抑郁百分数 = \left\{1 - \frac{试验组的平均移动面积}{对照组的平均移动面积}\right\} \times 100\%$$

（2）IL - 2 产生能力的测定　从外周血分离淋巴细胞进行培养，用 PHA 或 ConA 刺激一定时间后，培养液的上清液中即含 IL - 2。测定 IL - 2 的活性一般选用 IL - 2 依赖细胞株，如无此细胞，也可用在含有 IL - 2 的生长液中培养一周左右的淋巴母细胞作为指示细胞，以指示细胞摄入的 ^3H - TdR 的放射性强度作为判断 IL - 2 活性水平的指标。

除此之外，体外测定法还有细胞毒试验、MΦ 吞噬功能试验等。

（二）体内测定法

体内测定法主要是皮肤试验，其试验方法是根据迟发型变态反应（即 Ⅳ 型变态反应）的发生机制建立的。具体方法是将一定量的抗原（如结核菌素、布氏菌素等）注入皮内，于 48～72h 内观察结果，如注射局部出现红肿、硬结，为阳性反应。由于迟发型变态反应的本质是细胞免疫，故本实验不仅可以检测受试者是否对某种抗原具有特异性细胞免疫反应能力，而且可以检测受试者总体细胞免疫状态。一般细胞免疫功能正常者，95% 以上为皮试阳性；细胞免疫功能低下或缺陷时，皮试常呈弱阳性或无反应。常用的迟发型皮肤变态反应试验有结核菌素皮试、PHA 皮试、二硝基氯苯（DNCB）和二硝基氟苯（DNFB）皮试等。本法简便易行，临床常用于诊断某些病原微生物感染（结核、麻风）和细胞免疫缺陷病等，也常用于观察肿瘤患者的细胞免疫功能、治疗过程中的变化以及预后判定等。

（陈宏远）

第三篇
微生物在药
学中的应用

第十四章　与微生物有关的药物制剂

微生物在其生命活动中能合成两类代谢产物：初级代谢产物和次级谢产物。初级代谢产物是微生物生长繁殖所必需的物质，如氨基酸、核苷酸、维生素等；次级谢产物是微生物在代谢过程中产生的，对微生物自身生长、繁殖无明显影响，但对其他生物具有不同生理活性作用的化合物，是新药开发的重要资源，如抗生素、酶抑制剂等。

第一节　抗生素

两种微生物于同一培养基中培养时，可出现一种微生物抑制另一微生物生长繁殖的现象，即拮抗现象。其原因是一种微生物产生了某种物质抑制或杀灭另一种微生物，该物质即抗生素。自 1929 年英国微生物学家 Fleming 发现青霉素以来，已从微生物的次级谢产物中发现和分离出一万多种抗生素，其中一百多种已用于临床使用。

一、抗生素的概念和分类

（一）抗生素的概念

抗生素（antibiotic）是生物在其生命活动过程中产生的，能在低浓度下有选择性地抑制或影响它种生物机能的有机物质。习惯上是指由微生物产生，极微量即具有选择性抑制其他微生物或肿瘤细胞生长的天然有机化合物。

某些由微生物产生的抗生素可经分子结构改造而形成各种衍生物，即半合成抗生素。完全来源于微生物次级谢产物的抗生素为天然抗生素。

（二）抗生素的分类

抗生素种类繁多，分类方法不一，目前常用的分类方法如下。

1. 据抗生素产生来源分类

（1）细菌产生的抗生素　占微生物来源抗生素的 9%，产生菌多为多黏杆菌（多黏菌素）、枯草杆菌（杆菌肽）等。绝大多数抗生素为多肽类。

（2）放线菌产生的抗生素　放线菌为产生抗生素的主要来源，以链霉菌属产生的抗生素最多，小单孢菌属和诺卡菌属次之。常见的抗生素有链霉素、卡那霉素、四环素等。

（3）真菌产生的抗生素　主要来源于青霉菌属（如青霉素）和头孢菌属（如头孢霉素）。

（4）植物或动物产生的抗生素　如从地衣和藻类植物产生的地衣酸，从动物脏器制得的鱼素等。

2. 据抗生素的化学结构和性质分类

（1）β-内酰胺类抗生素　含一个β-内酰胺环，如青霉素、头孢菌素等。

（2）氨基糖苷类抗生素　含氨基糖苷和氨基环醇，如链霉素、卡那霉素。

（3）大环内酯类抗生素　含一个大环内酯结构，如红霉素等。

（4）四环类抗生素　含四并苯母核，如金霉素、土霉素等。

（5）多肽类抗生素　含小分子多肽结构，如多黏菌素、杆菌肽等。

（三）医疗用抗生素的基本要求

人们发现的抗生素很多，但用于临床医疗实践却不多，主要是抗生素不完全符合医疗用抗生素的基本要求。

1. 差异毒力大　差异毒力即抗生素对微生物或肿瘤细胞的抑制或杀灭作用，与其对机体损害程度的差异比较。差异毒力越大，越有利于临床应用。差异毒力由抗生素的作用机制所决定，如青霉素类抗生素能抑制细菌细胞壁的合成，而人及哺乳动物不具有细胞壁，因此青霉素的差异毒力很大，临床应用非常广泛。

2. 抗菌活性强大，有不同的抗菌谱　抗菌活性强大表现在极微量的抗生素能杀灭或抑制微生物生长。抗菌活性常用最低抑菌浓度（MIC）表示。最低抑菌浓度（MIC）即抑制微生物生长所需的最低浓度，一般用 μg/ml 表示。

抗生素作用具有选择性，不同抗生素的作用机制有所不同，因而每种抗生素均有一定的抗菌谱。抗菌谱即抗生素所能抑制或杀灭微生物的范围和所需剂量，范围广泛者称为广谱抗生素，范围狭窄者称为窄谱抗生素。

二、抗生素产生菌的分离与筛选

抗生素产生菌的分离与筛选是研发新抗生素的第一步工作，以下简要说明其分离和筛选过程。

（一）土壤微生物的分离

1. 采土　以春、秋两季为宜，避免雨季。取 5～10cm 深处土壤装入无菌容器。

2. 分离菌株　取 5～10g 土壤样品，以无菌水稀释至 10^{-3}～10^{-4}，涂布于适宜培养基中，培养后挑取单个菌落移种斜面，即得纯培养。根据菌形态、培养特征，初步排除相同菌。

（二）土壤微生物的筛选

1. 筛选模型　为筛选工作中所用的试验菌。为避免感染病原菌的危险，尽量用能代表某类型致病菌的非致病菌。如用金黄色葡萄球菌代表 G^+ 球菌，枯草芽孢杆菌代表 G^+ 杆菌，大肠杆菌代表 G^- 杆菌，耻垢分枝杆菌代表结核杆菌，曲霉代表丝状真菌等。

2. 筛选方法　一般采用琼脂扩散法。先制备含试验菌的平板，然后以无菌滤纸片蘸取各放线菌的摇瓶培养发酵液或切取一定大小的放线菌琼脂培养块，置于含菌平板上，培养后观察有无抑菌圈产生。

（三）早期鉴别

经过筛选的阳性菌株应进行早期鉴别，对有价值的产生菌应从产生菌和其产生的抗生素两个方面进行鉴定，鉴定过程中需和已知菌及已知抗生素进行比较鉴别。

1. 产生菌的鉴别　从形态、培养、生化及抗菌等方面试验。

2. 抗生素的鉴别　采用理化方法，如纸层析法测定抗生素的极性和在溶媒中的溶解度。纸电泳法判定抗生素是酸性、碱性、中性或两性。各种光谱分析法等。

（四）分离精制

将可能产生新抗生素的微生物扩大培养，然后选择合适的方法将抗生素从培养液中提取出来，加以精制纯化，获得足量的精制抗生素样品供临床前试验研究和临床试验。在精制纯化过程中，须跟踪检测抗生素的生物学活性。

（五）临床前试验研究

分离精制获得的抗生素样品必须先进行一系列临床前试验，如动物毒性试验（包括急性、亚急性、慢性），动物治疗保护性试验和临床前药效试验和药理试验等。为提高药品临床前试验研究的质量，确保实验资料的真实性、可靠性，保障用药安全，国家制定了《药品临床前研究质量管理规范》（Good Laboratory Practice，GLP）。GLP 是临床前试验研究必须遵循的规范。经系列试验认为确有前途的新抗生素经有关药政管理部门审查合格后可进行临床试验。

（六）临床试验

临床试验是将药物应用到人体的试验。为了用药安全，国家制定了《药品临床试验管理规范》（Good Clinical Practice，GCP）。凡新药进行各期临床试验，均需严格按 GCP 进行。经临床试验效果良好者，再经药政部门审查批准，方可投入生产和临床使用。

三、抗生素的制备

抗生素的制备包括发酵和提取两个阶段。前者指抗生素产生菌在一定培养条件下生长繁殖，生物合成抗生素的过程。此过程包括菌体生长和产物合成这两种不同性质的代谢过程。后者是用理化方法，将抗生素从发酵培养液中提取出来并加以精制，制成抗生素成品。抗生素生产的一般流程：菌种 - 孢子制备 - 种子制备 - 发酵 - 发酵液预处理 - 提取及精制 - 成品检验 - 成品包装。

（一）发酵阶段

发酵阶段为合成抗生素过程。现代抗生素发酵具有需氧发酵、深层发酵和纯种发酵等特点。其一般生产流程如下。

1. 孢子制备　孢子制备是发酵阶段的开始。孢子制备的目的是将沙土管保存的菌种培养，以制备大量孢子供下一步种子制备之用，一般在试管、扁瓶或摇瓶中进行。为获得大量孢子，培养基中氮源、碳源不宜丰富。

2. 种子制备　目的使孢子萌发生长，获得足够的菌丝体供发酵之用。一般在种子罐内进行。通常通过种子罐 1 ~ 3 次，再移种到发酵罐中，分别称为二级发酵、三级发酵和四级发酵。生素发酵多采用三级发酵。

3. 发酵　发酵是抗生素生产的关键阶段，其目的是在人工培养条件下使菌丝体产生大量抗生素。发酵于发酵罐内进行，在整个发酵过程中应注意以下因素：无菌操作、营养需要、pH、温度、前体（在一定条件下加入前体可控制抗生素的合成方向，并增加产量）、通气、搅拌及消沫、发酵终点判断（抗生素产量增加不显著、菌体出现自溶、氨基氮含量上升，发酵黏度升高等）。

（二）发酵液预处理及提取阶段

预处理的目的是去除发酵液中的杂质离子（Ca^{2+}、Mg^{2+}、Fe^{3+}等）、蛋白质，并经过压滤，使菌丝与滤液分开，便于进一步提取。常用方法有：溶媒萃取法、离子交换法、吸附法、沉淀法等。

四、抗生素的主要作用机制

抗生素主要作用于微生物的某一代谢环节，从而抑制微生物的生长或致死。由于不同抗生素作用环节不同，因而对代谢各异的微生物具有不同的抗菌谱。其作用主要通过干扰微生物的细胞壁、蛋白质、核酸的合成以及细胞膜功能和能量代谢等来实现。

（一）抑制细胞壁的合成

革兰阳性菌细胞壁的肽聚糖明显厚于革兰阴性菌。多种抗生素如 β - 内酰胺类抗生素等能抑制细菌细胞壁的肽聚糖合成，因此破坏了细菌细胞壁的完整性。在革兰阳性菌及格兰阴性菌的细胞膜上存在能特异结合青霉素的蛋白质，即青霉素结合蛋白（penicillin binding proteins，PBPs）。青霉素结合蛋白是青霉素作用的主要靶位。青霉素与青霉素结合蛋白的结合可抑制转肽酶活性，从而导致细胞壁的肽聚糖合成受阻。

（二）影响细胞膜功能

一些抗生素能改变细胞膜通透性或使细胞膜破裂，对细菌有较强的杀伤作用。如多黏菌素为多肽类抗生素，同时具有亲水基团和疏水基团。亲水基团可与细胞膜磷脂上的磷酸基形成复合物，而疏水基团可插入膜的脂肪酸链之间，解聚细胞膜结构，使细胞膜通透性增加，细胞因此破裂死亡。两性霉素 B 等可与敏感真菌的细胞膜中的甾醇结合，破坏膜的完整性，使细胞内钾离子等内容物流出而致细胞死亡。

（三）干扰细菌蛋白质的合成

干扰蛋白质合成的抗生素有很多，如氨基糖苷类、大环内酯类、四环类等。这些抗生素作用于细菌蛋白质合成的起始、延长、终止的不同环节。如链霉素、四环素等抗生素能与细菌核糖体的 30S 亚基结合，阻断肽链的延伸、抑制蛋白质合成的起始及密码子的识别；红霉素、林可霉素等抗生素可与细菌核糖体的 50S 亚基结合，抑制多肽的延长。

（四）抑制核酸的合成

不同的抗生素通过不同的机制来干扰或抑制微生物核酸的合成与复制，同时因宿主细胞的核酸代谢与微生物很相似，因此这类抗生素对宿主细胞均有毒性。如博莱霉素可直接与 DNA 共价结合，造成 DNA 链的断裂；利福平直接作用于 DNA 依赖性的 RNA 聚合酶而抑制 mRNA 的合成。

（五）干扰细胞的能量代谢和电子传递体系

这类抗生素多数毒性较强，如抗霉素 A，具有抑制电子转移的作用。短杆菌肽、寡霉素等能抑制氧化磷酸化。

第二节 维生素

维生素（vitamin）是人和动物维持生命活动所必需的一类营养物质，也是一类重要药物。

其主要功能是以酶类的辅酶或辅基形式参与生物体内的各种生化反应。维生素可采用化学合成、动植物提取和微生物发酵等方法生产。目前由微生物发酵方法生产的维生素有维生素 C、维生素 B_2、维生素 B_{12} 等，其中以维生素 C 的生产规模最大。

一、维生素 C

维生素 C 又称为抗坏血酸，在医疗上主要用于治疗坏血症，此外还可作为抗感染的辅助药物。其前体为 2 - 酮 - L - 古龙酸，工业上采用二步发酵法生产维生素 C。生产方法有两种。①由醋酸杆菌将 D - 山梨醇氧化成 L - 山梨糖后，再由假单胞菌使 L - 山梨糖直接氧化成 2 - 酮 - L - 古龙酸，然后用盐酸酸化成维生素 C。②应用欧文菌直接使葡萄糖转化为 2、5 - 二酮 - D - 葡萄糖酸，再用棒状杆菌使 2、5 - 二酮 - D - 葡萄糖酸形成 2 - 酮 - L - 古龙酸，再用盐酸酸化使之转化为维生素 C。目前已成功地采用基因工程手段，将 2、5 - 二酮 - D - 葡萄糖酸还原酶基因导入欧文菌中，构建出可直接将葡萄糖发酵生成 2 - 酮 - L - 古龙酸的重组工程菌，使生产工艺大大简化。

二、维生素 B_2

维生素 B2 又称核黄素，在自然界中多数与蛋白质结合而存在，又被称为核黄素蛋白。临床上用于治疗口角炎、皮炎等维生素 B 缺乏症，也是治疗眼结膜炎、白内障、结膜炎等的主要药物之一。

目前工业生产中最常用的菌种为阿氏假囊酵母、棉病囊霉等，生产方法主要为发酵法，与抗生素的发酵基本相同。

三、维生素 B_{12}

维生素 B_{12} 又称为钴维生素或钴胺素，是治疗儿童恶性贫血的首选药物。维生素 B_{12} 可从动物肝脏提取，也可采用化学法合成，但成本很高，均不适合工业化生产。现今采用微生物发酵法：①从抗生素发酵的废液中提取，但产量很低。②直接发酵法，用丙酸杆菌等发酵生产。

第三节　氨基酸

氨基酸是组成蛋白质的基本单位，是机体重要营养物质，具有重要的生理功能，在医疗上被大量用作营养注射液，此外还可用作食品添加剂和调味品。目前，已知的 20 多种氨基酸基本上均能用微生物进行发酵生产，其中产量最大的为谷氨酸和赖氨酸。

一、谷氨酸

谷氨酸是制造味精（谷氨酸钠）的原料，是利用微生物发酵法来生产的第一个氨基酸，目前其产量居各种氨基酸之首，在临床上可用于治疗肝昏迷、神经衰弱等。谷氨酸产生菌主要有谷氨酸棒状杆菌、黄色短杆菌等。谷氨酸的生物合成途径大致为葡萄糖经糖酵解（EMP）和己糖磷酸支路（HMP）两条途径生成丙酮酸，再氧化成乙酰辅酶 A，然后进入三羧酸循环，生成 α - 酮戊二酸，经谷氨酸脱氢酶的作用，在 NH_4^+ 的存在下生成 L - 谷氨酸。谷氨酸发酵过程中，生物素是重要的生长因子，一般需控制在亚适量条件下才能得到高产量的谷氨酸。

二、赖氨酸

赖氨酸是机体的必需氨基酸，作为重要的食品和饲料添加剂，可用于面包、儿童营养品和营养注射液。通常用谷氨酸细菌的营养缺陷型，如谷氨酸棒状杆菌、黄色短杆菌等生产赖氨酸。

第四节 酶及酶抑制剂

酶是一种具催化作用的活性蛋白质，机体内所有的代谢活动均在酶催化作用下进行。酶的来源有动物、植物和微生物三种，但以微生物为主要来源。微生物酶制剂已广泛用于食品、酿造、纺织、制革、医药等方面。

一、酶制剂

医药上常用的微生物酶制剂如下。

（一）链激酶和链道酶

链激酶和链道酶是由乙型溶血性链球菌的某些菌株产生的胞外酶。链激酶能激活血浆中的溶纤维蛋白原变成溶纤维蛋白酶，后者可溶解纤维蛋白凝块，故在临床上用以治疗脑血栓及溶解其他部位的血凝块。链道酶系一种 DNA 酶，可使脱氧核糖核酸蛋白和 DNA 降解成小分子片段，降低组织的黏稠度，临床上用于治疗脓胸，液化脓和血块。

（二）透明质酸酶

透明质酸酶又称为扩散因子，是一种糖蛋白，广泛存在于动物血浆、组织液等体液以及蛇毒、蝎毒等动物毒液中。其产生菌有化脓性链球菌、产气荚膜梭菌等。透明质酸酶能分解组织基质中的透明质酸，使组织之间出现间隙，有利于局部的积液的加快扩散，因此将其与其他药物同时应用，可使皮下注射的药物加速扩散，有利于药物吸收。如用于手术后的肿胀和外伤性血肿，可促进肿胀和血肿消退，减轻疼痛。

（三）天冬氨酸酶

天冬氨酸酶主要由大肠杆菌来生产，其主要作用是水解天冬酰胺为天冬氨酸和氨。由于某些肿瘤细胞需依赖正常细胞提供天冬酰胺，故用此酶制剂后可消耗肿瘤细胞所需的天冬酰胺，从而抑制肿瘤细胞的生长。在临床上可用于治疗白血病及某些肿瘤。

（四）青霉素酰化酶

青霉素酰化酶在半合成青霉素的生产中具有重要作用。常用的产生菌为大肠杆菌。该酶可裂解青霉素形成 6 - 氨基青霉烷酸，此为青霉素的母核，系半合成青霉素的原料。青霉素酰化酶还可催化相应反应，使 6 - 氨基青霉烷酸合成氨苄西林。

二、酶抑制剂

酶抑制剂是一类具有生物活性的小分子化合物，能抑制酶的活性，调节人体代谢，增强机体免疫力。目前已发现由微生物产生的酶抑制剂已达数十种，如抑肽素由一种链霉菌产生，临床上可用于治疗胃溃疡；β - 内酰胺酶抑制剂如克拉维酸，由棒状链霉菌产生，对 β - 内酰胺酶有很强的特异性抑制作用，目前已成功将克拉维酸与阿莫西林制成复合制剂，用于临床上抗细菌感染的治疗。

第五节 菌体制剂及其他与微生物有关的制剂

医药中应用的菌体制剂主要有疫苗、药用酵母、活菌制剂等。

一、药用酵母

药用酵母菌是经高温干燥处理的酵母。酵母细胞含丰富的营养物质，如蛋白质、氨基酸、维生素等，并含辅酶 A、谷胱甘肽、麦角固醇等生理活性物质，在医疗上用于治疗维生素 B 族缺乏症及消化不良等。

二、活菌制剂

活菌制剂又称微生态制剂，是根据微生态学原理，利用人体正常菌群的某些种类，经人工培养方法制成。目前应用较多的活菌制剂为乳酸菌、双岐杆菌等，可用于治疗菌群失调症、维生素 B 缺乏症、婴幼儿腹泻、肠炎等。

三、其他与微生物有关的制剂

（一）核酸类药物

目前已采用微生物发酵法和酶解法来生产核酸类药物。核酸类药物包括嘌呤核苷酸、嘧啶核苷酸及其衍生物，其中有许多是重要的药物，如肌苷和辅酶 A 可治疗心脏病、白血病、血小板减少症及肝病；ATP 可制成能量合剂用于治疗代谢紊乱、辅助治疗心脏病和肝病。

（二）生物碱

生物碱主要由植物产生，微生物也可合成某些种类生物碱。如麦角碱，由紫麦角菌产生，在临床上主要用作子宫收缩剂。此外，有一种诺卡菌能产生安沙美登素，对白血病有一定疗效。

（三）微生物多糖

微生物产生的多糖种类有许多，如右旋糖酐是由肠膜明串珠菌产生，可作为血浆的代用品，具有维持血液渗透液和增加血容量的作用，临床上用于抗休克、消毒和解毒作用。环状糊精也是一种微生物多糖，用途极广，在医药工业上可用作稳定剂，增加药物稳定性。

许多高等真菌产生的真菌多糖具有药用价值，如香菇多糖、云脂多糖、茯苓多糖等，能增强机体免疫功能和抗肿瘤作用。

（刘晓波）

第十五章　微生物与药物变质

学习目标

1. 熟悉药物中微生物的来源。
2. 了解药物微生物污染变质的判断以及防止微生物污染药物的主要措施。

微生物的污染及其预防是药物生产和保藏中的重要问题。药物制剂在生产、运输和贮存过程中很容易受到微生物的污染，这些微生物如果遇到适宜的环境可生长繁殖，一方面可能导致药物变质，影响药品的质量，甚至失去疗效；另一方面对病人可引起不良反应或继发感染而可能危及病人生命。因此在药物生产中应重视预防微生物污染，同时在药物的质量管理中必须严格进行药物的微生物学检验，以保证药物制剂达到卫生学标准。

第一节　药物中微生物的来源

药物制剂中的微生物主要来自制剂生产所处的环境、设备、药物原料、操作人员及包装材料与容器等。

一、药物原材料中的微生物

天然来源的未经处理的药物原材料常含有不同数量的各种微生物。植物来源的原料如中药材、琼脂、淀粉、糖类等常发现有以植物成分及其分泌物为营养的微生物，像分布于土壤中的微生物，包括各类真菌及一些细菌等。动物来源的原料如甲状腺粉、胰腺粉、明胶等可能污染有动物源性的微生物，像沙门菌等肠道细菌及其他微生物，其中有些可能是病原微生物。一些生化制剂原料，如胃酶、淀粉酶等，因其含有丰富的适合微生物繁殖的营养物质，如果污染细菌、真菌等微生物，只要温度、湿度适宜，它们极易大量繁殖。而对于大多数化学合成的原料，由于生产工艺上一般使用了有机溶剂，可以防止被微生物大量污染；加之这类药物缺少微生物生长繁殖所需的营养物质，通常含菌数目很少。但是有些化学合成的原料，如乳酸钙、磷酸钙、滑石粉等常有微生物污染，因此对化学合成药物原料的微生物污染问题也不应掉以轻心。

二、空气中的微生物

空气虽不是微生物生长繁殖的良好环境（因不含必需的水分和营养），但是一般的大气环境仍含有数量不少的细菌、真菌和酵母菌，如球菌属（*Coccus spp.*）、杆菌属（*Bacillus spp.*）、青霉属（*Penicillium spp.*）曲霉属（*Aspergillus spp.*）等。空气中的微生物种类与数量随条件不同变化较大，如有活跃人群的地方比人少的地方微生物多，不洁的房间比清洁的房间多。当人们讲话、咳嗽、打喷嚏时，可大大增加空气中的微生物数量。

由于空气中含有微生物，因此在药物制剂和生产过程中，如果不采取适当的措施，微生物就会进入药物中，使药物制剂发生污染。因此要对制药车间的空气进行定期灭菌（如紫外线灭菌），使用规范的清洁和控制手段。在实际生产中，根据药物制剂的类型不同，对生产场所的空气中所含有的微生物数量的限度亦不相同。如生产注射剂或眼科用药的操作区的空气，微生物的含量必须非常低，即通常所谓的无菌操作区（每 1000L 空气中不得含有 10 个以上的细菌）；如在生产口服及外用药物的操作区，仅要求达到洁净级别。

三、制药用水中的微生物

水在制药工业中至关重要，同时也是是药物中微生物的重要来源。除在配制各类制剂时需要用水外，在洗涤及冷却过程中均涉及水。制药用水的种类可选用天然水、自来水、去离子水、蒸馏水或纯净水等。水中常见的微生物有假单胞菌属（*Pseudomonas spp.*）、产碱杆菌属（*Alcaligenes spp.*）、黄杆菌属（*Flavobacterium spp.*）、产色细菌属（*Chromobacter spp.*）和沙雷菌属（*Serratia spp.*）等。如果受到粪便污染时，则可有大肠埃希菌、变形杆菌和其他肠道菌等。水中微生物数量主要决定于水的来源和处理方法等。像去离子水、蒸馏水或纯净水的洁净度较高，因其缺乏微生物生长所需营养成分，微生物难以直接在里面增殖，其污染往往是受到供水管道系统卫生状况等因素影响所致。因此，对制药用水都必须实行定期的水质监测，使用符合卫生标准的水，防止微生物污染药物。

四、其他来源的微生物

除原料、空气与水外，药物中的微生物还可以来自容器、设备和操作人员等方面。这方面的情况比较复杂，所含的微生物种类往往差异大。

由于在生产过程中与操作人员相接触，操作人员操作不注意或个人卫生状况欠佳时可能将其所携带的微生物转移给药物制剂。因此，为了保证药物的质量，操作人员除要求健康无传染病及不携带致病菌外，还必须保持良好的个人卫生习惯，在操作时严格按照规程要求进行，则污染的可能性可大大减少。

此外，包装材料也可带有一定的微生物，而且容易污染药物。因此，需对包装材料加以清洁或消毒处理，尽量减少微生物数量，以防止污染。

第二节　微生物引起的药物变质

存在于药物中和微生物如遇到适宜条件就能生长繁殖，使药物理化性质发生变化，这种改变主要取决于药物本身的物理性质、化学结构和受微生物污染的程度。

一、微生物引起的药物变质的判断

根据药物的不同类型，如出现下列的情况之一，即可认为药物已经被微生物污染而发生变质。

（1）产品发生可被觉察的物理或化学的变化，如片剂表面变色、潮湿黏滑和产生丝状物，液体直接的悬浮物质沉降，澄清液体变为浑浊液体等表观。

（2）口服及外用药物的微生物总数超过规定的数量或药物中发现病原微生物存在或发现药典规定的某些类型药物中不得检出的特定菌种。

（3）无菌制剂中有微生物的存在　灭菌药物如注射剂、眼科手术制剂及其他无菌制剂中发现有活的微生物存在。

（4）微生物已死亡或已被排除，但其毒性代谢产物如热原质等仍然存在。

二、药物受微生物污染后理化性质的改变

严重的污染或微生物大量繁殖引起药物变质，主要有以下几种现象：药物产生使人厌恶的味道和气体；污染的微生物产生色素而导致药物色变；黏稠剂和悬浮剂等制剂，因微生物的增殖或降解作用，破坏其中的沉降平衡而黏度下降，悬浮物沉淀；在糖质的药品中可形成聚合性的黏稠丝；变的乳剂有团块或沙粒感；累积的代谢物改变药物的 pH 代谢产生的气体泡沫在黏稠的成品中积累引起塑料包装鼓胀。

三、微生物引起的变质药物对人体健康的危害

由于微生物的污染而引起的药物变质，主要决定于被污染药物本身的一些特点，如化学结构、物理性质以及微生物的污染量等。其结果大致有如下几种。

1. 变质的药品引起感染　无菌制剂（如注射剂）不合格或使用时污染，可引起感染或败血症。如铜绿假单胞菌污染的滴眼剂可引起严重的眼部感染或使用病情加重甚至失明；被污染的软膏和乳剂能引起皮肤病和烧伤病人的感染，消毒不彻底的冲洗液能引起尿路感染等。

2. 药物理化性质的改变而引起药物失效　微生物降解能力具有多样性，因此许多药物可被微生物作用后发生降解，失去疗效。如阿司匹林被降解为有刺激性的水杨酸，青霉素、氯霉素可被产生钝化酶的微生物（抗药菌）降解为无活性的产物。

3. 药物中的微生物产生有毒的代谢产物　药物中含有易受微生物污染的组分，如许多表面活性剂、湿润剂、混悬剂、甜味剂、香味剂、有效的化疗药物等，他们均是微生物的热原质可引起急性发热性休克，有些药品原来只残存少量微生物，但在储存和运输过程中大量繁殖并形成有毒代谢产物。

四、微生物引起药物变质的影响因素

微生物对药物的损坏作用受多方面因素的影响，其中主要因素如下。

1. 污染量　污染量如果很大，则微生物虽然尚未生长繁殖，亦能引起药物的分解，因此，微生物数量应控制在最低限度。

2. 营养因素　许多药物配方成分均是微生物生长所需的碳源、氮源或无机盐类，甚至去离子水也可支持微生物生长。

3. 含水量　在片剂及其他固态药物中的含水量对微生物的生长繁殖影响较大。如含水量超过 10% ~ 15%，遇到合适的温度，微生物就能大量繁殖。

4. pH　制剂的 pH 影响制剂中微生物的生长繁殖。通常在碱性条件下，不利于细菌、酵母菌和真菌的生长，而在酸性条件下则有利于真菌和酵母菌的生长。

5. 储藏温度　微生物引起药物变质的温度在 $-5 ~ 60℃$ 范围内，因此，通常储藏在阴冷、干燥处为佳。

除了以上几个主要影响因素以外，还有一些其他的因素。如氧化还原电位势、温度、包装设计等。因此为了防止药物中微生物的生长繁殖，可根据其影响因素设计一些合理的方法和措施。

第三节　防止微生物污染药物的措施

根据上述所讨论的微生物可能通过药物生产中的多种渠道引起污染。原料、环境、工作人员卫生状况、操作方法、厂房建筑、包装材料等均与药物变质有关。另外，不当的药物储存、运输和使用方式，也可引起微生物的污染。因此，防止措施主要有以下几个方面。

一、加强药品生产管理

为了在药品生产的全程中，将发生各种污染的可能性降至最低程度，目前我国和世界上一些较先进的国家都已逐步开始实施药品生产质量管理规范（Good Manufacturing Practice，GMP）制度。GMP 是药品全面质量管理的重要组成部分。GMP 规范的主要目的是：减少药品生产中存在的，而成品中检验又不能完全防止的危险。这类危险基本上有两类：交叉污染（尤其是意想不到的污染）和由于容器贴错标签引起的混淆。

二、进行微生物学检验

在生产过程中，应按规定不断进行各项微生物学卫生检验。如对灭菌制剂进行无菌检查，对非灭菌制剂进行细菌和真菌的活菌数测定和病原菌的限制性检查。对注射剂进行热原质测定等。通过各项测定来评价药物被微生物污染与损害的程度，控制药品的卫生质量。

三、使用合适的防腐剂

保存药物加入防腐剂，以限制药物中微生物的生长繁殖，同时减少微生物对药物的损坏作用。一种理想的防腐剂应具备有如下要求：①有良好的抗菌活性；②对人没有毒性或刺激性；③具有良好的稳定性；④不受处方其他成分的影响。常用的防腐剂有：尼泊金、苯甲酸、山梨酸、季铵盐、氯己定（洗必泰）等，实际上现有的防腐剂很难同时符合以上四个要求，因此要根据不同的药物制剂优选合适的防腐剂及最佳使用量。此外，还应有合格的包装材料和合理的储存方法。总之，微生物与药物质量有很大的关系。目前还有一些药物变质失效问题尚未获得解决，需要药学专业工作者进行不断的研究和探索，以提高药物的质量，保障人民的身体健康。

（吴培诚）

第十六章 药物制剂的微生物学检测

第一节 药物的抗菌试验

药物的抗菌试验包括药物的抑菌试验和杀菌试验。抑菌剂仅能抑制细菌的生长繁殖，不能杀死细菌，当药物去除后，细菌又能生长繁殖；杀菌剂能杀死细菌，当药物去除后，细菌不能再生长繁殖。许多药物的抑菌和杀菌作用，都是在一定条件下相对而言的，即药物在低浓度时，可呈抑菌作用，而在高浓度时，可呈杀菌作用。另外，药物的抑菌或杀菌作用与菌量、菌种、培养基的 pH 等试验条件密切相关。

一、药物的体外抗菌试验

体外抗菌试验（antimicrobial test in vitro）是在体外测定药物抗菌效力的方法，也是在体外测定微生物对药物敏感程度的试验，已广泛用于科研、生产和临床。如抗菌药物的筛选、提取过程中抗菌活性物质的追踪、抗菌谱的测定、药物血液浓度测定以及指导临床用药的药敏试验等。体外抗菌试验必须和体内抗菌试验结果一起进行综合判断，才能体现其意义。

（一）体外抑菌试验

体外抑菌试验是常用的抗菌试验，常用的方法主要有琼脂扩散法和系列稀释法。

1. 琼脂扩散法 琼脂扩散法是利用药物能在琼脂培养基中扩散，并能在一定浓度范围内抑制细菌生的原理进行的。通常是在琼脂平板上，用涂布法或倾注法接种一定量的试验菌，然后用一定方法加入药物，再放在37℃培养箱中培养18～24h。凡是具有抗菌作用的药物，在其有效浓度内可形成抑菌范围，即抑菌圈，以其抑菌圈的直径或抑菌范围的大小来评价该药物抗菌作用的强弱。琼脂扩散法精确度较差，通常用于定性试验或初步判断药物的抗菌作用的大小。基本方法包括如下。

（1）滤纸片法 常用于新药的初筛试验，初步判断新药是否具有抗菌作用；也可用于病原性细菌的药物敏感试验，测定临床分离的某种细菌对各种药物的敏感程度，供医生选用治疗药物时参考。试验时用无菌滤纸片沾取一定浓度的药物溶液，放在接种细菌的平板表面；也可将无菌纸片制成含药干纸片，即预先配制各种适宜浓度的抗生素溶液，用 0.5ml 滴加在100 张直径为 0.6cm 的圆形滤纸片上，使之均匀分布，经37℃下干燥，然后封存，置4℃冰箱保存（若是 β – 内酰胺类抗生素则置于 – 20℃ 保存），使用时用无菌技术将此含药的干纸片，贴在接种细菌的平板表面。对于用纸片法作药物敏感试验，国内已普遍采用国际标准方法，即 K – B 法（Kirby – Bauer 法）。K – B 法必须使用统一的 MH（Mueller – Hinton）培养基，被测细菌的浓度、纸片的质量、纸片含药量以及其他试验条件均有严格标准。在标准的试验条件下所得的结果，要以精确量取，根据抑菌圈的直径大小判断该菌对药物是抗药还是敏感（图 16 – 1）。美国国家临床实验标准委员会（NC-CLS）规定了抗菌药物敏感性的评定标准，在标准试验条件性根据抑菌圈的大小来判断。部分判断标准如见表 16 – 1。

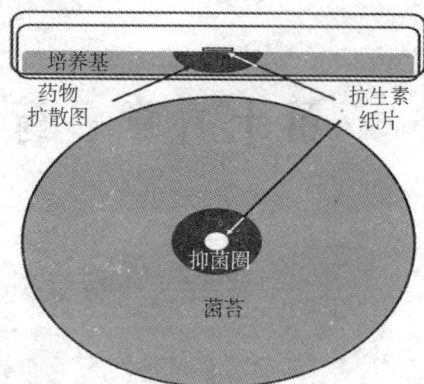

图 16 – 1　琼脂扩散法（纸片法）结果观察

表 16 – 1　部分抗菌药物的敏感性判定标准

抗生素或化疗药物	纸片效价（μg）	抑菌圈直径（mm）		
		抗药	中度敏感	敏感
氯霉素	30	≤12	13 ~ 17	≥18
红霉素	15	≤13	14 ~ 17	≥18
庆大霉素	10	≤12	13 ~ 14	≥15
头孢唑啉	30	≤14	15 ~ 17	≥18
丁胺卡氯霉素	30	≤14	15 ~ 16	≥7

（2）挖沟法　常用于测试一种药物对几种细菌的抗菌作用，方法是先制备普通琼脂平板，并在平板上挖直沟，在沟内滴加药液，在沟侧接种细菌（图 16 – 2）。经培养后观察细菌生长的情况，根据沟和细菌间抑菌距离的长短，来判断该药物对待检菌的抗菌能力。

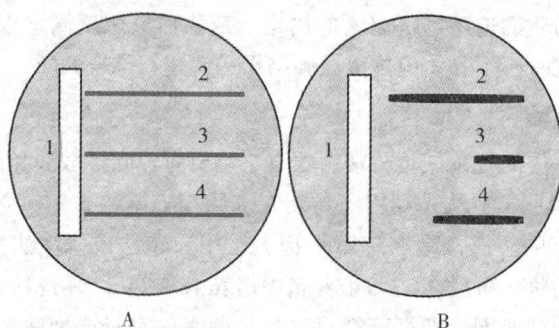

图 16 – 2　药物体外抗菌实验挖沟法

A 挖沟，接种试验菌株，加药；B 抗菌实验结果示意图

槽，内可加药；2. 铜绿假单胞菌；3. 葡萄球菌；4. 大肠埃希菌

2. 连续稀释法　连续稀释法用以测定药物的最小抑菌浓度（MIC）。MIC 是指该药物能抑制细菌生长的最低浓度。通常用 MIC 评价药物抑制作用的效力。以 μg/ml 或 U/ml 表示。其值

愈小，说明抑菌作用愈强。连续稀释法可用液体或固体培养基进行。

（1）液体培养基连续稀释法 在一系列的试管中，用液体培养基稀释药物，使各管内含有的药物呈一系列递减的浓度，如 $20\mu g/ml$，$10\mu g/ml$，$5\mu g/ml$，$2.5\mu g/ml$……，然后在每一管中加入定量菌液，经 24~48h 培养后，肉眼观察结果，以能抑制细菌生长的最低浓度，为该药的 MIC（图 16-3）。

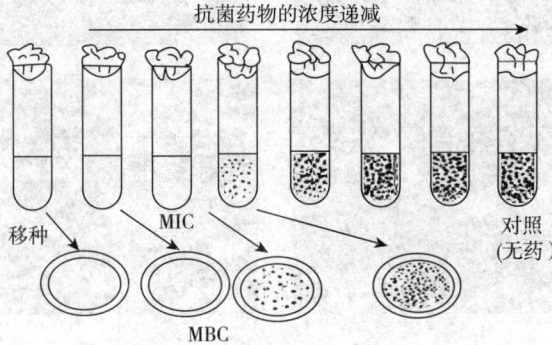

图 16-3 液体培养基的连续稀释法

（2）固体培养基连续稀释法

①平板法：用于测定多种细菌对同一药物的 MIC。先按连续稀释法配制药物溶液，然后将此不同浓度的药液定量混入尚未凝固的琼脂培养基中，制作成一批含有一系列递减浓度的药物的琼脂平板。再将各种含有一定菌量的菌液，以点种法逐个点种于平板的一定位置上（直径 9cm 的平板约可点种 30 种试验菌）。同时要进行无药平板对照。培养后可测知各菌对该药物的 MIC。

②斜面法：此法将不同浓度的药液，混入尚未凝固的试管琼脂培养基中，制成斜面，使各管含有一系列递减浓度的药物，斜面上再接种定量的试验菌液，培养后可检测 MIC。此法适用于必须较长时间培养而又不适宜用平板法的细菌，因平板培养时易干燥和污染。如培养结合杆菌和丝状真菌时，通常要用试管法。

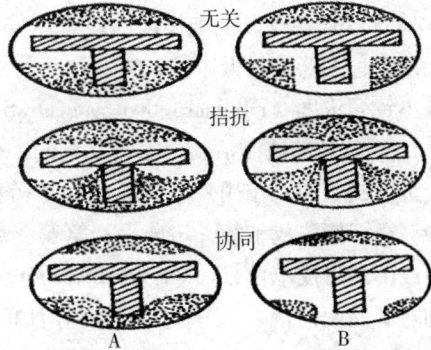

图 16-4 联合抗菌试验纸条法
A 排仅横条纸片含有抗菌药液；B 排两条纸片含有不同药液

（3）联合抗菌试验法 同时应用两种抗菌药物时，两种药物之间既可能产生相互影响或否；产生影响时，既可能是相互加强（协同作用），或两药作用出现累加现象（即两药作用之和）也可能是相互减弱（拮抗作用），要确定两种药物之间的关系，通常需要联合抗菌试验法。联合抗菌试验方法很多，其中最简单、最常用的方法是纸条或纸片试验法。纸条试验法是在已经涂布接种细菌的平板上，垂直放置两条浸有不同药液的滤纸条，经培养后根据两种药液形成抑菌区的图形，来判断该两种药物对某种细菌的作用是无关、拮抗、累加还是协同（图 16-4）作用。纸条亦可用含药的圆形纸片来代替，培养后可根据抑菌圈的圆形来判断两药之间的相互作用（图 16-5）。

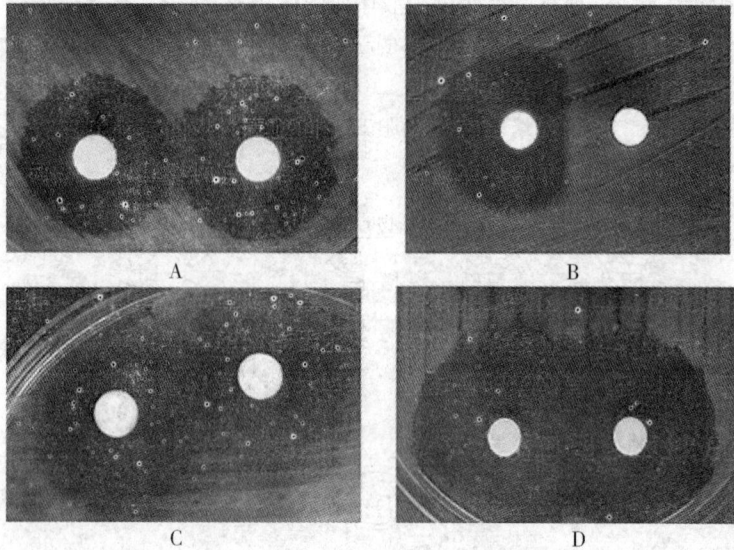

图16-5 抗生素联合抗菌作用
A 无关；B 拮抗；C 累加；D 协同

(二) 体外杀菌实验

1. 最小杀菌浓度的测定 最小杀菌浓度（minimal bactericidal concentration，MBC）的测定，是取 MIC 终点以上未长菌的各管培养液，分别取出并移种于无菌平板上，培养后凡平板上无菌生长的药物最低浓度，即为该药物的 MBC（图16-3）。对微生物广义而言，也可称之为最小致死浓度（minimal lethal concentration，MLC）。

2. 活菌计数法 活菌计数法（viable counting method）是在一定浓度的定量药物内，加入一定量的试验菌，作用一定时间后取样稀释，再取一定量的此稀释液混入未凝固的琼脂培养基中，立即倾注成平板，培养后计算菌落数。由于每个菌落是由一个菌细胞繁殖而来，则菌落数或菌落形成单位（colony forming unit，CFU）乘以稀释倍数，再除以稀释液用量，即得该药物与试验菌的混合液中每毫升内存活的细菌数或 CFU，从而计算算出该药物对细菌的致死率。

3. 石炭酸系数测定 石炭酸系数（phenol coefficient）是用来测定消毒剂效力的一种指标，是以石炭酸为标准，在相同的试验条件下，将消毒剂和石炭酸的杀菌力作比较，所得的杀菌效力的比值，石炭酸系数 ≥ 2 为合格。现将方法举例说明如下：先将石炭酸稀释成 1∶90、1∶100、1∶110……被测消毒剂稀释成 1∶300、1∶325、1∶375……分别将上述稀释液取出 5ml，与一定量菌液混匀并立即置于 20℃ 水浴中。当加入菌液后第 5min、10min、15min 时分别从各管取出一接种环的混合液移种于 5ml 的肉汤培养基内。37℃ 培养 24h 后记录生长结果（表16-2）。

石炭酸系数的测定，以 5min 不能杀菌，10min 能杀菌的最大稀释倍数为标准。从表16-2可见石炭酸为 1∶90，被测消毒剂为 1∶350，则被测消毒剂的石炭酸系数为 350/90 = 3.89，也就是在同一条件下，被测消毒剂的杀菌效力是石炭酸的 3.89 倍。石炭酸系数愈大，则被测消毒剂的效力愈高。

表 16－2　石炭酸系数测定

	稀释度	作用时间		
		5	10	15
石炭酸	1∶90	－	－	－
	1∶0	＋	－	－
	1∶10	＋	＋	－
消毒剂	1∶150	－	－	－
	1∶170	－	－	－
	1∶200	－	－	－
	1∶225	－	－	－
	1∶250	＋	－	－
	1∶275	＋	＋	－

注："＋"为细菌生长，"—"为无细菌生长。

在操作过程中，经常有少量消毒剂被带进培养液中，为了避免这些消毒剂在培养液中继续发挥作用而导致出现细菌不能生长的错误结果，可以在培养液中加入某些中和剂，以中和或破坏消毒剂的杀菌作用。如测定含氯消毒剂时，可用硫代硫酸钠中和；季胺盐类用卵磷脂中和；氧化物或重金属消毒剂用硫乙醇酸盐。

测定石炭酸系数时，规定所用的细菌必须是伤寒沙门菌，但用伤寒沙门菌所测得的石炭酸系数，不能完全代表被测消毒液对其他种类的细菌作用的强弱。为了克服石炭酸系数中的局限性，也可按需要选用其他细菌，如金黄色葡萄球菌、铜绿假单胞菌、大肠埃希菌等，来测定某种消毒剂对某种细菌的石炭酸系数。

二、药物的体内抗菌试验

抗菌药物进入体内后，其效力的发挥要受体内各种因素的影响。如血液、组织蛋白、磷脂、脓汁中的核酸等物质可降低药物的活性；坏死组织内的酸性环境，对药效的发挥也有较大的影响；某些药物在体内可因降解而增强活性；有些细菌进入体内后，由于代谢活力的改变，对药物的敏感性可能降低等。因此，体外抗菌试验有效地药物，还需要经过体内抗菌试验证明有效后，才能推荐应用于临床。

体内抗菌试验即动物的实验治疗或保护力试验。动物试验治疗的方法是先用致病菌使动物体表或体内感染，造成感染动物模型，然后按不同剂量、不同给药方法（如腹腔注射、皮下注射、肌内注射或口服等）以及间隔不同时间进行实验治疗。实验时还要设立一组动物用生理盐水代替药物进行对照治疗。然后根据实验组与对照组的动物死亡数或内脏的含菌数，评价药物的作用和效力。

三、抗菌试验的影响因素

1. 菌种　在抗菌试验中所用的菌种，必须是国家卫生部生物制品鉴定所菌种保藏中心专门提供的标准菌种。在特定情况下需要应用临床分离的菌株时，则必须用经过严格鉴定、纯化及合理保藏的菌株。

2. 培养基　培养基要根据试验菌种的营养要求配制所用的原料、成分必须质量控制，制备过程必须规范。培养基内不能含有药物的对抗物或能使药物活性降低的成分。

3. 抗菌药物 药物的物理状态、浓度、稀释方法等可直接影响抗菌试验的效果，必须精确配制。固体药物必须制成溶液，难溶于水的药物要用有机溶剂或酸、碱溶解后再使用。药物溶液的 pH 应尽量接近中性，以确保药物的稳定性和不影响细菌的生长。中药制剂因有颜色，在判断和观察实验结果时要特别注意。

4. 对照试验 为确保试验结果的科学性和准确性，必须严格设置各种对照试验。对照菌种应在无药的情况下，能在培养基内正常生长；已知药物对照，应使已知抗菌药物对标准菌株出现抗菌效应。

第二节 灭菌制剂的无菌检验

有些药物制剂如各种注射剂、供眼角膜创伤及手术用的滴眼剂及无菌溶液等，必须保证不含活的微生物，否则注入体内将引起严重感染和事故。为此，灭菌制剂成后必须经过严格的无菌检验，证明为绝对无菌状态才算合格。有关无菌检验的方法在《中华人民共和国药典》上有明确规定，应严格按照执行。

一、无菌检验的基本原则

1. 严格进行无菌操作 必须用严格的无菌操作技术，将被验的药物或物品，分别接种于适合细菌（包括需氧菌和厌氧菌）或真菌生长的培养基中，并置于不同温度下，经不同时间培养，然后观察有无细菌或真菌生长，以此判断药物中是否染有活的细菌或真菌。

2. 正确进行样品采样 无菌检验是根据对整体中部分样品的测定结果，来推断整体的无菌或染菌的情况。因此，在一批药品的无菌检验中，取样数量愈少，检出染菌的概率愈小；取样愈多，检出染菌的概率愈大，该批药品通过无菌试验的概率愈小。为此，无菌试验采样的数量和比例，应严格按照相关规定执行。

二、无菌检验的基本方法

（一）一般药物及物品的无菌检验法

一般药品的无菌检验，通常应用直接接种法。若待测品是液体，可直接接种于培养基内。若被验品是固体粉末或冻干制剂，则需要无菌生理盐水溶解，或制成均匀悬液再作检验。若被验品是无菌辅料，则以无菌操作打开包装于各部位剪取 1cm×3cm 大小的样品，再接种到培养基中。无菌检验所用的培养基，包括需氧菌、厌氧菌和真菌的培养基，其配方和配制过程，均需按药典规定进行操作，并经一定质量鉴定合格后才能使用。被检液体或混悬液每管接种量和培养基用量，详见表 16－3。各种培养基种类、数量以及培养的温度和时间见表 16－4。试验中除严格无菌操作外，还要同时进行同批培养基的阴性对照试验以及供试细菌的阳性对照试验。阴性对照应不长细菌，说明培养基本身是无菌可靠的；阳性对照试验必须长菌，说明应用的细菌是可以在试验条件下正常生长的。《中华人民共和国药典》规定，以金黄色葡萄球菌 CMCC（B）26003 或藤黄八叠球菌 CMCC（B）28001、生孢梭装芽孢杆菌 CMCC（B）64941、白色念珠菌或杂色曲霉菌，分别作为需氧菌和真菌的供试细菌。

表16–3 液体或混悬药物无菌检验时取量及培养基用量

药量类型（ml）	每支取量（ml）	培养基用量（ml）
2 以下	0.5	15
2~20	1.0	15
20 以上	5.0	40

表16–4 无菌检验用培养基种类、数量、培养温度及培养时间

培养基	培养	培养	培养基数量（支）	
类型	温度（℃）	时间（天）	测试管	对照管
需氧培养基	30~37	5	2	2
厌氧培养基	30~37	5	2	2
霉菌培养基	20~28	7	2	2

无菌检验的结果判断，按微生物生长与否来判断被验药物（或供试品）是否合格，举例如下，见表16–5。

表16–5 药物无菌检验结果判定

被检药物	需氧菌	厌氧菌	真菌	对照管阳性	对照管阴性	结果判断	采取措施
1	-	-	-	+	-	合格	
2	+	-	-	+	-	不合格	需复试，仍有菌生长者为药物不合格
3	-	+	-	+	-	不合格	
4	-	-	+	+	-	不合格	
5				供试菌不合格			更换供试菌后再作检验
6	+	-	-	+	+	培养基染菌或操作时不严格	更换培养基，重检并严格无菌操作

注：供试品按规定量分别接种需氧菌、厌氧菌及真菌培养基各2支，阳性与阴性对照1支；"＋"为有细菌生长，"－"为无细菌生长。

（二）油剂药物的无菌检验法

油剂药物与液体培养基不能混溶，故常漂浮于液体培养基表面而影响试验结果。因此，此类药物作无菌检验时，应在培养基内加入表面活性剂（吐温–80），使药物均匀分布于培养基中，以利于细菌的生长和验出。有的药物如青霉素油剂等，由于黏度过大，可先用灭菌植物油或灭菌液体石蜡进行一定倍数的稀释，然后取样接种到含吐温–80的培养基中，充分摇匀使药物均匀分散在培养基中。所用培养基的种类、装量、支数，以及培养时间等均列于表16–3与表16–4。

（三）抗菌药物及含防腐剂药物的无菌检验法

抗菌药物指本身为抗菌剂（如抗生素、磺胺药等）以及在药物制剂中含有部分抗菌剂

（如防腐剂）的药物。抗菌药物及含防腐剂的药物进行无菌检验时，与一般药物不同之外在于进行无菌检验前，必须用某些方法使抗菌药物或防腐剂消除、失效，才不影响对被检药物是否无菌作为确认。具有方法如下。

1. 灭活法　此法是在培养基中加入适合的灭活剂，而此灭活剂本身及它与抗菌药物作用后的产物，对细菌及真菌没有毒性。实际工作中常用的灭活剂见表 16－6。

表 16－6　某些抗菌药物的灭活剂

抗菌药物	灭活剂
磺胺类	对氨基苯甲酸
青霉素类	青霉素酶
季铵化合物	卵磷脂及吐温－80
汞化合物	硫乙醇酸钠、半胱氨酸
四环素类	硫酸镁
苯甲酸和尼泊金	吐温－80
砷化合物	巯基化合物

2. 薄膜过滤法　采用孔径为 $0.22 \sim 0.45 \mu m$ 的微孔滤膜，经灭菌后置滤器中备用。将被检药物通过滤膜，使药液中的细菌、真菌截留在滤膜上，然后用无菌生理盐水多次通过滤膜抽滤，以洗去滤膜上的抗菌物质或防腐剂。再用无菌操作法取下滤膜并剪成若干片，放入各种培养基中进行培养检查。此法使用范围广，但操作较麻烦，需要严格的无菌操作条件，一旦有微生物污染，则检验结果作废。

3. 稀释法　是将被检药物注入较大量的液体培养基中，使其浓度低于最小抑菌浓度。此法在应用前应先测定该药的最小抑菌浓度，然后根据采样量计算出稀释到低于最小抑菌浓度所需的培养基量。常用于酚类、醇类及新抗生素的无菌检验。

（四）无菌检验的复试

药物无菌检验中发现有细菌或真菌生长时，必须进行复试，才能做出最后判断。复试时被检药物及培养基量均需加倍。若复试后仍有相同细菌生长，可确认该被检药物为无菌检验不合格。若复试中有不同的细菌生长，应再做一次检验，方法与第一次相同，若仍有菌生长，即可判断该批被检药物为无菌检验不合格。此外，若药物为抗生素或放射性药物，培养时间必须延长。抗生素类药物培养时间，无论细菌或真菌均为 7 天，放射性药物则为 $8 \sim 14$ 天。

第三节　口服及外用药物的微生物学检验

对于口服药及外用药，不必要求达到无菌状态，但要保证药物的卫生质量。这类药物染菌限度可分为两方面，一是染菌数量的限制，二是染菌种类的限制，两者密切相关，因为染菌数量愈多，则污染致病菌的可能性愈大。根据药品种类、给药途径和医疗目的不同，各国所规定的药品染菌数量和种类也有所差异。根据《中华人民共和国药典（2010）》中的规定，口服及外用药物中微生物限量检验，是指在单位重量或体积内，微生物的数量和种类，必须在规定的容许的数量和种类范围内。检验项目包括：细菌、真菌及酵母菌总数测定以及病原菌的检验。病原菌检验包括大肠埃希菌、铜绿假单胞菌、金黄色葡萄球菌、沙门菌、破伤风梭菌的检验及活螨的检验。

一、口服及外用药微生物检验的一般原则

（1）为使检验结果具有代表性，药物的采样应有一定的数量。一般每个批号的药物，至少随机抽样 2 瓶（盒）以上。每次检验时，从样品中分别取出的药品的总量，不得少于 10g 或 10ml，蜜丸至少分别取 4 丸以上共 10g，贵重药或微量包装药采样量可酌减。

（2）药物在检验前，应保持原包装状态，不得开启，以免污染。药物应放置阴凉干燥处，防止微生物繁殖而影响检验结果。

（3）检验操作时应在严格的无菌条件下进行。被检药物一旦稀释后，必须在 1 ~ 2h 内操作完毕，以防止微生物继续繁殖或死亡。

（4）为排除药物中所含防腐剂或抑菌成分对试验结果的干扰，应在被检药物的稀释液中，加入定量（约 50 ~ 100 个）的已知阳性对照菌，然后按检验方法进行操作。此阳性对照应有细菌生长，若不生长则需对药物进行再处理（固体药物应先进行操作，然后离心沉淀），并再次进行检验。

二、细菌总数的测定

细菌总数测定量是检验药物在单位重量或体积（克或毫升）中，所含活的细菌数量（实际上是需氧菌的活菌数），以判断被检药物被细菌污染的程度。细菌总数的测定方法采用营养琼脂倾注平皿计数法，即取一定量的被检药物，稀释成不同比例的稀释液，然后分别取出不同稀释度的药液各 1ml，放入一系列的的无菌平皿中，在每一平皿中倾注定量的营养琼脂，混匀后置 37℃ 培养箱中培养 48h 后，统计培养基上生长的菌落数。一般选取菌落数在 30 ~ 300 之间的平板进行计数，然后乘以稀释倍数，即得每克或每毫升被检药物中的细菌总数，如超过规定的限量则认为不合格。

三、真菌及酵母菌总数的测定

真菌及酵母菌总数的测定是检测每克或每毫升被检药品中所含的活的真菌和酵母菌数量，以判断被检药品被真菌污染的程度。其检测方法与细菌总数的检测方法基本相同，但培养基采用的是适合真菌生长的改良马丁培养基，在 25 ~ 28℃ 恒温箱中培养 72h。

四、病原菌的检验

按照制剂类型的不同，要求不得在药品中检出某些特定病原菌。如口服药不能检出大肠埃希菌，脏器口服剂不能检出沙门菌和大肠埃希菌，一般外用药和眼科制剂不得检出金黄色葡萄球菌和铜绿假单胞菌，；深部外用药不得检出破伤风梭菌。所以，不同的剂型是按不同的要求，选择做其中的一种或两种病原细菌的检出，并非全部都做。

（一）大肠埃希菌（*Escherichia coli*）

药物中的大肠埃希菌，来源于人和动物的粪便。凡在被检药物中检出大肠埃希菌，说明该药物曾被粪便所污染，患者服用后，有被粪便中可能存在的其他肠道致病菌和寄生虫卵等病原菌感染的危险。因此，大肠埃希菌被列为重点的卫生指标菌，按规定口服药物不得检出大肠埃希菌。大肠埃希菌的检验程序和诊断要点如下。

1. 增菌培养 增菌培养的目的在于使被检药物中的被检菌增殖，从而减少验漏而提高检出率。增菌最常用的方法是选用一种合适的选择培养基进行培养，，此培养基必须能够抑制非

被检菌的生长繁殖。分离大肠埃希菌，通常选用胆盐乳糖培养基，其中的胆盐具有抑制革兰氏阳性菌生长的作用。

2. 分离培养　增菌培养后，被检菌大量繁殖，但也有其他一些杂菌同时增殖，因此在增菌培养后尚需作分离培养。分离培养主要应用平板划线分离法。通常应用的平板是麦康凯琼脂培养基和伊红美蓝琼脂培养基。麦康凯琼脂培养基中含有乳酸、胆盐和中性红等，若有大肠埃希菌生长则可分解乳糖产酸，使菌落呈桃红色，不分解乳糖的菌落呈粉红色或无色；伊红美蓝琼脂培养基中含有乳糖、伊红、亚甲蓝（美蓝）等成分，大肠埃希菌分解乳糖产酸后，其菌落形成紫黑色并有金属光泽，不分解乳糖的细菌菌落成粉红色或无色。伊红、亚甲蓝两种燃料还有抑制革兰阳性菌的作用。

3. 纯培养　将上述培养基上疑似大肠埃希菌的菌落，接种于营养琼脂斜面上，经培养后即得纯种细菌。将此培养物进行染色、镜检，观察染色性及形态。若为革兰氏阴性短杆菌，应再进一步做生化反应试验。

4. 生化反应　大肠埃希菌的检验，主要是与产气杆菌进行鉴别。因为两者在形态、染色性、菌落、对糖的分解能力等方面十分相似，因此，必须通过生化反应来鉴别。鉴别两菌的生化反应主要是吲哚试验、甲基红试验、V－P试验、枸橼酸盐利用试验，这四项生化反应简称为IMViC试验。对于大肠埃希菌，这四项试验的结果应为＋＋－－，而产气杆菌则为－－＋＋。

大肠埃希菌的诊断要点为：①革兰阴性短小杆菌；②在麦康凯琼脂培养基上菌落为桃红色；在伊红美蓝琼脂培养基上菌落为紫黑色，并有金属光泽；③生化反应应为分解乳糖产酸产气，IMViC试验结果为＋＋－－。

（二）沙门菌（*Salmonella*）

沙门菌可随粪便使污染源、食品和药物，尤其是用动物脏器为原料制成的药物，被污染的概率较高。沙门菌已被列为口服脏器制剂必检项目，按规定口服脏器制剂不得检出。

沙门菌的检验程序和诊断要点如下。

1. 增菌培养　被检药液先进行增菌培养，增菌培养可选用四六磺酸钠肉汤或亚希酸钠肉汤等。

2. 分离培养　分离沙门菌通常采用SS琼脂平板。因为沙门菌不分解乳糖、能产生硫化氢，所以能在此培养基上生长出无色、透明或半透明、圆形、边缘整齐、表面光滑湿润、中心呈黑褐色的菌落。将上述可疑菌落接种在三糖铁培养基中，经培养后若观察到有动力，能分解葡萄糖但不能分解乳糖及蔗糖，能产生硫化氢从而形成黑色沉淀等现象并经染色镜检为革兰阴性短小杆菌，即可初步判定。

3. 生化反应　沙门菌的生化反应特性见表16－7。

表16－7　沙门菌生化反应特性

项目	葡萄糖	乳糖	麦芽糖	甘露醇	蔗糖	靛基质	v－p实验	硫化氢	尿素酶	氰化钾	赖氨酸脱羧酶	动力
特性	⊕	－	＋	＋	－	－	－	＋	－	－	＋	＋

注：⊕为产酸产气；＋表示酸性或阳性反应；－表示碱性或阴性反应。

4. 血清学试验　血清学试验才能确定沙门菌。试验时可将被检细菌作抗原，沙门菌A－F多价O血清作为抗体进行玻片凝集反应。若凝集反应为阴性，则将菌液放入100℃水浴中维持30min，以破坏菌体外的H抗原，再做凝集反应。然后根据菌落、染色性、形态、生化反应及凝集反应的结果，进行综合判断并确定是否为沙门氏菌。判断标准见表 16 – 8。

表 16 – 8　沙门菌的判断标准

被检菌	A – F 多价 不加热菌体	O 血清 加热菌体	盐水对照	生化反应	结果判断
1	+		−	符合	检出沙门菌
2	−	+	−	符合	检出沙门菌
3	−		−	不符合	未检出沙门菌
4	+		−	不符合	检出沙门菌
5		−		不符合	检出沙门菌
6	−	−		符合	

注：加热菌体是将菌液置 100℃ 水浴加热 30min。

沙门菌的判定要点为：①革兰阴性短小杆菌；②SS 琼脂平板培养基上菌落为无色、透明或半透明、中心呈黑褐色的菌落；③三糖含铁培养基生长观察有动力、分解葡萄糖、产酸产气、不分解乳糖、产生硫化氢；④沙门菌 A – F 多价 O 血清与其可发生凝集。

（三）铜绿假单胞菌 (*Pseudomonas aeruginosa*)

铜绿假单胞菌分布广泛，存在于土壤、空气和污水中。铜绿假单胞菌可能污染蒸馏水、静脉注射液及其他药液，因而可引起严重污染、败血症和角膜溃疡等疾病。所以，在制药过程中，要严格防止铜绿假单胞菌的污染，避免损害患者健康。对一般的眼科制剂和外伤用药，规定不得检出铜绿假单胞菌。

铜绿假单胞菌的检验程序和诊断要点如下。

1. 增菌培养　将被检药物接种于肉汤培养基中进行增菌培养。

2. 分离培养　用十六烷三甲基溴化铵或明胶十六烷三甲基溴化铵作分离培养。在此类培养基上大肠埃希菌和革兰阳性细菌不生长，而铜绿假单胞菌可长出扁平、湿润、边缘弥散或呈蔓延状、灰白色或淡绿色带荧光的菌落。因绿色色素为水溶性，故可扩散至周围培养基中使之呈绿色。在含明胶的培养基上可呈现明胶液化环。挑取上述疑似铜绿假单胞菌的菌落，接种至营养琼脂斜面培养基上，得纯培养后作涂片染色，如为革兰阴性杆菌，则再作生化反应以进一步鉴定。

3. 生化反应　铜绿假单胞菌的主要生化反应见表 16 – 9。

表 16 – 9　铜绿假单胞菌的生化反应

项目	明胶液化	绿脓色素	硝酸盐（产气）	42℃生长实验	氧化酶试验	精氨酸水解	赖氨酸脱羧
特性	+	+	+	+	+	+	−

根据上述各项试验，铜绿假单胞菌诊断要点为：①革兰阴性杆菌，有动力，42℃ 环境下能生长；②菌落扁平，有时带绿色色素并可扩散到培养基中，菌落表面湿润，边缘不齐或弥散；③氧化酶试验、硝酸盐还原产气试验、明胶液化等生化试验均呈阳性。

（四）金黄色葡萄球菌 (*Staphylococcus aureus*)

金黄色葡萄球菌是一种致病菌，分布广泛，常污染药物和食品。若经皮肤、黏膜感染人体，可引起局部化脓性炎症，若进入血液可引起败血症。某些金黄色葡萄球菌菌株还能产生耐热性肠毒素，故细菌经100℃加热30min后虽被杀死，但其毒素不被破坏，人体摄入后可引起急性胃肠炎，是人类食物中毒的重要病原菌之一。根据有关规定，凡外用药和眼科制剂，均不得检出金黄色葡萄球菌。

金黄色葡萄球菌的检验程序和诊断要点如下。

1. 增菌培养　金黄色葡萄球菌可采用亚碲酸钠肉汤作培养基作增菌培养。因亚碲酸钠可一直革兰阴性杆菌生长，因而有利于金黄色葡萄球菌的生长繁殖。

2. 分离培养　对金黄色葡萄球菌的分离培养，通常可采用卵黄高盐琼脂培养基。在此培养基中含高浓度的盐，可抑制革兰阴性杆菌的生长，而金黄色葡萄球菌耐盐性强，在含10%～15% NaCl 的培养基中仍能生长。所以，此类培养基有利于金黄色葡萄球菌的分离。也可用亚碲酸钾 – 甘露醇 – 酚红高盐琼脂（简称 TMP 高盐琼脂）作分离培养，因除亚碲酸钾可抑制革兰阴性杆菌外，金黄色葡萄球菌还能分解甘露醇产酸，使培养基内的酚红指示剂呈浅橙黄的。若被检药物中细菌含量很少时，也可用血液琼脂平板作分离培养，即增菌培养液3～5环作划线分离，以提高检出率。金黄色葡萄球菌在上述各种培养基上得菌落特征（表16－10）。离培养所得的可疑菌落可作纯培养，也可同时涂片、染色、镜检，并进一步做生化反应试验。

表16－10　金黄色葡萄球菌在几种选择培养基上的菌落特征

培养基	菌落形态特征
卵黄高盐琼脂	金黄色、圆形突起，边缘整齐，外周有卵磷脂被分解 的乳浊圈。直径约1～2mm
血琼脂平板	金黄色，圆形突起，边缘整齐，外周有透明的溶血环（乙型溶血）。直径约1～2mm
TMP 高盐参琼脂	墨黑色，圆形突起，边缘整齐，外周有黄色环。直径约1～1.5mm

3. 生化反应　金黄色葡萄球菌的主要生化反应及结果为：甘露醇发酵试验阳性（产酸产气）及血浆凝固酶试验阳性。

金黄色葡萄球菌诊断要点为：①革兰阳性葡萄状排列的球菌；②在血浆琼脂培养基上菌落有金黄色色素，周围有透明溶血环，在高盐培养基上能生长；③血浆凝固酶试验阳性，能发酵甘露醇产酸产气。

（五）破伤风梭菌（*C. tetani*）

破伤风梭菌是一种厌氧性具芽孢的致病菌。在自然界中广泛分布于土壤和人畜粪便中。所以，以植物根、茎为原材料的药物可能会受到污染。破伤风梭菌及其芽孢一旦进入伤口，对于无特异性免疫力的机体可能引起破伤风病。因此，凡用于深部组织、创伤和溃疡面的外用药中，不得检出破伤风梭菌。

破伤风梭菌的检验程序和诊断要点如下。

1. 增菌培养　0.1%葡萄糖疱肉培养基。将被检药物加入此培养基后，通常需在75～80℃加热20min，以杀死非芽孢菌和球菌，然后再置于厌氧条件下，经35～37℃培养3～4天，生长后若见肉渣被消化成碎肉并变黑，有恶臭，则应怀疑有厌氧菌生长。

2. 分离培养　增菌培养后的培养液，划线接种于血液琼脂平板上，然后再放入厌氧条件下培养。生长后若见透明、扁平、形状似羽毛、边缘呈细丝状延展，周围有模糊溶血环的菌落，应怀疑可能为破伤风梭菌。将疑似破伤风梭菌的菌落再接种入0.1%葡萄糖疱肉培养基中进行纯培养，以备涂片、染色、镜检和动物试验用。

3. 动物试验　破伤风梭菌是产生外毒素的细菌，故检出疑似破伤风梭菌时必须做动物试验以进一步确定。方法是于小白鼠皮下注射菌液0.3～0.5ml，6～48h 内观察动物反应。如小鼠出现尾部竖起并强直，后退强直痉挛或全身抽搐等破伤风症状，甚至死亡，说明是由破伤风外毒素所致。为进一步确定，可在做上述动物试验的同时，以另一小鼠作抗毒素保护试验（破伤风抗毒素和毒素中和试验），若此小鼠不出现上述症状，可确认被检药物中检出的是破伤风梭菌。

破伤风梭菌的诊断要点为：①革兰阳性细长杆菌，有顶端芽孢，形似鼓槌状，有动力；②在疱肉培养基中生长后，肉渣消化变黑，在血液琼脂平板上菌落扁平、透明、呈羽毛状，周围有溶血环；③菌液做动物试验，小鼠出现类似破伤风症状。

五、活螨的检验

螨（mites），属于节肢动物门，蛛形纲，蜱螨目。药品可因其原料、生产过程或包装、运输、贮存、销售等条件不良，受到螨的污染。引起皮炎，消化系统、泌尿系统、呼吸系统等的疾病。从而直接危害人体健康或传播疾病。因此，药品特别是中成药，必须进行活螨检查。污染药物的螨主要是腐食酪螨（Tyrophagus）、甜螨（Carpoglyphus）等二十余种，其中常见的是粉螨类的腐食酪螨。

活螨的一般检查方法有：直接法、漂浮法和分离法等三种，前两种方法均需在显微镜下观察是否有活螨，操作简便、效果好、检出率高，故多采用。对于一些含糖的剂型，如蜜丸、糖浆、合剂等应重点检查活螨。虽然其不列在剂型检查项内，不做常规检查，但是一旦检出，可作为不合格处理的依据。

（陈宏远）

主要参考文献

[1] 黄汉菊. 医学微生物学 [M]. 北京：高等教育出版社, 2005.

[2] 贾文祥. 医学微生物学 [M]. 北京：人民卫生出版社, 2005.

[3] 李凡, 刘晶星. 医学微生物学 [M]. 北京：人民卫生出版社, 2010.

[4] 周长林. 微生物学 [M]. 北京：中国医药科技出版社, 2010.

[5] 肖纯凌, 赵富玺. 病原生物学和免疫学 [M]. 北京：人民卫生出版社, 2010.

[6] 夏克栋. 病原生物与免疫学 [M]. 北京：人民卫生出版社, 2010.

[7] 唐珊熙. 微生物学 [M]. 北京：中国医药科技出版社, 1996.

[8] 钱海伦. 微生物学 [M]. 北京：中国医药科技出版社, 1992.

[9] 沈关心. 微生物学与免疫学 [M]. 北京：人民卫生出版社, 2007.

[10] 黄敏. 微生物学与免疫学 [M]. 北京：人民卫生出版社, 2007.

[11] 谷鸿喜, 陈锦英. 医学微生物学 [M]. 北京：北京大学医学出版社, 2003.

[12] 黄敏, 张佩. 医学微生物学 [M]. 北京：科学出版社, 2007.

[13] 龚非力. 医学免疫学 [M]. 北京：科学出版社, 2006.

[14] 金伯泉. 医学免疫学学 [M]. 北京：人民卫生出版社, 2009.

[15] 唐恩洁. 医学免疫学 [M]. 北京：人民卫生出版社, 2007.

[16] 邱全瑛, 关洪全, 邹樟. 医学免疫学与病原生物学 [M]. 北京：科学出版社, 2007.